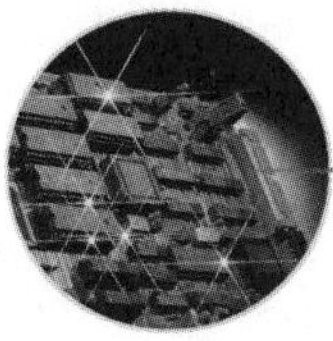

쉽게 배우는

전기전자 공학

전기전자교재편찬위원회

(주)북스힐

머 리 말

전기 · 전자 및 컴퓨터 산업은 날로 번창하기 때문에 대학에서 IT분야의 학과를 선택하는 학생들도 많아졌고, 우리 나라에도 관련학과가 많이 생겼으며 다양한 이름의 학과가 개설되고 있다.

그러나 학과 명칭만 조금씩 다를 뿐 기본적으로 배우는 과목은 거의 흡사하다고 하겠다. 저자들은 전기 · 전자분야에 전혀 기초개념이 없는 학생들에게 어떻게 하면 쉽게, 교육이 추구하는 전문인으로 이끌 수 있을까? 고심하던 중 본서를 개발하게 되었다.

오늘날 대학에 진학하는 많은 학생들이 자기가 공부하고 싶은 학과를 선택하기보다는, 수능점수에 의해 학과가 선택되는 불운한 시대에 살고 있다. 우리는 강단에서 인문계 고등학교, 실업계 고등학교 또한 이과, 문과로 나뉘어져 공부하고 올라온 학생들에게 동등한 수업 효과를 위해 강의한다는 것은 어렵다고 생각하였다.

이 책은 이러한 교육적 현실에 고민하던 중 아주 기초적인 것만 모아 20개장으로 집필하였다. 문과를 나온 학생들이라도 조금만 신경을 써서 읽어간다면 전기 · 전자공학의 기본 개념을 쉽게 파악할 수 있으리라 믿는다.

현재 대학에 입학하는 세대는 영상세대로 문자보다는 그림이나 이미지로 인지하는 능력이 탁월하다. 이러한 세대에게 이 책은 사진 그림으로 많은 부분을 보여주는 장점이 있다.

이 책이 공학을 공부하는 학생들에게 조금이나마 도움이 된다면 그것으로 저자들은 만족하겠다. 초판에는 오류나 잘못된 부분이 있으리라 생각한다. 독자들의 많은 지적을 바란다.

2003년 1월

저 자

차 례

1부 전기 회로와 소자 / 1

2부 전기의 생성 / 135

3부 반도체와 집적 회로 / 181

4부 정보화 시대의 전자 공학 / 223

1부

전기 회로와 소자

1장 원자, 전자 및 전하

2장 전기 회로 그리고 전압과 전류

3장 도전율과 저항

4장 옴의 법칙과 전력

1장 원자, 전자 및 전하

학습용어

원자(atom), 화합물(compound),
전자(electron), 원소(element),
이온(ion), 물질(matter), 분자(molecule),
양성자(proton),
가전자(valence electron)

목 표

- 화합물과 원소를 구별할 수 있다.
- 원자, 전자 및 양성자를 정의할 수 있다.
- 수소 원자를 그리고 각 부분에 명칭을 붙일 수 있다.
- 전자, 양성자 및 중성자의 전하를 설명할 수 있다.
- 입자 가속기의 목적을 설명할 수 있다.
- 정전하를 사용하는 산업 응용을 알 수 있다.

원자의 내부는 어떤지 궁금하게 여긴 적이 있는가? 또는 에너지가 무엇인지 궁금하게 여긴 적이 있는가? 나무, 금속 및 유리는 일반적인 물질이다. 표면은 매우 다르게 보이나 이들 물질에 대한 어떤 측면에서 유사한 것이 있는가? 번개란 무엇인가? 번개를 볼 수 있으나 그것의 원인은 무엇인가? 이 장은 이러한 질문에 대한 해답을 알 수 있다.

물질과 에너지

전기와 전자를 얘기하기 전에 물질과 에너지가 무엇인가를 알 필요가 있다. **물질**(matter)이란 공간을 차지하고, 질량 혹은 무게를 가지는 어떤 것이다. 전선, 가죽 및 유리 같은 것이 물질의 예이다. 과학자들은 그것이 어떻게 작용하는가를 알기 위해 물질의 특성을 연구한다.

물질은 **분자**(molecules)라고 불리우는 작은 입자로 이루어져 있다. 분자는 그보다 훨씬 작은 원자라는 입자로 이루어져 있다(그림 1·1). 전기와 전자를 공부하기 위해서는 전자가 원자의 일부이기 때문에 원자를 이해하는 것이 중요하다. 이 장에서는 원자의 구조와 그것의 전기적 특성을 다룬다.

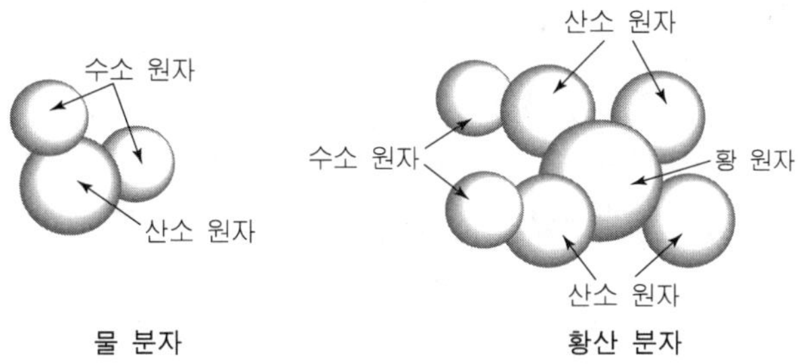

그림 1·1 분자는 여러 개의 원자로 이루어져 있다

물질 내에 모든 원소들이 비슷할 때, 그 물질을 **원소**(element)라고 한다. 구리, 철 및 탄소는 존재한다고 알려진 100여 개의 원소들 중 일부이다. 이종의 원소들이 결합하여 물질을 구성하는 것을 **화합물**(compound)이라 한다. 예를 들면 물, 소금 및 플라스틱과 같은 것이 있다.

과학자들은 또한 **에너지**에 관심을 갖는다. 에너지는 일을 할 수 있는 잠재적인 것이다. 에너지는 물질을 합치거나, 분리하거나, 또는 단순히 한 장소에서 다른 장소로 옮길 수 있다. 에너지는 열, 빛 및 전기 등과 같이 여러 가지의 형태를 가지고 있다. 전기 에너지는 전자의 운동으로 발생한다.

원 자

원자(atom)는 물질의 기본 단위이다. 원자는 전자, 양성자 및 중성자라 불리우는 작은 입자들로 이루어져 있다. **전자**(electrons)는 음의 전하를 띄고 있는 입자로 마치 태양 주위를 행성들이 돌듯이 원자의 핵 주위를 회전하고 있다. 양의 전하를 가진 **양성자**(protons)는 원자의 중심인 핵 속에서 중성자와 굳게 결합되어 있다. 이들은 원자의 전하를 결정하기 때문에 중요하다. 원자의 전하는 전기로 사용되는 에너지를 생성한다.

원자의 구조

원자의 중심 주위를 움직이는 전자의 경로를 셀(shells) 또는 궤도라고 한다(그림 1·2). 원자는 핵 주위로 몇 개의 셀을 가질 수 있다. 이들 각 셀은 정해진 수의 전자만을 가질 수 있다. 이 숫자를 셀의 할당이라 부른다. 모든 원자의 셀은 각 전자의 할당을 채울 때, 원자가 안정한 상태에 있다고 한다.

모든 전자들이 비슷하고 모든 양성자도 비슷하다. 이와 같이 원자는 그들이 가지고 있는 전자와 양성자의 숫자만이 서로 다르다(그림 1·3). 핵 내의 양성자 숫자는 그 원자의 원자 번호이다. 중성자의 무게는 양성자의 무게와 거의 비슷하다. 원자량은 원자핵 내에 있는 전체 입자수(양성자와 중성자)를 말한다.

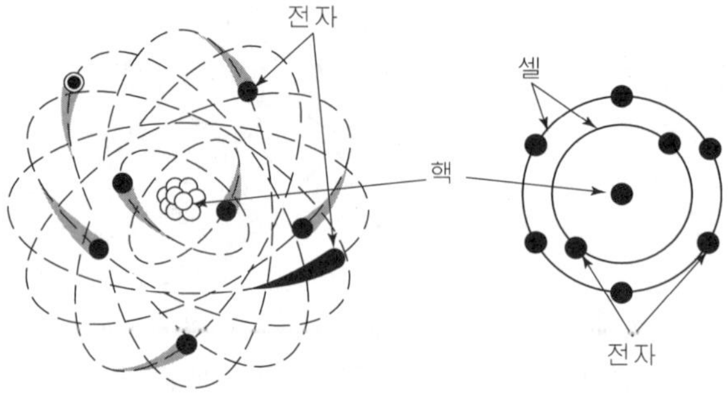

그림 1·2 핵 주위로 2개의 셀에서 돌고 있는 8개의 전자를 가진 원자의 내부 구조

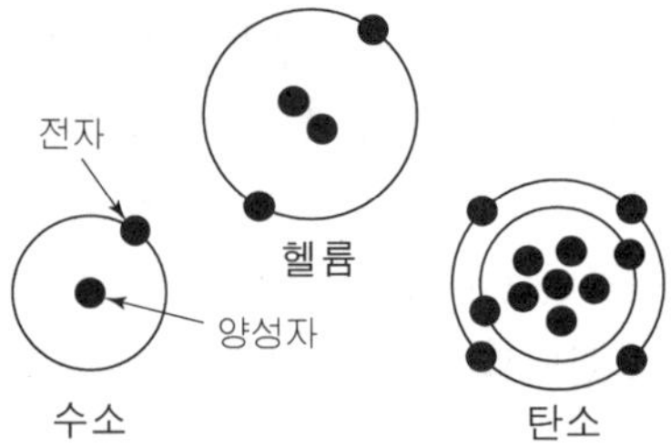

그림 1·3 수소, 헬륨, 탄소 원자에서 양성자와 전자

과학자들이 원자에 대한 많은 정보를 제공하는 동시에 더 많을 정보를 위한 연구를 계속하고 있다. **입자 가속기**(particle accelerator)로 수행된 실험은 원자핵에 대한 새로운 통찰력을 제공한다. 입자 가속기는 원자를 작은 조각으로 나눈다. 입자 가속기 시설에서 과학자들은 반대 방향에서 거의 빛에 가까운 속도로 양성자류를 보낸다. 양성자가 충돌할 때마다 그들은 파괴된다. 이때 많은 작고 보다 복잡한 아원자가 생성된다. 이 아원자 입자의 한 부류를 **쿼크**(quark)라고 한다. 그러나 아원자 입자의 토론은 이 교재의 범위에 벗어난다. 아무튼 이들 입자들은 고에너지 물리학 분야에서 과학자들에 의해 심도있게 연구가 진행되고 있다(그림 1·4).

그림 1·4 고에너지 물리학 연구를 위한 시설의 공중에서 본 사진

가전자

가전자(valence electron)는 원자의 가장 바깥 셀에 있는 전자들을 말한다. 전기 전자 공학에 있어 우리는 대부분 가전자의 행동에 관심을 갖는다. 그들은 어떤 상황에서는 모원자를 떠날 수 있다. 원자에서 가전자의 숫자는 물질의 중요한 전기 및 화학적 특성을 결정한다.

에너지 준위와 자유 전자

원자의 셀에 있는 전자는 어떤 **에너지 준위**에 위치해 있다고 한다. 이들 준위는 원자의 핵으로부터 전자 셀의 거리와 관계있다. 열, 빛, 또는 전기와 같은 외부 에너지가 어떤 물질에 적용될 때 이들 물질들의 원자내 전자는 어떤 에너지를 얻는다. 이것은 전자가 더 높은 에너지 준위로 가게 한다. 이와 같이 그들 원자의 핵에서 더 멀리 움직인다(그림 1·5(a)).

전자가 가능한 가장 높은 에너지로 움직였을 때(또는 원자의 최외각 부분), 원자핵 내의 양성자의 전하에 의해 가장 약하게 끌린다. 만일 원자에 충분한 에너지가 인가되면 **최외각 전자** 또는 원자 가전자의 일부는 원자를 떠날 것이다. 그러한 전자를 **자유 전자**(free electron)라 한다(그림 1·5(b)).

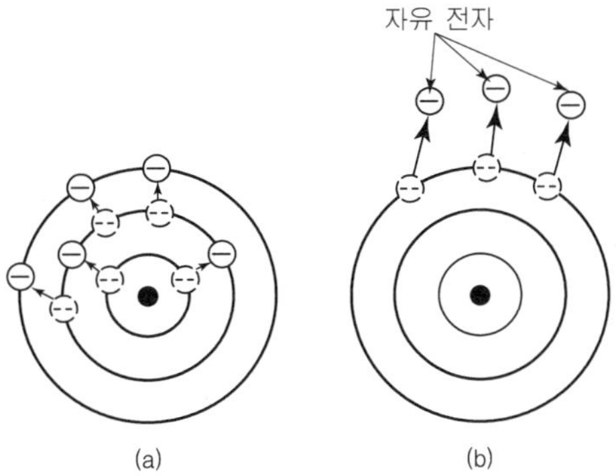

그림 1·5 원자내 전자들의 일부는 에너지를 흡수하여 더 높은 에너지 준위로 이동하거나, 원자에서 이탈한다.

전 하

전자와 양성자는 **전하**로 알려진 작은 양의 에너지를 가지고 있다. 전자는 음의 전하를 가지고 있다. 양성자는 양의 전하를 가지고 있다. 중성자는 전하를 가지고 있지 않고, 그들은 중성이다. 각 전자에서 음전하의 양은 각 양성자에서 양전하의 양과 같다. 원자를 유지하기 위해 이런 다른 극성의 전하들은 서로 당긴다.

정상적인 조건에서 원자 내의 음전하와 양전하는 같다. 이것은 원자에서 양성자와 전자의 수가 같기 때문이다. 이러한 조건의 원자는 전기적으로 **중성**이다(그림 1·6).

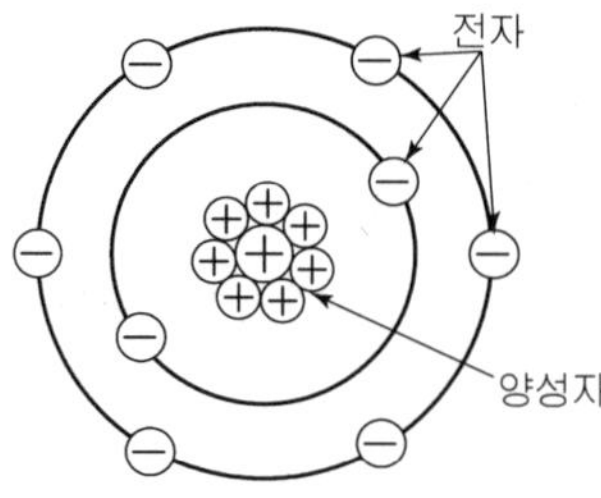

그림 1·6 전기적으로 중성인 원자의 양성자와 전자의 수는 같다

이 온

만일 양전하와 음전하가 같지 않다면 원자는 이온이 된다. 다시 말하면 **이온**(ion)은 하전된 원자이다. 중성 원자가 전자를 얻으면 원자에서 양성자보다 전자가 더 많게 된다. 그러면 원자는 음이온이 된다(그림 1·7(a)). 중성 원자가 전자를 잃으면 양성자는 남아 있는 전자의 수보다 많게 된다. 그러면 원자는 양이온이 된다(그림 1·7(b)). 다른 전하를 가진 이온은 서로 끌어당긴다. 같은 전하를 가진 이온은 서로 밀어낸다. 원자가 전자를 얻든가 또는 잃든가 하는 이와 같은 과정을 **이온화**(ionization)라고 한다.

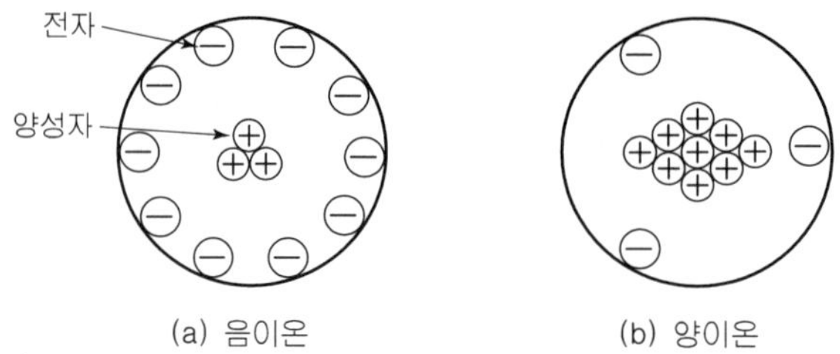

그림 1·7 이 온

쿨 롬

물체가 가지는 전하의 크기는 그 물체 내에 양성자수에 대한 전자의 수에 의존한다. 이 비교의 측정 단위가 쿨롬(coulomb)이다. 1쿨롬은 6,240,000,000,000,000,000 (6.24×10^{18})전자를 나타낸다. 이와 같이 물체가 양성자보다 624경이나 되는 많은 전자를 가지고 있다면 그 전하는 -1 쿨롬이 된다. 또한 물체가 양성자가 전자보다 624경개 더 많다면, 물체의 전하량은 $+1$쿨롬이다. 이 단위는 프랑스의 물리학자 Charles A. Coulomb(1736~1806)의 이름을 딴 것이다.

활동하는 전하

하늘에 번개가 치는 것은 특히 태풍이 부는 여름에 흔히 볼 수 있는 광경이다. 번개는 대기 중에서의 자연적인 **전기 방전 현상**이다. 번개가 친 다음에 천둥치는 소리를 듣는다. 번개는 강한 전하가

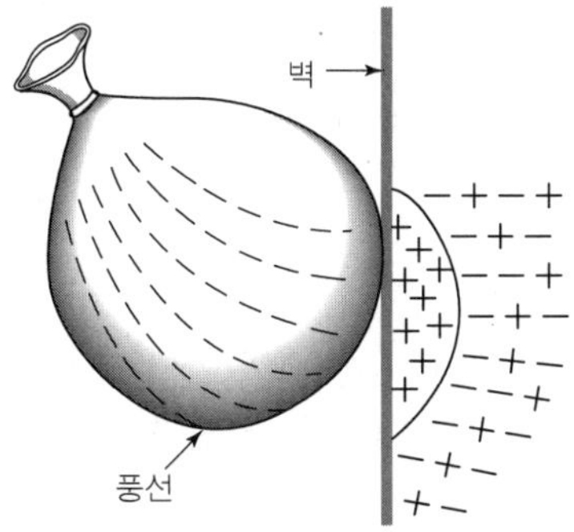

그림 1·8 반대되는 전하는 서로 끌어당긴다. 그러므로 문지른 풍선이 벽에 붙게 된다.

구름에 축적된 결과이다. 일반적으로 음전하는 구름의 아래 부분에 집중되고 양전하는 구름의 윗부분에 집중된다. 전하가 충분히 높으면 구름과 지면 사이에서 **방전**한다. 천둥 소리는 번개의 열에 의해 발생된 충격파의 결과이다.

전하를 발생시키는 간단한 방법은 **마찰**이다. 예를 들면 천으로 고무 풍선을 세게 문지르면 전자가 천에서 풍선으로 옮겨간다. 그 결과, 풍선은 음전하를 띠게 된다. 만일 풍선을 벽에 가져가게 되면 풍선의 음전하는 벽의 표면에 있는 음전하와 반발하게 된다(그림 1·8). 이어서 벽의 표면은 양전하로 하전된다. 그러면 풍선과 벽의 작은 영역에서 서로 반대되는 전하 사이에 인력이 작용하여 풍선이 벽에 붙어 있게 된다. 비단으로 유리와 같은 물질을 세게 문지르면 유리는 전자를 잃고 양으로 하전된다.

정전기

위의 보기에서 하전된 풍선과 벽 사이의 인력은 종종 **정전기**(static electricity)라 불리우는 정전기 에너지에 의해 행해진 일이다. 정전장은 모든 하전된 물체를 둘러싸고 있는 에너지이다(그림 1·9). 이러한 종류의 전기는 풍선과 벽 사이에서 전자의 움직임이 없다. 이때 전기는 정전기라고

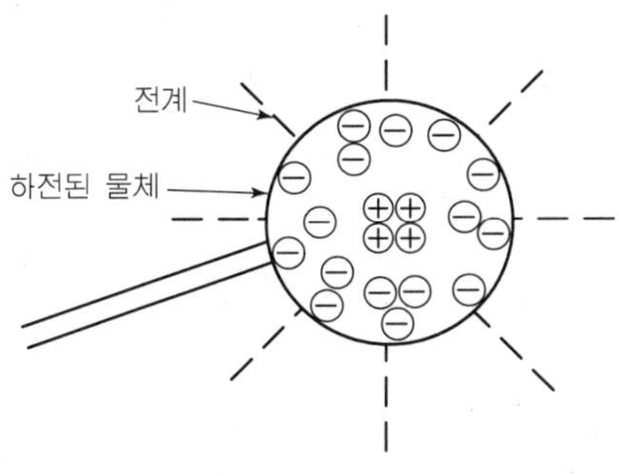

그림 1·9 모든 전하 주위를 보이지 않는 전계가 둘러싸고 있다

말한다. 정전기는 때로 성가신 것으로 생각되지만, 축전기 및 공기 정화기와 같은 기기와 연마지를 제조하는 산업 공정에서 정전기를 이용한다.

제조 공정

정전하가 사포를 만드는데 어떻게 쓰여지는지 알아본다(그림 1.10). 사포는 나무나 금속의 표면을 부드럽게 하는 데 쓰인다. 이송 벨트는 음으로 하전된 플레이트 위의 연마제를 이송한다. 접촉에 의해 연마제 입자는 음으로 대전되어 있다. 동시에 접착 코팅으로 끈적끈적한 종이는 양으로 하전된 플레이트 아래로 움직인다. 이것은 종이가 양전하를 가지게 한다. 서로 반대되는 전하는 끌어당기기 때문에 연마제 입자는 종이에 붙게 된다. 이 입자들은 종이 위에 매우 균일하고 조밀한 연마 표면을 형성한다.

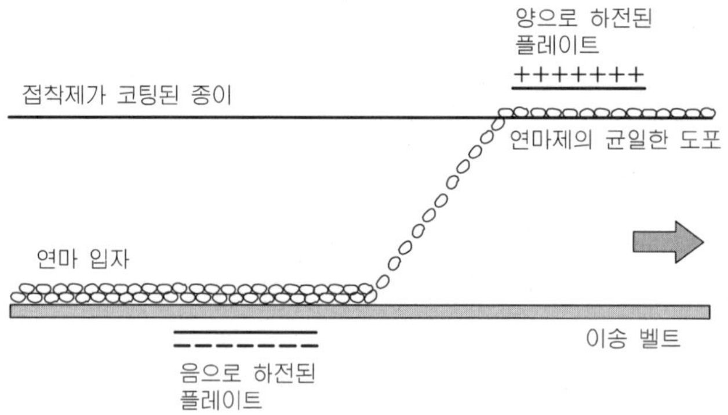

그림 1·10 정전하는 사포를 만드는데 사용된다

환경 보호

정전기는 공기 정화기와 같이 환경을 보호하는 데도 사용된다(그림 1·11). 제조업자들은 이 기기를 공기 오염을 감소시키는데 사용한다. 가열로 통해 순환할 때 공기를 정화시키는 가정 난방 시스템에도 사용될 수 있다. 정전기 공기 필터는 단순한 천이나 종이 필터보다 훨씬 효과적이다. 천과 종이는 공기로부터 큰 입자만을 제거한다. 정전기 필터는 작은 입자를 제거할 수 있다. 그림에 나타내는 바와 같이 더러운 공기가 1차 종이 필터를 통과하면서 큰 먼지나 지푸라기 조각을 제거한다. 마지막으로 공기는 음으로 대전된 필터를 통과한다. 미세한 입자는 그곳에서 잡힌다. 필터가 먼지를 잡게 되면 공기는 깨끗하게 된다.

공기의 다른 환경적인 사용인 정전스프레이 페인팅은 표면을 아름답게 마무리하는 일반적인 방법이지만 낭비가 심하다(그림 1·12). 페인트의 많은 양이 표면에 붙지 않는다. 그것은 공기 중에 스프레이 먼지로 남는다. 스프레이 먼지는 낭비적일 뿐 아니라 건강에도 해롭다. 스프레이 먼지의 대부분은 칠할 물체를 양으로 대전시키고, 페인트를 음으로 대전시켜 없앨 수 있다.

그림 1·11 정전 공기 청정기

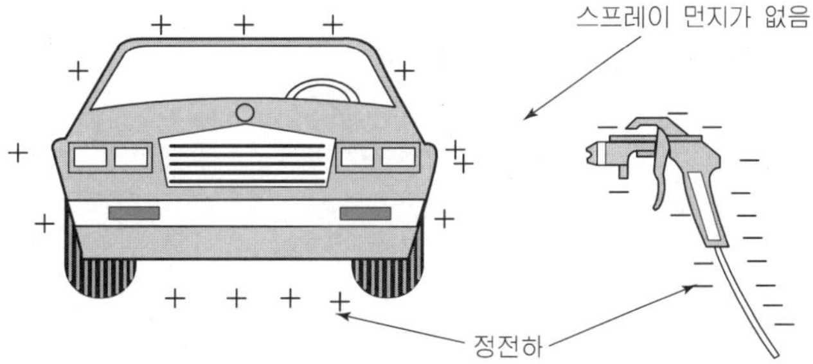

그림 1·12 정전 스프레이 페인팅

더구나 전하는 페인트가 칠해질 때마다 감소되기 때문에 일정한 두께로 칠하는 것이 가능하다.

정전기는 매우 유용하지만 램프나 히터, 모터 및 다른 기구 등과 같은 부하들을 작동시킬 수 없다. 이것은 2장에서 다루게 될 동전기가 담당한다.

연습문제

1. 공간을 점유하고 질량을 가지는 것을 무엇이라고 하는가?
2. 일을 행하는 퍼텐셜을 무엇이라고 하는가?
3. 전자가 원자의 핵 주변을 움직이는 경로를 일반적으로 무엇이라 부르는가?
4. 원자의 핵들은 무엇으로 구성되어 있는가?

5. 원자는 그들이 함유하고 있는 무슨 수에서 다른 원자와 다른가?

6. 원자의 핵들에서 양성자의 수는 그 원자의 무엇으로 알려져 있는가?

7. 원소의 공통된 요소를 적어라.

8. 원자의 최외각 셀에서 전자는 무엇이라고 부르는가?

9. 전자는 무슨 전하를 가지고, 양성자는 무슨 전하를 가지는가?

10. 전기적으로 중성인 원자는 동일한 무엇을 가지는가?

11. 원자의 핵으로부터 전자 셀의 거리와 연관되는 것을 무엇이라 하는가?

12. 만일 중성인 원자가 전자를 얻는다면 그것은 무슨 이온인가?

13. 만일 중성인 원자가 양성자를 얻는다면 그것은 무슨 이온인가?

14. 원자가 각각 전자를 얻거나 잃는 과정을 무엇이라고 부르는가?

15. 전기적 전하 발생의 간단한 방법은 무엇인가?

16. 모든 대전된 물질은 무엇으로 둘러 싸여 있는가?

2장 전기 회로 그리고 전압과 전류

학 습 용 어

교류(alternating current), 암페어(ampere), 도체(conductor), 전류(current), 사이클(cycle), 직류(direct current), 전기 회로(electric circuit), 직렬 회로(series circuit), 직·병렬 회로(series-parallel circuit), 전압(voltage)

목 표

- 이 장을 공부한 이후에 기본적인 전기 회로를 그릴 수 있다.
- 직렬 회로와 병렬 회로 그리고 직·병렬 회로의 차이점을 이해하고 이를 설명할 수 있다.
- 전압과 전류의 의미 그리고 AC와 DC의 차이점 및 정현파가 무엇을 나타내는지를 설명할 수 있다.

여러분은 회로의 사전적 의미가 순회 과정이나 회전 경로라는 것을 알고 있다. 그러면 전기 회로란 무엇인가? 그것은 지구 주위를 회전하는 달의 궤도와 같은 것인가? 순회 재판관이 그의 의무를 수행하러 돌아다니는 것과 같은 것인가? 달이나 순회 재판관처럼 전기는 회로의 내부를 여행할 수 있다. 이 장에서는 이러한 전기 회로에 대해서 배우게 될 것이다.

회로 부품

전기 회로(electric circuit)는 전자가 움직일 수 있는 완벽한 경로를 이루고 있는 연결된 부품들의 조합이다. 회로의 목적은 이동하는 전자의 에너지를 이용하는 것이다. 그러므로 회로는 전기 에너지가 다른 형태의 에너지(열, 빛, 또는 자기)로 변화될 수 있는 시스템의 부품이거나 구성 요소가 된다. 기본적인 전기 회로는 그림 2·1과 같이 4가지의 부품, 즉 ① 에너지원, ② 전도체, ③ 부하, ④ 제어 장치로 구성된다.

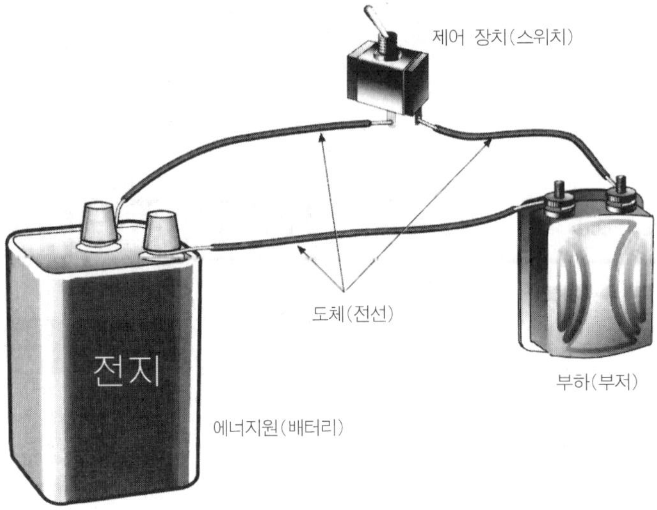

그림 2·1 기본적인 전기 회로

에너지원

회로 내의 에너지원은 전자가 이동할 수 있게 하는 힘을 생산한다. 그것은 물이 파이프를 통해서 흐를 수 있도록 하는 펌프와 같다. 전기에서는 이 힘을 **전압**(voltage) 또는 **기전력**(electromotive force)이라 부른다. 전기 회로에서 사용되는 가장 일반적인 에너지원은 화학 전지나 전기 기계 발전기이다. 이 장치들은 회로 부품을 통해서 전자들이 이동하는데 필요한 일을 수행한다.

전자들은 음(−)전하로 대전되어 있기 때문에, 그들은 양(+)전하에 의해 끌어당겨지고 음전하에 의해서는 떠 밀려지게 된다. 만약 두 개의 대전된 물체가 전선과 같은 도체로 연결되어 있다면, 전자는 음전하를 띠는 물체에서 양전하의 물체로 흐를 것이다. 이런 전자의 흐름을 **전류**(current)라고 한다.

전선에 전류를 연속적으로 흐르게 하기 위해서는 그림 2·2에서 나타내는 바와 같이 에너지가 반드시 지속적으로 공급되어야만 한다. 전자들은 회로를 통해서 이동할 때 소모되지는 않는다. 그러므로

주의 사항

이 교재는 음(−)의 단자로부터 양(+)의 단자로의 전자들의 흐름으로 전류를 나타내는 형상의 전자 이론을 사용한다. 전통적 이론이라 불리는 고전의 이론이다. 전통적 이론은 전자의 흐름의 반대 방향인 (+)전하의 흐름으로서 전류를 나타낸다. 전통적인 전류의 흐름 이론과 전자의 흐름 이론은 둘 다 허용되고 있으며, 서로 다른 응용에 이용되고 있다. 어떻든지 간에 이 교재에서 모든 화살표는 (−)전하에서 (+)전하로의 전류 방향을 나타낸다.

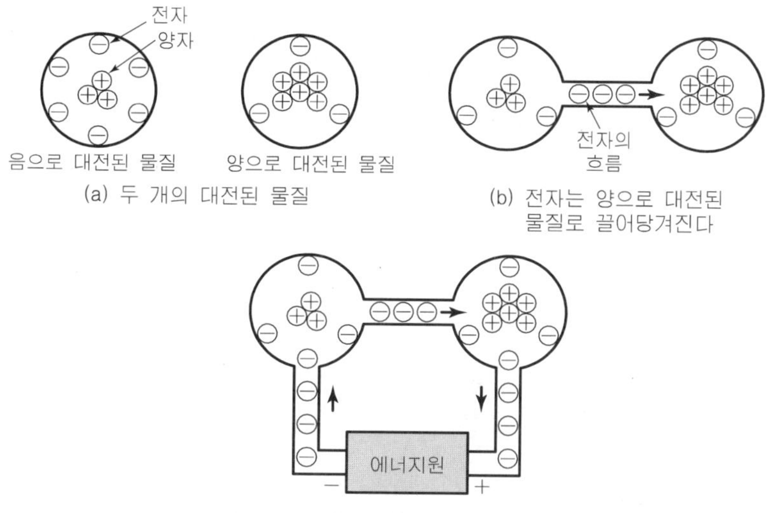

(a) 두 개의 대전된 물질

(b) 전자는 양으로 대전된 물질로 끌어당겨진다

(c) 전원은 전자의 연속적인 공급을 제공한다

그림 2·2

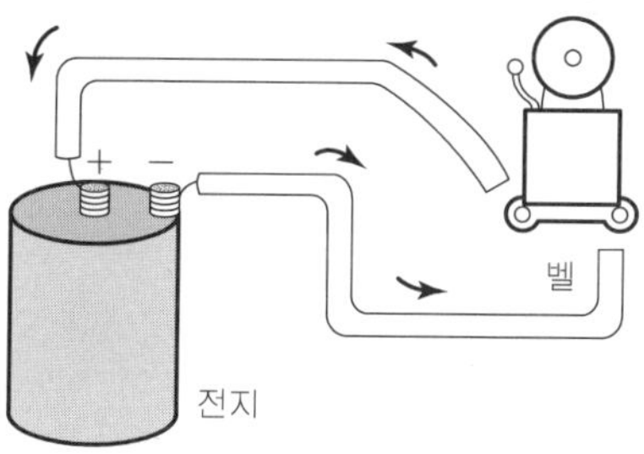

그림 2·3 전자들은 소모되지 않으므로 회로를 통해서 이동한다.

그림 2·3과 같이 에너지원의 (+)단자로 되돌아오는 전자의 수는 에너지원의 (−)단자를 떠나는 전자의 수와 같다.

도 체

회로내 도체(conductor)들은 전자들이 회로를 통해 이동할 수 있는 쉬운 경로를 제공한다. 구리가 가장 일반적인 도전 재료이다. 그것은 전선이나 바(bar) 또는 채널의 모양으로 사용된다. 구리선은 나선이거나 여러 종류의 절연 물질로 피복되기도 한다. 절연체는 도체가 서로 접촉하거나 다른 도체와 접촉하는 것을 방지하는데 사용된다. 따라서, 절연체는 그림 2·4와 같이 단락을 막아 준다.

어떤 회로에서는 구리 도체 이외의 금속 물체가 도전 경로로 많이 쓰인다. 예를 들어 자동차에

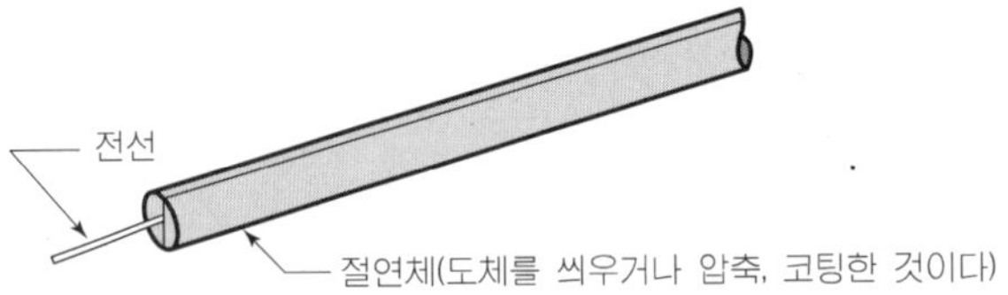

그림 2·4　절연선. 몇몇 기본적인 절연체는 네오프렌, 고무, 나일론, 폴리에틸렌, 테플론, 비닐, 종이, 에나멜이다.

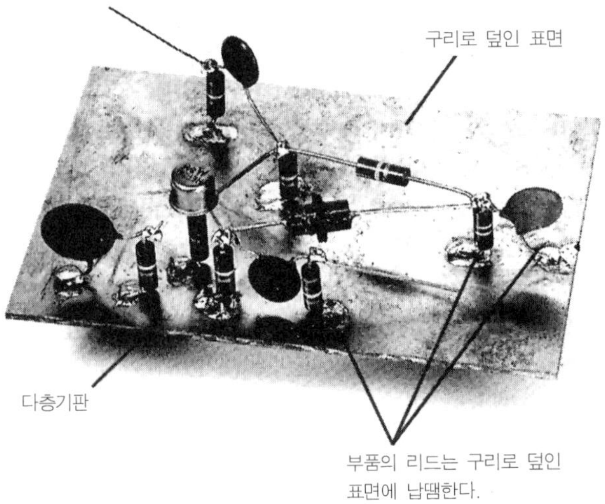

그림 2·5　기판의 구리로 덮인 표면은 회로의 공통 도체를 제공한다

서는 차체 전체가 도체 역할을 한다. 그것은 다양한 전기 전자 장치들에 전압원(자동차 전지)을 연결하여 많은 회로들을 완성시켜 준다. 전기 소자들을 유지해주고 있는 금속 섀시나 프레임도 전기 회로를 구성해 주는 공통 도체로 이용된다. 그림 2·5는 공통의 도전 경로를 이루기 위해서 새로운 방법을 이용한 회로를 보인 것이다. 이 회로의 많은 소자들은 구리가 입혀진 표면에 직접 납땜이 되어 있다. 구리가 입혀진 표면은 이 소자들을 서로 연결시켜 주는 공통 도전 경로이다.

부 하

부하(load)는 움직이는 전자들의 에너지를 다른 유용한 에너지의 형태로 변환시키는 회로 부품이다. 백열 전구는 매우 일반적인 회로 부하이다. 전자들이 램프의 필라멘트를 통하여 움직이기 때문에, 이런 전자들의 에너지는 열에너지와 빛에너지로 변화된다.

부하들은 직렬 병렬과 직·병렬의 조합으로 회로에 연결되어 질 수 있다. **직렬 회로**(series circuit)는 그림 2·6(a)와 같이 에너지원의 한 단자에서 다른 단자로 전자가 이동할 수 있는 오직

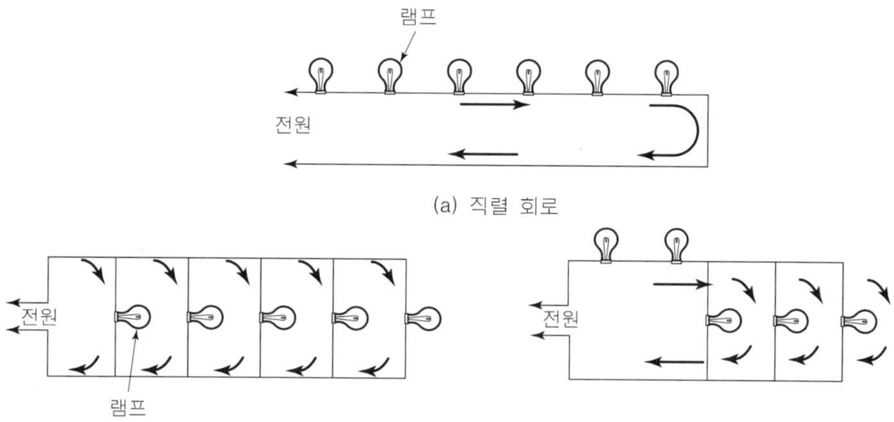

(a) 직렬 회로

(b) 병렬 회로

(c) 직 · 병렬 회로

그림 2·6 회로 연결

하나의 경로(폐로)를 제공한다. **병렬 회로**(parallel circuit)에서는 그림 2·6(b)와 같이 전자들이 흐를 수 있는 두 개 이상의 서로 다른 경로(폐로)들이 있다. 직렬과 병렬이 혼합된 **직 · 병렬 회로**(series−parallel circuit)는 그림 2·6(c)에 나타내었다.

직렬 회로와 병렬 회로가 몇 가지의 경로(폐로)를 갖는 하나의 회로를 구성하기 위해서 결합되고, 전자들이 하나의 부하 이상을 통해서 흐르도록 결합되어 있음에 유의해야 한다.

제어 장치

그림 2·7과 같은 기계적인 벽(wall) 스위치는 간단한 회로 제어 장치의 일례이다. 이 스위치는 회로를 열고 닫는 역할을 한다. 스위치가 온(on) 상태에 있으면 전자가 회로를 통하여 움직일 수 있도록 도체로서 동작한다. 이때 회로는 "닫혀 있다."라고 말한다. 이 상태에서 회로는 폐회로가 된다. 스위치가 오프(off) 상태이면, 회로의 경로는 끊어진다. 즉, 전자들이 더 이상 회로를 통하여 움직일 수 없다. 이때 그 회로는 "열려 있다."라고 말한다. 즉, 다시 말하면 그것은 개회로가 된다.

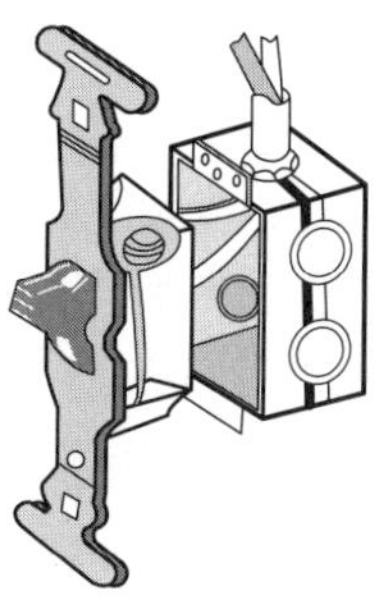

그림 2·7 온−오프 스위치는 제어장치의 한 예이다

이와 같이 잘 알려진 온-오프 스위치들과 마찬가지로 다른 소자들도 회로내 전자들의 흐름을 제어하거나 스위칭 동작을 공급할 수 있다. 이러한 것들로는 전자 계전기, 다이오드, 트랜지스터, 그리고 논리 회로 등이 있다. 이들 스위칭 소자들은 많은 곳에 이용된다. 예를 들면 용광로, 오븐, 그리고 공기 조화 장치들이 온도를 자동적으로 관리하기 위하여 이런 스위치들을 사용한다.

전 압

앞에서 설명한 바와 같이 회로를 통하여 전자들을 강제로 이동시키는 에너지를 기전력이라고 부른다. 기전력(emf)은 볼트(voltage)라고 불리는 단위로 측정된다. 이러한 이유에서 기전력을 흔히 전압이라 부른다. 전압이란 용어를 듣거나 읽을 때, 그것이 회로를 통해서 전자들을 이동시키는 힘이라는 것을 분명히 알았을 것이다. 집에서 쓰는 대부분의 전기 전자 장비들은 대략 100/220 V에서 동작한다. 산업체에선 더 높은 레벨, 즉 330 V, 3300 V나 그 이상의 전압을 사용한다. 보통 플래시 건전지는 1.5 V를 제공하며, 최신식 자동차 전지는 12 V를 제공한다. 텔레비전 브라운관을 동작시키기 위해 사용되는 전압은 30,000 V 정도로 높다.

전 류

앞에서 배운 것처럼 전자들의 움직임을 전류라고 부른다. 그것은 **암페어**(ampere)라고 불리는 단위로 측정된다. 1암페어의 전류는 1초 동안 회로의 한 점을 지나가는 전자 1쿨롬(6.24×10^{18})의 움직임과 같다. 100 W 백열 전구를 동작하기 위해선 약 0.4 A의 전류가 필요하다. 1마력 전동기를 동작시키기 위해서는 약 3 A의 전류가 필요하다. 자동차의 시동 모터는 그 시동 스위치가 켜질 때 200 A 이상이 사용될 수 있다.

전압과 전류의 요구 사항

어떤 전기 기구가 알맞게 작동하려면 에너지원은 두 가지 일을 할 수 있어야만 한다. 첫 번째로 전압을 공급해야 한다. 두 번째로 그 설계된 장치로 전류를 전달해야만 한다. 예를 들면 12 V를 발생하는 전지를 만들기 위해서 8개의 1.5 V 플래시용 건전지들을 함께 연결시킬 수 있다. 그러나 이 전지로 자동차 엔진을 점화시키려고 하면, 그것은 작동되지 않을 것이다. 이것은 건전지나 자동차의 전기 시동 모터를 동작시키기 위해서 필요한 많은 양의 전류를 공급할 능력을 가지고 있지 않기 때문이다. 동작을 시키기 위해서는 훨씬 더 큰 전지, 즉 12 V를 공급할 수 있는 것 이외에도 훨씬 더 많은 양의 전류를 공급할 수 있는 능력을 가진 전지를 사용해야만 한다. 그러므로 전기 장비와 도구들의 전압과 전류의 요구 조건을 모두 알고 있는 것이 중요하다. 이런 요구 사항은 제품들에 붙인 레이블(label)에 주어지며, 이들은 또한 제품의 기술적인 자료(manual)에서 찾아볼 수 있다.

직류(DC)

직류(direct current)는 안정된 전압원에 의해서 회로에 제공된다. 즉, 전압원 극성 양(+)단자와 음(−)단자는 시간이 지나도 변화하지 않는다. 이런 단자들은 고정된 극성을 가지고 있다고 말한다. 그러므로 전류의 방향은 시간이 지나도 변화하지 않는다. 그러한 전압은 전기 셀, 전지, 그리고 직류 발전기들에 의해서 공급된다. 직류는 그림 2·8(a)에서와 같이 그 값의 변화가 없이 일정하고 안정적일 수 있으며, 그림 2·8(b), (c)와 같이 변화하거나 맥동을 할 수도 있다.

인가된 전압과 부하의 특성이 제공되는 직류의 종류를 결정한다.

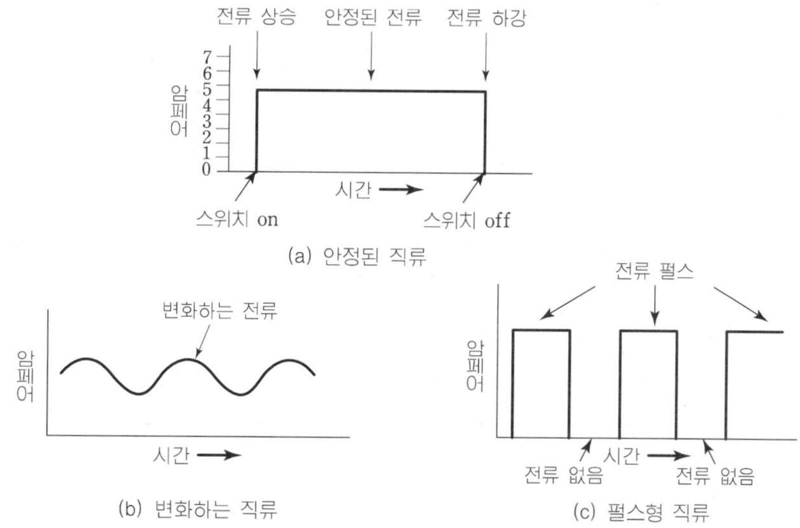

그림 2·8 직류

교류(AC)

교류(alternating current)는 시간에 따라 극성이 바뀌거나 변화하는 전압원에 의해서 제공된다. 이것은 회로내 전류가 그림 2·9와 같이 처음에 한 방향으로 흐르다가 다음에는 다른 방향으로 흐르도록 만든다. 가장 일반적인 교류 전압원은 교류 전류 발생기(alternator)이다.

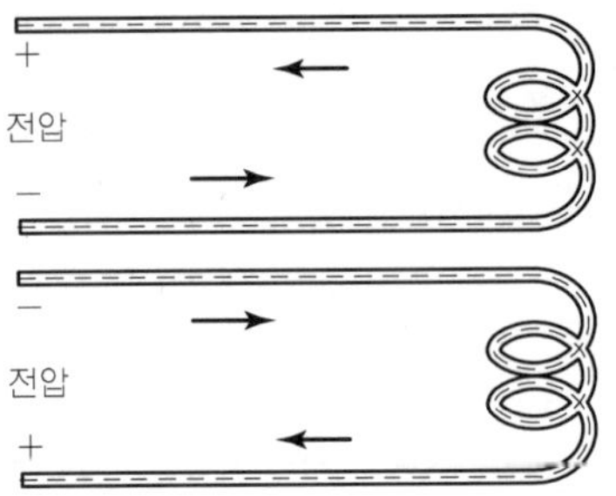

그림 2·9 AC 회로 내에서의 전압의 극성은 규칙적으로 교번되거나 변화한다

정현파(sinusoidal) 교류 전류

방향을 바꾸어 주는 것에 부가해서, 많은 종류의 교류 전류는 시간에 따라 값이 변화한다. 예를 들면 시간에 따른 전류의 변화가 정현파(sinewave)의 형태를 따를 수 있다. 이것을 정현파 교류 전류라고 한다. 우리나라에서는 대부분의 전기 설비가 사용자에게 정현파 교류 전류와 전압을 제공하고 있다.

정현파

정현파라고 불리는 그림 2·10과 같은 그래프는 어떤 주기 시간 동안에 회로의 주어진 점을 통과한 전류의 값과 방향을 보여주고 있다. 하나의 완전한 파형은 교류 전류의 한 **사이클**(cycle)이 된다. 한 사이클을 완성하는데 필요한 시간이 정현파의 주기이다.

그림 2·10에서 수직선 AB의 점들은 전류값들을 나타내고, 기준선 CD는 시간축을 나타낸다. 굵게 그려진 정현파의 곡선은 한 사이클 동안 전류가 어떻게 변화하는지를 보여준다. 기준선 위의 정현파 부분은 한 방향으로의 전류 이동을 나타낸다. 기준선 아래의 정현파 부분은 또 다른 방향으로의 전류 이동을 나타낸다. 정현파 사이클의 1/2, 한번 교번되는 동안에, (+)극성에서 한쪽 방향으로 이동하는 전류의 변화가 0에서 최대값으로 증가하고 나서 0으로 되돌아간다.

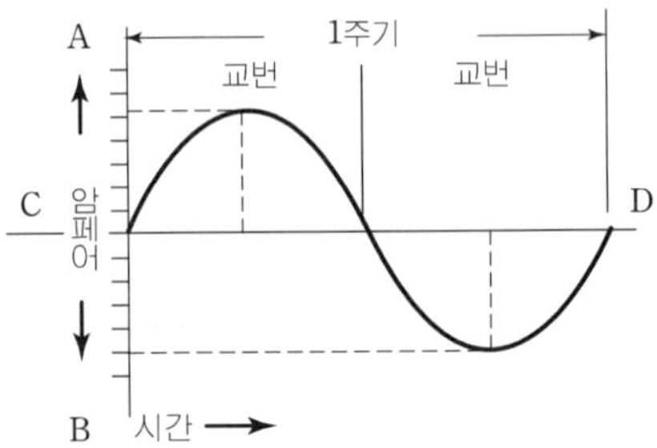

그림 2·10 정현 파형의 전류의 값의 변화를 시간에 따른 변화

수학 상식

단위 접두어

전압과 전류의 매우 작은 값과 큰 값은 보통 십진법 접두사 기호를 사용하여 표현된다. 이 정해진 기호들과 십진수의 값은 표 2-A에 나타나 있다.

이 표에 보여진 것과 같이 밀리(m)는 천분의 일을 의미한다. 0.001A의 전류는 1밀리암페어의 전류로 표현될 수 있고, 또한 1mA와 같이 더 간단히 표현할 수 있다. 마찬가지로 1,000V의 전압은 1킬로볼트 또는 1kV로 표현될 수 있다.

표 2-A 미터법과 기타 단위들에 이용되는 일반적인 수를 표기하는 접두사와 기호

접두사와 기호	등가 수	10의 승수
기가(G)	1 000 000 000	$=10^{9}$(십억)
메가(M)	1 000 000	$=10^{6}$(백만)
킬로(k)	1 000	$=10^{3}$(천)
밀리(m)	0.001	$=10^{-3}$(천분의 일)
마이크로(μ)	0.000 001	$=10^{-6}$(백만분의 일)
나노(n)	0.000 000 001	$=10^{-9}$(십억분의 일)
피코(p)	0.000 000 000 001	$=10^{-12}$(천억분의 일)

그 시점에서 전류는 반대 방향으로 (−)극성에서 다시 증가하기 시작하여 최대값까지 증가한 후에 다시 0으로 감소한다. 이것이 완전한 하나의 주기이다.

비정현파 교류 전류

교류 전압과 교류 전류는 파형이 그림 2·11과 같이 정현파와 같지 않을 수도 있다. 이것은 비정현파라 한다. 텔레비전 장치, 라디오, 그리고 다른 장치들은 이런 전압 파형을 가진 회로로 구성되어 있다.

(a) 구형 파형 (b) 톱니 파형 (c) 뾰족한 끝을 가진 파형

그림 2·11 비정현파의 교류 파형

직류 전류 또는 교류 전류의 활용

전기 에너지는 대개 교류 전류 형태로 공급된다. 따라서, 대부분의 전기 전자 제품은 교류로 동작하도록 설계되어 있다. 그러나 많은 생산품들이 교류나 직류로 동작할 것이다. 예를 들어, 오븐과 나리비와 같은 열적 소자를 갖고 있는 기의 모든 기기와 일반 램프들에 있어서 이것은 사실이다. 그러나 이런 기구들에도 올바른 전압이 인가되어야만 한다.

직류 전류는 트랜지스터나 집적 회로와 같은 전자 장치들을 작동시키는 데 필요하다. 배터리로 동작되지 않는 라디오는 직류가 공급되어야만 한다. 라디오 안의 특별한 회로가 급전 교류 전류를 직류 전류로 바꾼다. 이런 특별한 회로를 정류 회로라고 부른다. 직류 전류는 또한 배터리 충전과 금속의 전기 도금과 같은 많은 전기 화학 공정에도 사용된다.

0에서부터 어떤 최대 전압에 이르기까지 직류 전압 출력을 공급하도록 설계된 전원 공급기는 실험이나 회로 검사와 같은 전압의 가변 조작이 필요한 곳에서는 어디에서나 사용된다.

교류 전류는 컨베이어, 호이스트와 같이 제조 공장에서 사용하는 유도 전동기를 동작하는 데 사용된다. 유니버설 전동기라 불리는 기타 전동기들은 교류나 직류 전류 중의 하나를 이용해서 동작시킬 수 있다. 변압기는 시시각각으로 변화하는 교류 전류 또는 변화되거나 맥동하는 직류 전류 등에 의해 동작한다.

과학 상식

전력과 에너지

전력은 일을 하는 비율이다. 전기회로에서, 전력은 두 가지 방법으로 정의될 수 있다. 첫 번째, 전력은 회로에 가해진 전기 에너지의 비율이다. 두 번째로 전력은 전기 회로에서 에너지의 다른 형태로 움직이는 전자의 에너지로 전환시켜 일하게 하는 것의 비율이다. 그 힘의 기본단위를 와트(W)라고 한다. 전력은 에너지가 회로에 전달되는 비이므로 계산하기가 용이하다. 어떤 시간 단위에 전력을 곱하면 에너지가 된다. 이것이 회로에 전달되는 총에너지가 되며, 시간의 단위는 보통 시(hour)를 사용한다.

전력의 단위로는 보통 킬로와트(1,000W)를 사용하므로 대부분의 전기 회사에서 에너지 단위는 킬로와트-시(kWh)에 기초해서 사용료를 부과하고 있다.

연습문제

1. 전기 회로와 전자 회로의 목적은 무엇인가?
2. 회로의 기초적인 4가지 역할은 무엇인가?
3. 전류란 무엇인가?
4. 도체와 절연체에 대해서 설명하여라.
5. 직렬 회로와 병렬 회로에 대해서 설명하여라.
6. 기전력이란 무엇인가?
7. 기가(G), 메가(M), 킬로(K), 밀리(m), 마이크로(μ), 나노(n), 피코(p)에 대해서 10진수의 값으로 표기하여라.
8. 절연체에 종류에 대해서 설명하여라.
9. 정현파의 사이클(cycle)은 무엇인가?

3장 도전율과 저항

학습용어

도체(conductor), 유전체(dielectrics)
절연체(insulator), 옴(ohm)
전위차계(potentiometers)
저항(resistance), 저항기(resistor)
가변 저항기(rheostat)
초전도성(superconductivity)
허용차(tolerance)

목 표

- 도체와 절연체(유전체)에 대한 정의와 도선을 통한 전자의 흐름에 대해 알아본다.
- 탄소 혼합 저항기, 필름 저항기, 권선 저항기와 정밀 저항기와 같은 여러 가지 저항의 특성과, 색 코드로 표식이 가능한 탄소 혼합 저항기의 저항값을 읽는 방법에 대해 알아본다.

전자는 어떻게 한 곳에서 다른 곳으로 이동하는가? 이것은 보이지 않는다. 이러한 현상이 생기도록 하는 힘은 무엇인가? 이번 장에서는 절연체라는 물질에서 전자가 어떻게 제한이 되거나 지연이 되는지 설명한다.
움직이는 전자는 에너지를 가지고 있기 때문에 일을 할 수 있다. 전자가 하는 일은 무엇이고 회로에서 어떻게 통제되는지는 대개 전자들이 흐르는 금속의 종류에 달려 있다. 또한 전자가 쉽게 이동할 수 없는 금속들도 있다. 이러한 물질들에 대해서 알게 되면, 여러분은 전기를 이용하는데 도움이 될 것이다.

도 체

도체(conductor)는 전자가 쉽게 이동하는 물질이다. 이러한 물질에서 전압은 원자로부터 가전자를 쉽게 떨어져 나오도록 한다. 다시 말하면, 도체는 자유 전자를 가진 물질이다.

과학 상식

Henry Cavendish

영국의 물리학자이며 화학자인 Henry Cavendish (1731~1810)는 순수한 물보다 철선에서의 전기적 전도효과가 4억배 이상이라고 밝혔다. 그의 연구에 의해, 우수한 도체 중의 하나인 구리를 현재와 같이 사용하게 되었다.

세 가지의 우수한 도체로는 은, 구리, 알루미늄이 있다. 실제로 금속은 일반적으로 우수한 도체이다. 어떤 가스는 특별한 조건하에서 도체로 이용되기도 한다. 예를 들면 네온 가스, 아르곤 가스, 수은 증기, 나트륨 증기를 램프에 사용하는 경우를 들 수 있다.

전자 흐름

도선을 따라서 흐르는 전자의 기본적인 방법을 그림 3·1에 나타낸다. 그림 3·1에서 전지의 양(+)단자가 원자 3으로부터 원자가 전자를 끌어당길 때 전자의 흐름이 이루어지기 시작한다. 원자 3은 음전하 부분을 잃어버리고 양전하로 대전된다. 음전하 부분을 잃어버리게 된다. 그러므로 원자 2로부터 전자를 끌어당긴다. 차례로 원자 2는 원자 1을 끌어당긴다. 원자 1은 전자를 잃어버렸기 때문에, 전자는 전지의 음(−)단자를 떠나서 전자 1로 끌어당겨진다.

회로에서는 이런 동작이 도체 내부의 수많은 원자들 속에서 계속적으로 일어난다. 이것이 도체를 통한 자유 전자의 안정한 흐름을 생성한다. 이런 전자 흐름의 방향은 항상 전원의 음(−)단자에서 양(+)단자로 이동한다.

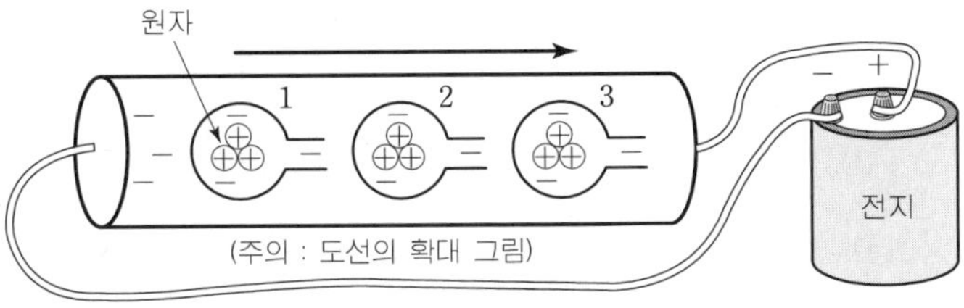

그림 3·1 도체에서 전압은 전자가 원자로부터 이탈하도록 도와준다. 그리고 이들 이탈된 자유 전자는 도체를 통해서 이동한다.

전기 임펄스

개개의 전자들은 도체를 통해서 비교적 느리게 이동한다. 보통 초당 1인치(25.4 mm)의 속도이하로 움직인다. 하지만 회로에 전압을 인가한 후에는 그 회로 내의 모든 장소에서 빛의 속도로 자유전자의 이동이 이루어진다.

빛의 속도로 움직이는 전기적 임펄스를 상상하기 어렵다면, 다음의 예로 쉽게 이해될 수 있을 것이다. 186,000마일(300,000 km) 길이의 회로를 설계한다고 생각해 보자. 이 길이는 적도에서 지구 둘레를 7번 이상 감을 수 있는 길이이다. 이런 회로에서 스위치를 닫고 난 후 1초 후에 전기 임펄스가 회로를 통해서 나타난 것이다.

저 항

단자 사이에서 방해하는 힘을 나타내는 것이 **저항**(resistance)이다. 전기 회로에서 전류의 흐름을 방해하는 도체의 성질을 저항이라 부른다.

전자가 도체를 통해서 흐를 때 이들은 다른 전자나 원자 입자와 충돌한다. 이러한 충돌은 도체를 통해서 이동하는 전자의 수를 감소시킨다. 이것은 진흙이나 모래로 일부가 채워진 호스나 파이프를 통과할 때, 물의 흐름이 어려운 것과 같은 경우이다.

저항의 기본 단위는 옴(ohm)이다. 이것은 Georg Simon Ohm의 이름을 따서 명명한 것이다. 그는 1787년부터 1854년까지 활동한 독일의 물리학자이다. 저항의 문자 기호는 R로 표기한다. 그림 3·2와 같이 회로에 1 V를 인가했을 때, 회로내 전류를 1 A로 제한하는 저항의 양을 1 ohm이라 한다.

큰 수치의 저항값은 보통 kilo나 Mega의 접두어로서 표현한다. 예를 들어 2,000옴의 저항은 2 k옴으로, 2,000,000옴은 2 M 옴으로 나타낸다. 그리스 대문자 오메가(Ω)를 옴의 약자로 사용한다. 예를 들어 수치 뒤에 ohm의 약자인 Ω을 써서 표기하는데, 25Ω이 그 예이다. 2킬로옴은 2kΩ으로, 2메가옴은 2MΩ으로 나타낸다.

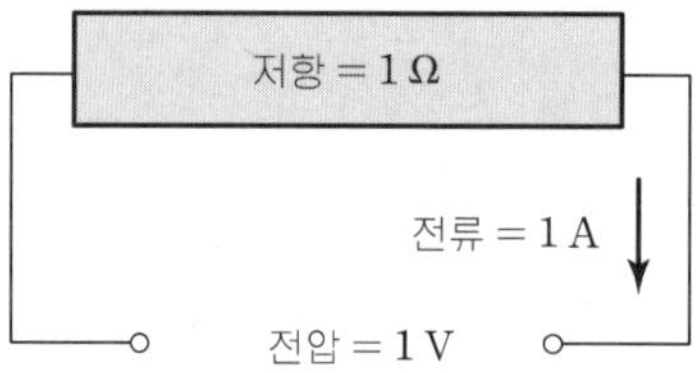

그림 3·2 1옴이란 회로에 1V를 인가시 회로상에 1A의 전류가 흐르도록 허용한 저항의 양이다.

금속 도체 저항

금속 도체의 저항은 다음의 4개 사항에 의해 결정된다.

① 저항을 만드는데 사용한 금속의 종류
② 금속 도체의 온도
③ 금속 도체의 길이
④ 금속 도체의 단면적

다른 금속 물질은 다른 전기 저항의 특성을 나타낸다. 표 3·1에 몇몇 기본적인 금속과 구리의 저항 차이를 비교해서 나타내었다.

과학 상식

초전도체와 저온학

극저온 상태의 가스와 금속의 효과에 대한 연구를 하는 학문이 저온학이다. 이 분야에 대한 최초의 기여자는 독일의 물리학자인 Heike Kamerlingh Onnes (1853~1926)이다. 1894년에 그는 저온 물리 실험실을 개설하였으므로 오늘날 이런 명칭이 부여됐다.

Onnes는 수많은 가스와 금속에 대한 극저온 효과를 연구했다. 여기서 그는 처음으로 초전도 효과를 밝혀냈다. 그는 어떤 금속의 전기 저항이 실제로 절대 온도 0도 근처에서 소멸되며, 따라서 전기적 전도성이 증가함을 발견했다. 1911년에 그는 수은이 절대 온도 약 4도에서 초전도성을 가지는 것을 관찰했다.

1986년과 1987년에 실온 근처에서 희토류 산화 세라믹이 초전도성을 띤다는 현상이 발견되었다.

일반적으로 금속은 가열될수록 저항이 더욱 증가된다. 같은 도선이라도 열선은 저온 상태의 도선보다 더 많은 저항력을 갖는다. 예를 들어 텅스텐 필라멘트로 이루어진 100 W의 백열 전구는 꺼져 있을 때, 약 10 Ω의 저항을 갖는다. 전구가 켜져 있을 때, 백열 전구의 필라멘트 저항은 약 100 Ω까지 증가된다. 일반 도체는 가열되면 평상시보다 더 빠르게 원자들을 움직이게 한다. 이것은 자유전자와 다른 원자 입자 간의 충돌 횟수를 증가시킨다. 이것은 결과적으로 도선을 따라 이동하는 전자의 흐름에 대한 저항도 증가시킨다.

온도가 오르면 저항이 증가하고, 온도가 내려가면 저항이 감소한다. 만약 온도가 절대 온도 0도(−273.16°C나 459.69°F)가 되면, 도체의 저항값은 0이 된다. 이것은 절대 온도 0도에서 물질의 모든 분자 활동이 멈추게 되기 때문이다. 그리고 전자의 흐름을 방해하는 것은 아무것도 없게 된다. 이러한 상태를 **초전도성**(superconductivity)이라고 한다. 온도가 절대 온도 0도에 근접하게 되면 회로적으로 저항은 0이 되는 것이다.

표 3·1 저항의 상대 비교표

금 속	연동과 비교한 저항값*
순수한 알루미늄	1.70
황 동	3.57
경 동	1.12
연 동	1.00
순수한 철	5.65
은	0.94
주 석	7.70
니 켈	6.25~8.33

* 예를 들면 은 도선은 같은 크기의 구리선에 비해 0.94배(94%)의 저항값을 가지며, 반면에 알루미늄은 1.70배(170%)의 저항값을 갖는다.

도선의 저항은 도선의 길이가 길어짐에 따라 증가한다. 만약 다른 길이를 갖는 두 개의 도선이 같은 단면적을 갖는다면, 길이가 더 긴 도선이 더 높은 저항값을 갖게 될 것이다. 그 이유는 다음과 같다. 길이가 긴 도선에서의 전자는 이동 거리가 아주 길어진다. 그래서 더 많은 충돌이 생기게 되는 것이다.

같은 길이를 가지는 전선의 경우에는 단면적이 넓은 전선이 보다 적은 저항값을 가지게 된다. 이것은 전자들이 이동할 수 있는 공간이 좀더 넓기 때문이다.

절연체의 저항

전기 절연체(insulator)는 전류의 흐름이 원활하지 않은 물질이다. 이 물질은 그들 원자의 핵에 가전자가 매우 강하게 구속되어 있다. 따라서 절연체 물질에서 많은 수의 자유 전자를 생성하기 위해서는 높은 전압을 인가해야만 한다. 보통 이런 물질들을 부도체, **유전체**(dielectric)라고 한다.

유리, 자기, 운모, 고무, 플라스틱, 종이, 나무가 이에 속한다. 이러한 물질은 그림 3·3과 같이 전류가 올바른 경로로 흐를 수 있도록 도체를 전기적으로 격리시키는 데에 이용된다.

반도체는 흔히 도체와 유전체의 중간적인 형태로 구분되는 물질에 사용되는 용어이다. 반도체는 우수한 도체도 우수한 절연체도 아니다.

도체와 절연체를 구분하는 확실한 경계선은 없다. 모든 절연체도 충분히 큰 전압을 인가한다면, 전류가 전도될 수 있다. 예를 들면 공기가 절연체로서 좋은 성질을 가지는 것을 알고 있다. 그러나 뇌우를 동반하는 동안, 구름과 지표면 사이에 발생되는 거대한 전압은 번개의 형태로 공기에 전류가 흐르도록 한다. 절연시키는 물질의 능력을 유전 강도라 한다. 그리고 실제로 매우 높은 저항을 갖는다. 몇몇 일반적인 절연체의 유전 강도를 표 3·2에 나타내었다.

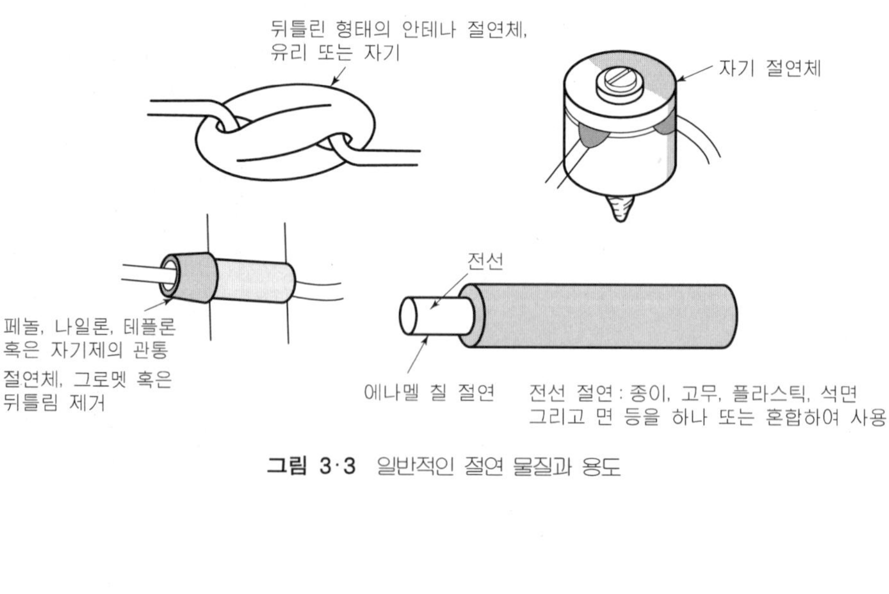

그림 3·3 일반적인 절연 물질과 용도

표 3·2 일반적인 절연체의 유전 강도

물 질	유전 강도 항복 전압(V/0.001인치)
베이클라이트	300
포르미카	450
유리(창)	200~250
마 이 카	3,500~5,000
폴리에스티렌	500~700
자 기	50~100
테 플 론	1,000~2,000
공 기	75
크래프트 종이(광택)	150
나 무	125~750

저항기

저항은 회로의 요구에 맞게 신중하게 설계된다. 회로 설계가 끝나면 저항은 회로에서 부하가 된다. 예를 들어 전기적 범위에서 발열체는 저항선이라 불리는 특수한 선으로 만들어진다. 전류가 이런 도선을 통해서 흐름에 따라, 이동 전자의 에너지가 유용한 열로 바뀌는 것이다. 저항은 여러 가지 회로 구성에 사용되며 저항기라 불리는 부품에 의해서 제공된다.

한편 도체에 너무 많은 전류가 흐르면 도체는 뜨거워지게 된다. 이것이 화재를 일으키거나 도체를 타게 하는 원인이 된다.

저항기의 종류

저항기(resistor)는 저항값을 갖고 있는 소자이다. 저항기는 그림 3·4와 같이 다양한 전기 및 전자 회로에서 사용되는 일반적인 부품이다. 저항기는 전압과 전류를 제어하는데 이용되며, 고정값이나 가변값을 가지고 동작한다. 저항기는 다양한 형태와 크기로 존재하며 몇 가지의 다른 물질로 만들어진다.

▶ 고정 저항기

고정 저항기는 규정된 조건하에서 같은 값을 유지하며, 단일 저항값을 갖는다. 고정 저항에는 보통 탄소 혼합 저항, 권선 저항, 필름 저항의 3가지 형태가 있다.

▶ 가변 저항기

가변 저항기도 역시 탄소, 필름, 권선의 형태를 갖지만 회로상에서 저항값의 양을 조절할 수 있

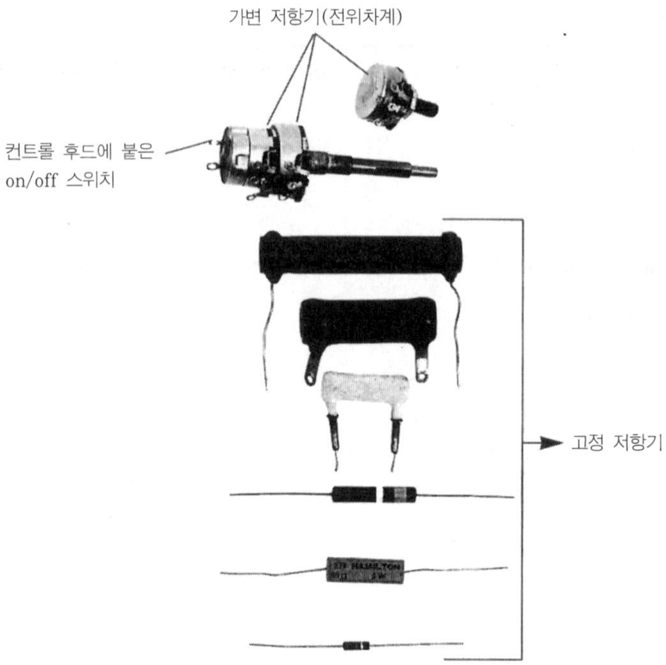

그림 3·4 저항은 여러 크기와 모양으로 만들어진다.

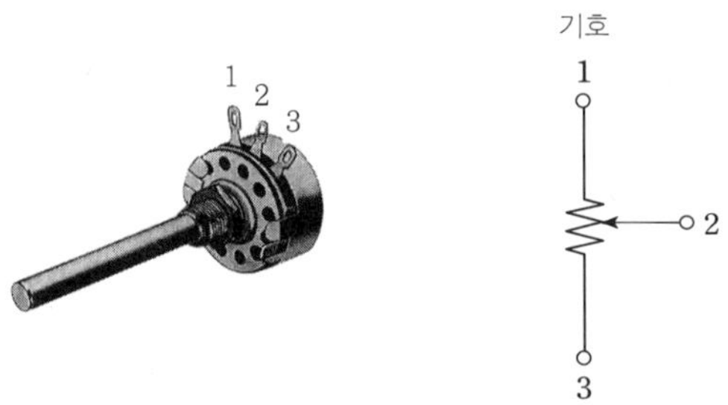

(a) 전위차계

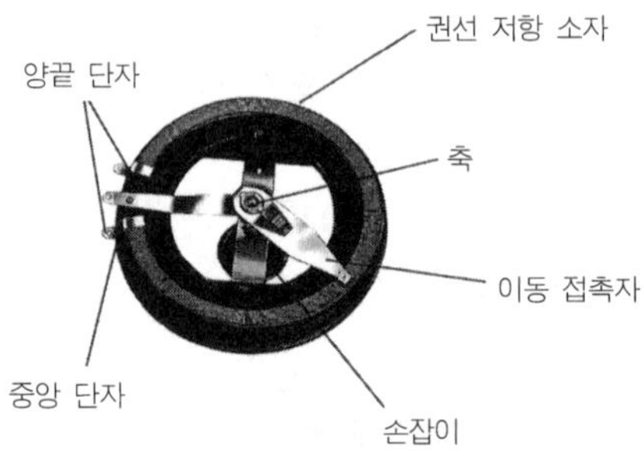

(b) 권선형 가변 저항기

그림 3·5 가변 저항

다. 가장 일반적인 가변 저항기로는 그림 3·5와 같이 전위차계(potentiometer)와 가변 저항기(rheostat)가 있다.

전위차계는 보통 탄소 혼합 저항 소자로 구성되고, 가변 저항기는 저항선으로 구성되는 가변 저항이다. 이 두 저항기는 모두 이동 접촉자(sliding arm)로 저항 소자와 접촉, 연결된다. 접촉자는 거의 한 바퀴를 회전시킬 수 있는 축에 부착되어 있다. 정밀한 전위차계는 10번 회전시킬 수 있으며, 그림 3·6과 같이 축이 회전할 때, 저항 소자에서 이동 접촉자의 접촉점이 변화하게 되고, 이것이 이동 접촉자와 저항 소자 사이의 저항을 변화시킨다.

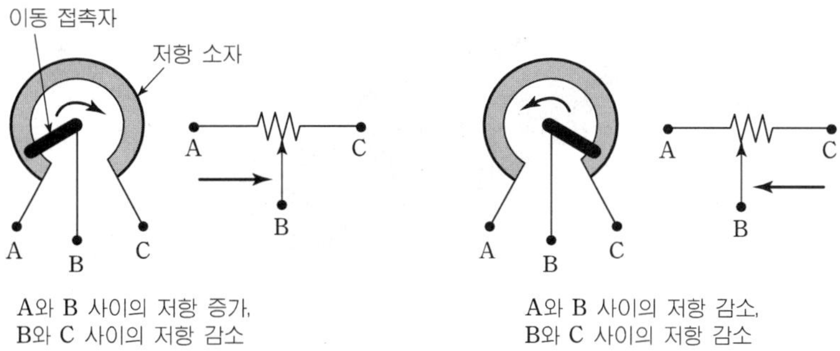

그림 3·6 가변 저항의 이동 접촉자를 움직이면 중앙 단자와 양끝 단자간의 저항이 변화한다.

▶ 가변 저항기

가변 저항기는 모터와 전구 회로와 같은 대전류를 제어하는데 이용된다. 그림 3·7에서는 가변 저항기가 어떻게 전구 회로에 연결되어지는지에 대한 예를 보여주고 있다. 전위차계와 유사하지만, 가변 저항기는 보통 그의 저항 소자가 보다 큰 전류를 전달하고, 보다 큰 열을 발산하기 때문에 훨씬 더 크다.

▶ 전위차계

전위차계는 그림 3·8에 나타내는 바와 같이 회로에 인가하는 전압의 값을 변화시키는데 이용된다. 이 회로에서 입력 전압은 저항 소자의 A와 C 단자에 공급된다. 이동 접촉자의 위치가 변하면 B, C 단자간에 걸리는 전압이 변한다. 이동 접촉자가 단자 A에 가까울수록 회로의 출력 전압은 증가한다. 이동 접촉자가 단자 C에 가까울수록 회로의 출력 전압은 감소한다.

전위차계는 보통 증폭기, 라디오, TV 수상기와 여러 계측기에서 조절 장치로 사용되며, 흔히 음향, 평형, 밝기, 영점 조정 등에 이용된다.

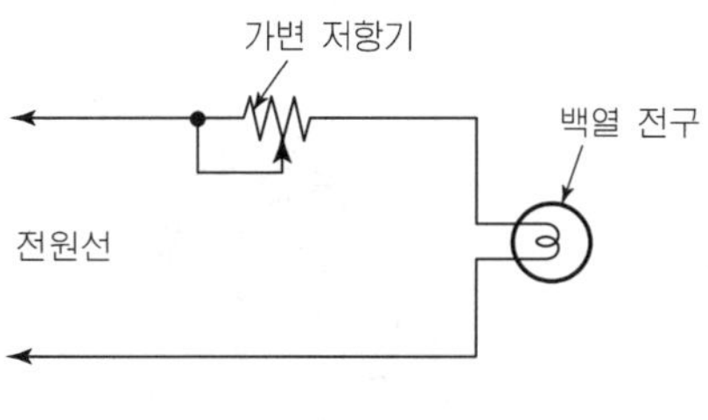

그림 3·7 전구 회로에서 전류를 제어하기 제어하기 위해 사용되는 가변 저항기

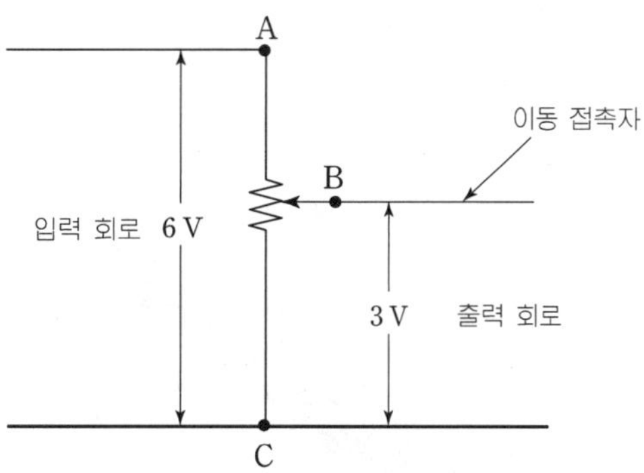

그림 3·8 기본 전위차계의 동작

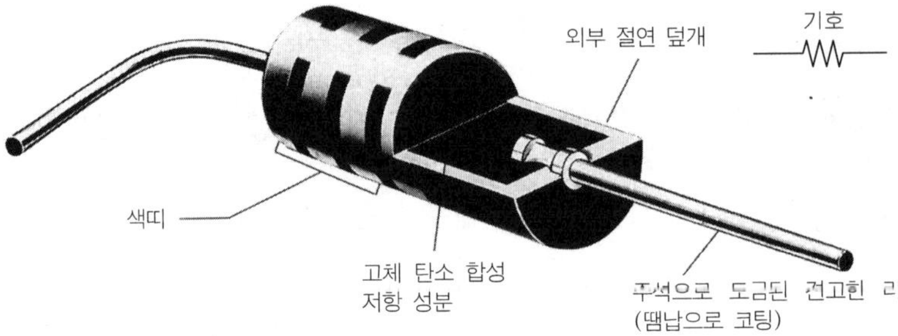

그림 3·9 고정 탄소 혼합 저항기의 주요 구성 요소

재 료

탄소 혼합 저항에서 저항기를 구성하는 성분은 주로 흑연이나 여러 형태의 고체 탄소이다. 탄소 재료의 양은 올바른 저항을 제공하기 위해서 조심스럽게 측정된다(그림 3·9). 이러한 저항기들은 대개 0.1Ω에서 22MΩ의 저항값을 가지고 있다.

권선 저항기의 저항 소자는 보통 니켈－크롬선이다. 이 선은 세라믹 코어 주위를 감은 것이다. 전체 조립품은 세라믹 재료나 특수 에나멜로 그림 3·10과 같이 코팅된다. 권선 저항기는 보통 1Ω에서 100KΩ의 저항값을 가진다.

필름 저항기는 기판으로서 세라믹 코어를 사용하고 있다. 탄소나 금속과 같은 저항 재료의 필름을 기판상에 피복해서 저항으로 동작하게 한다. 필름은 그림 3·11과 같이 탄소나 금속이 되거나, 금속과 금속 광택제(metal glaze)라 부르는 유리의 혼합물이 될 수도 있다.

정 격

저항기들은 저항값과, 부가적으로 두 가지 다른 정격인 허용 오차와 전력을 갖고 있다. 이들 정격은

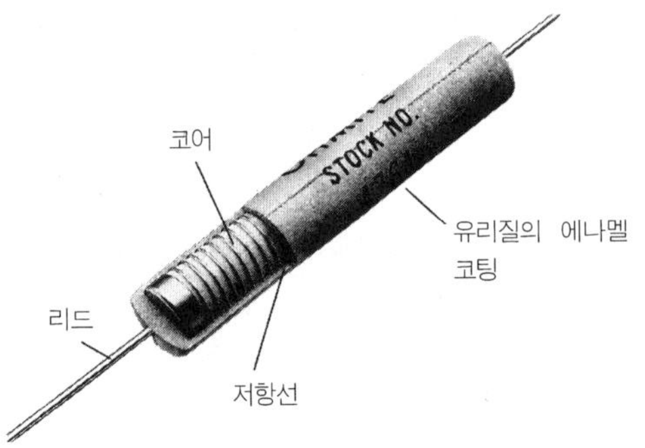

그림 3·10 권선 저항기

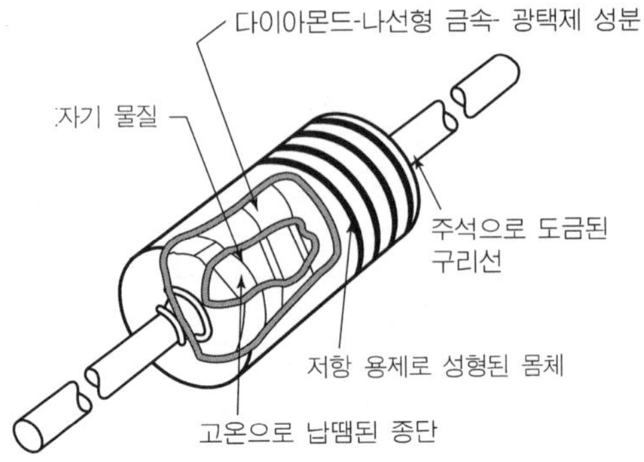

그림 3·11 금속 광택제 저항기

저항의 사용에 있어서 재료, 조성 형태, 저항기의 크기에 의해서 결정된다. 허용 오차는 저항값의 오차 정도로 표현한다. 전력은 저항이 안전하게 동작하는 전류의 양을 결정한다.

▶ 허용 오차

저항의 실제적인 값은 허용 오차(tolerance)의 범위 내에서 정격값보다도 더 크거나 작을 수 있다. 탄소 혼합, 필름, 권선 저항기는 서로 다른 허용 오차를 가진다. 예를 들면 일반적인 탄소 혼합 저항기는 ±5%, ±10%, ±20%의 허용 오차를 가진다. 여기서 100Ω에 ±5%를 가진 저항기는 95 Ω과 105 Ω 사이의 값을 가지는 것이다. 일반적인 권선 저항기는 ±10%의 허용 오차를 지닌다.

±20%의 허용 오차를 가지는 저항기가 다수의 전기·전자 회로에 사용된다. 높은 허용 오차를 가지는 저항이 낮은 허용 오차를 가지는 저항보다 비싸지 않다는 장점이 있다. 하지만 이러한 저항들은 가변성이 중요하지 않는 회로에서만 사용된다.

▶ 정밀 저항

몇몇의 권선 저항과 필름 저항기는 그들의 정격값과 거의 같다. 이러한 저항기를 정밀 저항기라고 한다. 정밀 저항기는 시험 계측기나 중요한 통신 장치 같은 특별한 회로에 이용된다. 정밀 저항기는 저등급 저항기보다 매우 비싸다. 따라서, 가전 제품 생산 제작자는 더 정확하고 저가인 저항기를 이용한 설계를 한다. 정밀 저항기는 대개 1~5%의 허용차를 가진다.

▶ 전력 정격

저항에서의 전력 정격은 저항이 타버리기 전에 저항이 얼마나 많은 열을 허용할 수 있는지를 나타낸다. 전류가 흐르는 동안 열을 발생하므로 전력 정격은 또한 저항이 안전하게 전달할 수 있는 최대 전류값을 제공한다. 저항의 전력 정격은 와트로 표현된다.

탄소 혼합 저항기는 1/16 W에서 2 W의 전력 정격을 가진다. 권선 저항기는 3 W에서 수백 W의 전력 정격을 가진다. 저항기의 물리적인 크기와 저항값과는 관계가 없다. 매우 작은 크기의 저항기

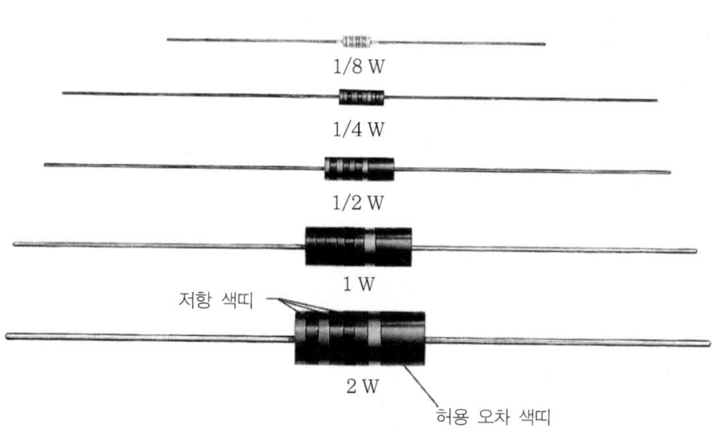

그림 3·12 탄소 혼합 저항기의 물리적 크기와 전력 정격과의 관계

도 매우 낮거나 매우 높은 저항값을 가질 수 있다. 그러나 물리적인 저항기의 크기는 전력 정격과 관계가 있다. 하나의 주어진 저항값에 대해서, 그림 3·12와 같이 전력 정격이 증가함에 따라 저항기의 물리적인 크기도 증가함을 알 수 있다.

저항기 색 코드

저항기의 저항값과 전력 정격값은 대개 저항기에 직접적으로 인쇄되어진다. 고정 탄소 합성 저항과 몇몇 필름 저항기의 저항값은 색 코드로 나타낸다. 코드의 색과 그것들에 대한 숫자는 표 3·3에 나타나 있다. 세 띠는 저항값을 나타내기 위하여 사용되어진다. 네 번째 띠는 주로 허용 오차를 나타내기 위하여 사용되어진다. 다섯 번째 띠가 사용되었을 경우에는 불량률을 나타낸다. 즉, 1000시간이 지난 후에 변화하는 저항값이다.

색 코드는 다음에 따라 읽는다.

① 첫 번째 띠는 저항값의 첫 번째 수를 나타낸다(10의 자리수).
② 두 번째 띠는 저항값의 두 번째 수를 나타낸다(1의 자리수).
③ 세 번째 띠는 앞의 두 수에 따르는 0의 개수를 가리킨다. 만약 세 번째 띠가 검은색이면, 검은색은 0을 의미하므로, 앞의 두 수 뒤에 0이 덧붙여지지 않는다(10의 승수).
④ 만약 세 번째 띠가 금색인 경우에는 앞의 두 수에 의해 주어진 수는 10으로 나누어진다.
⑤ 만약 세 번째 띠가 은색인 경우에는 앞의 두 수에 의해 주어진 수는 100으로 나누어진다.

색 코드에 의해 주어진 저항값의 몇 가지 예를 그림 3·13에서 보여준다.

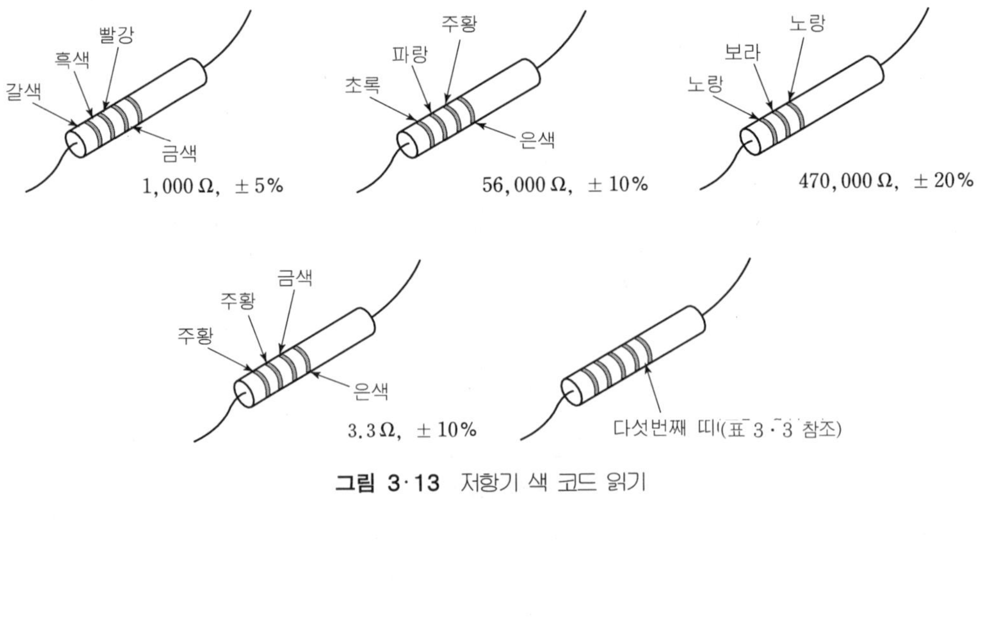

그림 3·13 저항기 색 코드 읽기

표 3·3 저항기 색 코드

저항값, 첫 번째부터 세 번째 띠	허용차 네 번째 띠
흑색=0	금색=±5%
갈색=1	은색=±10%
빨강=2	무색=±20%
주황=3	불량률, 다섯 번째 띠
노랑=4	갈색=1%
초록=5	빨강=0.1%
파랑=6	주황=0.01%
보라=7	노랑=0.001%
회색=8	
백색=9	
금색=10으로 나누기	
은색=100으로 나누기	

저항기의 손상

저항기는 튼튼한 소자이다. 저항에 많은 양의 전류가 흐르지 않는 한 손상은 거의 생기지 않는다. 이 손상은 회로내 어디에서 단락이 있는 경우에 발생할 수 있다.

일정 이상의 열로 과열된 탄소 혼합 저항이나 필름 저항은 종종 완벽히 분리되어 타버린다. 다른 경우에, 과열 현상은 저항기가 타버리거나 충격을 받아 금이 가거나 팽창해서 불어나게 할 수 있다. 그리고 나면 저항값은 규정값보다 수배로 증가할 것이다.

권선 저항이 과열되면, 저항선은 어느 한 지점에서 타버릴 것이다. 이것은 저항을 끊어지게 한다. 탄소 혼합 저항기, 필름 저항기, 권선 저항기 역시 그 자체 내부적인 선의 끊어짐으로 인해 손상이 생길 수도 있다.

연습문제

1. 도체, 유전체, 반도체를 비교해서 설명하여라.
2. 일반적으로 금속은 가열될수록 저항이 더욱 증가된다. 이렇게 되는 이유를 간략히 설명하여라.
3. 초전도성 상태에 대해서 간략히 설명하여라.
4. 저항기는 저항값을 갖고 있는 소자로 전압과 전류를 제어하는데 이용되며, 고정값이나 가변값을 가지고 동작한다. 저항기의 종류를 나열하고 특징을 설명하여라.

5. 그림 3·8을 보고 전위차계의 동작을 설명하여라.

6. 저항기들은 저항에 부가적으로 두 가지 다른 정격인 허용 오차와 전력을 갖고 있다. 이때 허용 오차와 전력이란 무엇인지 간략히 설명하여라.

7. 탄소 혼합 저항기의 물리적 크기와 와트량과의 관계를 설명하여라.

8. 저항의 전력 정격비는 무엇을 나타내는가?

9. 저항 식별법을 간략히 설명하여라.

10. 저항기의 결합 원인과 결함이 나타났을 때의 현상을 설명하여라.

4장 옴의 법칙과 전력

학습용어

킬로와트시(kilowatt-hour)
옴의 법칙(Ohm's law)
전력(power)
전력 공식(power formula)
저항(resistance), 와트(watt)
전력량계(watt-hour meter)

목 표

- 이전에 공부한 전압, 전류, 저항의 관계를 문자 기호를 이용해서 나타낼 수 있다.
- 회로 안에서 전류, 전압과 저항 중 어느 두 가지의 양을 알고 있을 때 다른 하나의 값을 계산해 낼 수 있다.
- 전류와 전압을 안다면 전기 회로의 와트량을 결정할 수 있다.
- 킬로와트시당의 값을 알고 있다면 일정한 기간 동안 사용한 전자 제품의 사용료를 계산할 수 있다.

여러분은 앞장에서 전압, 전류, 저항의 전기적인 효과를 공부했다. 이전 장에서 공부했던 전기적 특징들의 관계를 수식으로 기술할 수 있는 것을 알고 있는가? 엔지니어들이 회로가 어떻게 동작하는지 이해하고 기술하기 위하여 수학에 의존하는 것을 알고 있는가? 이번 장에서는 전기적 특성들의 관계와 미지 값을 계산하기 위하여 수학적 표현을 어떻게 사용하는지를 설명한다.

옴의 법칙

회로에서 전자들의 이동을 방해하는 것이 **저항**(resistance)이다. 전압, 전류, 저항 사이의 관계를 나타내는 법칙은 **옴의 법칙**(Ohm's law)으로 알려져 있다. George Simon Ohm은 1827년에 이런 관계를 발견하였다. 옴의 법칙에 따르면 다음과 같다.

① 회로에 어떤 양의 전류를 흐르게 하는 데 필요한 전압은 그 회로의 저항과 전류의 곱과 같다.

② 회로내 전류의 양은 회로에 공급된 전압을 회로의 저항으로 나눈 값과 같다.

③ 회로의 저항은 회로에 공급된 전압을 회로 전류량으로 나눈 값과 같다.

옴의 법칙 공식화

전압과 전류 및 저항에 대한 문자 기호 즉, E(전압), I(전류), R(저항)을 사용하여, 다음과 같이 옴의 법칙을 공식화하여 표현할 수 있다.

여기서, E(전압)을 구하려면,

$$E = I \times R$$

를 사용하고, I(전류)를 구하려면 같은 수식에서

$$I = \frac{E}{R}$$

로 바꿔 사용하며, R(저항)을 구하려면 같은 수식을

$$R = \frac{E}{I}$$

로 바꾸어서 사용하면 된다. 수식에서 용어의 배열은 전류, 전압 그리고 저항의 관계에 대한 어떤 일반적인 법칙을 내포하고 있다. 예를 들어 옴의 법칙에 대한 수식인

$$I = \frac{E}{R}$$

에서는 R(저항)값이 정해져 있을 때, I(전류)가 E(전압)의 값에 따라 변화한다는 것을 말해 주고 있다.

따라서, 어떤 회로에서 전압이 두 배가 되면, 이로 인한 회로내 전류는 결국 원래값의 두 배가 될 것이다. 예를 들어, $E=20\text{V}$이고 $R=2\Omega$일 때, $I=?$에서

$$I = \frac{E}{R} = \frac{20}{2} = 10\,\text{A}$$

가 되고, $E=40\text{V}$이고 $R=2\Omega$일 때, $I=?$ 에서

$$I = \frac{E}{R} = \frac{40}{2} = 20\,\text{A}$$

가 된다. 만약 회로에서 전압이 원래값의 반으로 감소하면 전류도 원래값의 반으로 될 것이다. 예를 들어서 $E=120\text{V}$이고 $R=20\Omega$일 때 $I=?$에서

$$I = \frac{E}{R} = \frac{120}{20} = 6\,\text{A}$$

가 되고, $E=60\text{V}$이고 $R=20\Omega$일 때 $I=?$에서

$$I = \frac{E}{R} = \frac{60}{20} = 3\,\text{A}$$

가 된다.

따라서, 옴의 법칙은 전류가 전압에 정비례한다는 것을 보여준다. 저항값이 일정할 때 전압이 증가하면 전류는 증가하게 되고, 전압이 감소하면 전류도 감소하게 된다.

그러면 다음에 나오는 수식에서 저항 R을 엄밀히 살펴보기로 하자.

$$I = \frac{E}{R}$$

분모 R(저항)은 E(전압)가 일정하면, 그때 I(전류)는 R(저항)에 반비례한다는 것을 의미한다. 다시 말하면, 저항이 증가하면 전류는 비례적으로 감소한다. 만약 회로에서 저항이 원래의 값의 두 배로 증가하면, 전류는 원래 값의 반으로 감소하게 된다. 예를 들어, E=16V이고 R=4일 때 I=?에서

$$I = \frac{E}{R} = \frac{16}{4} = 4\,\text{A}$$

가 되고 E=16V이고 R=8Ω일 때 I=?에서

$$I = \frac{E}{R} = \frac{16}{8} = 2\,\text{A}$$

가 된다. 다시 말하면 전압이 일정할 때, 전류는 저항이 증가하는 비율만큼 감소한다. 마찬가지로, 전류가 증가하는 비율만큼 저항값도 감소한다. 만약 저항이 본래 값의 1/3로 감소했다면 전류는 본래 값의 3배로 증가할 것이다. 예를 들어, E=60V이고 R=30Ω일 때 I=?에서

$$I = \frac{E}{R} = \frac{60}{30} = 2\,\text{A}$$

가 되고, E=60V이고 R=10Ω일 때 I=?에서

$$I = \frac{E}{R} = \frac{60}{10} = 6\,\text{A}$$

가 된다. 앞의 예들은 전류는 저항에 반비례한다는 걸 보여준 것이다. 이러한 경우, 전압이 같을 때 전류는 저항이 감소한 만큼 증가하게 된다.

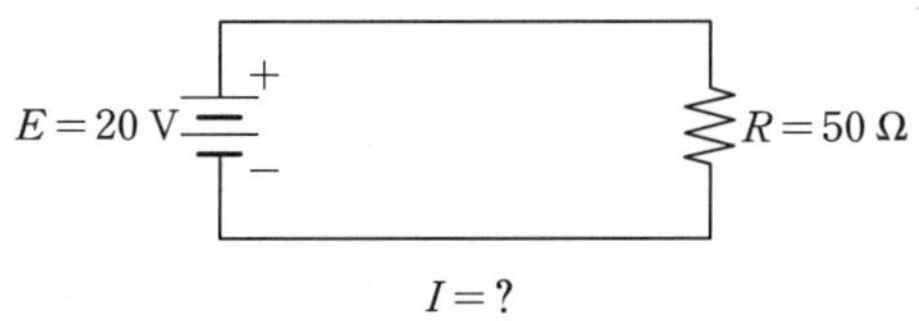

예제 1

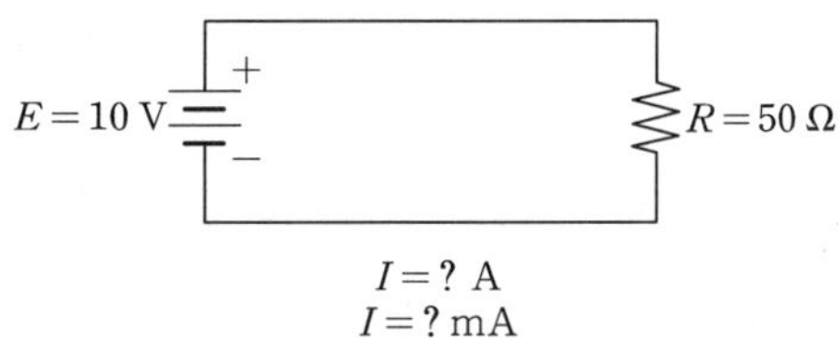

예제 2

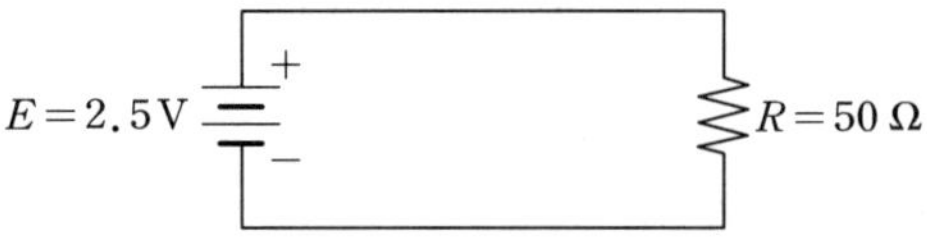

$I = ?\ \mathrm{A}$
$I = ?\ \mathrm{mA}$

예제 3

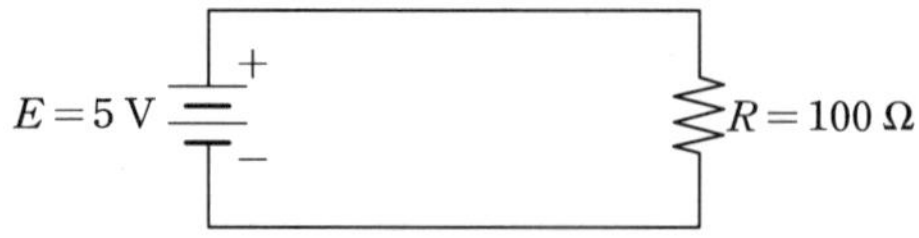

$I = ?\ \mathrm{A}$
$I = ?\ \mathrm{mA}$

예제 4

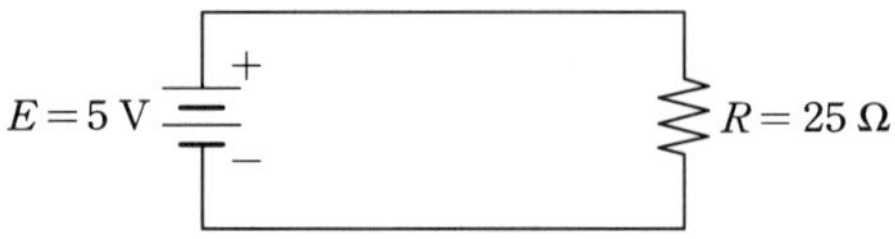

$I = ?\ \mathrm{A}$
$I = ?\ \mathrm{mA}$

예제 5

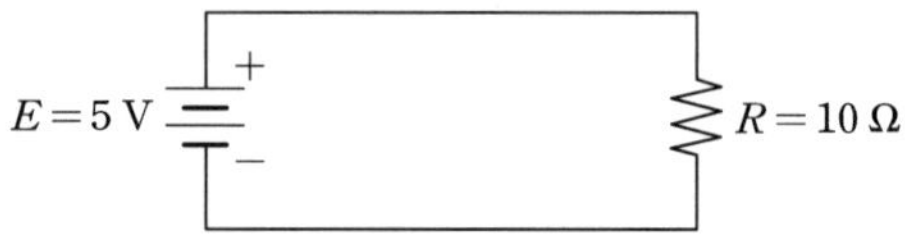

$I = ?\ \mathrm{A}$
$I = ?\ \mathrm{mA}$

예제 6

옴 법칙의 이용

옴 법칙의 공식은 그림 4·1(a)와 같이 나누어진 원을 사용함으로써 쉽게 이해할 수 있다. 이런 원을 이용하기 위해서는 그림 4·1(b)와 같이 E나 I, 그리고 R 중 어느 하나를 감추면 된다. 그리고 원내 다른 두 양간의 관계로 어떻게 감추어진 값을 구하는가를 보여준다.

옴 법칙은 회로의 동작을 이해하는데 중요하다. 그것은 또한 세 개의 기본적인 회로의 양인 전압, 전류, 저항 중 어떤 하나의 모르는 값을 찾는데 이용할 수 있으므로 중요하다. 따라서, 회로와 그들의 부품들을 수학적으로 설계할 수 있다. 이것은 시간을 절약해 주고 설계 과정 동안 장비의 손상을 막아준다. 실제적인 회로 문제를 해결하는데 어떻게 옴 법칙을 이용하는지 다음의 예를 통해서 알아보기로 하자.

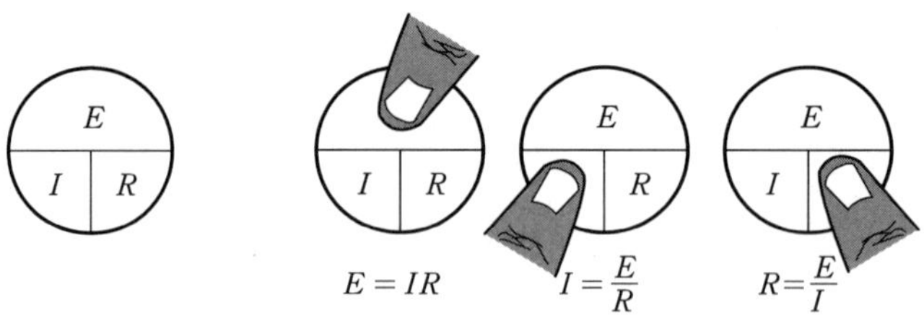

(a) (b)

그림 4·1 옴 법칙의 원

문제 1 어떤 전구가 120V의 회로에서 0.5A의 전류를 사용한다. 이 전구의 저항은 얼마인가?

풀이 회로 문제를 해결하는 첫 번째 단계는 문제에 대한 회로를 그리는 것이다. 두 번째 단계는 부품의 각각에 라벨을 적고, 알고 있는 값을 표시하는 것이다(그림 4·2).

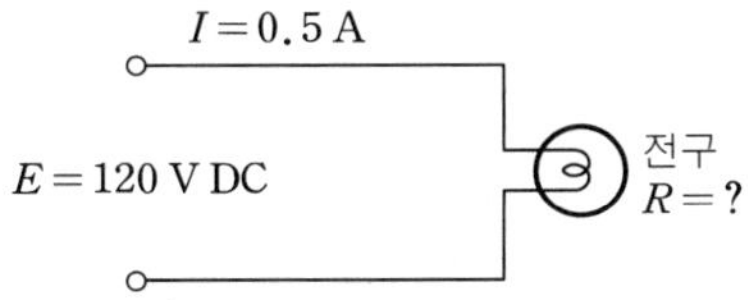

그림 4·2 문제 1의 회로

이 문제에서 I와 E는 알고 있는 값이다. R을 구하기 위해 공식을 이용한다

$$R=\frac{E}{I}$$

$$R=120/0.5=240\,\Omega$$

문제 2 경적은 정격 전류가 8A일 때 울린다. 경적 코일의 저항은 15Ω이다. 경적이 올바르게 동작하기 위한 경적 회로에 필요한 전압을 계산하여라(그림 4·3 참조).

풀이 전압은 여기서 알지 못하는 값이다. 수식을 이용하면,

$$E = I \times R = 8 \times 15 = 120\text{ V}$$

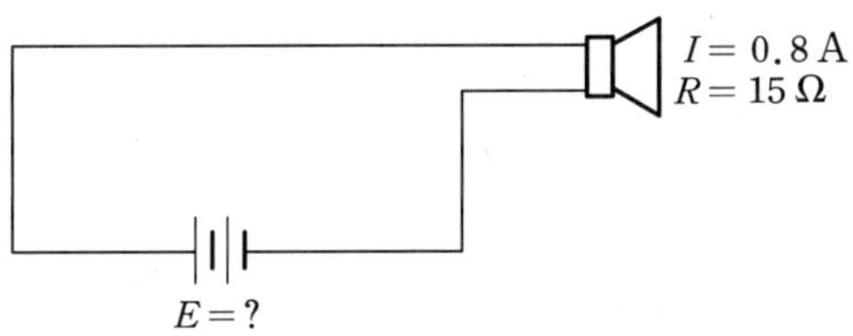

그림 4·3 문제 2의 회로

문제 3 자동차 회로에서 올바른 값의 퓨즈를 사용하기 위해서는 어떤 정해진 장치에 의해 요구되는 전류를 찾는 것이 필요하다. 그 장치가 그림 4·4와 같이 4.35Ω의 저항을 갖고 있고, 12V의 건전지에 연결되어 있다고 한다. 전류를 구하여라.

풀이 전류가 미지의 양이므로 식을 이용하면,

$$I=E/R=12/4.35=2.76\text{A}$$

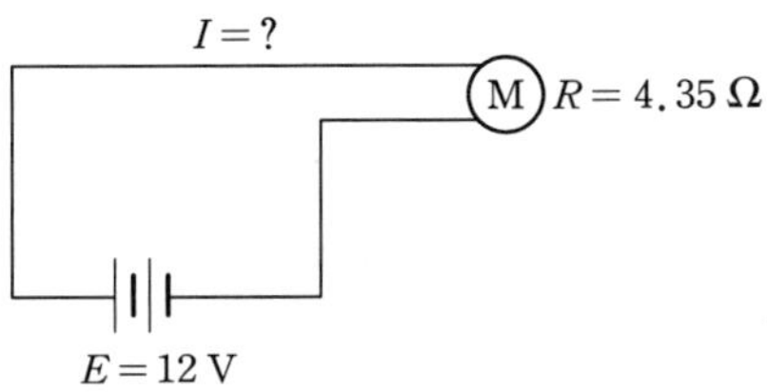

그림 4·4 문제 3의 회로

전력과 에너지

전력(power)은 하는 일에 대한 시간의 비율이다. 전기 회로에서 전력은 두 가지 다른 방식으로 정의될 수 있다. 첫 번째는 전기 에너지가 회로에 전달되는 비율이다. 두 번째는 전기 회로가 전자 이동의 에너지를 어떤 다른 형태의 에너지로 전환하는 일을 하는 비율이다.

전력의 기본 단위는 와트(W)이다. 그것은 James Watt의 이름을 따온 것이다. 그는 1736년부터 1819년까지 살았던 스코틀랜드의 발명가이다. 와트는 일 에너지의 단위(J/s)에 기초를 두고 있다.

우리가 사용하는 대부분의 전기 장치는 전력량이나 와트로 등급을 매겨서 사용한다. 따라서 전구는 60 W, 100 W, 200 W 등의 등급이 있다. 모터, 오븐, 열 소자 그리고 동력 장치들 또한 어떤 전력 등급을 가지고 있다. 전력은 에너지가 회로에 전달되는 비율이므로, 계산하기가 쉽다. 즉, 간단하게 말해서 전력에 어느 시간 단위를 곱하면 된다. 이것이 어느 시간 동안 회로에 전달된 전체 에너지이다. 일반적으로 시간의 단위는 hour를 사용한다. 전력의 단위는 보통 킬로와트(1,000 W)의 항으로 주어지므로, 대부분의 전기업체들이 에너지 단위의 기본으로 킬로와트시(kWh)를 이용한다.

전력 공식

전력 공식(power formula)은 직류 회로에서 전력 P, 전압 E, 전류 I 사이의 관계를 나타낸다.
기본적인 전력 공식은 다음과 같다.

$$P = E \times I$$

이 공식으로부터, 두 개의 다른 기본적인 전력 공식을 얻는 것이 가능하다. 예를 들면 옴의 법칙 $E = I \times R$이다. 전력 공식에서 E 대신에 $I \times R$을 대입하면

$$P = I \times R \times I = I^2 R$$

이 된다. 또한 옴의 법칙에서 $I = E/R$ 이라는 사실을 알고 있으므로, I 대신에 E/R을 대입하면

$$P = E \times E/R = E^2/R$$

이 된다.

전력 공식의 이용

이미 설명한 바와 같이 전력은 일하는 동안의 시간 비율이다. 전력의 기본 단위는 **와트**(W)이다. 전력은 2가지 방법으로 정의될 수 있다.

첫 번째는 전기 에너지가 회로에서 전달되어지는 비율이고, 두 번째는 전기 회로에서 사용한 전

기 에너지의 비율 또는 얼마만큼의 일을 할 수 있는가의 비율로 나타낸다.

전력 공식은 회로 부품의 전력 정격을 찾는 데 사용될 수 있다. 또한 회로내 전류값을 찾고, 전기 전자 제품을 동작시키는 비용을 구하는데 이용될 수 있다.

이 공식으로 실제적인 회로 문제를 어떻게 풀 수 있는지는 다음의 예로 나타내었다.

문제 1 회로내 100Ω의 저항을 통과하는 전류는 0.15A이다. 저항기의 전력은 얼마인가?

풀이 문제로부터 전류와 저항의 값은 알 수 있으므로, 공식 $P=I^2R$을 이용하면

$P=I^2R=0.15\times0.15\times100=2.25\text{W}$

저항이 과열되는 것을 방지하려면 그것의 전력 등급은 전력 정격에서 계산된 전력의 2배가 되어야만 한다. 따라서, 이 회로에서 사용되는 저항기는 약 5W의 전력 등급의 저항을 사용해야 한다.

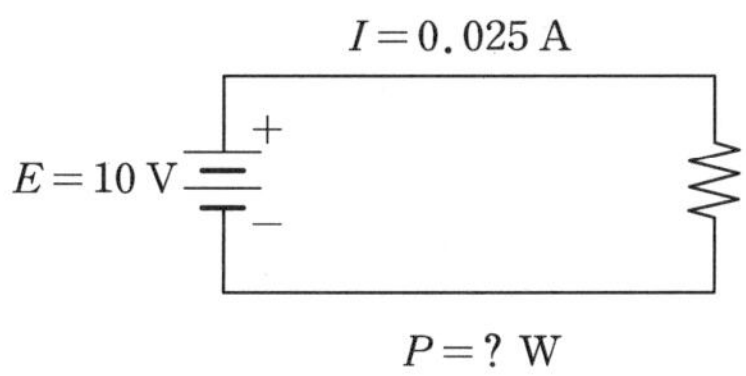

예제 7

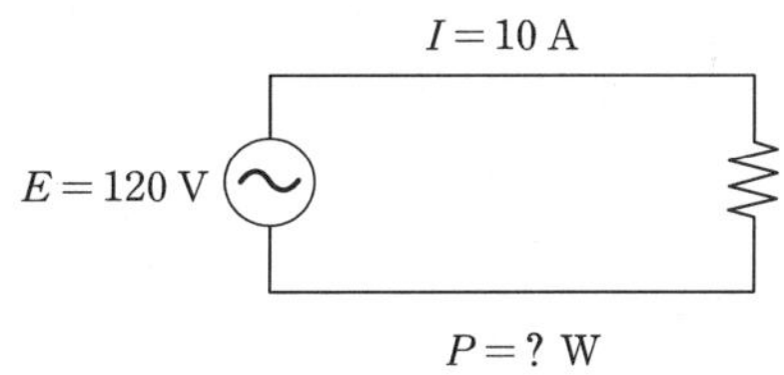

예제 8

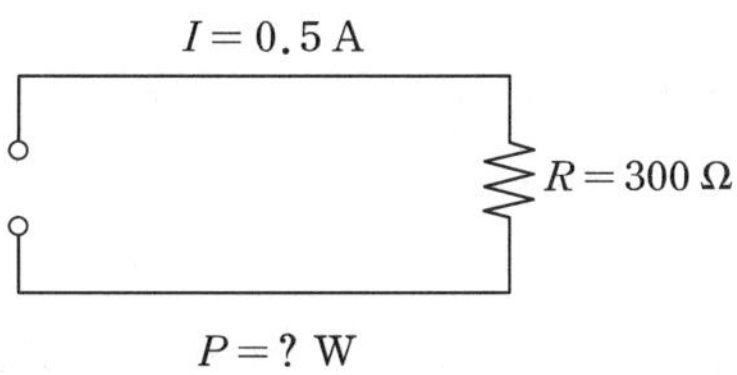

예제 9

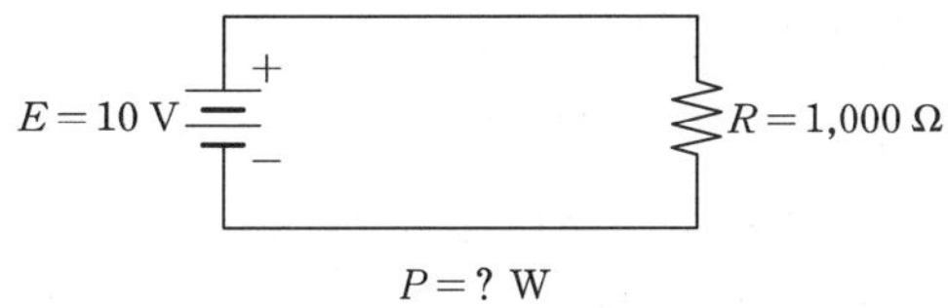

예제 10

문제 2 120V에서 동작하는 60W 백열 전구를 통해서 흐르는 전류를 구하여라. 또한, 120V에서 동작하는 200W와 300W의 백열 전구를 통과하는 전류도 구하여라.

풀이 이 문제에서 전력과 전압은 알고 있으므로, 가장 간단한 공식 $P=E\times I$를 사용해서 다음과 같이 I를 구할 수 있다.

$$I = \frac{P}{E}$$

① 60W, 120V인 램프:

$$I = \frac{60}{120} = 0.5\text{A}$$

② 200W, 120V인 램프:

$$I = \frac{200}{120} = 1.67\,\mathrm{A}$$

③ 300W, 120V인 램프:

$$I = \frac{300}{120} = 2.5\,\mathrm{A}$$

이 문제에서, 각각의 램프에 인가되는 전압은 똑같이 120 V를 공급한다. 램프의 와트가 증가함에 따라 회로내 전류 또한 증가하였다. 이것은 부하에서 소모된 전력과 부하를 통해서 흐르는 전류 사이에는 직접적인 관계가 있다는 것을 의미한다.

문제 3 주택 배선 체계에서 전류가 2A에서 4A로 원래값보다 2배 증가하였다. 회로내 전선의 온도에 어떤 영향을 가져다주겠는가? (단, 저항은 25Ω이라 하자)

풀이 공식 $P = I^2R$에 따라, 저항이 변하지 않는다면 전력은 전류의 제곱에 정비례한다. 그러므로 전류가 두 배이면 전력은 4배로 증가한다.

$$P = I^2R = 2^2 \times 25 = 4 \times 25 = 100\,\mathrm{W}$$

전류가 2A에서 4A로 2배가 된다면

$$P = 4^2 \times 25 = 16 \times 25 = 400\,\mathrm{W}$$

이 문제에서 전류가 두 배로 증가하면 전력은 100W에서 400W로 4배 증가한다. 전력 등급은 이동하는 전자의 에너지가 전선에서 열로 변화되는 비율로 간주할 수 있다. 전류가 두 배가 된다면 전선은 원래 온도보다 네 배 더 가열될 것이다.

전력과 전류 사이의 이런 관계를 아는 것은 중요하다. 이것은 전류의 작은 증가만으로도 전선의 온도를 크게 증가시킬 수 있다는 것을 의미한다. 과열된 전선은 전기 화재의 주요 원인이다.

킬로와트시 공식

kWh(킬로와트시)는 전기 회사에서 그들의 비용을 계산하는 전기 에너지의 기본 단위이다. 사용 시간수가 곱해진 킬로와트(kW)는 킬로와트시(kWh)와 같다. 예를 들어 1,000 W 정격의 오일 히터가 30분 동안 작동한다면 이때 사용된 에너지는 1kW×0.5 hour=0.5 kWh가 된다.

장치나 기타 다른 제품에 의해서 사용된 에너지의 양(kWh)도 다음과 같은 공식에 의해 계산할 수 있다.

$$\mathrm{kWh} = \frac{\text{와트량} \times \text{사용한 시간}}{1{,}000}$$

$$kWh = \frac{P \times h}{1,000}$$

여기서, P=와트, h=시간

전력량계(watt-hour meter) 또는 적산 전력계는 사용자에게 전력 회사가 공급한 킬로와트시(kWh)의 전기 에너지를 측정한다. 이러한 측정기는 보통 건물의 옆에 설치되어 있다. 그것은 일정한 기간에 측정되고, 기록된다. 이 기록은 보통 한 달이란 기간 동안 사용한 전기량을 계산할 때 사용한다.

킬로와트시 공식의 이용

킬로와트시(kWh)당 비용을 알고 있다면 킬로와트시(kWh) 공식은 어느 기간 동안 제품이 작동한 비용을 구하는데 사용될 수 있다. 이것을 아래 예에서 보여준다.

문제 1 어떤 마을의 전기 에너지의 가격은 kWh당 60원이다. 250W의 텔레비전을 1.5시간 동안 작동하였을 때의 비용을 구하여라.

풀이 $kWh = \frac{P \times h}{1,000} = \frac{250 \times 1.5}{1,000} = 0.375$

에너지 비용이 kWh당 60원이기 때문에 1.5시간 동안 텔레비전이 작동한 비용은 0.375×60=22.5원이다.

문제 2 kWh당 100원일 때, 120W의 증기 기관이 2시간 동안 작동했을 때의 비용은 얼마인가?

풀이 $kWh = \frac{P \times h}{1,000} = \frac{1200 \times 2}{1,000} = 2.4$

전체 비용=2.4×100=240원

연습문제

1. 옴 회로에서 전자들의 이동을 방해하는 것은?
2. 옴 법칙 세 가지에 대해서 설명하여라.
3. 회로에 공급된 전압은 회로의 저항과 무엇의 곱과 같은가?
4. 회로에서 전류는 공급된 전압을 무엇으로 나눈 것과 같은가?
5. 회로에 공급된 전압이 두 배가 되고 저항이 일정하다면 회로의 전류는 원래값에서 몇 배 증가하는가?

6. 저항이 두 배가 되고 일정한 전압을 공급한다면 전류는 원래의 값보다 몇 배 감소하는가?

7. 일반적으로 전력 공식에 사용되는 세 가지 요소는 무엇인가?

8. 도선을 통해 흐르는 전류가 두 배가 되고 저항이 불변이라면 도선에 의해 소비된 전력은 원래의 양보다 몇 배 증가하는가?

9. 전기 회사에서 기본적으로 계산하는 전기 에너지의 단위는?

10. 어떤 마을의 전기 에너지의 가격은 kWh당 50원이다. 250W의 텔레비전을 2시간 동안 작동하였을 때의 비용을 구하여라.

5장 직렬 회로

학습용어

극성이 일치한 전압원(aiding voltage source)
폐루프(closed loop), 접합(junction)
키르히호프의 전압 법칙(Kirchhoff's voltage low)
마디(node), 개루프(open loop), 극성이 반대인 전압원(opposing voltage loop), 극성(polarity)
직렬 회로(series circuit), 분압기(voltage divider), 전압 강하(voltage drop)

목 표

- 직렬 회로를 그리고, 각 소자에 이름을 붙이고, 각 소자의 극성을 표시할 수 있다.
- 직렬 회로내 전압 강하 계산한다.
- 전압 분배 회로에 걸린 전압을 계산한다.
- 같은 극성의 직류 전류원에 의한 전원 전압을 계산한다.
- 반대 극성으로 직렬 연결된 배터리의 전체 전원 접압을 계산한다.

일련의 연결된 전구들 중에서 한 전구가 불이 꺼지거나 제거될 때 다른 모든 전구들이 왜 꺼지게 되는지, 그리고 어떻게 스위치가 전구를 제어하는 지와 같은 궁금증을 가져 보았을 것이다. 이 장에서는 직렬 회로와 이에 관련된 개루프, 폐루프, 전류 흐름의 방향, 극성, 마디 그리고 직렬 회로를 지배하는 기본적인 법칙들을 설명한다.

직렬 회로

앞의 장들에서 회로에는 4개의 기본 소자, 즉 ① 에너지원, ② 제어 장치, ③ 도체, ④ 부하가 있다는 것과 부하는 직렬과 병렬 및 직·병렬 조합으로 연결될 수 있다는 것을 배웠다(그림 5·1(a)).

직렬 회로(series circuit)는 전자들이 흐를 수 있는 경로를 단 하나만 가지고 있는 전기적 회로이다. 만약 회로 내 스위치가 닫힌 상태라면, 에너지원은 전자들이 닫힌 스위치를 지나서 도체, 부하, 그리고 다시 에너지원으로 되돌아가도록 한다. 직류 회로에서 그 전자의 흐름인 전류는 단일 방향이다. 즉, 전자가 음에서 양으로 오직 한 방향으로만 흐른다.

개루프와 폐루프

그림 5·1(b)는 5·1(a)를 간소화시킨 그림이다(그림 5·1(b)). 이 그림은 스위치가 닫혀진 상태이고, 전압이 공급되고 있고, 완전한 회로라 가정한다. 전류 루프라 표시된 화살표는 전류의 방향을 표시한다. **폐루프**(closed loop)는 전류가 흐를 수 있는 회로이고, 그 경로 또는 회로는 완전해야 한다. 3장에서 전류가 에너지원의 음(−)단자에서 에너지원의 양(+)단자로 흐른다는 것을 배웠다.

개방 회로 또는 **개루프**(open loop)는 그 회로가 완전하지 않다는 것을 의미한다. 끊긴 도체 혹은 열린 스위치는 회로의 차단 원인이 된다. 만약 회로가 어떤 점에서 끊기거나 개방되어 있다면, 전체 회로는 꺼진다. 이런 경우의 회로를 개루프라 한다. 에너지원의 전체 전압은 열려 있는 스위치 또는 끊긴 도체에 전압계를 걸어 측정할 수 있다. 이것은 개방 루프의 저항이 회로 내 다른 어떤 저항에 비해 매우 높기 때문이다. 이런 특징은 전기적 시스템들을 보호하고 제어하는 데 사용된다. 스위치, 퓨즈, 그리고 차단기 등과 같은 장치들은 보호 장치 혹은 제어 장치로써 의도적으로 개루프를 만들 수 있도록 부하와 직렬로 연결되어 있다.

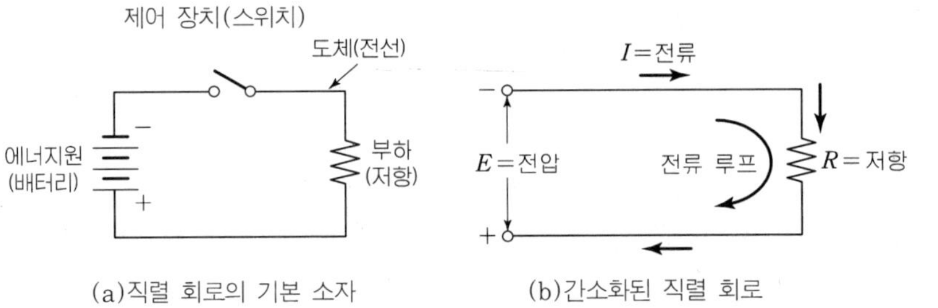

그림 5·1 직렬 회로

직렬 회로의 예

그림 5·2에 몇 개의 직렬 회로가 그려져 있다. 하나 이상의 저항 또는 부하가 있을 때, 그 부하들은 차례로 도체에 연결된다. 그래서 전류는 에너지원의 양단자와 음단자간에 흐르며, 그 전류가 흐를 수 있는 경로는 오직 하나이다. 다른 기호나 문자로 에너지원을 표현하는 것에 유의하여라. 그림 5·2(a)는 전압과 저항에 대해서 상세하게 보여준다(그림 5·2(a)). 이 그림은 다른 것들보다 좀더 완전하다. 그러나, 모든 그림들은 의미가 있고, 기술자들과 엔지니어들이 정보를 전달하는 방법들을 나타내고 있다.

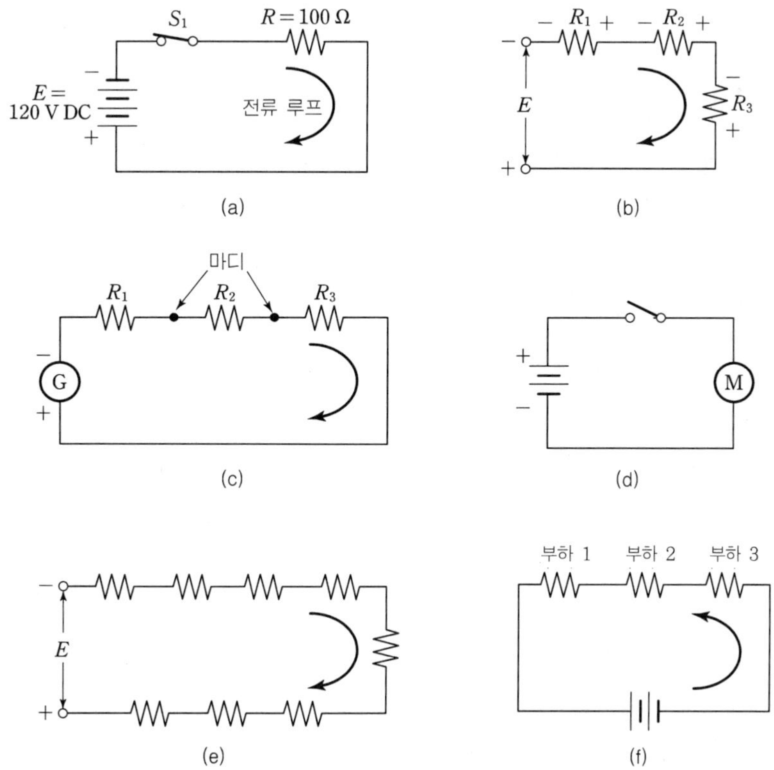

그림 5·2 직렬 회로의 예

극 성

극성(polarity) 또는 에너지원의 전기적 전하(charge)는 음(−)과 양(+)의 일반적인 전기적 기호를 이용해서 도식적으로 나타낸다. 그러나, 극성 있는 전하는 회로의 다른 부품들에도 존재한다. 그림 5·2(b)는 회로내 저항기 또는 부하에서 극성을 나타낸 것이다. 전류가 저항기에 들어간 점에서의 극성은 음(−)이다. 전류가 저항기를 나오는 부분에서의 극성은 양(+)이다. 회로에 계측기들과 부품들을 알맞게 연결하기 위해서는 직류 회로의 극성을 알고 있어야 한다.

마디와 접합

노드(node)는 회로에서 2개 이상의 부품간의 단자 또는 연결점이라 한다. 그림 5·2(c)에 두 개의 마디가 회로 내의 어디에 위치하는지를 나타내고 있다. 노드는 저항기 R_1과 R_2 그리고 R_2와 R_3 사이의 큰 점으로 식별된다. 저항기들과 같은 회로 소자들이 3개 이상 한 점에 연결되면, 이것을 접합(junction)이라 한다. 마디와 접합은 전압과 전류 측정을 위한 테스트점이 된다.

직렬 저항

3개의 저항기들이 직렬로 연결되었다(그림 5·3). 회로는 전류가 흐르기 위한 통로를 단 한 개만 가지고 있으므로 전류는 회로 내 모든 저항기들을 통하여 흘러가야만 한다. 그러므로 합성 저항은 직렬 회로 내에 있는 모든 저항들의 합이다. 다음의 수식은 직렬 회로에서 합성 저항을 계산하는 데 사용된다.

$$R_t = R_1 + R_2 + R_3 + \cdots + R_n$$

단, R_n에서 소문자 'n'은 저항들의 개수이다.

문제 1 직렬로 연결된 3개의 저항에 대한 전체 저항을 구하여라(그림 5·3).

풀이 $R_t = R_1 + R_2 + R_3 = 5\Omega + 35\Omega + 95\Omega = 135\Omega$

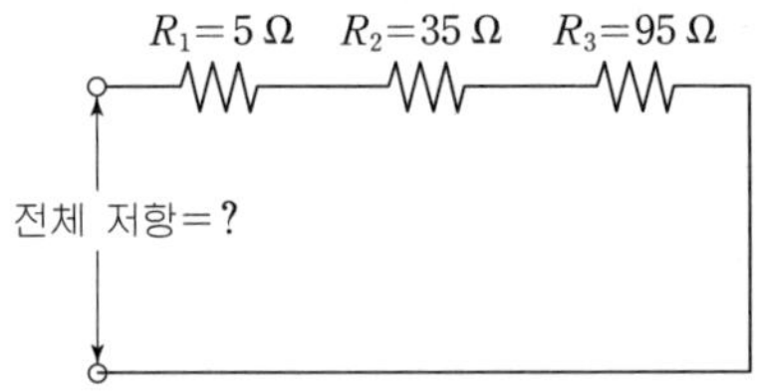

그림 5·3 문제 1의 그림

문제 2 직렬 회로가 $R_1 = 6\Omega$, $R_2 = 14\Omega$, $R_3 = 7\Omega$, $R_4 = 10\Omega$, $R_5 = 150\Omega$, $R_6 = 2\Omega$인 6개의 저항을 포함하고 있다. 전체 저항을 구하여라.

풀이 $R_t = R_1 + R_2 + R_3 + R_4 + R_5 + R_6 = 6\Omega + 14\Omega + 7\Omega + 10\Omega + 150\Omega + 2\Omega = 189\Omega$

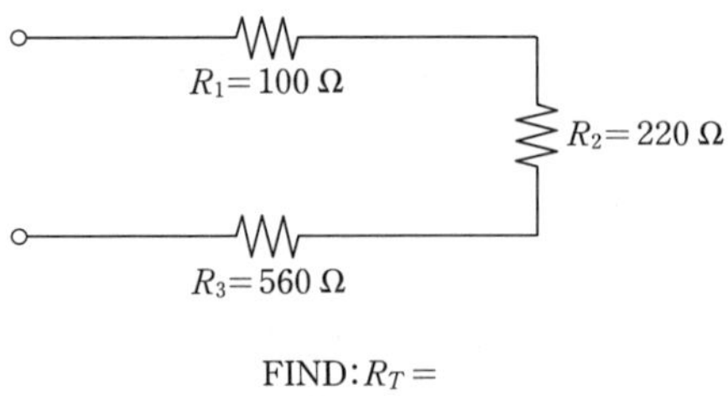

예제 1

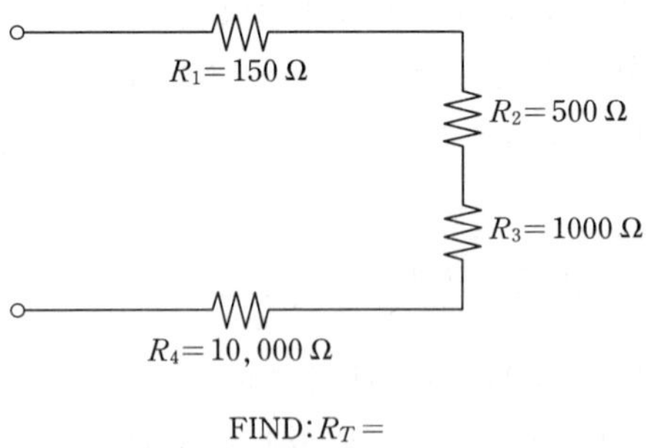

예제 2

문제 3 직렬 회로가 5개의 저항을 포함하고 있다. 회로의 합성 저항은 186Ω이다. 4개의 저항기들의 값은 다음과 같다.

$R_1=20\,\Omega$, $R_2=14\,\Omega$, $R_3=10\,\Omega$, $R_4=100\,\Omega$

저항기 R_5의 값은 얼마인가? 직렬 회로에서 저항에 대한 수식을 만들고 R_5에 대해서 풀어라.

풀이 $R_t=R_1+R_2+R_3+R_4+R_5$

$R_5=R_t-R_1-R_2-R_3-R_4$

$R_5=R_t-(R_1+R_2+R_3+R_4)=186\,\Omega-(20\,\Omega+14\,\Omega+10\,\Omega+100\,\Omega)$

$=186\,\Omega-144\,\Omega=42\,\Omega$

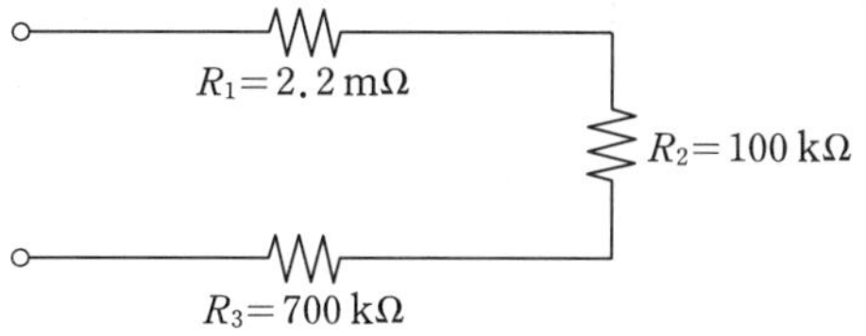

FIND: $R_T=$

예제 3

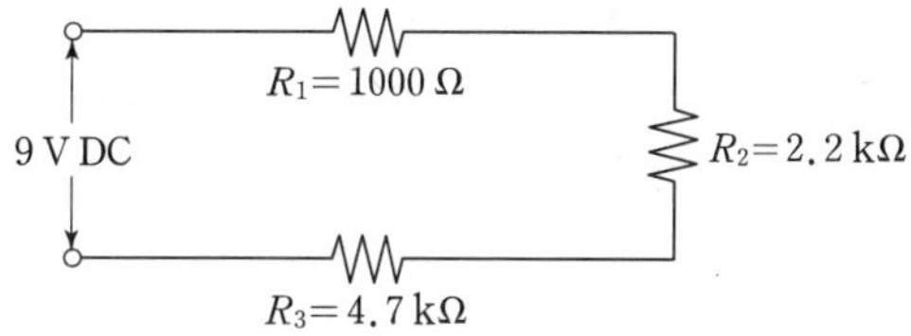

FIND : $I_T=$

예제 4

직렬 회로

직렬 회로는 한 개의 경로만을 가지고 있으므로 회로의 한 점에서 흐르는 전자의 수와 같은 양의 전자가 회로내 그 어떠한 다른 점에서도 똑같이 흐른다. 이것은 직렬 회로에서의 모든 부품에서 전류의 양이 언제나 같다는 것을 의미한다.

문제 4 직렬 회로에 직류 100V의 전압원과 $R_1=6\,\Omega$, $R_2=12\,\Omega$, $R_3=7\,\Omega$의 3개의 저항기가 있다. 회로에 흐르는 전체 전류를 구하여라(그림 5·4).

풀이 (1) 회로의 전체 저항을 구하면

$R_t=R_1+R_2+R_3=6\,\Omega+12\,\Omega+7\,\Omega=25\,\Omega$

(2) 전체 저항과 전체 전압은 알고 있으므로 전체 전류를 계산하기 위해 옴의 법칙을 사용하면

$$I_t=\frac{E_t}{R_t}=\frac{100\,V}{25\,\Omega}=4\,\text{A}$$

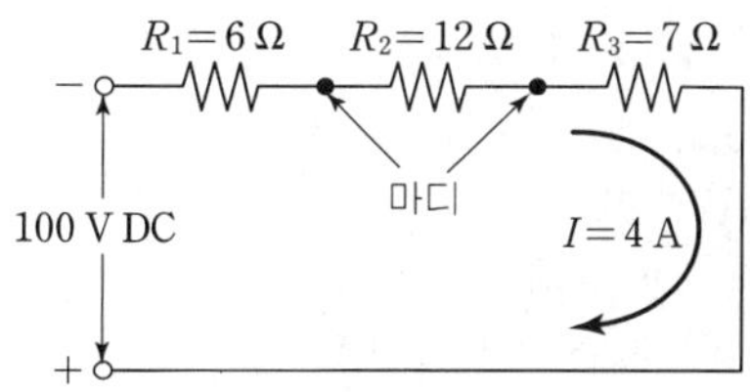

그림 5·4 직렬 회로 내의 전류는 회로 어디에서나 동일하다.

문제 4에서 계산한 전체 전류는 4A이다.

만약 그림 5·4에서와 같은 마디들에서 전류를 측정해 보면, 각 마디에서 전류가 동일하다는 것을 알 수 있을 것이다.

전 압

직렬 회로에 공급된 전체 전압은 회로의 부하들과 장치들 사이에 자동적으로 분배된다. 어떤 부하에 걸리는 전압은 그 부하의 저항을 통해서 회로 전류가 흐르도록 하는 데 필요한 양이다. 이것을 또한 **전압 강하**(voltage drop)라고 한다. 회로에서 어떤 부하에 걸리는 전압 강하는 부하의 저항과 부하를 통과한 전류의 곱과 같다.

$$E=I\times R$$

E=부하에 걸리는 전압 강하
I=부하를 통과한 전류
R=부하의 저항

키르히호프의 전압 법칙(Kirchhoff's voltage law)은 직렬 회로에서 각 부하에 걸리는 전압 강하들의 합은 회로에 공급된 전체 전압과 같다는 것을 말한다.

문제 5 3개의 저항들이 그림 5·5(a)와 같이 직렬로 연결되어 있다. 각 저항에 걸리는 전압 강하를 계산하여라. 이 문제는 서너 단계를 포함한다.

풀이 (1) 전체 저항을 구하면,

$$R_t=R_1+R_2+R_3=1\Omega+2\Omega+3\Omega=6\Omega$$

(2) 기지의 전체 전압과 합성 저항에서 전체 전류를 구하여라.

$$I_t=\frac{E_t}{R_t}=\frac{12}{6}=2\text{A}$$

과학 상식

● Kirchhoff와 Bunsen

1845년에 그의 전압, 전류 그리고 저항의 법칙을 상세히 설명한 후에, Gustav Kirchhoff(1824~1887)와 Robert Bunsen(1811~1899)은 과학의 다른 중요한 발견들을 위하여 연구를 계속하였다(그들은 분광기를 분젠 버너 불꽃에서 증발된 특정한 물질의 스펙트럼을 연구하는 데 사용하였다).

원소의 아주 미세한 양으로도 그것의 스펙트럼 선을 나타낼 수 있다. 이 발견은 태양 그리고 별들과 같은 알 수 없는 물질의 성분을 확인할 수 있도록 한다. 1859년에 Kirchhoff는 그의 복사와 흡수의 법칙에 이러한 발견을 발표하였다.

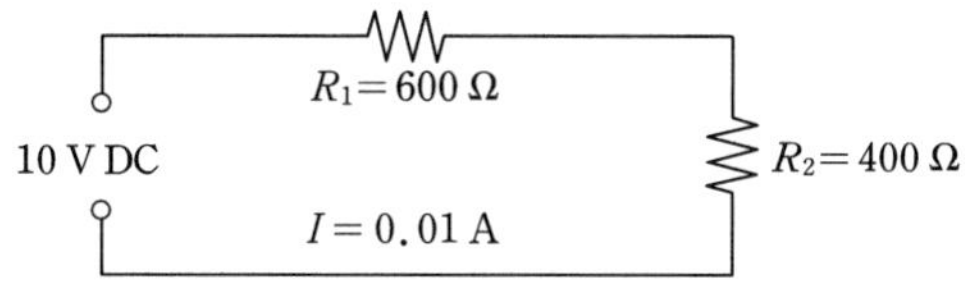

FIND : $E_1 =$

예제 5

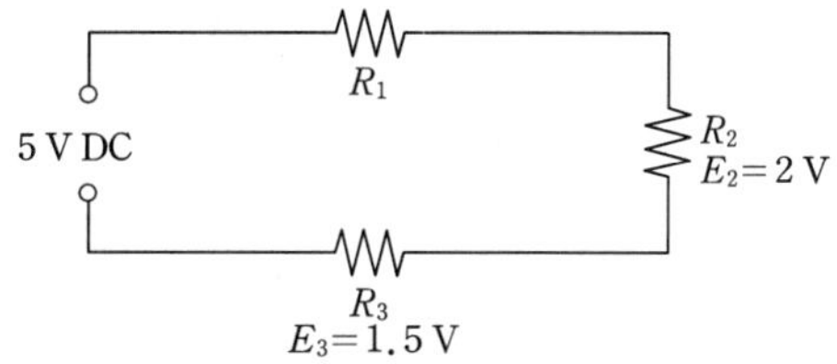

FIND : $E_1 =$

예제 6

(3) 이제 앞에서 구한 전체 전류를 가지고, 회로에 옴의 법칙을 사용하여, 각 저항에서의 전압 강하들을 계산할 수 있다.

R_1에서의 전압 강하 : $E = IR = 2 \times 1 = 2\text{V}$

R_2에서의 전압 강하 : $E = IR = 2 \times 2 = 4\text{V}$

R_3에서의 전압 강하 : $E = IR = 2 \times 3 = 6\text{V}$

전체 전압 강하의 합 : $= 12\text{V}$

그림 5·5(a)에서와 같이 저항기들에 걸리는 전압 강하들의 합은 공급된 전압과 동등하다는 것에 주목하여라. 만약 회로에서 저항이 어느 하나라도 변화된다면, 모든 전압 강하들은 변화할 것이다. 그러나, 개별적인 전압 강하들의 합은 전원 전압과 같다.

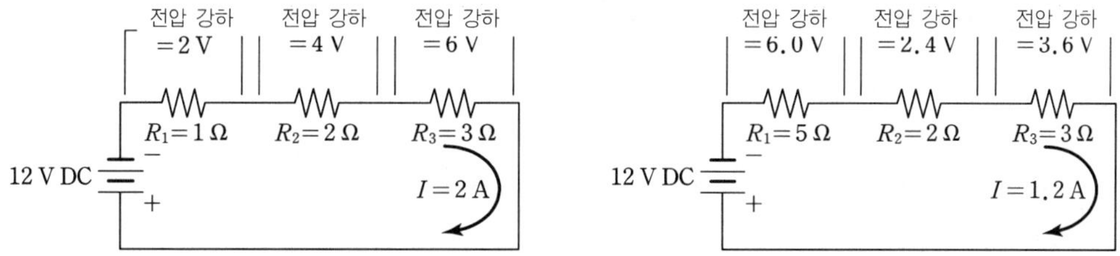

(a) 문제 5 (b) 문제 6

그림 5·5 전압 강하

문제 6 그림 5·5(b)는 그림 5·5(a)에서 R_1이 1Ω 대신에 5Ω이 된 것을 제외하고는 동일하다. 전체 저항에 대한 전압 강하를 계산하여라.

풀이 (1) 전체 저항을 구하면,

$$R_t = R_1 + R_2 + R_3 = 5\Omega + 2\Omega + 3\Omega = 10\Omega$$

(2) 전체 전류를 계산하면,

$$I_t = \frac{E_t}{R_t} = \frac{12}{10} = 1.2\text{A}$$

(3) 각 저항기에 걸리는 전압 강하를 구하면,

R_1에서의 전압 강하 : $E=IR=1.2\times5=6.0\,\text{V}$

R_2에서의 전압 강하 : $E=IR=1.2\times2=2.4\,\text{V}$

R_3에서의 전압 강하 : $E=IR=1.2\times3=3.6\,\text{V}$

전체 전압 강하의 합계 : $=12\,\text{V}$

만약 회로내 저항값 중 어느 하나가 변화하면, 전류와 모든 전압 강하가 변화한다는 것에 유의해야 한다. 그러나 저항기에 걸리는 개별적인 전압 강하들의 합과 공급 전압은 항상 동일하다.

분압기

직렬 **분압기**(voltage divider)는 하나의 에너지원으로부터 여러 가지 다른 전압들을 공급하기 위해서 사용된다. 간단한 분압기를 그림 5·6에 나타내었다. 이 회로에서 12 V의 전압이 직렬로 연결된 3개의 저항에 공급된다. 이 회로의 전체 저항은 전류를 1 A로 제한한다.

전압 강하들은 다음과 같다.

전체 전류 : $I=\dfrac{E}{R}=\dfrac{12}{2+4+6}=\dfrac{12}{12}=1\,\text{A}$

CD에서의 전압 강하 : $E=I\times R=1\times6=6\,\text{V}$

DE에서의 전압 강하 : $E=I\times R=1\times4=4\,\text{V}$

EF에서의 전압 강하 : $E=I\times R=1\times2=2\,\text{V}$

전체적인 전압 강하 CF : $=12\,\text{V}$

CE에서의 전압 강하 : $E=I\times R=1\times(6+4)=1\times10=10\,\text{V}$

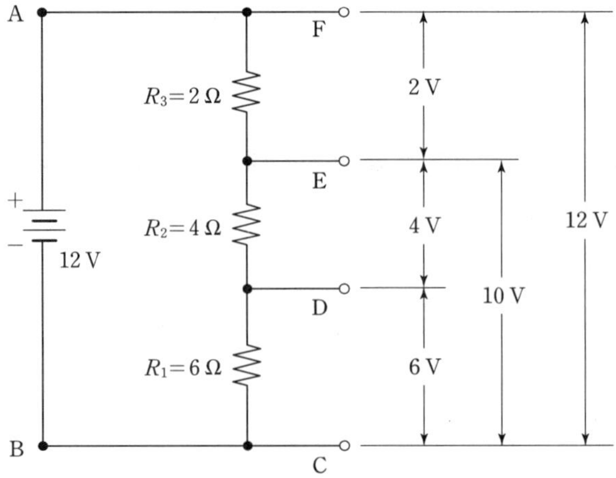

그림 5·6 분압기 회로

극성이 일치한 전압원

전지와 배터리 같은 에너지원은 주로 직렬로 연결되어 진다. 이 연결들은 전체 전압과 전체 전류에 영향을 미친다. 직렬로 연결된 전지는 하나의 전지가 발생하는 전압보다 더 높은 전압을 발생한다. 한 전지의 양(+)단자는 다음 전지의 음(−)단자에 연결된다.

이런 방법으로 전지가 연결될 때, 그 전체 전압은 개개의 전압의 합과 같으며, 이것을 극성이 일치한 전압원(aiding voltage source)이라고 한다(그림 5·7). 비록 전압이 증가되더라도 직렬로 연결된 전지의 전류 용량은 단지 가장 낮은 용량을 가진 전지와 같다. 개개의 단위 전지(cell)들의 극성이 일치하도록 직렬로 연결된 것이 배터리(battery)이다.

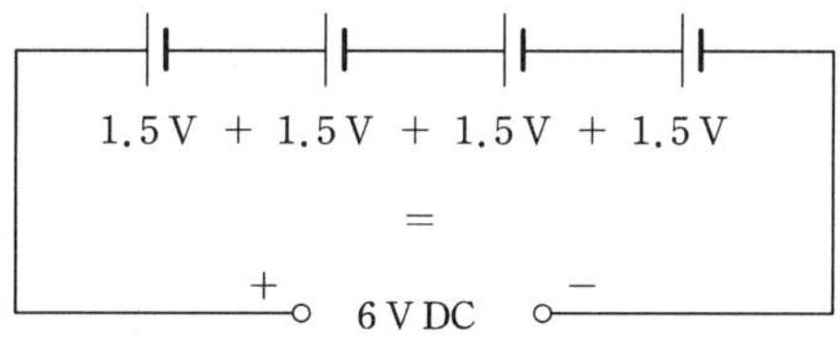

그림 5·7 직렬로 연결된 전지(동일 방향)

극성이 반대인 전압원

어떤 회로에서는 에너지원들이 서로 연결 단자의 극성이 반대가 되도록 연결된다(그림 5·8). 전압이 서로 반대될 때, 부하에 걸리는 전압은 결국 두 전압원간의 차이가 되며, 그것을 극성이 반대인 전압원(opposing voltage source)이라고 부른다. 70 V 건전지는 더 높은 에너지 준위를 가지고 있지만 극성이 반대되는 30 V 건전지에 의해서 감소된다(그림 5·8).

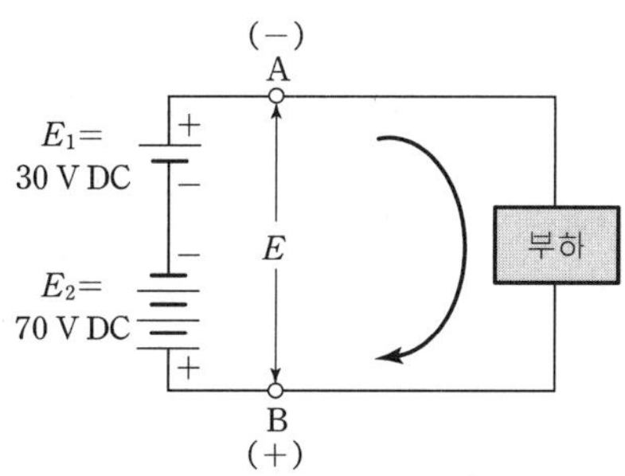

그림 5·8 직렬로 연결된 배터리(반대 방향)

문제 7 그림 5·8에서 부하에 공급된 전체 전압은?

풀이 $E_t = E_2 - E_1 = 70\,\text{V} - 30\,\text{V} = 40\,\text{Vdc}$

극성은 70 V 건전지가 30 V 건전지보다 더 높기 때문에 점 A는 음극(－)이고, 점 B는 양극(＋)이다.

연습문제

1. 완전한 직렬 회로는 네 가지의 기본적인 부분들을 가지는데 그것은 무엇인가?
2. 개방 회로 또는 개루프(open loop)의 의미는 무엇인가?
3. 노드란 무엇인가?
4. 직렬 회로에서의 합성 저항값은 어떻게 되는가?
5. 언제나 직렬 회로의 모든 부품에서의 무엇과 같은가?
6. 전압 강하란 무엇을 말하는가?
7. 키르히호프의 전압 법칙(Kirchhoff's voltage law)이란 무엇인가?
8. 분압기(voltage divider)를 사용하는 이유는?
9. 전극성이 일치한 여러 개의 전지를 직렬로 연결하였을 경우, 전체 전압과 전류 용량은 어떻게 되는가?
10. 극성이 반대인 전압의 경우, 부하에 인가되는 전체 전압은 어떻게 되는가?

6장 병렬 회로

학 습 용 어

부스터 배터리(booster battery), 분기 회로(branch circuit), 등가 저항(equivalent resistance), 키르히호프의 전류 법칙(Kirchhoff's current law), 다중 접속(multiple connection), 과부하(overland), 병렬 회로(parallel circuit), 분류 접속(shunt connection) 전체 전류(total current)

목 표

- 병렬 회로를 구성하고, 각 저항에서 극성을 표시할 수 있다.
- 과부하 회로 용어를 정의할 수 있다.
- 세 가지 병렬 저항 공식의 사용할 수 있다.
- 병렬 회로의 등가 저항을 계산할 수 있다.
- 병렬 회로에서 전체 저항, 전체 전류 그리고 각 분기 전류를 계산할 수 있다.
- 전류 용량 증가를 위하여 병렬로 배터리를 연결한다.

우리는 앞의 장에서 직렬 회로가 어떤 기본 법칙에 따르는 것을 배웠다. 병렬 회로 역시 어떤 법칙을 따른다. 본 장에서 우리는 옴의 법칙과 키르히호프의 법칙이 병렬 회로가 어떻게 동작하는지를 결정하는데 사용되는지를 배울 것이다.

병렬 회로

이 장은 병렬 회로에서 전압, 전류와 저항 간의 관계를 설명하고 기본적인 병렬 저항 공식을 설명한다. 또한 마디(junction point)에서 유입과 유출하는 전류 이동을 설명한다. 우리는 회로 문제들을 수학적인 과정을 통해서 단계적 방식으로 풀게 될 것이다. 그리고 우리는 병렬 회로를 해석하기 위해 "등가 저항"의 개념을 사용할 것이며, 에너지원의 전류 용량을 증가시키기 위해 배터리를 병렬로 연결하는 방법을 배울 것이다.

병렬 회로(parallel circuit)에서 부하는 선과 선 사이에 연결된다. 이 말은 에너지원에 연결된 두 도선 사이에 연결된다는 것이다(그림 6·1). 그 부하와 부하에 연결된 선을 **분기 회로**(branch

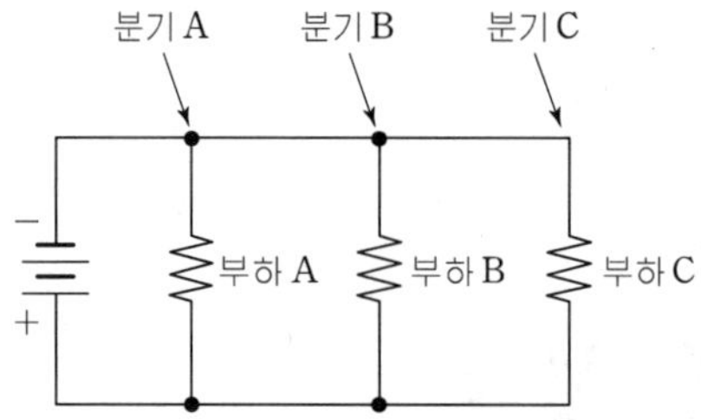

그림 6·1 세 개의 분기가 있는 병렬 회로

circuits)라고 한다. 또한 병렬 접속은 **다중 접속**(multiple connections), **분류 접속**(shunt conne-ctions)이라고 부른다.

병렬 회로에서 부하는 독립적으로 동작한다. 그러므로 만일 가지(branch) 중 하나가 연결이 되어 있지 않거나 끊기더라도, 남아 있는 분기들은 동작을 계속할 수 있다.

병렬 회로의 예

그림 6·2에 다양한 병렬 회로들을 보여준다. 그림이 매우 다르더라도 모든 부하는 선과 선 사이에 연결되어 있다. 이것은 에너지원이 부하에 같은 전압을 부여한다는 의미이다. 그림 6·2(f)와

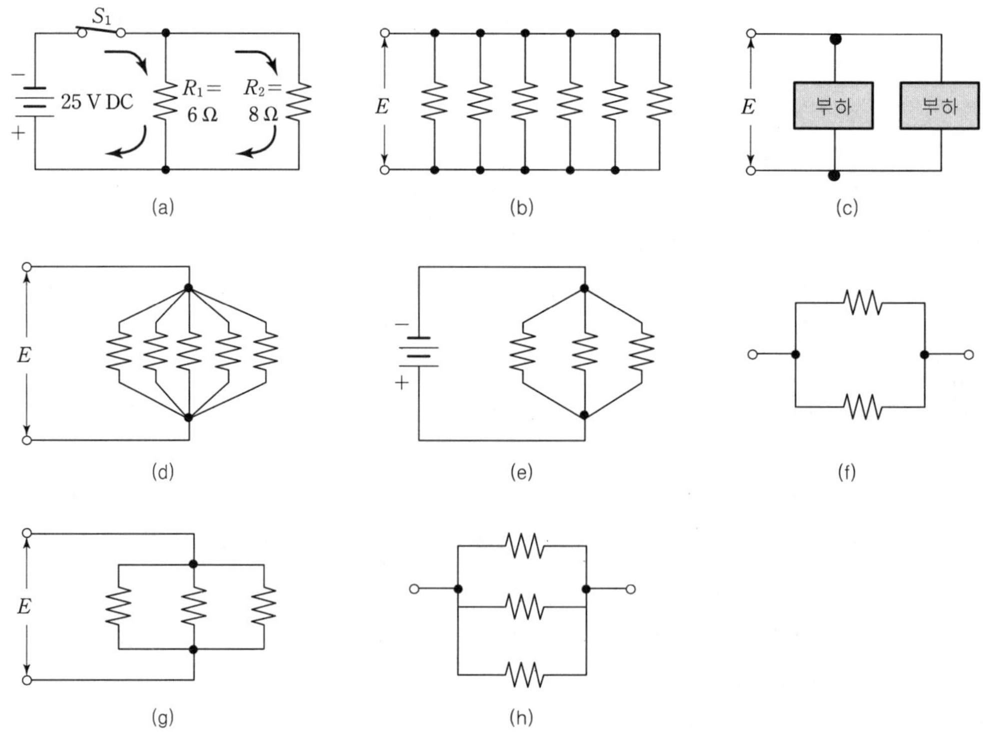

그림 6·2 다양한 병렬 회로도

6·2(h)에서는 에너지원이 보이지 않는다. 그러나 그림의 단자는 에너지원을 위한 연결점을 제공한다. 각 부하(저항)는 모든 부하에 공통으로 주어지는 에너지원으로부터 독립적인 역할을 할 수 있다. 그림 6·2(a)는 분기들에 흐르는 전류의 방향을 포함한, 회로에 대한 많은 내용을 보여준다.

전압과 전류

병렬 회로에서 모든 분기들에 걸리는 전압은 같다(그림 6·3). 그러나 전체 전류는 각 분기들로 나누어진다. 어느 한 분기에 흐르는 전류값은 옴의 법칙($I=E/R$)에 의해 구할 수 있으며, 어느 분기에서 저항이 적을수록 전류는 커진다($I=E/R$). 그러므로 병렬 회로에서 모든 부하가 같은 전압을 가질 때, 분기의 전류값이 같을 수도 있고, 다를 수도 있다. 예를 들면 주택의 배선 설계에서 같은 전압에서 동작하는 전구나 다른 전기 기구들은 다른 전류를 필요로 한다. 그러므로 그것들은 병렬로 연결되어져 있다(그림 6·4).

▶ 퓨즈와 차단기

병렬 회로에 전달되는 **전체 전류**(total current)는 각 분기에 흐르는 전류의 합이다. 이것은 가정의 회로에 너무 많은 전구나 다른 전기 기구들이 켜져 있을 때 퓨즈가 타버리는 이유가 된다. **과부하**(over load)는 전류가 퓨즈나 차단기의 정격 전류보다 큰 전체 전류까지 증가했을 때에 발생한다. 이 때 퓨즈가 타거나 차단기가 내려간다.

▶ 주택의 예

예를 들어 그림 6·4에 보이는 20 A 퓨즈를 생각해 보자. 만일 또 다른 토스터가 회로에 접속하고

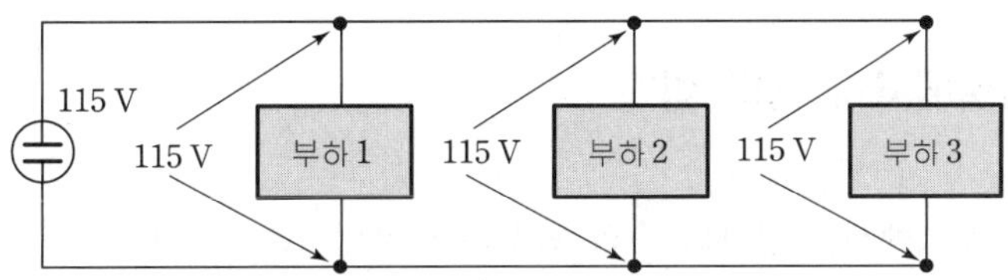

그림 6·3 병렬 회로에서 모든 분기에 걸리는 전압은 같다

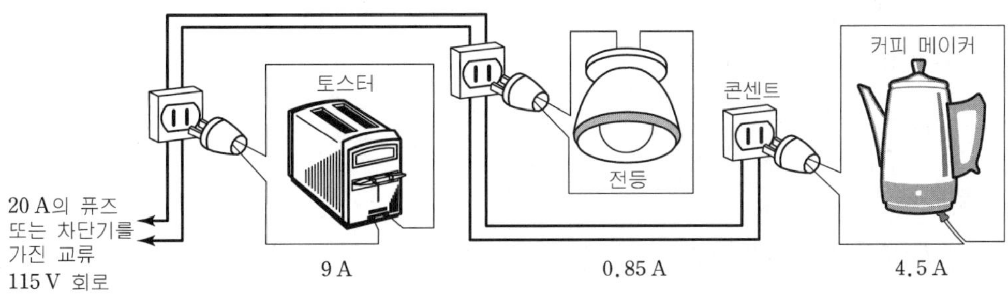

그림 6·4 병렬 회로는 가전 제품, 전구 그리고 다른 전기 기구들을 동작시키는 데 사용된다

있으면 무엇이 일어날까? 20 A의 퓨즈를 살펴보자. 회로가 과부하이기 때문에 퓨즈는 타버릴 것이다. 기억할 것은 병렬 회로에 전달되는 전체 전류는 분기 회로들의 합계와 같다는 것이다. 그림 6·4에서 각 분기들을 살펴보면

토스터(Toaster)	9.00A
전등(Light)	0.85A
커피 메이커(Coffee maker)	4.50A
합계(Total)	14.35A

그림 6·4의 합성 전류는 14.35A를 갖는다. 이 전류는 20A 퓨즈의 범위 내에서 만족한다. 만일 또 다른 토스터가 회로로 접속되면, 4개의 분기들이 있을 것이다. 각 분기의 전류는

토스터 1(Toaster 1)	9.00A
토스터 2(Toaster 2)	9.00A
전등(Light)	0.85A
커피 메이커(Coffee maker)	4.50A
합계(Total)	23.35A

두 번째의 토스터가 회로에 연결되면, 전체 전류는 23.35 A이다. 이 회로는 과부하 상태이다. 이 회로에서 20 A 용량의 퓨즈는 23.35 A 용량의 부하가 걸린다. 따라서, 퓨즈는 타게 될 것이다.

병렬 회로에서의 옴의 법칙

전압이 회로의 각 분기에서 같을 때, 옴의 법칙은 회로의 각 분기에 전류를 결정하기 위해 사용된다(그림 6·5). 예를 들어 분기 'A'의 전류는

$$I=\frac{E}{R}=\frac{6}{2}=3\,\text{A}$$

분기 'B'의 전류는

$$I=\frac{E}{R}=\frac{6}{3}=2\,\text{A}$$

합성 전류는

$$I_t=I_A+I_B=3+2=5\,\text{A}$$

이다.

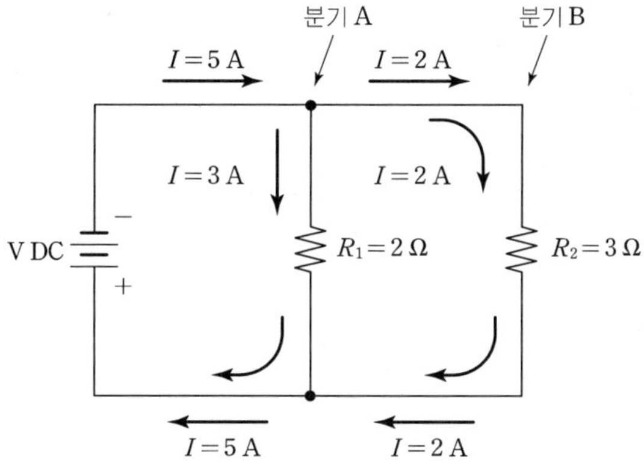

그림 6·5 병렬 회로에서 합성 전류는 각 분기에 흐르는 전류의 합과 같다

그러므로 병렬 회로에서 회로의 한 부분에서의 전류는 그 부분의 전압을 그 부분의 저항으로 나눈 것과 같다.

병렬 회로에서의 저항

병렬 회로에 분기가 더해짐에 따라, 전류가 흐를 수 있는 길이 더 생긴다. 그러므로 전류에 대한 총저항은 감소한다. 병렬 회로의 전체 저항은 항상 가장 적은 저항보다 작다(그림 6·6). 세 개의 저항(25Ω, 50Ω, 100Ω)은 병렬로 연결되어 있을 때 14.29Ω의 등가 저항을 갖는다.

등가 저항(equivalent resistance, Req)은 회로 소자들의 전기적인 등가이다. 이것은 병렬 회로와 더 복잡한 회로들의 해석에 쓰기에 편리하다. 만일 그림 6·6의 세 개의 저항이 직렬로 연결되었다면 등가 저항은 175Ω일 것이다. 전체 또는 등가 저항은 직렬 회로와 병렬 회로에서 서로 다르다. 이 차이를 설명하는 몇몇의 병렬 회로 문제들이 다음에 소개된다.

▶ 병렬 저항 공식

모든 병렬 저항의 합성은 다음의 일반 공식으로 등가 저항값을 계산할 수 있다.

① 모두 다른 저항

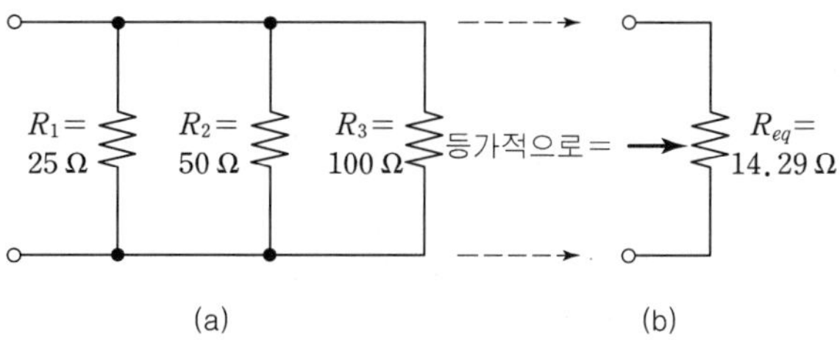

그림 6·6 등가 저항의 개념

$$R_t = \frac{1}{\frac{1}{R_1} + \frac{1}{R_2} + \frac{1}{R_3} + \cdots\cdots + \frac{1}{R_n}}$$

몇 가지 조건에서는 특별한 공식에 의해 등가 저항을 계산할 수 있다. 이 공식은 회로가, 다음의 문제 2와 3에서와 같이, 조건에 일치할 경우 사용될 수 있다.

② 두 개의 다른 저항

$$R_t = \frac{R_1 \times R_2}{R_1 + R_2}$$

여기서 R_t=전체 저항

R_1과 R_2=병렬 저항

③ 모두 같은 저항

$$R_t = \frac{\text{저항값}}{\text{저항의 갯수}}$$

▶ **병렬 저항 공식의 풀이**

병렬 회로에서 전체 저항을 구하기 위해 우리는 먼저 공식을 선택한다. 일반 공식은 모든 병렬 저항 회로에 사용될 수 있다. 그러나 특별한 경우의 공식은, 회로가 그 공식에 부합될 때에만 쓰이게 된다. 다음의 다섯 문제들은 이 공식들의 사용을 설명한다.

참고 사항

이 장에는 본문 내용에 관한 예제들이 있다. 이 문제들은 우리가 배우고 있는 것을 연습하기 위함이며, 문제를 풀기 위해 연습장을 사용하여라. 해답은 이 장의 끝에 있다.

문제 1 각 저항값이 2Ω, 2.5Ω, 10Ω 인 세 개의 저항이 병렬로 연결되어 있다(그림 6·7). 합성 저항을 구하여라.

풀이 값이 다른 저항이 두 개 이상 있으며, 일반 공식 1을 사용하여라.

참고 사항

이 풀이는 병렬 회로에서 전체 저항은 항상 가장 적은 저항보다 적다는 것을 설명한다(그림 6·6 참조).

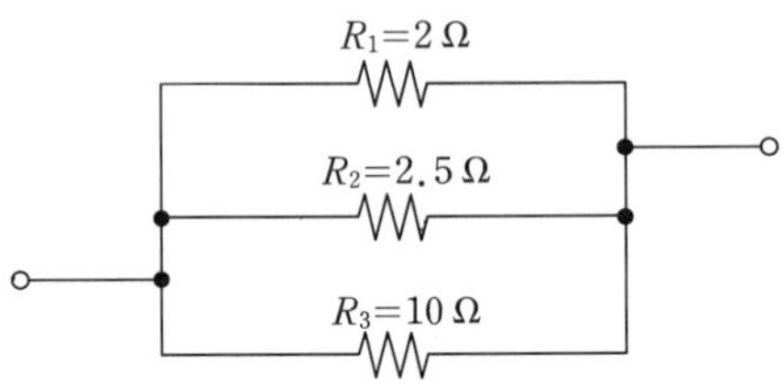

그림 6·7 문제 1에 관한 도식

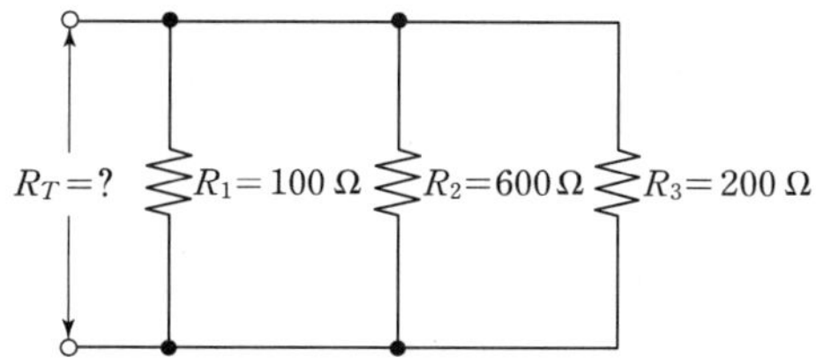

예제 1

문제 2 각 저항값이 20Ω, 30Ω인 두 개의 저항이 병렬로 연결되어 있다(그림 6·8). 전체 저항을 계산하여라.

풀이 공식 2는 이 문제의 경우에 쓰이는 가장 쉬운 공식이다.

$$R_t = \frac{R_1 \times R_2}{R_1 + R_2} = \frac{20 \times 30}{20 + 30} = \frac{600}{50} = 12\Omega$$

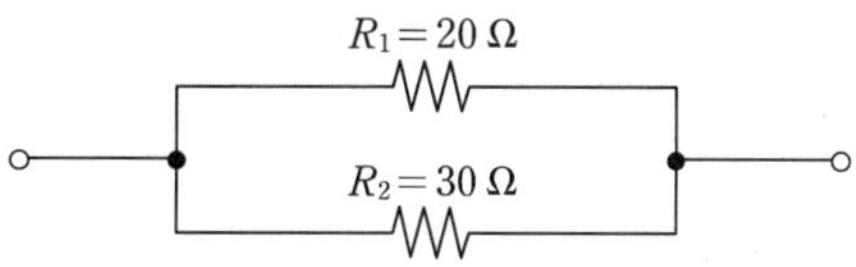

그림 6·8 문제 2에 관한 도식

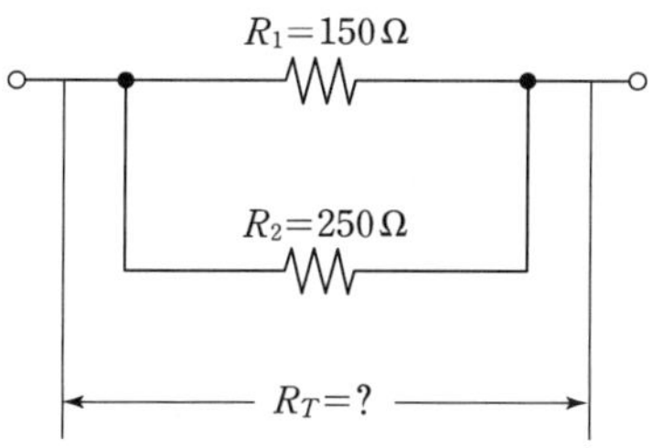

예제 2

문제 3 10Ω인 저항 다섯 개가 병렬로 연결되어 있다(그림 6·9). 합성 저항을 계산하여라.

풀이 모든 저항값이 같기 때문에 공식 3을 사용하여라.

$$R_t = \frac{\text{저항값}}{\text{저항의 갯수}} = \frac{10}{5} = 2\Omega$$

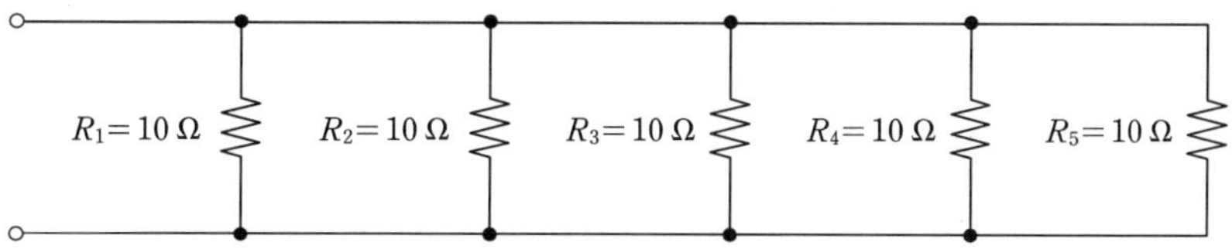

그림 6·9 문제 3에 관한 도식

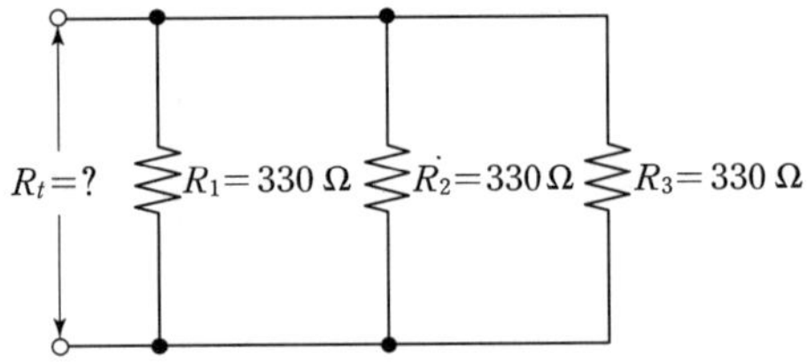

예제 3

문제 4 그림 6·10에 보이는 회로에서 전체 저항이 1,482Ω이 되기 위해 병렬로 연결될 저항을 구하여라.

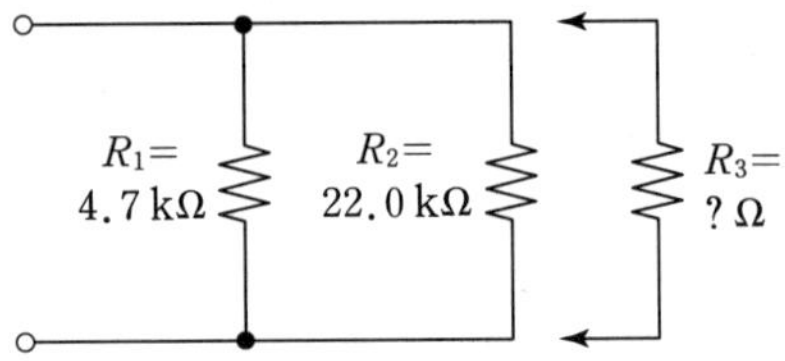

그림 6·10 문제 4에 관한 도식

풀이 공식 1을 사용하여라.

(1) R_3을 구하기 위해 일반 공식을 사용하여라.

$$R_t=\frac{1}{\frac{1}{R_1}+\frac{1}{R_2}+\frac{1}{R_3}}$$

$$\frac{1}{R_t}=\frac{1}{R_1}+\frac{1}{R_2}+\frac{1}{R_3}$$

$$\frac{1}{R_3}=\frac{1}{R_t}-(\frac{1}{R_1}+\frac{1}{R_2})$$

$$\frac{1}{R_3}=\frac{1}{1,482}-(\frac{1}{4,700}+\frac{1}{22,000})$$

$$\frac{1}{R_3}=0.0006747-(0.0002127+0.0000454)$$

$$\frac{1}{R_3}=0.0004166$$

$$R_3=\frac{1}{0.0004166}$$

$$R_3=2400.38=2.4\text{k}\Omega$$

(2) R_3에 계산된 저항(2.4kΩ)을 대입해서 결과를 확인하여라.

$$R_t=\frac{1}{\frac{1}{R_1}+\frac{1}{R_2}+\frac{1}{R_3}}$$

$$=\frac{1}{\frac{1}{4,700}+\frac{1}{22,000}+\frac{1}{2,400}}$$

$$=\frac{1}{0.0002127+0.0000454+0.0004166}$$

$$=\frac{1}{0.0006747}=1482.4=1,482\Omega$$

참고 사항

이것은 결과를 확인시켜 준다. 병렬로 연결된 4.7kΩ, 22kΩ과 2.4Ω의 계산 저항은 1,482Ω과 같다.

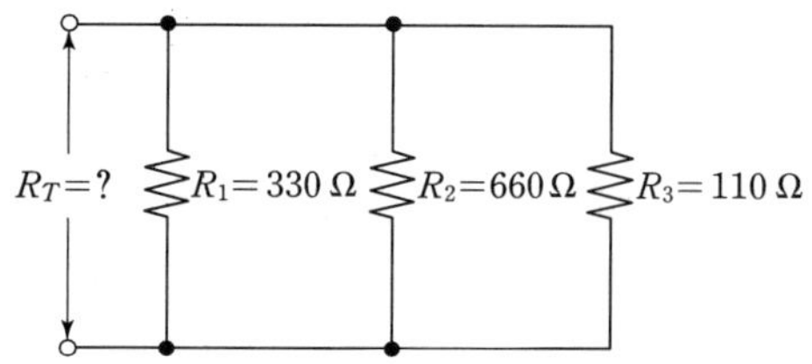

예제 4

문제 5 저항값이 50Ω, 100Ω, 1,000Ω인 세 개의 저항이 병렬로 연결되어 있다(그림 6·11). 전체 저항과 전체 전류, 분기 전류들을 구하여라.

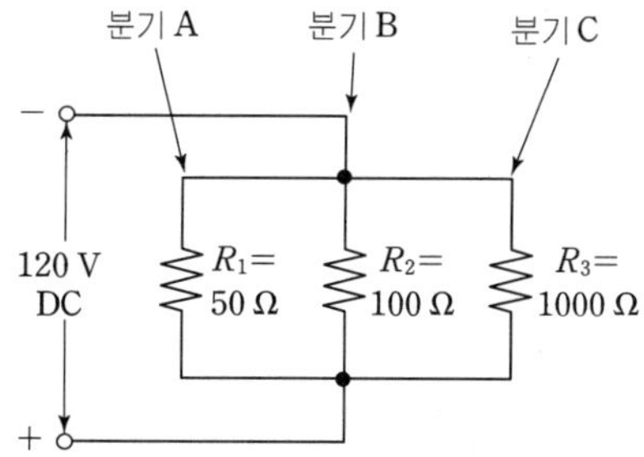

그림 6·11 문제 5에 관한 도식

풀이 (1) 이 문제의 해결은 몇 가지 단계를 거친다. 먼저, 회로의 전체 저항을 정하고 나서 전체 전류와 각 분기 전류들을 찾아라. 공식 1을 이용하여라.

$$R_t=\frac{1}{\frac{1}{R_1}+\frac{1}{R_2}+\frac{1}{R_3}}$$

$$=\frac{1}{\frac{1}{50}+\frac{1}{100}+\frac{1}{1,000}}$$

$$=\frac{1}{0.02+0.01+0.001}$$

$$=32.3\Omega$$

(2) 회로의 전체 전류를 계산하여라. 전압과 전체 저항을 알고 있으므로, 옴의 법칙을 이용하여라.

$$I_t = \frac{E_t}{R_t} = \frac{120}{32.3} = 3.72\,\text{A}$$

(3) 각 분기 전류를 계산하기 위해 옴의 법칙을 이용하여라.

$$I_{\text{분기 }A} = \frac{E}{R_1} = \frac{120}{50} = 2.4\,\text{A}$$

$$I_{\text{분기 }B} = \frac{E}{R_2} = \frac{120}{100} = 1.2\,\text{A}$$

$$I_{\text{분기 }C} = \frac{E}{R_3} = \frac{120}{1,000} = 0.12\,\text{A}$$

합계 $= 3.72\,\text{A}$

(4) 전체 각 분기 회로들의 전체 전류를 (2)단계와 비교하여라. 전체 전류가 같다는 것에 주목하여라. 이것은 다른 법칙을 도출한다. 병렬 회로에서 각 분기 전류의 합은 전류와 같다(그림 6·12).

접합점에서의 전류

직렬 회로에서 우리는 전압 강하의 합이 회로에 공급되는 전압과 같다는 것을 배웠다. 이것이 **키르히호프의 전압 법칙**(Kifchhoff's voltage law)이라는 것을 알고 있다. 또한 접합점에서 유출하는 전체 전류는 접합점으로 유입하는 전류와 같다는 **키르히호프의 전류 법칙**(Kifchhoff's current law)도 중요하다. 접합점 #1로부터 유출하는 전류는 접합점 #2로 유입하는 전류와 같다는 것은 그림 6·12에서 설명된다.

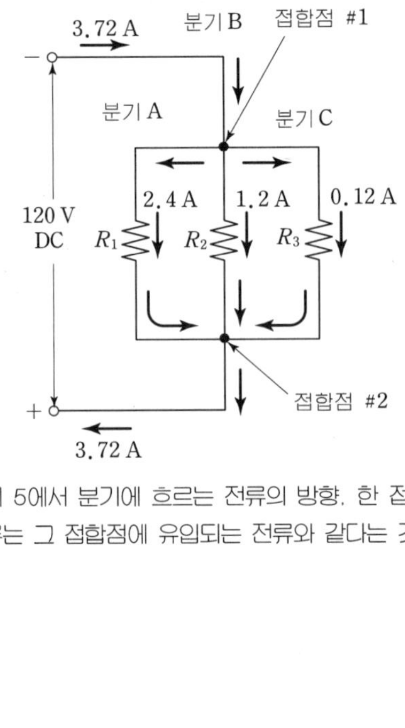

그림 6·12 문제 5에서 분기에 흐르는 전류의 방향. 한 접합점에서 유출하는 전류는 그 접합점에 유입되는 전류와 같다는 것에 주목한다

병렬 연결된 전지

전지 또는 배터리(또한 다른 형태의 전압원들)는 더 많은 전류를 얻기 위해 병렬로 연결할 수 있다.

병렬 연결에서 전체 전압은 각 전지의 전압과 같다(그림 6·13). 그러나, 이 연결에서 전류 용량은 모든 전지나 배터리들의 전류 용량의 합과 같다.

부스터 배터리(booster battery)의 사용은 흥미롭고, 병렬로 배터리를 연결하는 유용한 예이다. 부스터 배터리는 자동차 시동을 위해 충분한 전류를 공급하지 못하는 자동차 배터리에 병렬로 잠시 연결된 부가적인 장치이다. 자동차의 전기 시스템에 공급하는 전압은 여전히 12 V이다. 그러나 부스터 배터리는 모터를 가속하고, 엔진을 시동하기에 충분한 전류를 제공할 것이다. 부스터의 +단자는 자동차 배터리의 +단자에 연결되어 있고, 두 −단자도 서로 연결되어 있다. 부스터 배터리를 사용하는 것을 점프 시동(jump starting)이라 한다.

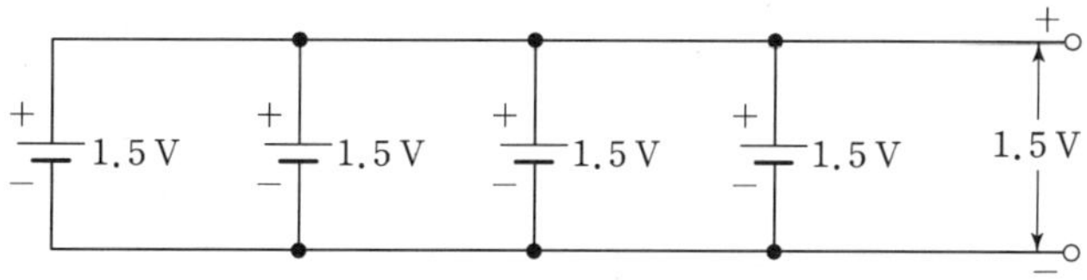

그림 6·13 전지가 병렬로 연결되어 있을 때의 전체 전압은 각각의 전지의 전압과 같다

주의 사항

부스터 배터리를 사용할 경우에는, 실수로 케이블을 잘못 연결하여 배터리 산이 튀거나 폭발할 수 있어, 보안경을 반드시 사용해야 한다.

과학 상식

루비듐(rubidium)

키르히호프와 분젠은 1860년에 루비듐 원소를 발견했다. 그들은 분광기에 나타난 루비듐 스펙트럼의 빨간선으로부터 원소의 이름을 명명했다. 오늘날 루비듐은 촉매나 광전지들을 만드는데 쓰여지고 있다.

금속성 루비듐은 은빛 흰색으로 매우 부드럽다. 활성이 강한 알칼리 금속의 하나로서, 이것은 공기에 노출되었을 때 바로 손상되고, 스스로 연소되어 루비듐 산화물을 형성한다. 또한 이것은 물과 격렬하게 반응한다. 약 102°F에서 녹고 약 1267°F에서 끓는다. 일반적인 루비듐의 성질은 화학적 반응에서 알칼리 금속 나트륨, 칼륨과 비슷하다.

지각에서 발견된 원소 중에 루비듐은 23번째로 많다. 그러나 그것은 광천수와 다른 알칼리 금속들로 이루어진 많은 평범한 광물들에서 단지 소량을 구할 수 있다. 또한 차, 커피, 담배 그리고 다른 식물들에서 소량을 찾을 수 있다. 그 원소의 미량이 생명 유기체에 필요하다.

연습문제

1. 가정에서 퓨즈가 타버리는 대부분의 이유는 많은 전구나 다른 전기 기구들이 켜져 있기 때문이다. 구체적인 이유를 설명하여라.

2. 가정에 20A의 퓨즈가 있다. 가정에서는 다음과 같이 쓰여지고 있다. 여기에 10A 선풍기를 쓴다면 퓨즈가 어떻게 되어지는지 설명하여라.

토스터(Toster)	9.00A
전등(Light)	0.85A
커피 메이커(Coffee maker)	4.50A
합계(Total)	14.35A

3. 다음 그림에서 합성 전류를 구하여라.

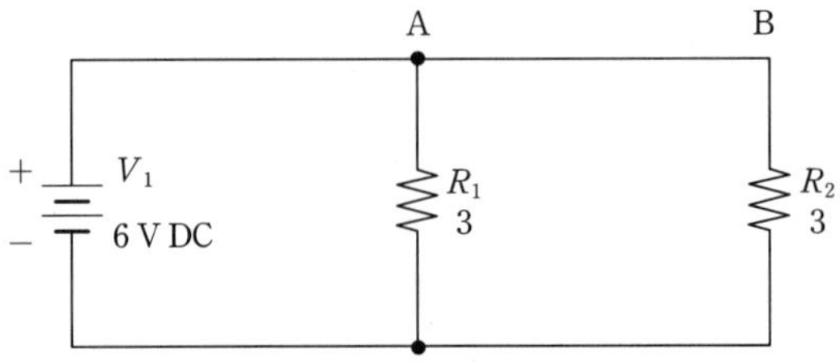

4. 서로 다른 두 개의 저항값을 R_1, R_2라 할 때, 합성 저항 R_T를 구하여라.

5. 각 저항값이 2Ω, 4Ω, 6Ω인 세 개의 저항이 병렬로 연결되어 있다. 합성 저항을 구하여라.

6. 10Ω인 저항 여섯 개가 병렬로 연결되어 있다. 합성 저항을 구하여라.

7. 다음 회로에서 합성 저항과 합성 전류, 그리고 각 분기 전류를 구하여라.

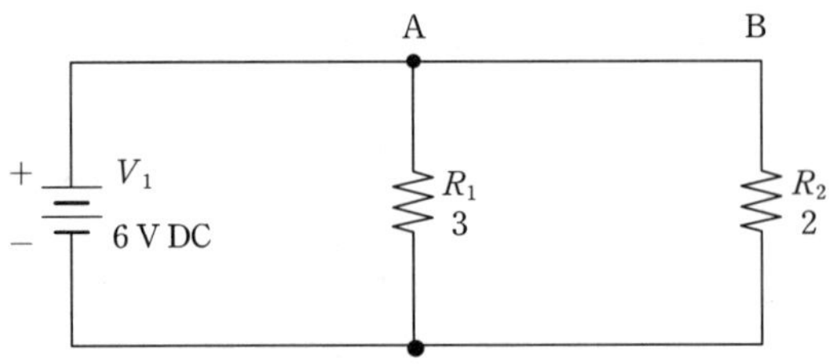

8. 다음 회로에서 합성 저항이 2.5이기 위한 R_1의 저항은 무엇인가?

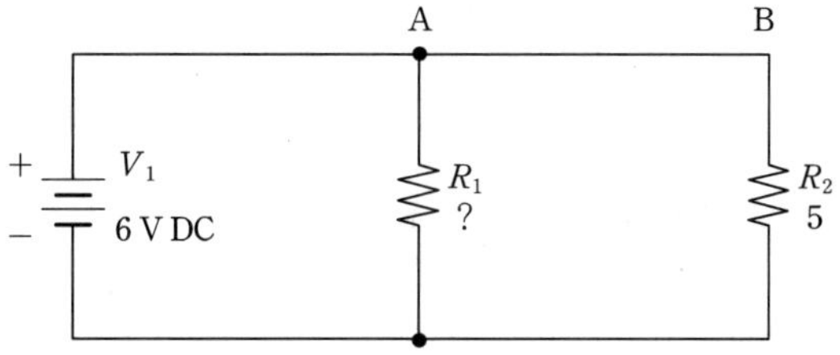

9. 병렬 회로에서 모든 분기점에 걸리는 전압과 전류와 저항의 관계를 설명하여라.

10. 병렬 연결에서 합성 전압은 어떻게 되는지 설명하여라.

7장 직·병렬 회로

학습용어

조합 회로(combination circuit)
전기 시스템(electrical system)
회로망(network)
직·병렬 회로(series-parallel circuit)

목 표

- 회로망 용어를 정의한다.
- 병렬과 직렬로 연결된 두 개의 다른 부하의 전체 저항을 계산할 수 있다.
- 회로망의 전체 저항을 결정할 수 있다.
- 직·병렬 회로의 합성 전류, 각 부하에서의 전압 강하와 전류를 계산할 수 있다.
- 직·병렬 회로에서 저항, 전압, 전류를 구하는 절차를 수행할 수 있다.

앞의 두 장은 직렬 또는 병렬 연결된 회로에 대해 다루었다. 이 장에서는 직·병렬이 함께 연결된 회로를 다룰 것이다.
우리가 매일 사용하는 많은 회로를 개개의 간단한 회로로 바꿀 수 있는 것을 아는가? 복잡하게 구성된 회로를 이해하기 쉬운 몇 가지 회로로 간략화할 수 있는 것을 아는가? 이 장에서는 앞 장에서 배운 내용을 바탕으로 복잡한 회로를 어떻게 간략화하는지를 배우게 될 것이다.

직·병렬 회로

직렬과 병렬의 회로가 함께 연결된 형태의 회로를 **직·병렬 회로**(series-parallel circuit) 또는 **조합 회로**(combination circuits)라고 부른다. 여러 가지의 직·병렬 회로가 연결된 것을 회로망(network) 또는 전기적 시스템(electrical system)이라고 부른다. 대부분의 전기 회로는 조합 회로이다. 자동차, TV, 라디오, 그리고 컴퓨터는 전기적인 시스템을 구성하는 조합 회로를 많이 가지고 있다.

그림 7·1은 직·병렬 회로의 예이다. 부하 1은 부하 2와 부하 3의 병렬 회로와 직렬로 연결되어 있다. 전류는 반드시 부하 1을 먼저 지나간다. 전류는 접합점 A에서 두 개의 경로로 나뉘어 병렬 회로로 들어간다. 두 경로는 다시 접합점 B에서 연결되고 전류는 병렬 회로를 지나 전압원으로 돌아간다. 이 것은 직·병렬 회로가 연결된, 단지 한 방법을 설명한 것이다.

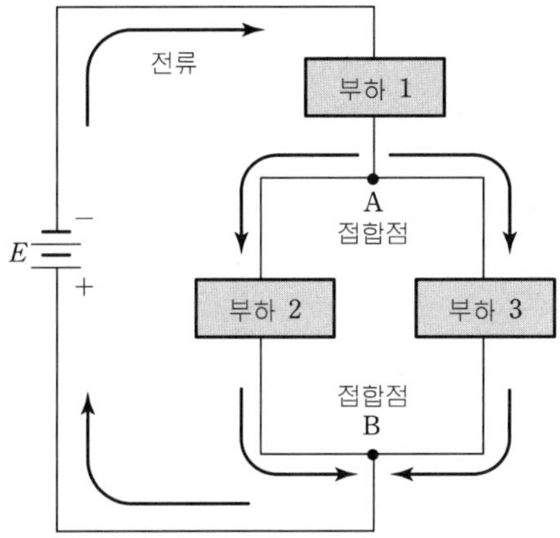

그림 7·1 직·병렬 회로, 또는 조합 회로

직·병렬 회로의 예

그림 7·2는 여러 가지 직·병렬 회로를 개략적으로 보여준다. 몇 개는 간단하고 다른 것들은 복잡하다. 이 개략도들은 저항 기호로 표현된 부하들이 어떻게 연결되는지를 보여주고 있다. 각 그림에서 하나 또는 그 이상의 부하가 병렬 부하와 직렬로 연결되어 있다. 이 개략도에서 앞의 두 장의 내용과 비슷한 점과 다른 점을 비교할 수 있을 것이다. 직·병렬 회로에 대해 보다 정확하게 알고 싶다면 그림 7·2(a)에서 보여준 것처럼 개략도를 그려보아라. 이 개략도는 회로에 대한 기초 지식을 담고있다. 그러나 모든 개략도가 의미가 있으며, 기술자와 공학자들이 직·병렬 회로에 대한 정보를 보다 빠르게 알기 위하여 자주 사용한다.

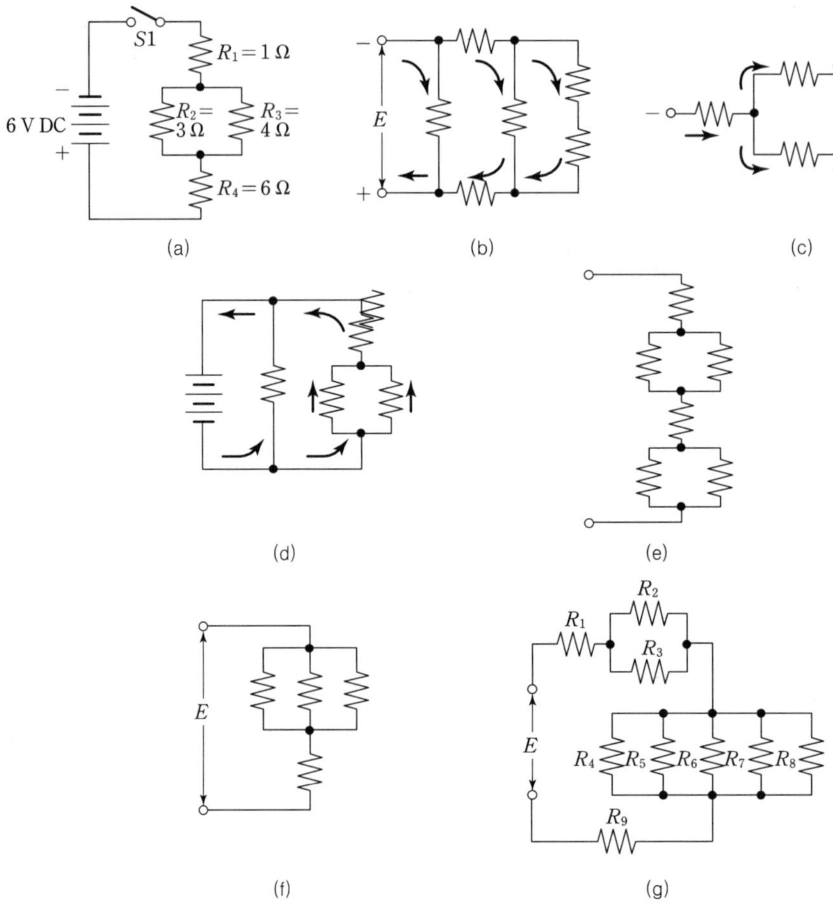

그림 7·2 다양한 직·병렬 회로도

▶ 저 항

그림 7·3의 직·병렬 회로를 자세히 보자. 이 회로에서 부하 1과 부하 4는 부하 2와 3에 직렬로 연결되었다. 부하 2와 3은 병렬 회로이다.

과학 상식

● 휘트스톤 브리지(Wheatstone Bridge)

정확한 저항 측정은 회로 내에서 휘트스톤 브리지라고 불리는 회로내의 검류계를 가지고 할 수 있다. 영국의 물리학자 Charles Wheatstone(1802~1875)의 이름을 따서 명명되었다. 비록 Samuel Christie(1784~1865)에 의해 발명되었지만, Wheatstone이 전기 회로에서 저항 측정을 위해 처음 사용했기 때문에 휘트스톤의 이름을 갖는 회로이다.

이 회로는 값을 아는 세 개의 저항과 값을 모르는 저항이 마름모 형태로 연결되어 구성된다. 마름모 형태의 두 맞은편에 DC 전압을, 다른 두 점에는 검류계를 연결한다. 네 개의 저항 모두가 어떤 고정된 관계를 만족할 때 양쪽에 흐르는 전류는 같게 되고 검류계로는 전류가 흐르지 않게 된다. 알고 있는 저항 중 하나의 값을 바꿈으로서 회로는 알고자 하는 저항의 값에 균형을 맞출 수 있게 된다. 미지의 다른 저항의 값들로부터 계산할 수 있다.

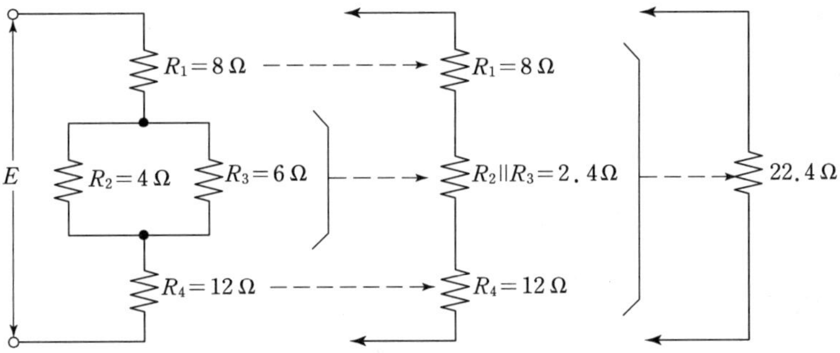

(a) 직·병렬 회로도 (b) R_1과 R_2의 등가 저항(2.4Ω) (c) 전체 회로의 등가 저항

그림 7·3 문제 1의 회로도

문제 1 그림 7·3(a)에서의 회로의 합성 저항값은?

풀이 직·병렬 조합의 전체 저항을 구하기 위해서, 전체 회로를 구성하는 각 부분들을 고려하는 것이 도움이 된다. 예를 들어 이 직·병렬 회로에 병렬 회로를 우선 고려한다.

(1) R_2와 R_3로 구성된 병렬 부분의 합성 저항을 구한다.

$$R_T=\frac{R_2\times R_3}{R_2+R_3}=\frac{4\times 6}{4+6}=2.4\Omega$$

따라서 회로에서 병렬 부분의 등가 저항은 2.4Ω이고, 2.4Ω을 R_1과 R_4와 직렬로 다시 그릴 수 있다. 이제 문제를 푸는데 있어 첫 번째 단계가 완성되었다.

(2) 그림 7·3(b)로 다시 그려진 회로를 이용하여 전체 저항을 구한다.

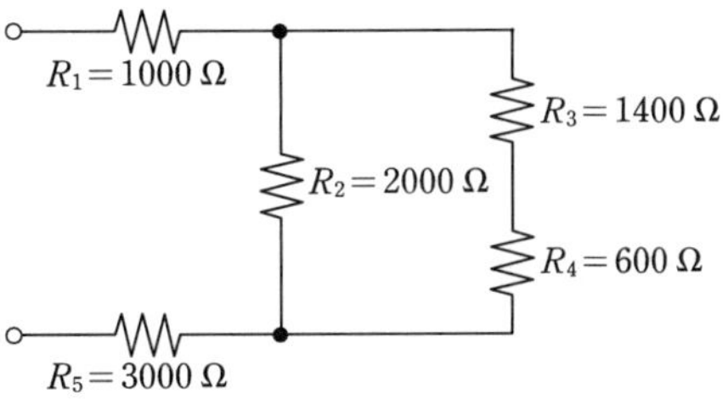

FIND:R TOTAL=

예제 1

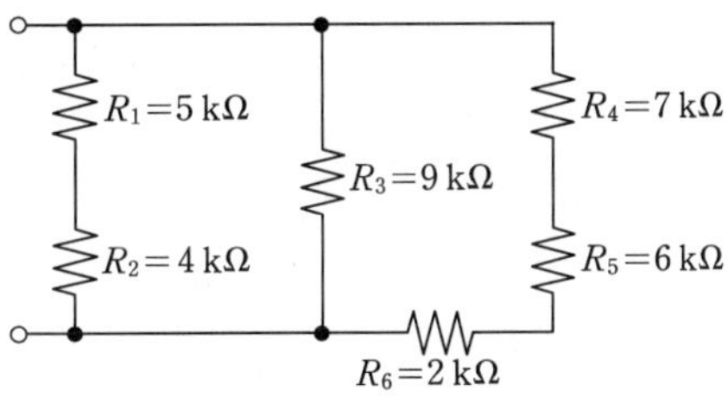

FIND:R TOTAL=

예제 2

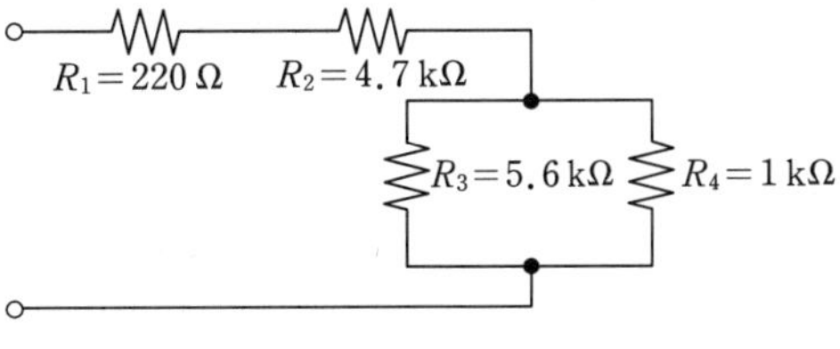

FIND:R TOTAL=

예제 3

$R_T = R_1 + R_2 \| R_3 + R_4 = 8 + 2.4 + 12 = 22.4\Omega$

주의 식에서 수학적 기호 $\|$는 병렬을 의미한다. 단계 1에서, $R_2 \| R_3$의 등가 저항은 2.4Ω

그림 7·3은 이 직·병렬 회로의 전체 저항을 계산하는 각각의 단계를 보여준다. 요약하면, 첫 번째로 몇 개의 부분을 결정하기 위하여 직·병렬 회로의 개별 부분을 결정하기 위하여 각각의 회로를 주의 깊게 분석하고, 두 번째로 하나의 구성 요소를 한 단위로 생각한다. 이 회로에서는, 병렬 회로가 분리된 단위로 고려되었다. 세 번째는 각 부분을 간단한 직렬 등가 회로 형태로 결합시킨다.

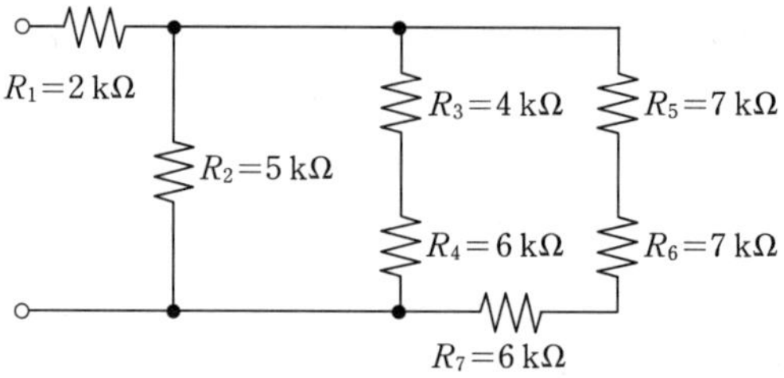

FIND:R TOTAL=

예제 4

문제 2 그림 7·4와 같이 네 개의 저항이 직·병렬 회로로 연결되어 있다. 저항 R_1은 병렬 회로와 직렬이다. 병렬 회로는 두 개 분기로 구성되었다. 병렬 회로 중 하나는 R_2, 다른 분기는 R_3와 R_4로 되어있다. 전체 저항을 구하여라.

풀이 (1) 병렬 회로 중 R_3와 R_4는 직렬, 이 직렬 저항 R_{t1}을 결정한다.

$R_{t1} = R_3 + R_4 = 5\Omega + 5\Omega = 10\Omega$

(2) 회로 중 병렬 부분의 저항 R_{t2}를 결정한다.

$$R_{t2} = \frac{R_2 \times R_{t1}}{R_2 + R_{t1}} = \frac{5 \times 10}{5 + 10} = \frac{50}{15} = 3.3\Omega$$

(3) 회로 중 병렬 부분의 등가 저항은 3.3Ω이므로, 직·병렬 회로의 전체 저항 R_{t3}를 계산한다.

$R_{t3} = R_1 + R_2 \| R_{t1} = 10 + 3.3 = 13.3\Omega$

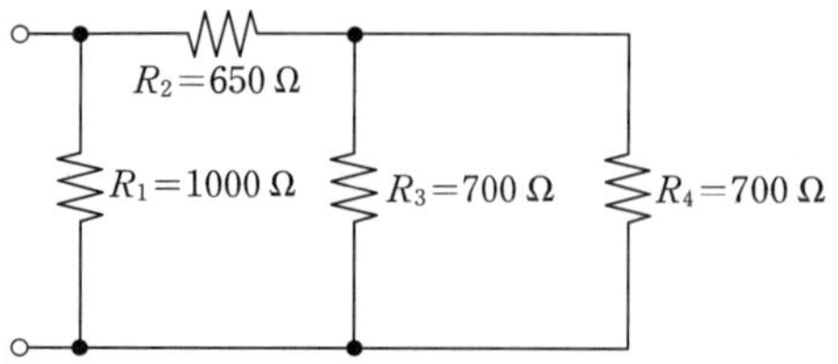

FIND:R TOTAL=

예제 5

FIND:R1=

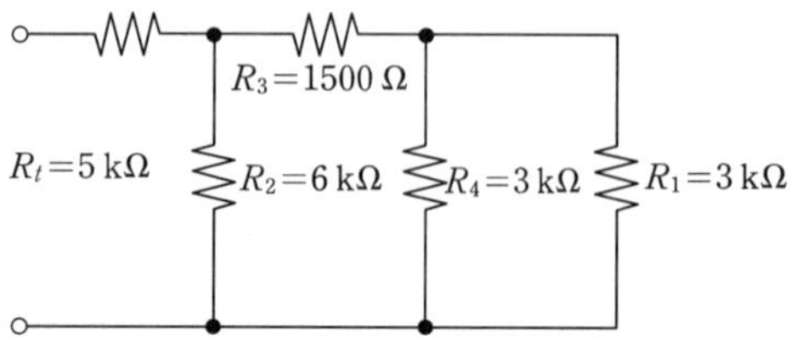

예제 6

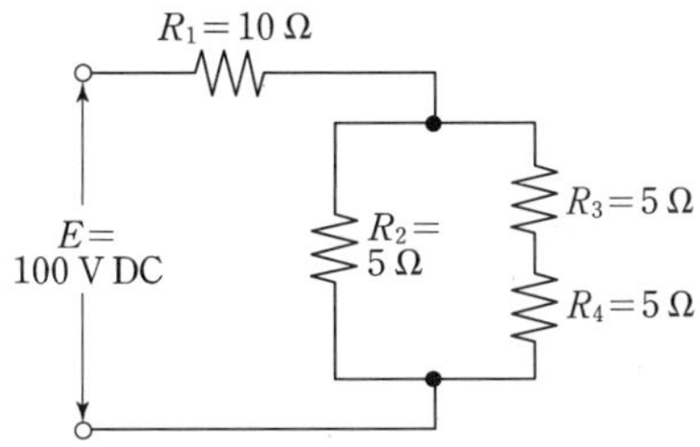

그림 7·4 문제 2와 3에 관한 도식

전압과 전류

앞의 문제들에서 직 · 병렬 회로에서 저항을 결정하는 과정을 설명하였다. 다음 문제는 키르히호프 전압, 전류 법칙들이 직 · 병렬 회로에서 어떻게 적용되는지를 설명하는 것이다. 우리는 직렬 회로 상태에서 키르히호프 전압 법칙은 회로에서의 전압 강하합은 반드시 전원 전압과 같아야 한다는 것을 이미 알고 있다. 이것은 직 · 병렬 회로에서도 적용된다. 그러나 병렬 분기에 걸린 전압은 반드시 전체 회로에서 하나의 전압 강하로서 고려되어야 한다. 이러한 조합 회로에서, 회로의 부분에 대하여 적당한 전압과 저항이 고려된다면 전류 역시 옴의 법칙을 따른다. 직 · 병렬 회로 또는 조합 회로에서 전압과 전류의 특성을 검사해 본다.

문제 3 그림 7·4의 직 · 병렬 회로에 대하여, 회로에서 전체 전류를 알아보고, 각 저항의 전류와 각 저항에서 전압 강하를 알아보자.

풀이 (1) 전체 전압이 주어졌고, 예제 2에서 전체 등가 저항을 계산하여 알고 있으므로, 전체 전류를 구하기 위해 옴의 법칙을 사용한다.

$$I_t = \frac{E_t}{R_t} = \frac{100}{13.3} = 7.5\,\text{A}$$

(2) R_1에서의 전압 강하를 구한다. 전체 전류를 알고 있고, R_1은 병렬 회로에서 직렬로 되어 있으므로, 이 회로 부분에 옴의 법칙을 사용할 수 있다.

$$E = IR = 7.5 \times 10 = 75\,\text{V}$$

(3) 병렬 회로에서의 전압 강하를 구한다. 키르히호프의 전압 법칙으로부터 회로의 전압 강하합은 공급 전압과 같다. R_1에 걸리는 전압은 75V이므로 병렬 회로에 걸리는 전압은 100V−75V 또는 25V이다. 다음 계산은 전압 강하의 합은 공급 전압과 같다는 것을 보여준다.

$$E_t = IR_1 + I[R_2 \| (R_3 + R_4)] = 7.5 \times 10 + 7.5 \times 3.3 = 75 + 24.75 = 99.75\,\text{V}$$

직렬 그리고 병렬 회로에서 계산된 전압 강하는 99.75V이다. 이것은 공급된 전압과 거의 같다.

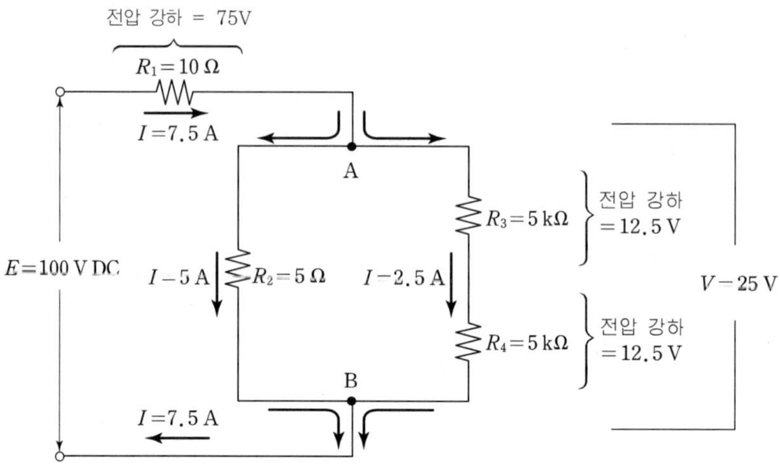

그림 7·5 문제 3에서 계산된 전압과 전류를 보여준다

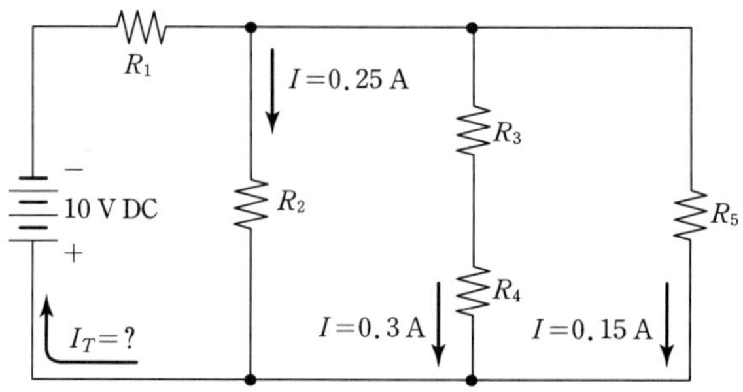

예제 7

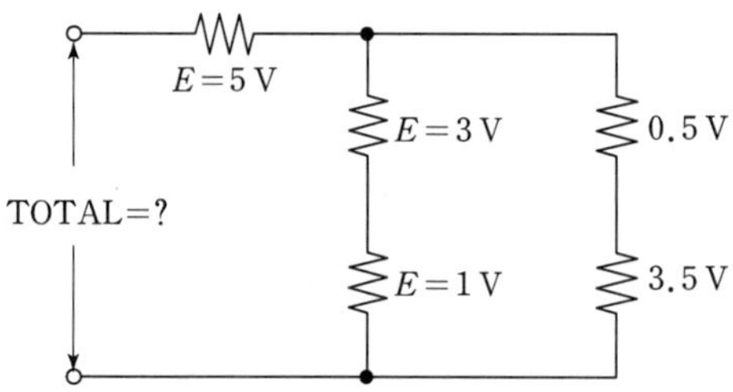

예제 8

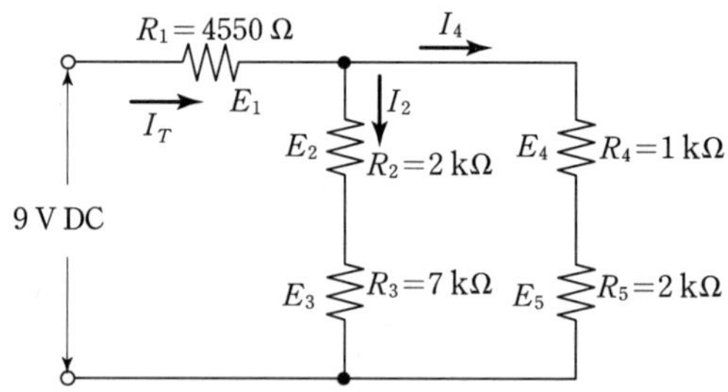

예제 9

(4) 병렬 회로에 걸리는 전압(25 V)을 알고 있으므로 저항 R_2, R_3, R_4의 전류를 알 수 있다. 회로의 전류를 계산하기 위해서 옴의 법칙을 사용한다.

$$I=\frac{E}{R_2}=\frac{25}{5}=5.0\,\text{A}$$

$$I=\frac{E}{R_3+R_4}=\frac{25}{10}=2.5\,\text{A}$$

합계=7.5A

저항 R_2로 된 병렬 분기의 전류는 5 A이다. 저항 R_3과 R_4로 된 병렬 분기의 전류는 2.5 A이다. R_3과 R_4가 직렬 형태이므로 각 저항에서 전류는 같다. 병렬 부분을 통과하는 전체 전류가 7.5이고, 전체 회로의 계산된 전체 전류이다. 그림 7·5에서 이 회로의 다양한 부분의 전류를 보여준다. 접합점 A에서 전류가 분리되고, B점에서 다시 합쳐진다. 이것은 한 점에 유입되는 전류는 어떠한 점에서 유출하는 전류와 같다는 키르히호프의 전류 법칙에서 증명된다.

(5) 병렬 회로 내에 있는 직렬로 연결된 R_3와 R_4의 전압 강하를 계산한다. 병렬 회로에 걸리는 전체 전압은 25 V이고, 저항에 흐르는 전류는 2.5A임을 알고 있다. 옴의 법칙을 사용해서 회로의 이 부분의 전압 강하를 찾는다.

$E = I \times R_1 = 2.5 \times 5 = 12.5\,\text{V}$

$E = I \times R_2 = 2.5 \times 5 = 12.5\,\text{V}$

합계=25.0 V

복잡한 회로의 해석

복잡한 직·병렬 회로의 해석에서, 회로의 간소화는 직·병렬 부분이 쉽게 인지될 수 있도록 회로망을 등가 회로로 재배치하는 것이 편한 경우가 많다. 이것이 다음 문제에서 보여진다.

문제 4 그림 7·6(a)의 회로 전체 저항과 전체 전류를 구하여라.

풀이 (1) 그림 7·6(a)의 회로를 분석하고, 전체 회로의 직렬과 병렬 부분이 잘 나타날 수 있도록 다시 그린다(그림 7·6(b)).

(2) R_3와 R_4로 구성된 병렬 회로에서 등가 저항(R_{eq1})을 결정한다.

$$R_{eq1} = \frac{R_3 \times R_4}{R_3 + R_4} = \frac{6 \times 4}{6+4} = \frac{24}{10} = 2.4\Omega$$

(3) 이제 회로는 그림 7·6(c)와 같이 표시할 수 있다. 상부 분기의 전체 등가 저항 (R_{eq2})을 계산한다.

$R_{eq2} = R_2 + R_{eq1} + R_5 = 8 + 2.4 + 10 = 20.4\Omega$

(4) 회로는 병렬 회로로 간단히 다시 그릴 수 있다(그림 7·6(d)). 이 병렬 회로의 저항을 구한다.

$$R_T = \frac{R_{eq2} \times R_1}{R_{eq2} + R_1} = \frac{20.4 \times 24}{20.4 + 24} = \frac{89.6}{44.4} = 110.3\Omega$$

회로의 전체 저항은 11.03Ω이 되는 하나의 저항으로 표시할 수 있다.

(5) 회로에서 전체 전류를 구한다. 옴의 법칙을 사용하여라.

$$I_T = \frac{E_T}{R_T} = \frac{12}{11.03} = 1.09\,\text{A}$$

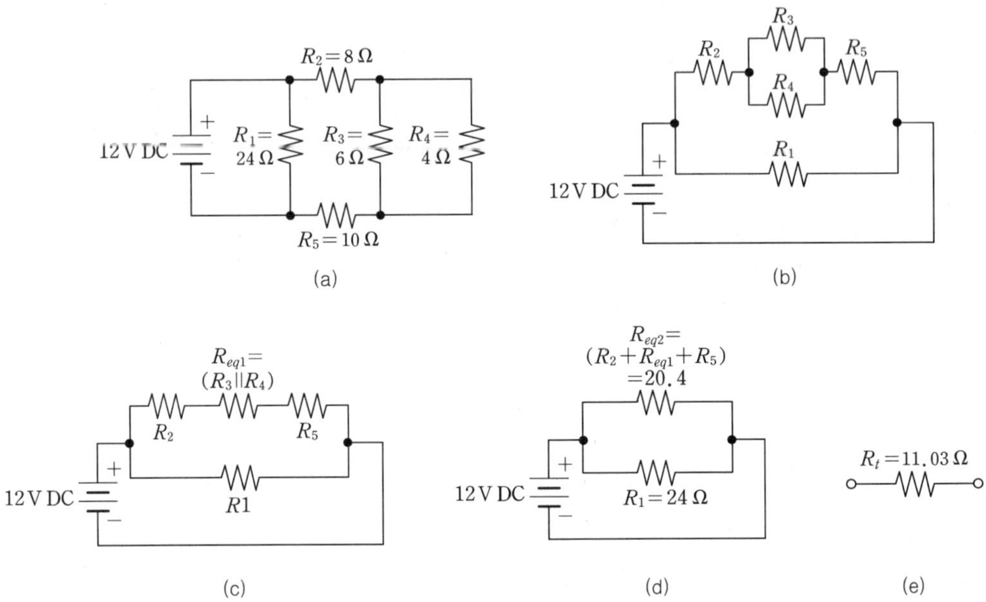

그림 7·6 문제 4에 관한 도식

복잡한 회로망의 전체 저항을 결정하기 위하여 :

- 회로망의 부하를 확인한다.
- 등가 직렬 회로를 만들기 위해 병렬 부하를 등가 저항으로 묶는다.
- 직렬 회로의 전체 저항을 결정한다.

연습문제

1. 휘트스톤 브리지(Wheatston Bridge)에 대해서 설명하여라.
2. 회로망 또는 전기적 시스템이란 무엇인가?
3. 등가 저항이란 무엇인지 예를 들어 설명하여라.
4. 키르히호프의 전압 법칙은 무엇인가?
5. 키르히호프의 전류 법칙은 무엇인가?
6. 직·병렬 회로의 해석에서 회로의 간소화가 필요한 이유는 무엇인가?

7. 복잡한 회로망의 합성 저항을 결정하기 위해서는 어떻게 해야 하는가?

8. 다음 회로의 합성 저항을 구하여라.

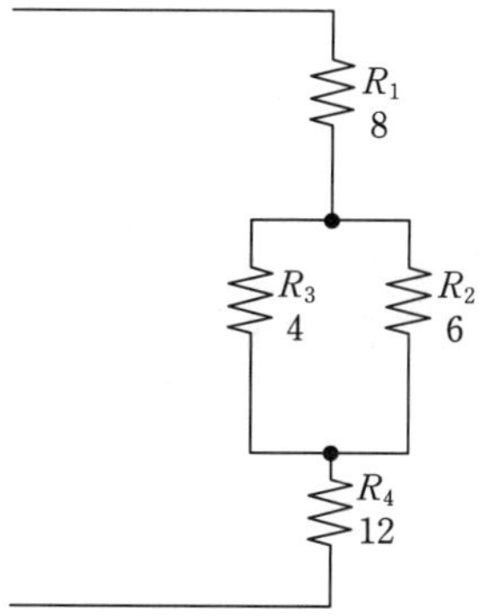

9. 4kΩ과 6kΩ 저항이 병렬로 연결되어 있다. 합성 저항은 얼마인가?

10. 10Ω 저항 5개가 병렬로 연결되어 있다. 합성 저항은 얼마인가?

8장 커패시터

학습용어

커패시턴스(capacitance), 용량성 리액턴스(capacitive reactance)
커패시터(capacitor), 역기전력(counter electronmotive force), 유전체(dielectric)
정전계(electrostatic field), 패럿(farad)
임피던스(impedance), 극판(plate)
동작 전압(working voltage)

목 표

- 커패시턴스와 커패시터를 구분하고, 고정 커패시터와 가변 커패시터의 용량에 대해서 말할 수 있다.
- 저항과 용량성 리액턴스를 가진 회로에서 시상수를 계산할 수 있다.
- 커패시터를 어떻게 직렬과 병렬로 연결하는지 설명할 수 있다.
- 저항이 있는 회로에서 전하가 충전되고 방전되는 방법을 설명할 수 있다.

정말로 전기 에너지를 동력화하여 나중에 사용할 수 있을까? 이것은 가능한 일이다. 실제로 전기 에너지의 저장은 많은 회로들과 장치에서 중요한 하나의 포인트가 되었다. 이 장에서는 커패시터가 어떻게 전자를 축적하여 필요할 때 사용할 수 있게 하는지를 설명한다.

커패시터 동작

커패시턴스(capacitance)는 전기 에너지를 저장할 수 있는 회로나 장치의 능력이다. 비록 거의 모든 교류 회로가 커패시턴스를 가지고 있으나 그것이 유용할 수도 있고, 그렇지 않을 수도 있다. 어떤 특정한 값의 커패시턴스가 필요한 회로에서 커패시터라고 알려진 장치가 이용된다. **커패시터**(capacitor)의 기본적인 구조는 **플레이트**(plates, 극판)라고 불리우는 두 개의 도체로 구성되며 이것은 **유전체**(dielectric)라고 불리는 절연 물질에 의해 분리되어 있다.

커패시터는 여러 가지의 다른 회로 기능을 실행한다. 커패시터는 전자들의 지속적인 도전 경로를 제공하지 않으므로 커패시터들은 직류 전류를 차단하는 데 사용된다. 그러나 교류 전류는 커패시터를 통하여 꾸준히 흐를 수 있다. 커패시터는 변화하는 직류 전류를 필터링하거나 평탄하게 하기 위해 코일, 저항과 함께 사용된다. 커패시터가 저항하고만 사용되면 타이밍 회로를 구성하여 다른 회로를 컨트롤한다. 라디오와 텔레비전 수상기에서의 커패시터는 동조 회로를 구성하기 위하여 코일과 함께 사용된다. 동조 회로는 우리가 듣기 원하는 곳을 선택할 수 있도록 한다. 또한 커패시터는 발진 회로의 매우 중요한 부품이다. 이 회로는 대부분의 전자 장비를 위한 타이밍 회로에 사용되는 높은 주파수의 교류 전압을 생산한다.

간단한 커패시터의 동작이 그림 8·1에 보여진다. 두 개의 극판이 전지에 연결되면 전자는 전지의 (+)단자에 연결된 극판으로부터 전지로 이동한다. 이것은 극판이 양으로 충전되는 원인이 된다. 동시에 같은 양의 전자가 전지의 (−)단자에 의해 상대편 극판으로 반발되어, 그 극판은 음으로 충전된다. 이에 의해 극판 사이에 전압이 발생한다(그림 8·1(a)). 극판이 유전체로 분리되어 있기 때문에, 전자는 회로를 통하여 다른 극판으로 이동할 수 없다. 전지와 커패시터를 연결하는 전선 안의 전자 흐름은 두 극판에 걸리는 전압이 전지의 전압과 같아질 때까지 계속된다. 같아지게 되면 커패시터는 완전히 충전된 것이다. 에너지를 저장하는 **정전계**(electrostatic field)가 충전된 커패시터의 두 극판 사이에 존재한다.

회로에서 전지를 떼어내면 두 극판은 충전된 전하를 유지한다. 만약에 두 극판이 연결되면 전자들은 반대 방향으로 흐를 것이다. 전자는 음으로 충전된 극판에서 양으로 충전된 극판로 흐른다(그림 8·1(b)). 두 극판에 걸리는 전압이 0으로 감소한다면 전자의 흐름은 멈출 것이고, 이때의 커패시터는 완전히 방전되었다고 한다.

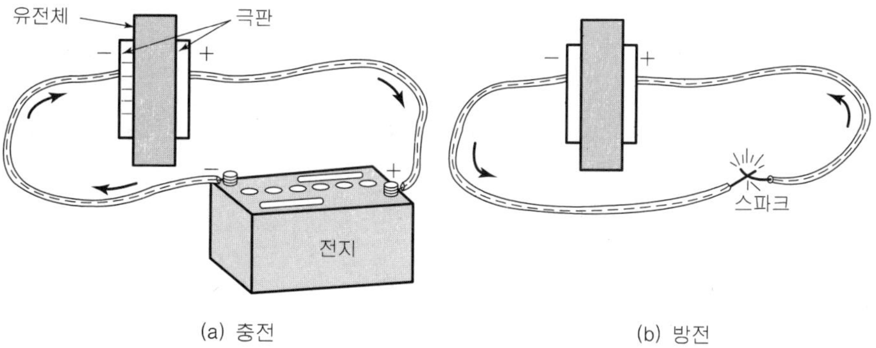

그림 8·1 커패시터의 충전과 방전

직류 회로에서의 동작

완전히 충전된 커패시터의 두 극판에 걸리는 전압은 커패시터에 연결된 전지의 전압과 같다. 커패시터의 전압은 전지전압의 극성과 반대이다. 그렇기 때문에 완전히 충전된 커패시터는 회로에서의 전류 흐름을 차단한다(그림 8·2). 커패시터의 차단 동작은 많은 전자 회로에서 사용된다.

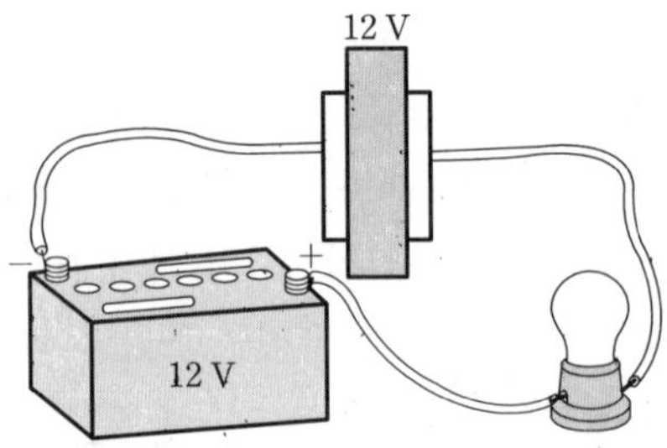

그림 8·2 완전히 충전된 커패시터 양단의 전압은 크기와 극성이 공급 전압과 동일하다. 따라서, 회로에는 전류가 흐르지 않는다.

교류 회로에서의 동작

커패시터에 교류 전압원이 연결될 때, 커패시터에 공급되는 전압의 극성은 반주기마다 바뀐다. 그 결과, 커패시터는 충전과 방전이 교대로 이루어진다. 커패시터는 매 반주기 동안 반대의 극성을 갖는다(그림 8·3). 그러나 두 극판을 분리하고 있는 유전체를 통한 전류의 흐름은 없다.

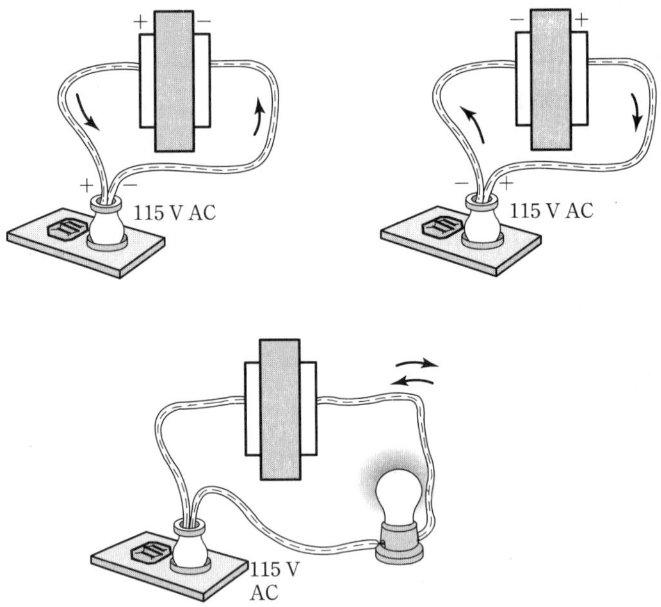

그림 8·3 교류 회로에서 커패시터의 동작

용량성 리액턴스

커패시터는 회로에 교류의 흐름을 허락한다. 그러나 전류의 흐름은 방해한다. 교류의 흐름을 방해하는 것을 **용량성 리액턴스**(capacitive reactance)라고 부른다. 용량성 리액턴스의 기호는 X_C이다. 그것의 측정 단위는 옴이다. 용량성 리액턴스를 계산하는 수식은 다음과 같다.

$$X_C = \frac{1}{2\pi fC}$$

여기서, X_C = 용량성 리액턴스(Ω)

f = 주파수(Hz)

C = 커패시스턴스(F)

π = 3.14(원주율), 상수

용량성 리액턴스는 주파수와 커패시스턴스에 반비례한다. 이 의미는 회로에서 커패시턴스가 증가할 때 용량성 리액턴스는 감소한다는 것이다. 전류의 주파수가 증가하면 역시 용량성 리액턴스는 감소한다. 동조 회로에서 커패시터는 회로의 동작 주파수를 결정한다.

임피던스

저항과 용량성 리액턴스의 조합을 포함한 회로에서 전류의 흐름을 전체적으로 방해하는 것을 **임피던스**(impedance)라고 부른다. 또한 그것의 측정 단위는 옴이고, 임피던스를 나타내는 기호는 Z 이다.

커패시턴스

커패시터의 커패시턴스, 즉 전기 에너지를 저장하는 능력은 아래의 3가지에 달려 있다.

- 극판의 면적
  큰 면적은 커패시턴스를 보다 크게 한다.
- 극판간의 거리
  극판간의 거리가 가까울수록 커패시턴스는 커진다.

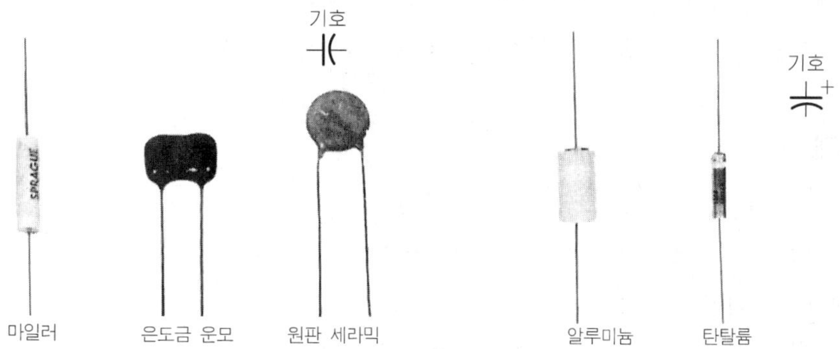

(a) 비전해질 (b) 전해질

그림 8·4 고정 커패시터

● 유전체

정전력을 방해하는 유전체의 능력을 유전 상수라고 한다. 유전체 재료는 공기, 마일러, 운모와 많은 세라믹 물질들이 있다(그림 8·4). 기타 다른 유전체로는 종이, 유리, 폴리스틸렌 등이 있다.

커패시턴스의 단위

커패시턴스의 기본 단위는 **패럿**(farad)이다. 간략하게 F를 사용한다. 이것은 Michael Faraday를 기리기 위하여 붙여진 이름이다. 그는 1791부터 1867년까지 살았고, 전기를 연구한 영국의 과학자이다. 커패시터 회로에서 초당 1V의 비율로 변하는 전압이 1A의 전류를 만들어 낼 때 커패시터는 1F의 커패시턴스를 갖는다.

커패시터의 커패시턴스는 주로 마이크로패럿(μF)이나 피코패럿(pF)을 사용한다. 1마이크로 패럿은 1패럿의 백만분의 1과 같으며, 1피코패럿은 1패럿의 1조분의 1과 같다.

동작 전압

커패시턴스에 덧붙여서 고정 커패시터는 동작 전압으로 규격을 정한다(WVdc). 이 단위는 볼트를 사용한다. 동작 전압은 커패시터에 안전하게 공급할 수 있는 직류 전압의 최대값이다. 만약 더 높은 전압을 공급하게 된다면 유전체는 파괴되고 전류가 흐르게 된다. 이런 일이 비전해질 커패시터에서 발생된다면 이 커패시터는 누전되었다고 말하고, 이 커패시터는 반드시 교체하여야만 한다.

커패시터의 종류

커패시터들은 여러 가지 방법으로 만들어진다. 커패시터는 일반적으로 두 종류로 나누어진다. 그것은 고정 커패시터와 가변 커패시터이다. 고정 커패시터들은 특정한 하나의 커패시턴스를 갖는다. 고정 커패시터는 절연체의 구조와 관련하여 비전해 또는 전해 커패시터로 분류할 수 있다.

전해 커패시터

전해 커패시터의 유전체는 산화물의 박막이다. 그것은 얇은 금속판에 직접 전기 화학 반응을 일으켜 형성된다. 다른 극판은 붕소나 탄소연의 전해질이다. 매우 얇은 절연체는 다른 물질들보다 적은 용적 부피 안에 큰 커패시턴스를 제공한다.

많은 종류의 전해 커패시터는 하나 이상의 구역을 갖는다. 어떤 것들은 하나의 커패시터에서 둘이나 그 이상의 개개의 커패시터를 갖는다. 다중 구역 커패시터는 각각의 커패시터에 대해 (+) 리

과학 상식

● **패러데이**

가장 위대한 발견이 무엇이었냐고 물어 볼 때 유명한 과학자 Humphry Davy경은 "마이클 패러데이"라고 대답하였다.

14세 때의 패러데이는 제본공 견습공이었고, 그 가게에서 모든 과학 책들을 읽었다. 그는 데이비의 강의에 참석했을 때 꼼꼼히 정리해둔 노트를 일자리를 문의할 때, 데이비에게 보냈다. 이 소년의 열정적인 인상이 남아 데이비는 패러데이를 실험 조수로 고용하였다.

마이클 패러데이는 전기와 화학에서 여러 주목할 만한 공헌을 남겼다. 그의 발견들은 종종 다른 대단한 발전으로 이끌었다. 그가 1825년 탄화수소 벤젠을 발견하여 유기화학의 창시자가 되었다.

1831년에 그는 자석이 코일을 통하여 움직임에 따라 전류가 발생된다는 것을 발견하였다. 이런 방법으로 그는 전자석을 발견하였고, 이러한 새 발견으로 발전기가 개발되었다. 전자기학에서 패러데이의 업적은 전기와 자기 그리고 빛이 연결된 James Maxwell 이론을 이끌어 냈다.

1833년에 패러데이는 전해 법칙을 공식화하였다. 그는 그의 생애 말에 강자계에서 편광파편의 회전을 발견하였다. 라디오 방송의 발명은 패러데이의 연구의 간접적인 결과이었다.

드선을 갖는다. 이런 것들은 모든 커패시터들에 대하여 공통으로 하나의 (−) 리드선을 갖는다(그림 8·5).

전자 회로에서 사용되는 전형적인 전해 커패시터는 극성이 있다. 그것은 양과 음의 표시에 따라 회로에 연결해야만 한다(그림 8·6). 만약 그렇지 않으면 커패시터는 과열될 것이다. 이것은 절연체를 통과하는 과대한 누설 전류 때문이다. 커패시터가 폭발할 정도의 가스가 발생될 수 있다. 비전해 커패시터는 극성을 갖지 않는다. 그것들은 극성에 관계없이 회로에 연결할 수 있다.

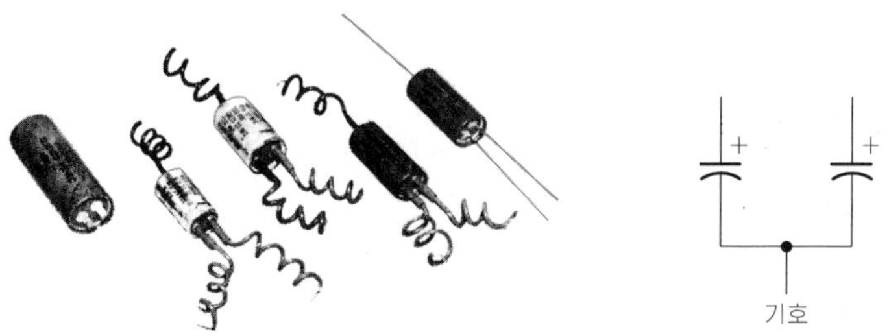

그림 8·5 2구역 전해 커패시터의 예

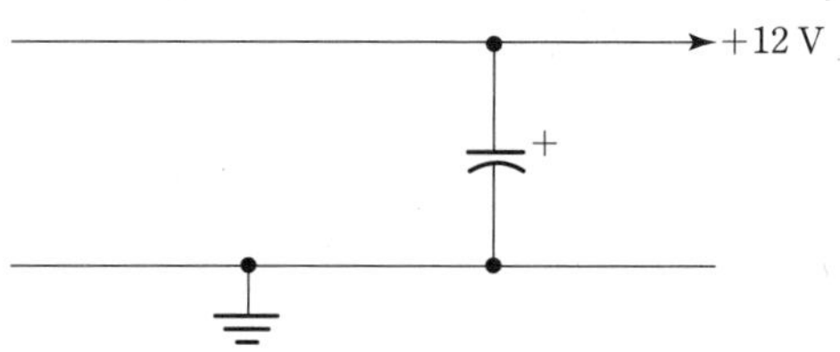

그림 8·6 유극성 전해 커패시터는 그 극성 표시에 따라 회로에 연결되어야 한다

전해 커패시터는 변화하는 직류 전류를 평탄하게 하기 위하여 정류기 회로에 사용된다. 또한 전해 커패시터는 종종 대역 통과 필터와 대역 저지 필터에서 통과 커패시터로 사용된다. 이것들은 어떤 교류 전류의 통과는 막고 다른 것들은 통과시킨다.

알루미늄막으로 만들어진 전해 커패시터가 매우 많이 사용되지만, 탄탈륨 전해 커패시터는 아주 적은 누설 전류를 갖는다. 탄탈륨 전해 커패시터는 같은 용량과 전압에서 알루미늄 전해 커패시터보다 더 작게 만들 수 있다. 그러나 전원 공급기의 필터링을 위해 사용되는 극단적으로 매우 큰 값의 커패시터로는 알루미늄 전해질을 일반적으로 선호한다.

1 μF 이하의 커패시턴스를 갖는 커패시터는 일반적으로 비전해 커패시터이다. 전해 커패시터의 커패시턴스는 대개 1 μF에서 수백 μF의 범위를 갖는다. 커패시턴스의 값과 동작 전압은 대개 커패시터 몸체에 프린트하거나 컬러 코드로 나타낸다.

세라믹 커패시터

세라믹 커패시터는 원판 모양이나 원통 모양의 유전체를 갖는다. 세라믹 콘덴서는 산화 티타늄과 티탄산 바륨 같은 세라믹 재료로 만들어졌으며, 그 극판은 유전체의 양쪽 편 겹겹이 은 혼합물로 코팅되어 있다. 커패시턴스 범위는 5 pF에서 0.05 μF이고 동작 전압규격은 최대 10,000 V까지이다.

은도금 운모 커패시터

은도금 운모 커패시터는 각각의 극판면을 은 혼합물로 코팅한 운모의 얇은 조각으로 만들어진다. 은도금 운모 커패시터는 1에서 10,000 pF의 커패시턴스를 갖는다. 동작 전압은 약 500 V까지이다.

가변 커패시터

가변 커패시터는 동조 회로에 주로 사용된다. 이것은 회로에서 어떤 주파수의 전류에 대하여 가장 작은 저항을 나타낸다. 가변 커패시터의 한 종류인 트리머는 운모 유전체의 박판에 의해 분리되는 두 개의 금속 극판로 만들어 진다. 그 극판간의 거리는 스크루로 조정할 수 있다. 극판간의 거리가 증가함에 따라 커패시턴스는 감소한다.

다른 종류의 가변 커패시터는 공기나 운모 유전체로 분리되는 금속 극판 두 세트로 만들어진다. 한 종류의 극판은 고정자이며, 움직이지 않는다. 이것은 커패시터의 프레임에 고정되어 있으며, 다른 하나의 극판은 회전자이며 축에 연결되어 있다. 이것은 돌릴 수가 있다. 회전자 극판은 고정자 극판 사이를 자유롭게 움직일 수 있다. 그래서 커패시터의 커패시턴스를 최소에서 최대까지 쉽게 조절할 수 있다.

그림 8·7 트리머 커패시터

마일러 커패시터

마일러 커패시터는 얇은 금속 박막과 마일러 유전체로 만들어진다. 이것들은 길고 얇게 잘려 있고 촘촘하게 말려있다. 커패시턴스값은 0.001에서 1 μF의 범위를 갖는다. 동작 전압은 1,600 V 이상이다(그림 8·8).

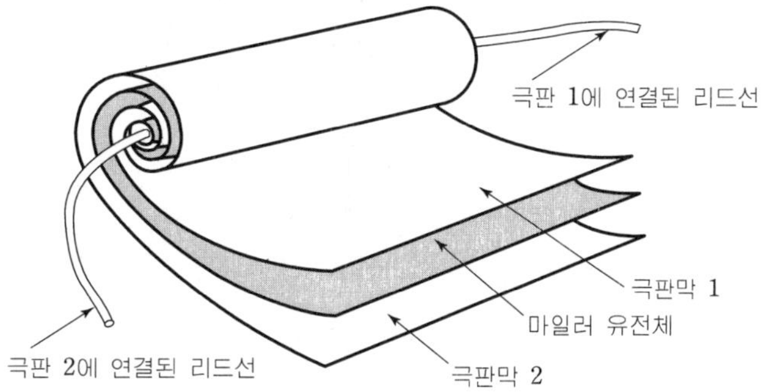

그림 8·8 마일러 커패시터의 기본 구성

회로에서의 커패시터

커패시터는 직렬이나 병렬로 연결할 수 있다. 회로에서 커패시터간의 관계는 저항간의 관계와 유사하다.

병렬 커패시터

커패시터는 종종 병렬로 연결된다. 병렬 커패시터는 하나의 커패시터로부터 쉽게 얻을 수 없는 커패시턴스의 값을 얻기 위해 사용할 수 있다(그림 8·9(a)). 이때의 동작 전압은 각각의 동작 전압 중 최저의 동작 전압과 같다. 전체 커패시턴스는 각각의 커패시턴스를 합한 것과 같다. 예 : 병렬 회로에서 정전 용량 0.03 μF 그리고 0.02 μF을 가지는 두 커패시터를 계산하는 공식은 다음과 같다.

$$C(\text{총계}) = C_1 + C_2 + \cdots\cdots + C_n$$
$$= 0.03 + 0.02$$
$$= 0.05\ \mu\text{F}$$

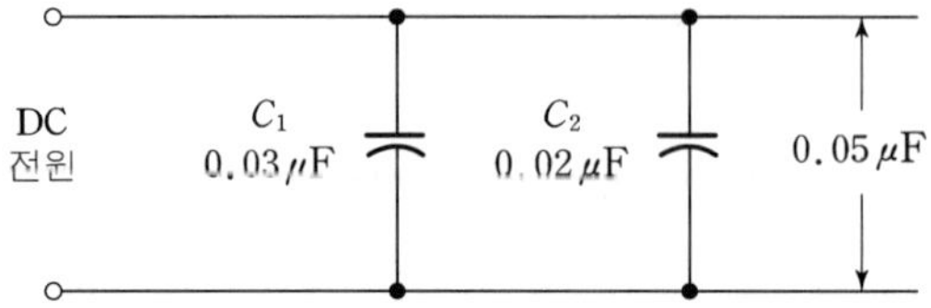

그림 8·9(a) 커패시터가 병렬로 연결되었을 때, 전체 커패시턴스는 개개의 커패시턴스의 합과 같다.

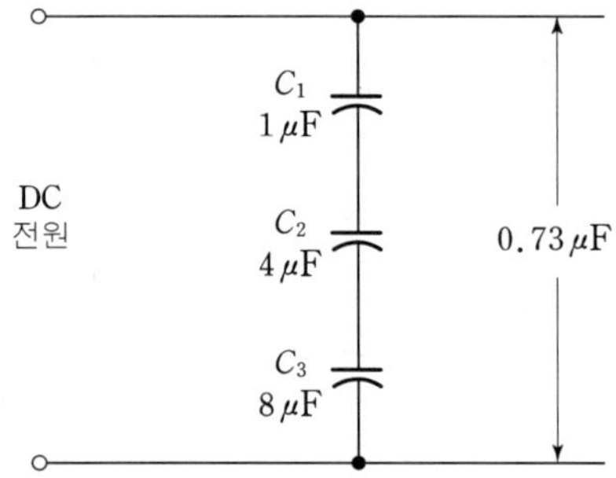

그림 8·9(b) 커패시터가 직렬로 연결되었을 때, 전체 커패시턴스는 개개의 커패시턴스의 합보다 작다.

직렬 커패시터

커패시터는 그림 8·9(b)에서 보는 것처럼 직렬로 연결될 수 있다. 커패시터가 직렬로 연결되었을 때, 공급되는 전압은 커패시터들로 나눠진다. 이것은 직렬로 연결된 저항과 비슷하다. 각각의 커패시터에 걸리는 전압은 떨어진다. 직렬로 연결된 커패시터의 전체 커패시턴스는 제일 작은 커패시터의 커패시턴스보다 더 작다. 예 : 직렬로 연결된 1μF, 4μF, 8μF 커패시터의 커패시턴스를 계산하는 공식은 다음과 같다.

$$C(\text{총계}) = \frac{1}{\frac{1}{C_1} + \frac{1}{C_2} + \frac{1}{C_3} + \cdots + \frac{1}{C_n}}$$
$$= \frac{1}{\frac{1}{1} + \frac{1}{4} + \frac{1}{8}}$$
$$= \frac{1}{\frac{8+2+1}{8}}$$
$$= \frac{1}{\frac{11}{8}} = \frac{8}{11} = 0.73\ \mu\text{F}$$

회로에서 커패시터의 충전

건전지와 달리 커패시터는 자체적으로 전압을 발생시키지 않는다. 그러나 충전된 커패시터의 극판에 전압이 걸리면 전압원처럼 사용할 수 있다. 커패시터의 한 가지 중요한 특징은 충전된다는 것이다. 그 충전은 임시로 저장할 수 있고, 그리고 나서 필요할 때에는 부하를 통하여 방전시킨다.

커패시터의 충전과 방전

커패시터의 충전과 방전의 과정은 그림 8·10에서 설명할 수 있다. 순간적으로 1과 2지점 사이의 스위치를 닫으면 전자는 커패시터의 한 극판에서 다른 극판으로 전달된다. 이것이 그림 8·10(a)에서 보는 바와 같이 회로에 전류 (I)가 흐르는 원인이 된다. 동시에 커패시터 (C)에 걸리는 전압 (E)은 최소이고, 저항 R에 걸리는 전압 강하 (IR)는 최대이다(그림 8·10(b)). 전류가 계속해서 흐르면 커패시터는 점차 충전되고, 전압이 커패시터 양단에 걸리기 시작한다. 이 전압은 회로에 공급되는 배터리 전압과 반대이다. 이때의 대치 형상의 커패시터 전압을 **역기전력**(counter electromotive force, cemf)이라고 부른다. 결과적으로 커패시터의 전류 또한 감소한다. 커패시터가 충전되는 동안 전압은 올라가고 이에 대응되는 전류 (I)가 감소하는 것을 그림 8·10(b)에서 설명하고 있다.

그림 8·10(c)에서처럼 만약 스위치가 1과 3지점으로 닫혀진다면, 커패시터는 즉시 저항을 통하여 방전하기 시작한다. 커패시터에 걸리는 전압 (E)이 최대가 된 후, 초기에 방전된 전류 (I) 또한 최대가 된다는 것을 그림 8·10(d)에서 보여주고 있다. 커패시터의 방전이 계속됨에 따라, 회로에서의 전류 (I)와 전압 (E)은 0에 이를 때까지 점진적으로 감소된다.

커패시터의 충전과 방전 속도는 회로에 있는 저항을 변화시킴으로써 조절될 수 있다. 충전되고 있는 커패시터에 걸리는 전압 (E)이 공급 전압의 63.2%에 이르기까지 소요되는 시간을 회로의 시상수라 한다. 시상수의 5주기 후에 커패시터에 걸리는 전압은 공급되는 전압의 100%에 거의 근접할 것이다. 시상수 공식은 다음과 같다.

$$T = R \times C$$

여기서, T = 시간(초)

R = 저항(Ω)

C = 커패시턴스(F)

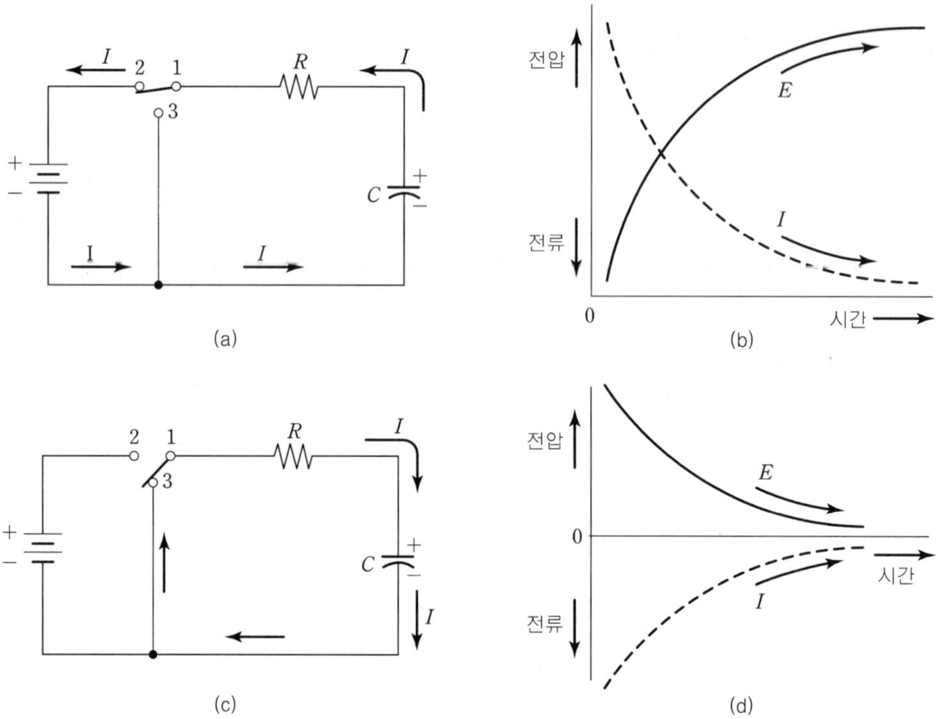

그림 8·10 직류 회로에서 전압과 전류에 대한 커패시턴스의 영향

충전과 방전 속도

커패시터의 충전과 방전 속도는 많은 회로를 제어하기 위하여 사용될 수 있다. 전자 시계와 자동 점멸 장치(자동차의 깜박이)도 그 중 하나이다. 그림 8·11의 회로가 좋은 예이다. 이 회로에서 가변 저항 R_1은 시상수를 변화시키기 위해 사용된다. 시상수의 첫 주기 동안 캐패시터는 100 V의 63.2%인 63.2 V를 충전할 수 있다. 이 정도의 전압은 아마도 네온 가스를 이온화시키기 위하여 네온 램프에 걸리는 전압으로 충분할 것이다. 낮은 전압에서는 네온은 절연체로 동작하므로 전류는 램프를 통해 흐를 수 없다.

만일 램프가 63.2 V에서 이온화된다면 커패시터는 램프를 통하여 빠르게 방전될 것이다. 그때 전구에는 불이 들어올 것이다. 그때 커패시터는 다시 충전하기 시작할 것이다. 이런 주기는 반복된다.

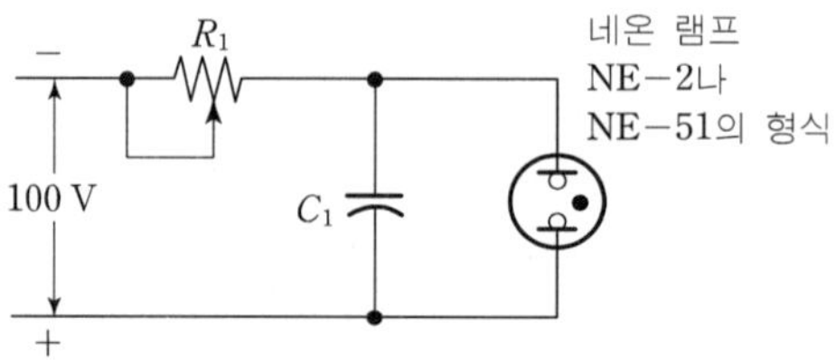

그림 8·11 플래시 램프 회로

번쩍이는 시간 간격은 회로의 시상수에 달려 있다. 저항의 더 작은 값은 커패시터를 더 빨리 충전하게 할 것이다. 번쩍임은 좀더 자주 일어날 것이다. 더 큰 저항값이나 커패시턴스는 시상수를 길게 할 것이다. 번쩍임은 좀더 느리게 발생될 것이다. 이러한 종류의 회로는 종종 이장 발진기(relaxation oscillator)라고 불리운다.

커패시터 안전성

전해 커패시터와 같은 많은 커패시터들은 텔레비전 수상기의 고전압 정류 회로에 사용되고, 충전된 전압이 제거된 후에도 몇 시간 동안 충전을 유지할 수 있다. 회로의 전원이 꺼진 후에도 많은 시간 동안 커패시터에 걸려 있는 전압은 매우 위험하다. 이러한 것들은 사람들에게 심한 전기 쇼크나 실험 장비에 큰 피해를 줄 수 있다.

이러한 것을 막기 위해 고전압 회로에 있는 모든 커패시터들은 회로를 조작하기 전에 조작하기 전에 어떠한 방법으로든지 방전시켜야만 한다. 이것은 절연된 전선을 갖고 커패시터의 단자를 단순히 단락시킴으로써 안전하게 이루어질 수 있다. 단자에서 일어나는 불꽃(스파크)을 줄이기 위하여 10,000kΩ의 저항을 전선에 직렬로 연결할 수 있다.

커패시터 손상

고정 커패시터는 극판간의 직접적인 접촉 때문에 종종 단락된다. 커패시터가 이렇게 단락되는 것은 너무 높은 동작 전압이나 수명 이상으로 사용하여 유전체가 닳거나 부식했을 때 일어난다. 단락된 커패시터는 교체되어야 한다. 커패시터는 불규칙하게 동작할 수 있을 뿐만 아니라 회로상의 다른 요소들을 통해 과전류가 흐를 수도 있다. 커패시터는 거의 그렇지는 않지만 개방되는 경우가 있을 수도 있다. 이것은 리드선 중에 하나가 극판으로부터 연결이 되지 않았을 때 발생한다. 전해 커패시터는 내부의 화학 물질이 증발되어 손상될 수 있다. 그러한 커패시터는 커패시턴스가 매우 작아지기 때문에 교체해야만 한다.

가변 커패시터는 단락되는 극판 때문에 손상된다. 이러한 일들은 커패시터를 달거나 커패시터 회로를 수리하는 동안에 극판이 휘어지기 때문에 종종 발생한다. 단락된 가변 커패시터는 커패시터가 놓여진 극판 뒷부분을 두드려 간단하게 휨으로써 종종 수리될 수 있다.

커패시터를 교체할 때, 같은 커패시턴스나 허용 오차 그리고 유전체의 종류와 온도 특성이 같은 커패시터로 교체하는 방법이 최선이다. 교체한 커패시터가 원래의 커패시터보다 물리적으로 더 작다는 것을 발견할 수 있으며, 이것은 비록 커패시턴스가 증가할지라도 커패시터를 작게 만들려는 최근의 경향 때문이다.

커패시터 컬러 코드

커패시터값은 보통 그것의 본체에 직접 표시된다. 커패시터값은 또한 컬러 코드로 나타내기도 한다. 코드 안에서 색깔로 표현되는 수는 저항의 컬러 코드에서 사용된 것과 같다. 만약에 단위를 명시하지 않았다면, 컬러 코드에 의한 커패시턴스값은 피코패럿 단위이다.

컬러 코드가 어떻게 세 종류의 비전해질 커패시터에 사용되는지를 그림 8·12에 나타낸다. 저항의 컬러 코드와 같이 승수 컬러는 커패시턴스값의 첫 번째 두 숫자 다음에 주어진다. 각 코드에 있는 온도 계수 컬러는 커패시턴스가 온도의 증가로 변화하는 정도를 보여준다.

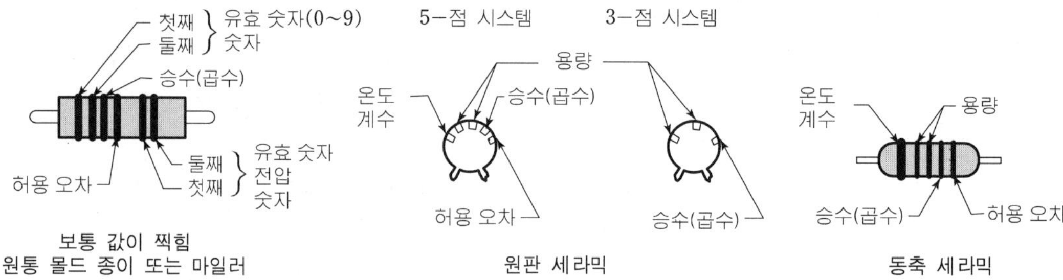

그림 8·12 컬러 코드의 사용 예

커패시터의 검사

커패시터는 저항계로 단락 여부를 검사할 수 있다. 저항계를 커패시터의 두 단자의 끝에 연결하여 검사한다. 만약에 커패시터가 단락되었다면 저항계는 영이거나 매우 낮은 저항을 보여 줄 것이다. 누전되거나 단락된 커패시터는 교환하여야 한다. 회로에 연결된 커패시터를 테스트할 때에는 커패시터를 회로로부터 절연시키거나 떼어내야 한다. 이것은 저항계가 커패시터와 병렬로 연결된 회로의 저항을 측정하는 것을 방지한다.

정상 비전해질 커패시터는 두 단자 간에 매우 높은 저항을 갖거나, 0이 아니다. 전해 커패시터는 두 단자간에 보다 낮은 저항을 갖는다. 커패시터가 비록 양호한 상태일지라도 이러한 성질은 사실이다. 저항의 크기는 동작 전압과 커패시턴스에 의하여 좌우된다. 실제적으로 커패시터를 저항계로 검사함으로써 커패시터가 결함이 있는지를 배우게 될 것이다. 만약에 그러한 검사가 애매하다면 커패시터 검사기로 검사를 해야만 할 것이다.

저항계는 연결된 구성 요소나 부품에 전압을 공급한다. 전압계의 전지로부터 커패시터가 충전됨에 따라 측정기에 나타나는 저항은 개방 회로처럼 보여질 때까지 서서히 증가할 것이다. 그와 같은 상황은 양호한 커패시터를 나타낸다. 전해 커패시터가 저항계로 검사하는 동안 손상되는 것을 위하여, 저항계 전압이 커패시터의 동작 전압보다 크지 않도록 해야 한다. 그것은 또한 극성에 맞게 커패시터에 저항계를 접속시키는 것도 중요하다(양극 단자(+)에 양극 리드선(빨간색)과 음극 단자(−)에 음극 리드선(검은색)).

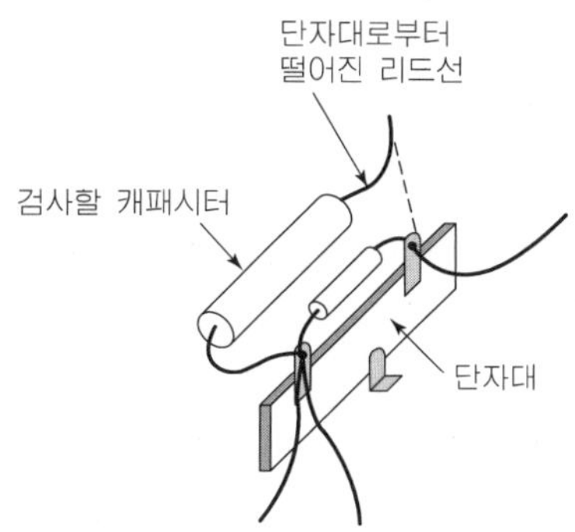

그림 8·13 검사의 목적으로 커패시터 분리

가변 커패시터의 단락 회로를 검사하기 위하여, 그 단자들을 저항계에 연결한다. 그리고나서, 회전축을 양쪽 끝으로 서서히 회전시킨다. 만약 커패시터가 단락되었다면, 저항계는 그 지점에서 영을 가리키게 될 것이다.

커패시터의 정확한 측정은 커패시터 애널라이저로 할 수 있다. 이런 유형의 계측기는 두 기능을 수행한다. 그것은 커패시턴스와 인덕턴스를 둘 다 측정하기 때문에 Z 계측기라 부른다. 이 장에서는 계측기로 커패시턴스를 측정하는 계측기의 방법을 설명한다. 여러분은 10장에서 계측기로 인덕턴스를 측정하는 방법에 대해 배울 것이다.

커패시터 애널라이저

그림 8·14에서 나타내는 유형의 커패시터 애널라이저는 커패시터의 정격 커패시턴스를 측정(1% 오차 이내)할 수 있다. 다음 단계는 커패시터의 커패시턴스를 측정하는 일반적인 순서를 나타낸다.

① 검사하려는 커패시터의 한쪽 단자가 회로에서 분리되었고 다른쪽 단자는 회로에 연결되어 있다면, 회로에서 전원을 제거한다. 가능하다면 커패시터를 회로에서 완전히 분리한다.

그림 8·14 커패시터 애널라이저 : "Z 계측기", 커패시터-인덕터 애널라이저

② 접지된 전원선을 계측기에 연결한다.

③ 계측기의 전원 스위치를 켠다.

④ 커패시터의 선들과 검사기의 리드선들을 연결한다. 테스트 리드선의 극성은 전해질 커패시터와 같은 유극성 커패시터의 경우에만 중요하다. 빨간색 리드선은 유극성 커패시터의 양극 단자에 접속해야 한다.

⑤ 커패시터 영역의 VALUE 버튼을 누른다.

⑥ 디지털 표시판에서 커패시터의 값을 읽는다. 만약 마이크로패럿(μF) 표시기 앞에 빨간불이 들어온다면 마이크로패럿(μF)일 것이다. 커패시터의 피코패럿(pF) 앞에 빨간불이 들어온다면 피코패럿(pF)이다.

앞에서 말한 순서는 커패시터의 커패시턴스를 측정하는 계측기의 사용이 용이함을 보인다. 커패시터의 다양한 검사와 측정을 이 계측기로서 수행할 수 있다. 예를 들어 누전, 유전체 흡수(커패시터가 완전히 방전되지 않는 정도) 그리고 단속적인 커패시터를 찾아낼 수 있다.

연습문제

1. 커패시터 기본 구조에 대해서 설명하여라.
2. 직류 회로와 교류 회로에서 커패시터 동작 원리에 대해서 설명하여라.
3. 커패시터의 커패시턴스, 즉 전기 에너지를 저장하는 능력이 3가지 경우에 의해 달려있는데 이 3가지 경우에 대해서 설명하여라.
4. 용량성 리액턴스의 특징을 설명하여라.
5. 동작 전압에 대해서 설명하여라.
6. 커패시터의 종류를 설명하여라.
7. 세라믹 커패시터에 대해서 설명하여라.
8. 가변 커패시터에 대해서 설명하여라.
9. 카운터 기전력에 대해서 설명하여라.
10. 시상수에 대해서 설명하여라.

9장 자 기

학 습 용 어

소자(消磁)(degaussing), 자구(domain), 전자기(electromagnetism), 페라이트(ferrite), 자속(flux), 자장(magnetic field), 자기(magnetism), 자화기(magnetizer), 투과율(permeability), 릴레이(relay), 전자성(retentivity), 포화(saturation), 솔레노이드(solenoid)

목 표

- 자기 이론에 대해 설명할 수 있다.
- 자기장을 가진 막대 자석을 그리고 그 자기장 안에 자력선의 극과 방향에 명칭을 붙일 수 있다.
- 자기장 중화와 전자기를 정의할 수 있다.
- 직류와 교류에 의해 만들어진 자기장의 차이와 솔레노이드의 동작을 설명할 수 있다.

여러분은 항해의 경험이 있는가? 배는 믿을 만하지만 안개는 항해를 어렵게 만든다. 다행히 대부분의 선박에는 자석 나침반을 가지고 있으며, 이 나침반은 선원에게 조종에 유용한 정보를 제공한다. 이 장에서는 자기라 불리우는 에너지 형태에 대해서 설명할 것이다. 또한 여러 가지 유용한 방법으로 자기를 어떻게 사용하는지를 배우게 될 것이다.

흡인력과 반발력

어떤 금속들은 **자기**(magnetism)라 불리는 인력으로 다른 금속들을 끌어당긴다. 이러한 자기를 띤 금속을 자석이라고 하며, 어떤 자석들은 금속 광석 안에서 천연적으로 발견되기도 하고, 어떤 자석들은 만들어지기도 한다. 또한 이러한 자력을 오랜 시간 동안 유지하는 자석을 영구 자석(permanent magnets)이라고 한다.

자기는 전자가 원자핵 주위를 회전함으로써 발생한다(그림 9·2). 자기를 띤 물질에는 원자가

그림 9·1 자석 도구걸이에 걸려있는 금속 도구

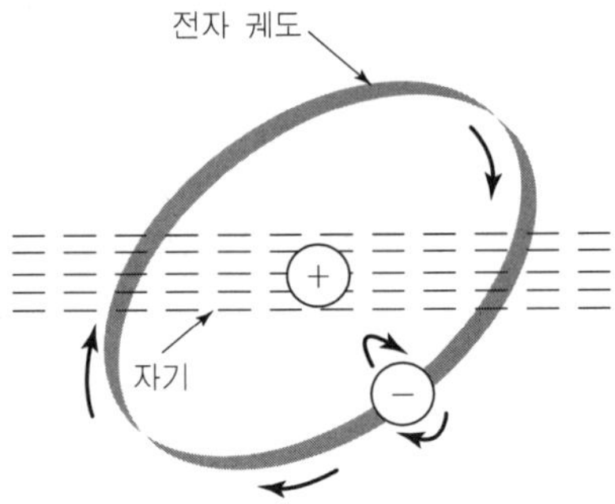

그림 9·2 원자핵을 공전하며 자전하는 전자가 자장을 형성한다

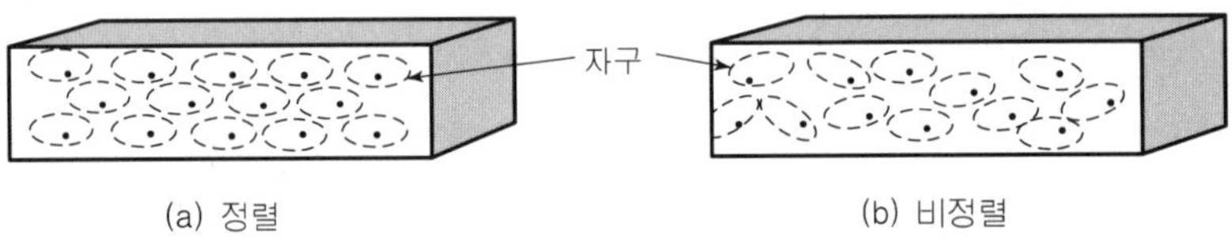

그림 9·3 자구

정렬되어 있는 자구(domains)라 불리는 어떤 영역이 있다. 이때 대부분의 전자는 같은 방향으로 회전한다(그림 9·3(a)). 자화는 대개 자석의 양 끝에 자극(magnetic poles)을 형성한다. 이들을 N극과 S극이라고 부른다. 자화가 안된 상태에서 물질 내의 자구는 정렬되지 않고(그림 9·3(b)), 전자는 모든 방향으로 회전한다.

자기는 자유 전자가 도체를 흐르는 전류로도 만들어진다. 이러한 전기와 자기의 중요한 관계는 전자기 또는 전류의 자기 효과로 알려져 있다. 그것은 많은 다른 종류의 회로, 제품, 그리고 장치들의 작동에 이용되고 있다.

자석이 다른 극끼리 끌어당기는 것을 인력의 법칙이라 하고 같은 극끼리 밀어내는 것을 척력의 법칙이라 한다(그림 9·4). 인력과 척력의 세기는 자석의 세기와 자석간의 거리에 달려 있다.

자석의 세기가 증가함에 따라 인력과 척력 또한 증가한다. 두 자석의 극 사이의 거리가 감소함에 따라 인력이나 척력은 증가할 것이다. 만약 두 자석의 극 사이의 거리가 반으로 줄어든다면 자석간의 인력은 4배로 증가할 것이다. 만약 두 다른 극 사이의 거리가 두 배로 늘어난다면 두 자석간의 척력은 현재의 힘보다 1/4만큼으로 줄어들 것이다. 이 관계를 설명하는 다른 방법은 두 자석의 극 사이의 인력과 척력은 두 극 사이의 거리의 제곱에 반비례한다는 것이다.

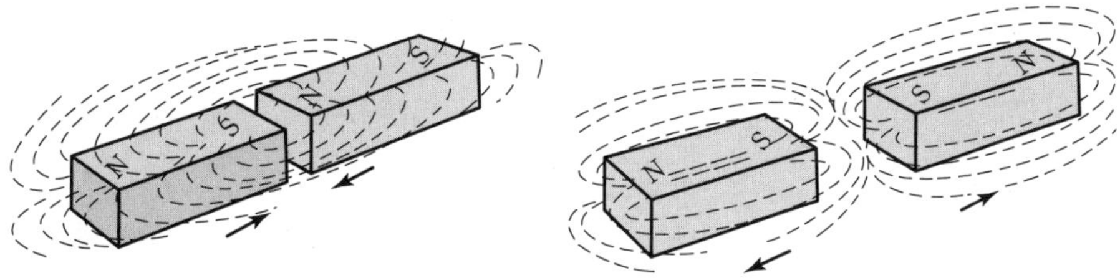

그림 9·4 인력과 척력의 자기 법칙

자 장

자석의 에너지는 자장(magnetic field)의 형태로 나타난다. 자장은 자석을 둘러싼다. 자장은 눈에 보이지 않는 자력선 또는 자속(flux)으로 이루어진다. 자석 밖의 자력선은 N극에서 S극으로 흐른다(그림 9·5). 자력선은 연속적인 루프의 형태를 이루며 서로 교차하지 않는다. 자장의 세기는 자화 상태에서의 정렬된 자구의 수와 직접 관련된다. 자석의 포화(saturation)는 모든 자구가 정렬되고 자장이 가능한 한 최대로 강해질 때 일어난다.

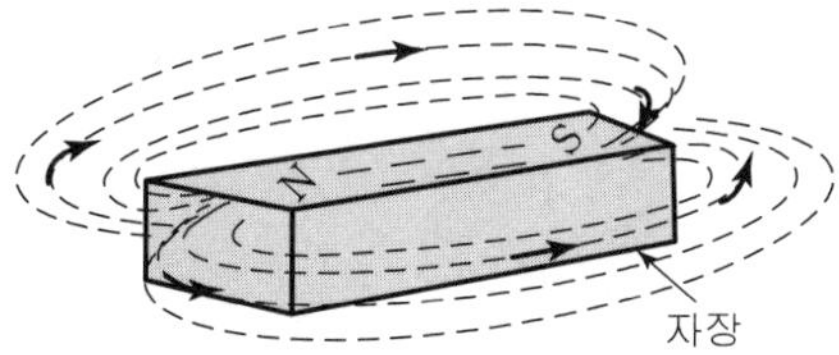

그림 9·5 막대 모양 자석을 감싸고 있는 자장

자성체와 비자성체

자성체는 자석에 끌려오는 물체이며 자석으로 만들어질 수 있다. 이러한 물질들은 강철과 철금속 원소, 니켈, 그리고 코발트이다. 이러한 것을 공통적으로 강자성원소(ferromagnetic elements)라고 한

그림 9·6 천연 자력 물질인 자철광(보통 lodestone이라 알려짐)

다. "ferro"라는 것은 철과 다른 금속 간의 합금 형태로 이루어져 있으며, 철과 비슷한 특성을 갖는 것을 의미한다.

영구 자석은 원래 철광석 또는 자철광이라 불리는 철로 만들어진 천연 자석이었다(그림 9·6). 12세기부터 천연 자침이 자유롭게 회전하도록 매달려졌을 때 지구의 자극을 가리킨다는 것을 알게 되었다. 따라서 그것은 자성 나침반으로 사용할 수 있었다. 자철광은 더 이상 상업적인 자기 물질로 사용되지 않는다. 지금, 현대의 영구 자석을 만들기 위하여 주로 사용되는 대부분의 자성 물질은 합금과 혼합물이다. 이러한 물질들은 보통 산화철과 다른 원소의 혼합물이다.

철 합금과 혼합물은 높은 **보자성**(retentivity)을 가지고 있으며 오랜 시간 동안 자성을 유지할 수 있다. 그것들은 높은 **투자율**(permeability)을 가지고 있고 쉽게 자기력선을 전도할 수 있다. 물질의 자기 투자율은 공기로 전도되는 자력선과의 비교로서 측정된다. 공기, 진공 상태, 또는 다른 비자기성 물질은 투자율이 1이라고 가정한다.

자석에 의하여 당겨지지 않는 물질은 자석으로 만들 수 없으며, 비자성체라 한다. 구리, 알루미늄, 금, 은 등은 비자성체들이다. 옷, 종이, 플라스틱, 그리고 고무와 같은 대부분의 비금속 물질 또한 비자성체이다.

합 금

가장 보편적인 자성 합금 중의 하나는 알니코(alnico)강이다. 이 합금은 알루미늄, 니켈, 코발트, 철을 주성분으로 만들어졌다. 영구 알니코강 자석은 여러 가지 모양과 등급이 있다. 그것들은 모터, 발전기, 확성기, 마이크로폰, 그리고 계측기 등과 같은 제품에 사용된다. 다른 합금으로는 퍼멀로이(니켈과 철의 합금 또는 코발트, 니켈 그리고 철의 합금), 초합금(니켈, 철, 몰리브덴 그리고 망간의 합금), 그리고 백금-코발트 합금이 있다.

세라믹 물질

어떤 단단한 세라믹 자석 물질을 **페라이트**(ferrites)라 부른다. 그것들 먼저 산화철과 바륨과 같은

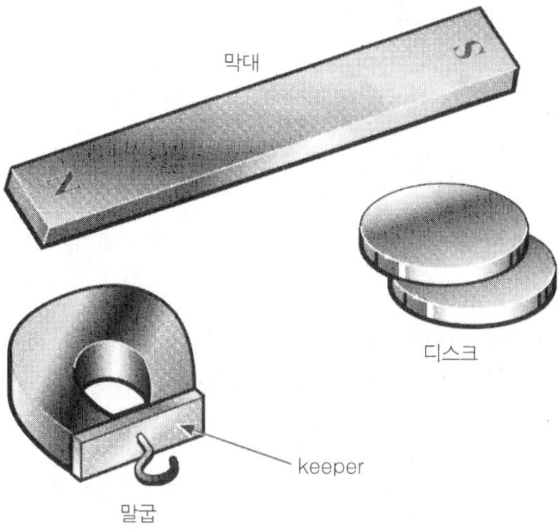

그림 9·7 알니코 영구 자석. 오랜 기간 동안 자석의 힘을 유지하기 위해 말굽 자석의 양극을 가로지르도록 keeper를 넣어 둠.

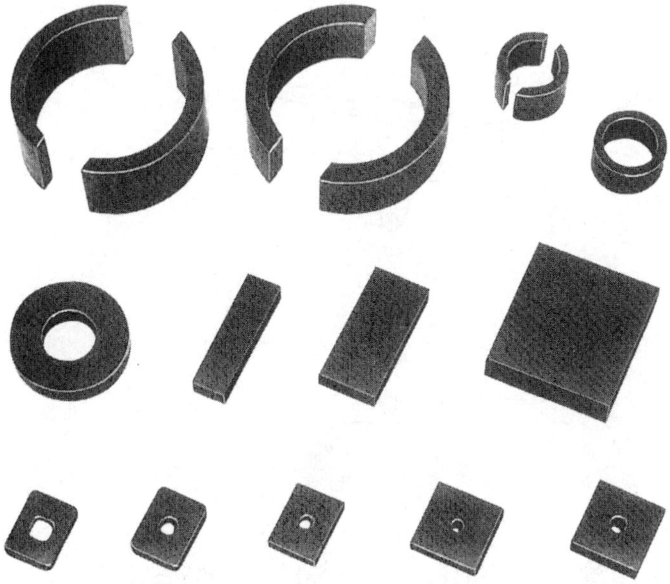

그림 9·8 세라믹 영구 자석은 다양한 모양과 크기로 만들 수 있다.

원소의 혼합물을 아주 미세한 가루로 만든 후, 가루 혼합물을 원하는 모양으로 압착하고 고온에서 구워낸다. 이것은 매우 경제적이고, 합금 같지 않은 높은 전기적 저항을 갖는 자성 물질은 생산해 낸다.

세라믹 자석은 많은 모양을 가지고 있다(그림 9·8). 이러한 종류의 영구 자석은 냉장고 문의 빗

장으로 사용된다. 이와 같은 자석은 바륨 페라이트로 채워진 플라스틱 띠의 형태로 되어 있으며, 문의 모양에 맞추기 위하여 구부러져 있다.

자 석

자석을 만들기 위해서는 자성 물질에 자기장 에너지를 제공해야 한다. 이러한 처리 과정을 자기 유도라 한다.

자기 유도의 예는 그림 9·9에 나타낸다. 못이 영구 자석과 나란히 놓여져 있다. 강철이 공기보다 자력선을 더욱 잘 투과하므로 영구 자석의 자력선은 못을 쉽게 통과한다. 이것은 강철의 조직을 정렬시킨다. 따라서, 그 자기 유도는 못의 끝 쪽에 자극이 생기도록 한다. 못의 자극이 영구 자석과 반대임에 유의하라. 따라서 못은 자석이 되며, 자성물체를 끌어당길 수 있다.

상업적으로, 영구 자석은 **자화기**(magnetizier)로 만들어진다. 전자기 자화기는 에너지원으로서 전기 코일을 사용한다(그림 9·10). 자화하기 위한 물체는 주변 전체가 코일로 감긴 금속 코어 위에 놓인다. 스위치를 켰을 때 코일을 통하여 직류가 흐른다. 이 전류는 물체를 급속히 자화시키는 강한 자장을 생성한다. 전류에 의해 형성된 이와 같은 자기를 **전자기**(electromagnetism)라고 부른다.

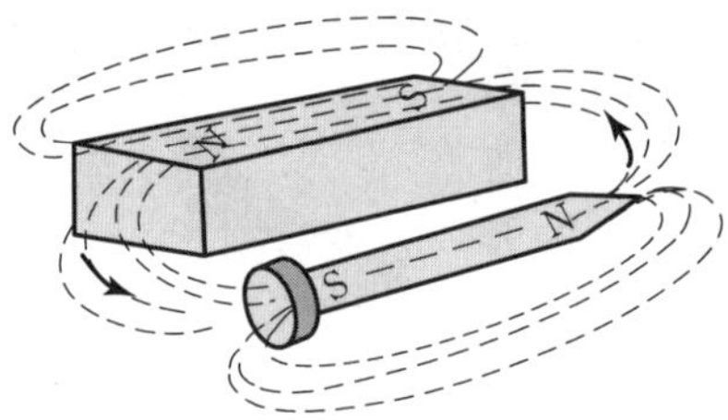

그림 9·9 자기 유도

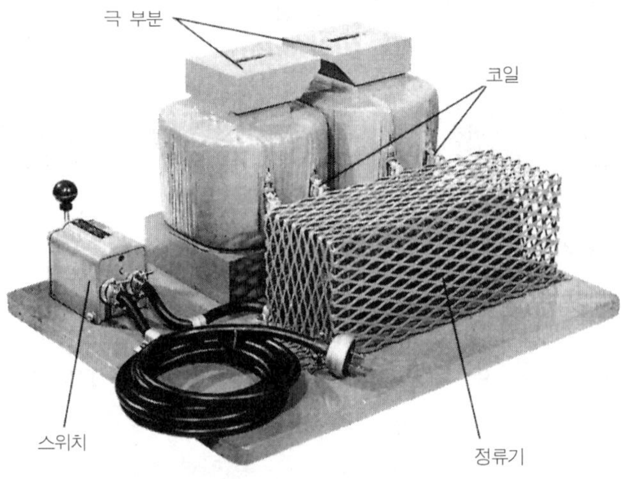

그림 9·10 전자기 자화기

전자장

전자장은 전류에 의하여 발생된, 도체 주위에 원을 형성하는 자장이다. 전류량이 많을수록 자장이 강해진다. 자장의 방향은 전류의 방향에 달려 있다(그림 9·11). 만약 전류가 일정한 직류라면 자장의 극성과 세기는 변화하지 않는다. 교류는 극성이 바뀌고, 세기가 변화하는 자장을 발생한다. 이것을 이동 자장이라고 부른다.

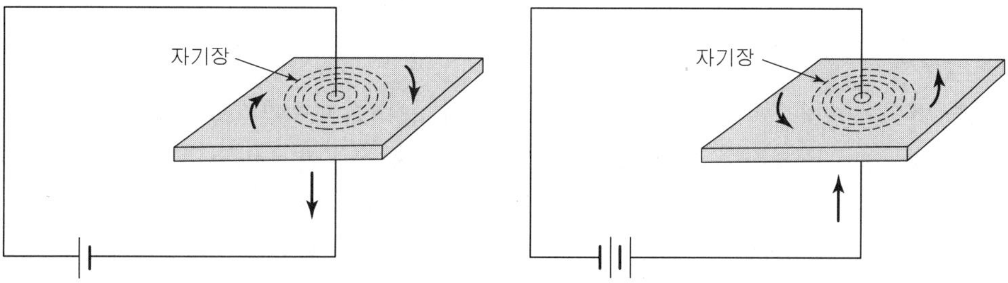

그림 9·11 도체 안의 전류에 의해 만들어진 자기장

수학 상식

맥스웰 방정식

스코틀랜드의 물리학자이며 수학자인 James Clerk Maxwell(1831~1879)은 전기가 공기에서 모든 물질을 통과할 수 있는 파동의 원인이 된다고 믿었다. (1864년에 맥스웰은 어떻게 전하와 자력선의 운동에 의한 어떤 장애(교란 방해)를 설명하는 수학적 이론을 발표하였다. 맥스웰은 3×10^8m/s의 속도를 갖는 파동처럼 다루는 장애(교란 방해)를 말했다.))-실험적으로 빛의 속도를 측정하였다.

맥스웰은 전자기파의 속력과 빛의 속력이 같다는 것을 계산에 의해서 찾아내었다. 그는 빛의 파동이 자연에서의 전자기적 흐름이라고 결론 내렸다. 맥스웰은 몇 개의 수학적인 공식으로 빛과 전기 그리고 자기에 관한 기본적인 법칙을 표현하였고, 이것을 일반적으로 맥스웰 파동 방정식이라 부른다.

이 방정식은 오랫 동안 세계의 기본적인 법칙으로 생각되어 왔다. 그러나 그들은 양자 이론, 파동 역학 그리고 상대성 원리 현상에 적용하지 못함을 알았다.

전자석

전선에 흐르는 전류에 의해 생성된 자장을 한 곳으로 모으기 위해 전선을 코일과 같이 감는다. 이렇게 될 때 코일 주변을 회전하는 자장은 같이 더해진다. 이것이 코일의 자기의 세기를 증가시킨다. 이런 방법으로 감긴 코일을 솔레노이드라 한다(그림 9·12). **솔레노이드**(solenoid)는 영구 자석과 같은 자극과 자장 성질을 가진다. 만약 솔레노이드에 교류를 넣어주면, 이것은 전류 방향이 반전됨에 따라 자극 또한 반전된다.

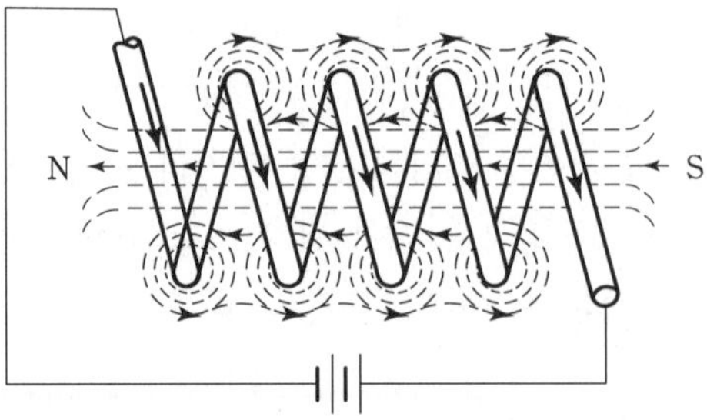

그림 9·12 자장은 코일이나 솔레노이드로 감으면 작은 곳에 집중된다

▶ 철심 전자석

전자석은 자석선을 철심에 감아서 만들어 질 수 있다. 왜냐하면 철은 공기보다 투자율이 좋고 더 강한 자장을 생성하기 위하여 전자석 극 사이에 더 많은 자력선을 통과할 수 있게 한다(그림 9·13). 잔류 자성은 전원을 전자석으로부터 제거한 후에 정렬된 분역에 남아 있는 자성이다. 연철은 낮은 보자성, 즉 자화를 머물게 하는 능력이 낮기 때문에 적은 잔류 자성을 갖는다.

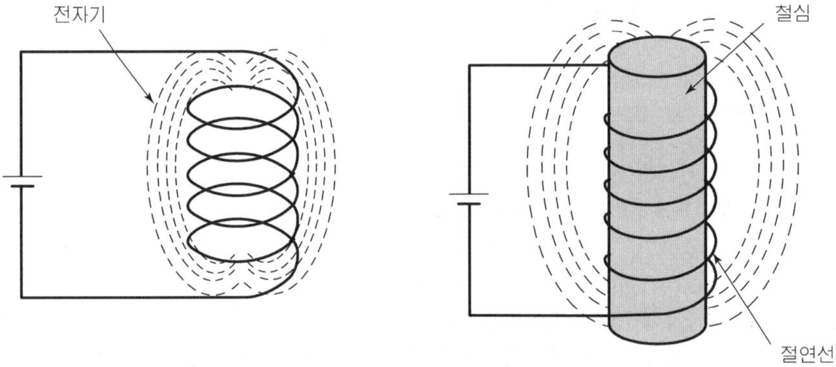

그림 9·13 연철 코어를 사용하면 전자장의 세기를 증가시킨다

전자석의 힘은 암페어턴이라 불리우는 단위로부터 주어진다. 이것은 코일을 감은 선의 횟수와 전류가 코일에 흐르는 시간의 곱이다. 암페어턴은 같은 전압에서 작동하는 전자석의 세기를 비교하는데 유용하다.

다른 크기와 세기의 전자석은 많은 장치에 이용된다. 이러한 장치로는 전기 모터 차단기, 부저, 경적, 계전기, 회로 차단기, 전기 클러치들이 있다. 이 책의 끝에서 배우겠지만 전자석의 자기나 전자석의 결합은 많은 전자 제품에 사용된다. 전자석은 예를 들어 변압기, 발전기, 확성기, 마이크로폰, 솔레노이드 밸브, 원통 코일관, 오디오 녹음과 녹음 재생기에 사용된다.

▶ 솔레노이드

그림 9·14는 솔레노이드의 예를 보여주고 있다. 플런저 또는 접극자(armature)와 같은 철이나 강철로 만들어진 부품은 그 코일 안에 한 부분에 붙어진다. 그 코일에 전류가 흐를 때 접극자는 전류를 끌어

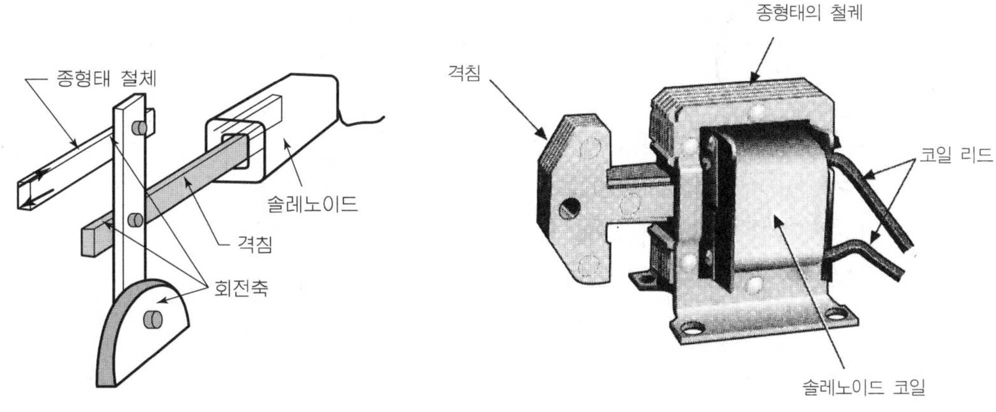

(a) 기본구조와 동작 (b) 전형적인 솔레노이드 조립품

그림 9·14 솔레노이드 제어 구조

당긴다. 정확하게 결합된 접극자의 작동은 밸브, 스위치, 계전기 접속과 전동 장치와 같은 것들을 제어할 수 있게 한다. 이런 제어의 대표적인 예는 다음 장에서 다룬다.

▶ 초인종

솔레노이드를 사용하는 가장 흔한 것은 초인종이다. 이 장치는 고무나 플라스틱 팁을 가지는 철 또는 강철 접극자가 코일 안에 넣어진다(그림 9·15(a)). 그 코일에 전류가 흐를 때 접극자는 전류를 위쪽으로 끌어당긴다. 이런 경우 접극자의 끝이 차임 바를 가격함으로써 소리가 난다.

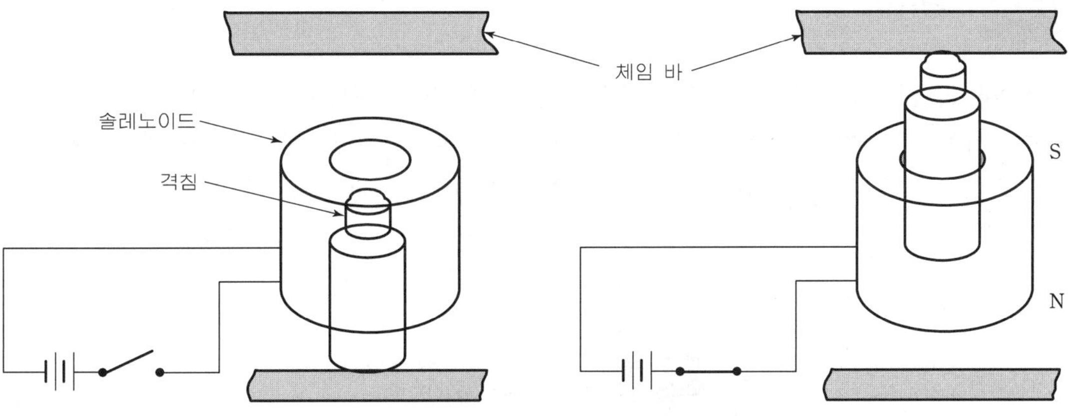

(a) (b)

그림 9·15 초인종의 작동

전기 초인종이나 몇몇 다른 종류의 경적은 진동 장치들 중의 한가지 흥미로운 예이다. 이러한 장치에서 전자기는 접극자를 빠르게 앞뒤로 움직이는 동작을 하기 위해 사용된다. 전형적인 초인종의 기본 구조와 작동은 그림 9·16에 나타낸다.

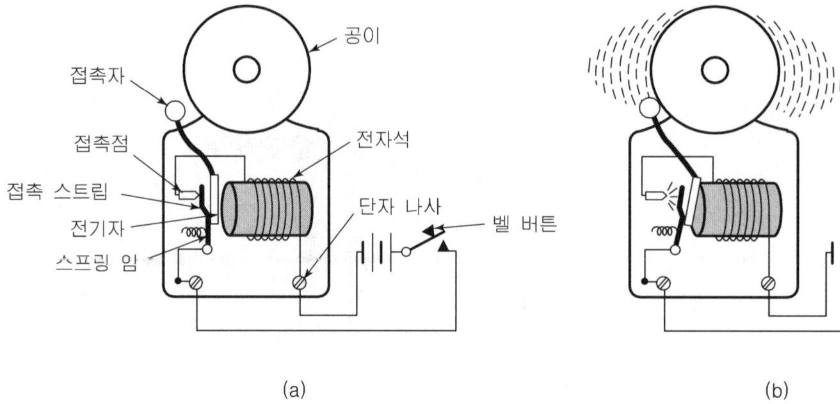

그림 9·16 초인종의 기본 구조와 작동

초인종 버튼을 누르기 전에 접촉 조각은 스프링의 탄력에 의해 접촉점의 반대편에 고정된다(그림 9·16(a)). 버튼을 눌렀을 때, 그 회로는 완성되고 코일을 통해서 전류가 흐른다. 전자석 접극자와 접촉 위치는 그림 9·16(b)에 나타낸다. 이러한 이유로 접극자는 접촉된 점에서부터 멀리 떨어진다. 회로는 바로 끊어지고, 전자기는 활동을 멈춘다. 스프링은 접촉된 점에서 접극자를 뒤로 당긴다. 이점은 버튼을 누르고 있는 동안 매우 빠르게 반복된다. 추는 접극자가 전자석에 당겨져서 접극자가 공을 때릴 때 붙는다. 부저의 소리는 자기 코일의 끝점에 접극자가 부딪히면서 발생한다.

릴레이

릴레이(relay)는 단자간의 하나나 그 이상의 연결을 열거나 닫거나 하는 것을 전자기적으로 동작하는 스위치이다. 기계적인 스위치처럼 릴레이의 동작은 각각의 극을 만들 수 있는 것을 통해 접촉된 것의 선의 수에 의해 표현된다. 릴레이는 그림 9·17처럼 하나의 극과 각각 맞닿은 두 개의 접촉을 통제한다.

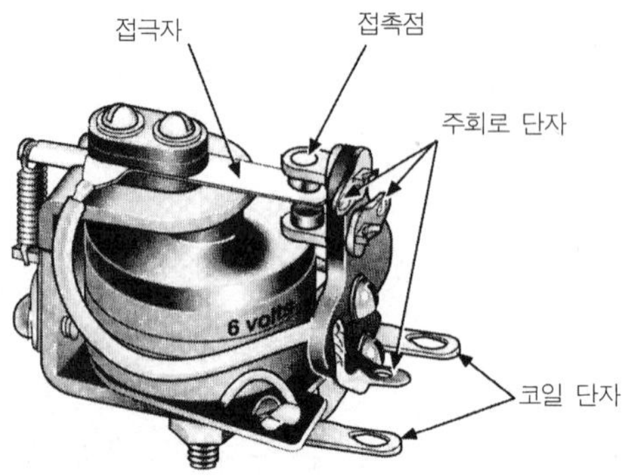

그림 9·17 단극 쌍투 릴레이

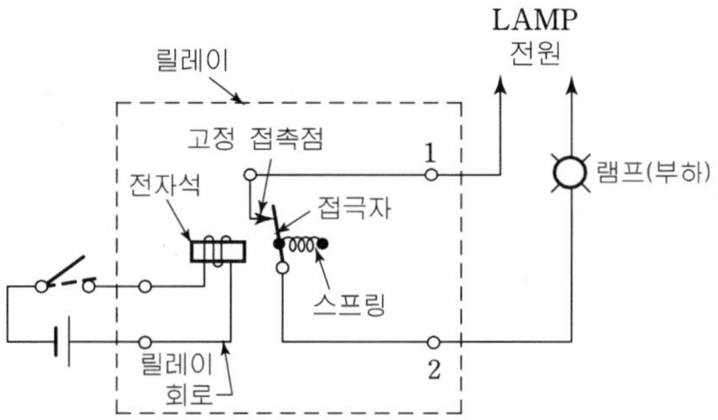

(a) SPST 릴레이

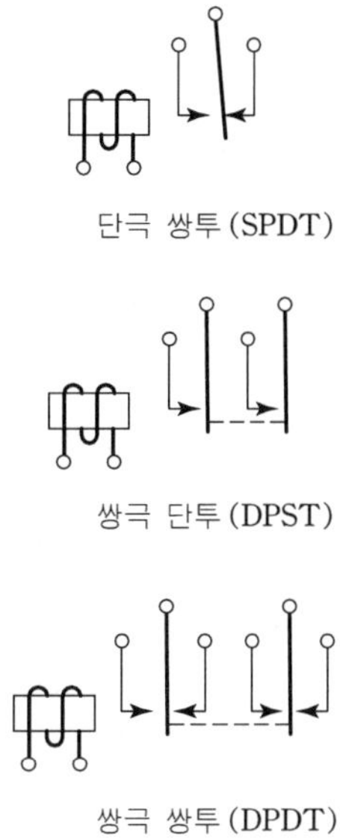

(b) 다른 일반 릴레이의 스위치 동작

그림 9·18 릴레이의 작동

SPST 릴레이의 기본적인 동작은 그림 9·18(a)에 보여진다. 릴레이 회로의 스위치가 닫힐 때 그 전자석은 전압을 가한다. 따라서 고정된 접촉점에 접극자를 끌어당긴다. 그때 단자기 1과 2 사이에 연결되어지고, 램프에 불이 켜진다. 그 릴레이 회로 스위치가 열렸을 때, 릴레이 코일은 전압을 가하지 않는다. 이것은 그 고정 접촉점으로부터 스프링이 접극자를 당기게 한다. 단자 1과 2를 연결하면 전원은 꺼진다. 릴레이 스위치 장치의 일반적인 구조는 그림 9·18에서 설명한다. 릴레이는 작은 릴레이 전류로 높은 전압의 부하 전류를 조절한다. 그 예를 그림 9·19에 나타낸다.

릴레이는 12V DC 축전지에 의해 조절된다. 조절 회로에 전류, 축전지와 릴레이 코일로 구성된 모터 회로보다 작게 구성된다. 그러나 모터 회로는 다른 에너지원을 갖는 릴레이에 의해 조절되고, 그 회로 전류는 매우 클 수 있다.

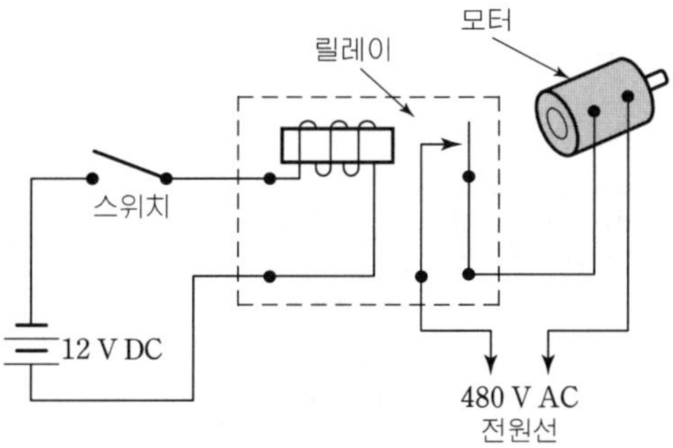

그림 9·19 낮은 전압은 모터 회로를 제어하는 데 사용된다.

정 격

범용 전력용 릴레이의 정격은 다음과 같다. ① 동작 전압과 릴레이 코일의 주파수, ② 코일의 전류 정격, ③ 접점 전류와 전압 정격, 이것들은 릴레이가 조절할 수 있는 최대 안전부하전류를 나타낸다.

접 점

릴레이의 접점은 종종 상시 개로 또는 상시 폐로로 표현된다. 상시 개로 접점은 릴레이에 전류가 흐르지 않을 때 분리된다. 보통 단락 접점은 릴레이에 전류가 흐르지 않을 때 닫히거나 혹은 접촉한다.

리드 계전기

일반적인 자기 리드 릴레이, 리드 스위치의 스위칭 소자 스위치 집합은 봉입된 유리 튜브로 둘러싸여진 폐로 자기 리드로 구성되어 있다(그림 9·20). 완전한 리드 어셈블리에, 그 관은 코일 내에 놓여진다. 그 코일에 전류가 흐르면, 그 리드는 자기 인력의 결과로 붙게 된다.

이런 릴레이는 매우 민감하므로 매우 작은 전류의 양으로 동작될 수 있다는 것을 의미한다. 다른 종류의 리드 릴레이는 리드의 그 개로와 폐로는 영구 자석으로 조절된다. 그 자석은 그 리드 가까이 가져온다. 이 방법을 사용할 때, 리드 릴레이는 때때로 자기 근접 스위치라고도 불리운다.

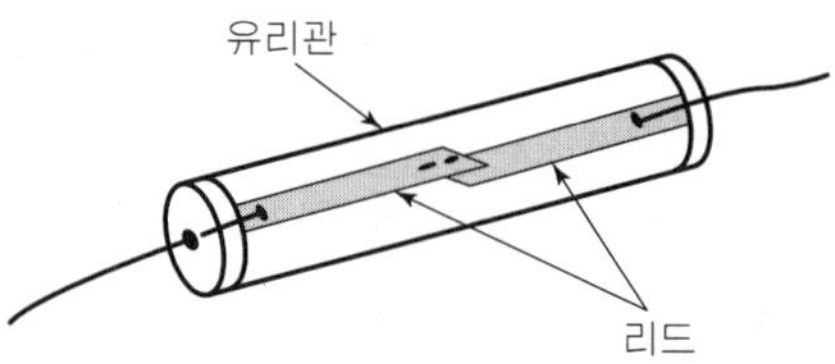

그림 9·20 자기 리드 릴레이

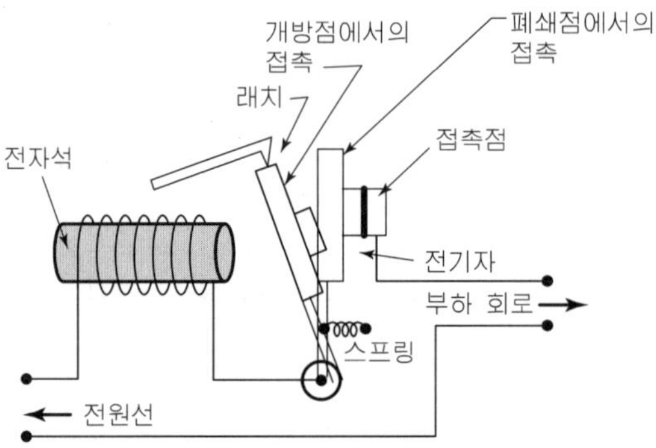

그림 9·21 자기 차단기의 기본 구조와 작동

자기 차단기

자기 회로 차단기는 회로 차단기의 한 종류로서 과전류로부터 회로를 보호하는 장치이다. 자기 회로 차단기는 전자석의 코일과 두 접점이 직렬로 회로의 한 전선과 연결되어 구성된다.

그 전류가 회로 차단기의 암페어 정격 이상이거나 동작 전류(trip size) 이상일 때, 회로 차단기의 전자석이 접극자를 끌어당길 정도로 충분히 강하게 된다. 이 동작으로 래치의 접점이 개방되며, 그 회로는 차단된다. 밝게 표시된 부분은 과부하로 회로 차단기가 동작한 것을 보여주기 위한 것이다. 이것은 과부하가 걸린 회로를 쉽게 알아내기 위해 사용된다. 회로 차단기를 리셋시키기 전에 과부하의 원인을 찾아 그것을 수정하여야 한다. 기계적으로 리셋한 후에 회로 차단기는 다시 회로를 보호할 준비를 하게 된다.

자기 차폐기

투자율은 자기장의 나쁜 영향으로부터 어떤 부품과 기계를 보호하고 차폐하는 데 널리 이용된다. 수많은 기계 회로 안에서 스트레이 자기장의 영향은 측정시 심각한 에러를 발생시킬 수 있다.

자기 차폐의 기본 형태는 그림 9·22에 보여진다. 이런 차폐의 유형을 보면, 높은 투과 강자성을 지닌 물체로 만들어진 덮개가 회로 부품위에 놓여져 있다. 그 결과, 그림 9·23에서 보여지는 바와 같이 부품 근처에 있을지도 모르는 어떤 외부 자기장도 우회하게 만든다.

그림 9·22 유도체(인덕터를 외부 자장으로부터 보호하기 위한 자기 차단기(마그네틱 실드)의 한 단면

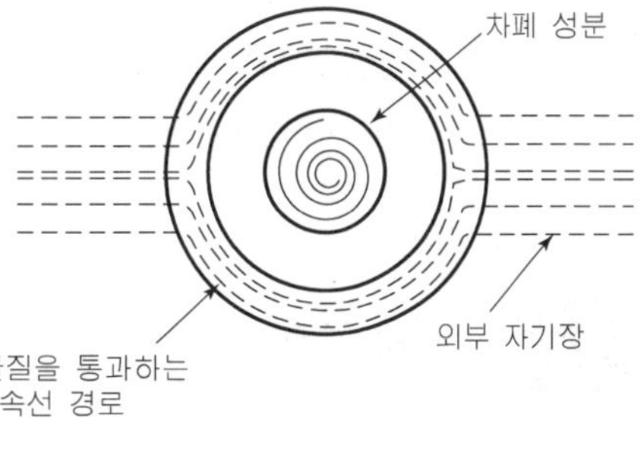

그림 9·23 자기 차폐의 원리

그림 9·24 금속 공구로 잡고 있는 기기로부터 자력을 제거하기 위해 소자기를 사용한다

자기 제거

물체에서 자화를 제거하는 것을 자성 제거 또는 **소자**(消磁, degaussing)라 부른다. 예를 들어 자석의 재료로 만들어진 손목 시계는 자화된 후에는 올바른 시간을 유지할 수 없을 것이다.

드릴이나 리머와 같은 금속 절단 도구들이 자화되면 철조각들과 줄밥들을 끌어당기게 될 것이다. 이 때문에 도구들은 빨리 무디어지게 된다.

간단한 형태의 소자기는 교류 전류가 통과하는 절연 전선의 코일이다. 자력을 제거할 물체를 코일로 감는다. 그러면 자기는 코일로 인해 천천히 제거된다. 자기장의 변화 효과로 도메인의 정렬을 방해하므로 물체의 자기를 제거한다.

영구 자석 또한 소자하거나 열을 가함으로서 매우 약화시킬 수 있으며, 망치와 같은 금속 물체를 가지고 그것을 격렬히 치면 자기를 없앨 수 있다. 이 두 가지 경우에 그 자석 내에 있는 도메인 정렬은 심하게 방해받는다.

사용 중인 자석

지구는 자석이고 자성을 띤 암석을 갖고 있기 때문에 자석은 지구상에서 가장 오래된 인류의 기술 중 하나이다. 사람들은 배를 조정하고 물건을 움직이고 장비를 동작하는데 자석을 이용하였다. 지구 자극은 지질학적으로 북극과 남극 가까이 있다. 과거에 갖고 있던 이들 극의 극성이 반대로 된 증거는 대륙붕에 남아 있다.

나침반

자석 나침반은 지구의 지질학적 북쪽을 알아내는데 이용된다. 작은 영구 자석 바늘은, 그것은 회전축에서 자유로이 돌도록 설치되어 있다. 자석의 극은 지구 자극에 의해 끌어 당겨진다. 이러한 이유로 일반적인 남북 방향으로 그림 9·25에 있는 것과 같이 나침반의 바늘이 가리킨다. 지구의 실제 자극은 지리학적인 극으로부터 1,500mile (2,414km) 정도 벗어나 있다. 나침반 바늘은 지리학의 북쪽과 남쪽을 가리키는 것은 아니다. 나침반과 실제 방향 사이의 차이는 경사각으로 알려져 있다. 물론 이 각도는 자석 나침반을 가지고 실제 지리학의 극을 알아내는 데 고려되어야만 한다.

결함 탐사

자기 분자 검사란 금속 입자의 표면상 결함을 찾아내는데 자화를 이용하는 과정이다. 이 과정에서 대상 물체는 자화되고 미세한 철 입자를 포함한 기름이나 기타 액체로 코팅된다. 갈라짐이나 긁힘과 같은 결함있는 틈은 입자가 모이는 자극이 된다. 이것이 입자들이 쉽게 볼 수 있는 패턴을 만드는데 기여한다. 이런 종류의 검사 방법을 비파괴검사라 한다.

미래의 자화 사용

과학자와 엔지니어들은 자기를 사용하기 위한 새로운 방법을 끊임없이 연구하고 있다. 지구 표면 위에 높이 있는 자기 에너지 이용의 가능성에 대한 연구가 지금도 이루어지고 있다. 많은 과학자들은 언젠가 자기가 중력의 힘에 대항하는 반작용의 힘으로 이용될 수 있을거라 믿고 있다. 전자

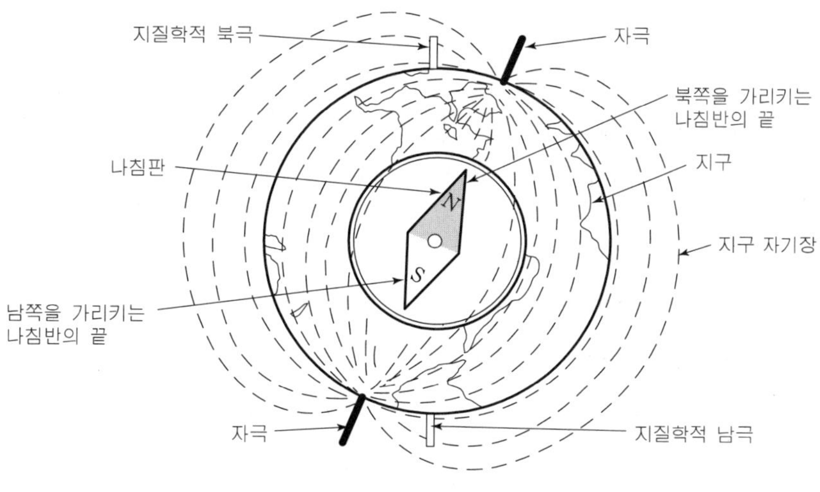

그림 9·25 나침반의 바늘은 지구의 자기극에 의해 끌어당겨진다. 자침의 북극이 지구의 북극을 가리키기 때문에 붙여진 이름이다

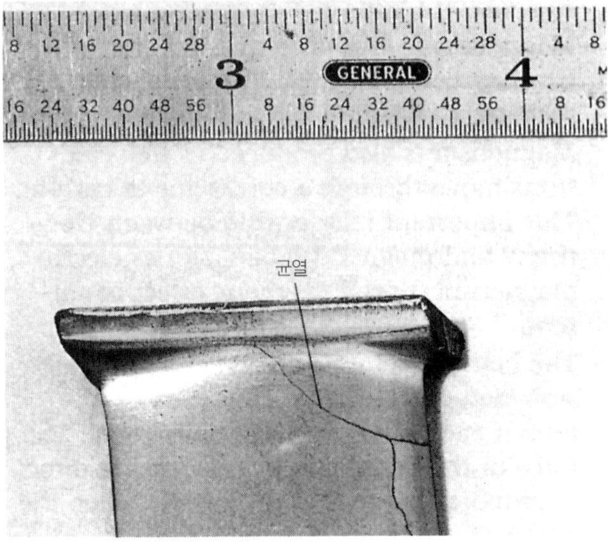

그림 9·26 제트 비행기 엔진의 터빈 블레이드 안의 갈라진 틈은 자기 입자 검사에 의해 발견될 수 있다

공학 분야에서의 자화의 사용에 대한 이런저런 생각들이 전자 공학의 새로운 과학 분야를 만들어 내고 있다.

연습문제

1. 자기 이론에 대해서 설명하여라.
2. 릴레이의 뜻에 대해서 설명하여라.
3. 범용 전력용 릴레이의 정격에 대해서 설명하여라.
4. 자성체와 비자성체를 구별하여라.
5. 페라이트에 대해서 설명하여라.
6. 직류와 교류에 의해서 생성된 전자계의 차이점을 설명하여라.
7. 전자석이 일상 생활에서 이용되는 예를 들어라.
8. 솔레노이드의 뜻과 동작을 설명하여라.
9. 비파괴 검사 실험이란 무엇인지 설명하여라.
10. 자기 차단기의 역할과 구성에 대해서 설명하여라.

10장 전자 유도와 인덕턴스

학습용어

역류(eddy current), 헨리(henry)
인덕턴스(inductanc), 인덕터(inductors)
렌츠의 법칙(Lenz's law), 단락(short)
변압기(transformer)

목 표

- 전압과 전류를 유기시키는 렌츠의 법칙을 설명할 수 있다.
- 변압기로부터 부하까지 전달되는 전류를 계산하며, 인덕턴스를 정의할 수 있다.
- 유도성 리액턴스를 계산하며, 선택적인 전류에 의해 성생되는 자계를 설명하고, *RL* 시상수를 계산하고 정의할 수 있다.

유도란 용어는 발생하는 일에 대하여 어떤 원인이 되는 것을 의미한다. 여러분은 이 장에서 많은 일들에 원인이 되는 전자 유도와 인덕턴스가 전기적으로 어떻게 일어나는지 배우게 될 것이고, 전자 유도에 의해 전압을 발생하기 위하여 요구되는 동작이 무엇인지 배우게 될 것이다. 또한 자계의 이동과 변압기 동작에 대해서도 배울 것이다.

렌츠의 법칙

운동은 전자 유도에 의해 전압을 발생하기 위하여 필요하다. 자계는 전선을 통해서 이동해야만 한다. 또는 자계는 전선을 통해서 이동해야만 한다. 자석이 전선 가까이 움직일 때 자계는 전선을 끊게 되고, 전선을 끊어서 전압을 발생한다. 그림 10·1(a)에서처럼 만약 전선의 끝이 회로와 연결되어져 있다면 그 전압은 회로를 통과하는 전류를 야기시킨다. 이렇게 생성되는 전압을 유도 전압이라 한다. 유도 전압으로 인해 생성되는 전류를 유도 전류라 한다. 이런 전기와 자기간의 관계를 전자기 유도라 한다. 그림 10·1(b)에서 보는 바와 같이 자석이 역방향으로 이동할 때 회로에서 유도 전압의 극성과 전류의 방향이 바뀐다.

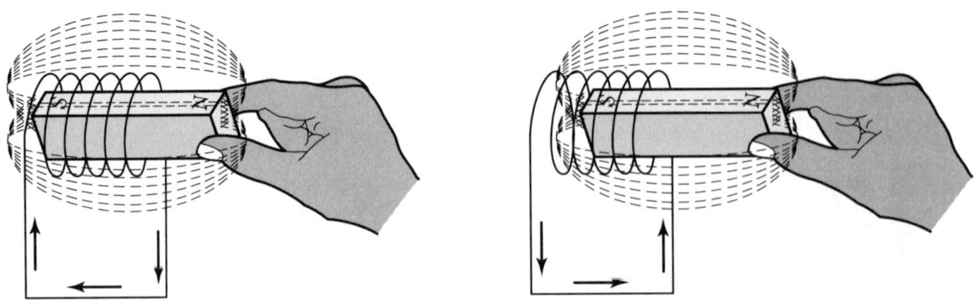

(a) (b)

그림 10·1 전자기 유도(Electromagnetic induction)

러시아의 물리학자인 Heinrich F. E. Lenz(1804~1865)는 자기력선을 가로질러 도체가 이동함에 따라 전류가 유도되고, 그 도체내 유도 전류는 그것을 생성한 자기력선에 대항하는 자기장을 생성한다는 것을 발견했다. 또한 그는 유도 전류와 자계의 방향 변화는 컨덕터가 자계 내에서 이동하는 방식에 따라 방향이 바뀌는 것을 알았다. 이런 중요한 발견을 **렌츠의 법칙**(Lenz's law)이라고 한다.

그림 10·2는 단일 도체 안에서의 이러한 관계를 보여주고 있다. 그림 10·2(a)에서 도체는 영구

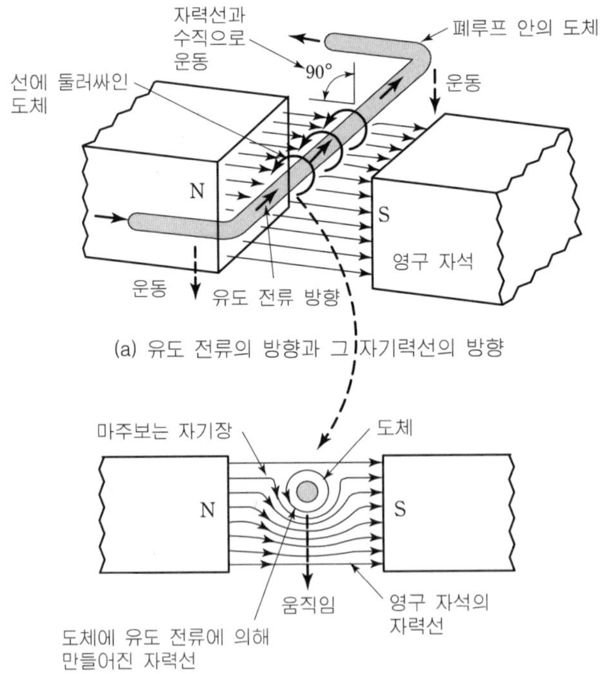

(a) 유도 전류의 방향과 그 자기력선의 방향

(b) 도체 주위에 흐르는 마주보는 자기장과 영구 자석의 자력선

그림 10·2 렌츠 법칙의 영향

자석의 자력선을 통하여 아래쪽으로 이동하는 것을 보여주고 있다. 도체의 화살표는 유도 전류의 방향을 가리킨다. 도체 주위의 화살표는 유도 전류에 의해 발생되는 자계의 방향을 가리킨다. 그림 10·2(b)에서 보여 주는 바와 같이 도체의 자계는 영구 자석의 자계에 역방향임을 주의하여라. 그러므로, 이런 작용은 유도 전류의 자기 효과를 압도함에 틀림없다. 만약에 도체가 자계를 통하여 위로 이동한다면, 유도 전류의 방향과 자계는 바뀌게 된다. 다시 말해서 이러한 작용은 유도 전류의 자기 효과를 압도함에 틀림없다.

전자 유도의 가장 중요한 점은 교류기와 여러 발전기 종류에 사용된다는 것이다. 이러한 기계들은 전력 회사에서 우리의 가정으로 배전되는 전기 에너지를 공급한다. 또한 전자 유도는 많은 종류의 기계와 장치에 사용되는데 모터, 변압기, 마이크로폰, 열처리 장치와 테이프 재생 장치의 헤드 등이 이에 속한다.

이동 자계

여러분이 앞서 배운 바에 따르면 전자 유도가 자계와 도체간의 상대적인 운동으로 발생된다는 것을 알고 있을 것이다. 발전기에서의 이런 동작은 증기 터빈의 회전 또는 엔진의 계자 코일과 같은 것들의 회전에 의해서 만들어진다. 변압기와 같이 유동 부분을 전혀 갖고 있지 않는 장치에서의 자계의 운동은 전류의 방향과 성질을 변화시키는 결과를 낳게 한다.

교 류

그림 10·3(a)에서는 교류에 의해 생성되는 자계를 보여주고 있다. 전류가 증가함에 따라 자계는 도체로부터 멀리 이동하게 되고 전류가 감소함에 따라 자계는 도체 방향으로 이동하게 된다. 이러한 자계의 운동은 전자 유도를 생기게 한다.

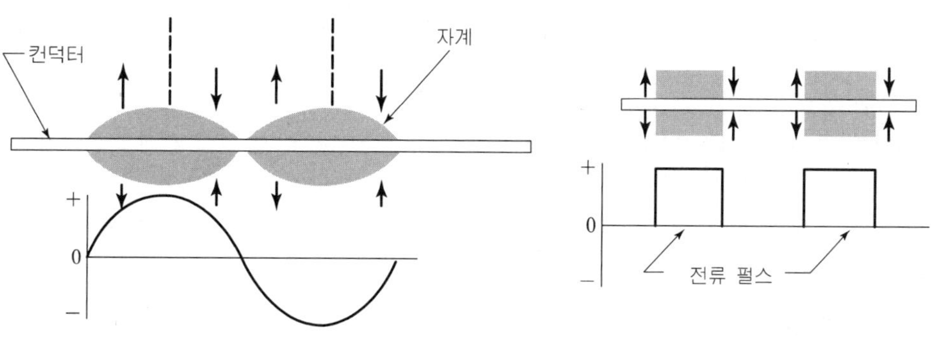

(a) 교류에 의해 생성되는 자계 (b) 직류에 의해 생성되는 자계

그림 10·3 자계의 움직임

직 류

안정된 직류는 이동 자계를 만들어 내지 않는다. 이런 이유로 직류는 전자 유도를 만들 수 없게 된다. 안정된 직류가 변압기와 같은 장치와 함께 사용될 때 그 전류는 펄스 형태로 끊어지게 된다. 맥류는 전자 유도의 원인이 될 수 있는 변화하는 자계를 만들어 낸다(그림 10·3(b)).

자기 공극

움직일 수 없는 영구 자석의 자계는 세기에 변화를 주도록 만들 수 있다. 이것은 공극의 투자율이나 자극 사이의 간격 변화에 의해서 발생한다. 공극은 연철 접극자를 움직임으로써 변화된다.

접극자가 공극으로 이동하려는 움직임에 따라 갭의 투자율은 증가한다. 그림 10·4(a)에서 처럼 이것은 자석의 극 사이에 존재하기 위하여 강한 자계를 허락한다. 공극으로부터 멀어지려는 접극자의 움직임 때문에 공극의 투자율은 감소한다. 이런 일이 발생할 때 자계의 힘 또한 감소하게 된다. 그림 10·4(b)에서 처럼 자계의 힘을 변화시키는 방법은 자기 축음기의 카트리지에 사용되기도 한다.

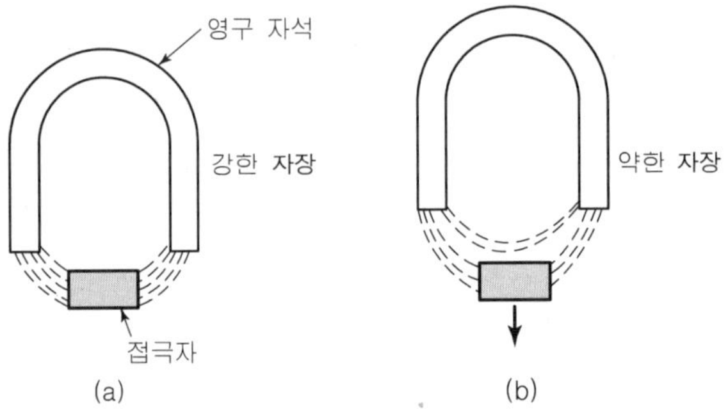

그림 10·4 자기 공극 내의 연철 접극자의 위치 변화에 따라 발생되는 자계의 움직임

변압기

Transform이라는 단어의 의미는 "바꾸는 것"을 의미한다. 그림 10·5에서 처럼 **변압기**(transformer)는 전기 시스템에서 전압과 전류값을 바꿀 때에 사용된다. 만약 전압을 감소시키면 강압 변압기라 부르며, 전압을 증가시키면 승압 변압기라 부른다. 어떤 변압기는 전압값을 바꾸지 못한다. 그것들을 절연 변압기라 부른다. 절연 변압기는 전력선으로부터 전기적으로 분리할 때 사용된다.

변압기는 많은 종류의 회로에서 전압값을 바꾸는데 사용된다. 한 예로 변압기는 정류기 회로에서 사용되는 낮은 전압을 120Vac 전압의 전력 라인으로 바꾸는데 사용된다. 이런 회로는 전기적인 제품을 위해 가정 교류 전류를 직류로 바꾸는데 사용된다. 자동 점화 시스템에서 점화 코일은 점화

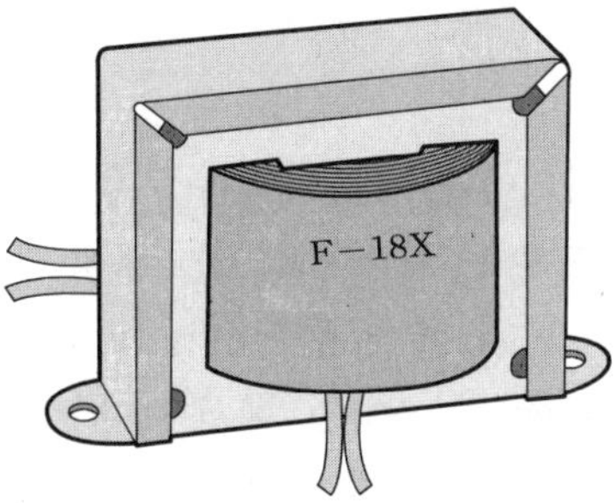

그림 10·5 소형 오디오 변압기

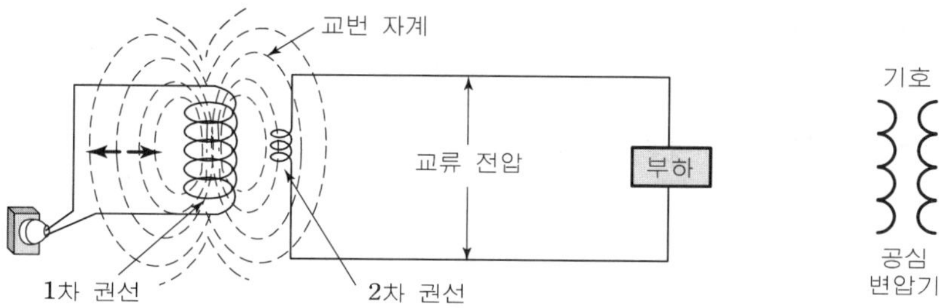

그림 10·6 간단한 변압기의 동작

플러그로 높은 전압이 공급되는 승압 변압기이다. 강압 변압기는 발전소로부터 빌딩에 전기 에너지를 배전하는 시스템에 사용된다. 이런 것들이 가장 흔하게 사용된다.

간단한 변압기의 동작은 그림 10·6에서 보여주고 있다. 여기서 변압기의 한 권선 또는 코일은 에너지원과 연결되어 있다. 이것을 1차 권선이라고 부른다. 다른 것은 1차 권선으로부터 전기적으로 절연되었고 부하와 연결되어 있다. 이것을 2차 권선이라고 부른다. 1차 권선과 2차 권선 사이에는 직접 전기적으로 연결되어 있지 않았음에 주의하여라.

1차 권선의 교류는 교번 자계를 만들어 낸다. 이것은 2차 권선에서의 전압을 포함한다. 그 결과 에너지는 1차 권선으로부터 2차 권선으로 전달된다. 이것은 상호 유도로 알려져 있는 한 예이다.

유도 전압의 극성

전자 유도에 의해 만들어지는 전압의 극성은 도체를 통해 흐르는 자기력선의 방향에 따른 전자기 유도가 전압의 극성을 만든다. 변압기가 교류나 맥류로 작용하기 때문에 1차 권선 주위의 자계가 한쪽 방향 그리고 다른 방향으로 흐르는 2차 권선으로 인해 확장되고 축소된다. 그러므로 전압은 어느 변압기이든 교류 전압의 2차 권선을 끊어 유도된다.

코어 변압기

그림 10·6의 변압기는 공심 변압기이다. 교류나 맥류로 작용하는 변압기의 코일은 철심 주위에 감겨져 있다. 그들의 이름에도 불구하고, 이들의 코어는 대게 작은 양의 실리콘을 씌운 얇은 철판으로 만들어진다. 이런 박판 시트(sheet)를 성층(lamination)이라 불리운다. 철심 코어 변압기와 같이 사용되는 두 종류의 코어와 권선을 그림 10·7에서 보여주고 있다. 이들 변압기의 코어를 구성하는 데 적층이 함께 쌓여지기 때문에, 그들은 적층 코어 변압기라 불리운다.

이 철심 코어는 변압기 내에 보다 강한 자계를 발생시킨다. 이것은 1차 권선에서 2차 권선으로 보다 많은 에너지가 차례로 전송되도록 한다. 얇은 코어는 열의 형태로 손실되는 에너지를 줄이게 한다. 이런 열의 형태는 변압기의 코어에 발생되는 와전류에 의해 만들어진다. 변압기 코어에서의 에너지 손실을 히스테리시스손이라 한다. 이것은 자장이 교류로 발생되는 자계의 변화에 중점을 두고 있다. 때문에 열이 발생한다. 또다른 손실은 동손 기인한다. 이것은 전류가 변압기의 1차 2차 권선에 흐를 때 생기는 열에너지 손실이다.

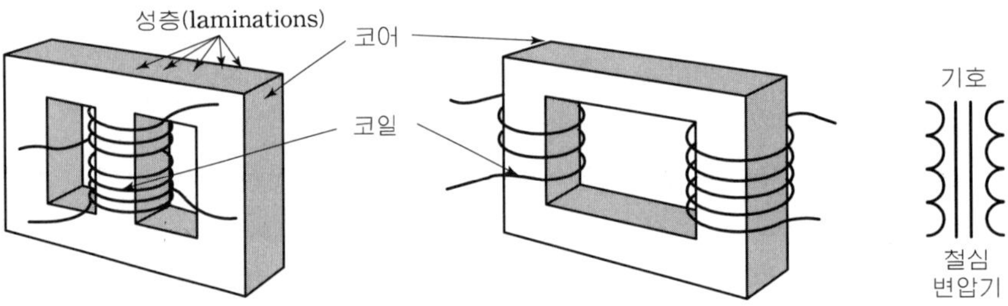

그림 10·7 철심 코어 변압기와 사용되는 권선

과학 상식

Transformers and Toxic Waste

1977년에 환경 보호국은 PCB(polychlorinated biphenyls : 폴리염화 비페닐)의 환경 방출을 금지시켰다. 그리고 1979년에 완전히 PCB의 제조를 금지시켰다. 그것들은 유독하고 생태계에 축적되는 경향이 있다. PCB는 사람의 몸에 쌓여 암, 기형아, 다른 혼란을 야기시킨다. 하지만, PCB의 다량은 축전기와 변압기 내의 큰 열을 없앤다. 게다가, 금지되기 전에 불법적으로 내버려지거나 우연히 나중에 엎질러진 PCB 방출에 의해 여전히 오염되어져 왔다.

1980년에 독성을 없애거나 환경에 남아있는 PCB 파괴에 노력을 기울였다. 염소를 제거하고 단순한 PCB를 퇴하시킬수 있는 확실한 미세 유기체를 사용하려는 시도가 증가되었다.

유도 전압값

전압값은 1차 권선의 감긴 횟수와 2차 권선의 감긴 횟수에 의해 유도된다. 이것을 변압기의 권선

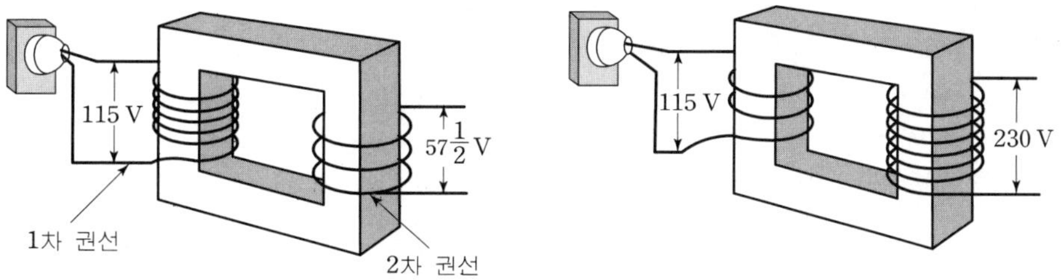

(a) 강압 변압기 (b) 승압 변압기

그림 10·8 전압은 어느 변압기든 교류 전압의 2차 권선을 가로질러 유도된다

비라고 부른다. 그림 10·8(a)에서 보는 바와 같이 만약 2차 권선수가 1차 권선수의 반이라면 전압은 1차 권선 전압의 반으로 내려갈 것이다. 그림 10·8(b)에서 보는 바와 같이 만약 2차 권선수가 1차 권선수의 2배라면 전압은 1차 권선 전압의 2배로 올라갈 것이다. 이 관계는 공식에 의해 표현될 수 있다.

$$\frac{\text{2차 전압}}{\text{1차 전압}} = \frac{\text{2차 권선수}}{\text{1차 권선수}}$$

예제 1 실험자는 1차 코일이 725회 감겨진 115Vac 변압기를 가지고 있다. 2차 권선에 10Vac를 공급하려면 얼마나 많은 권선수가 필요한가?

풀이 X =2차 권선수라 하면

$$\frac{\text{2차 전압}}{\text{1차 전압}} = \frac{\text{2차 권선수}}{\text{1차 권선수}}$$

$$\frac{10}{115} = \frac{X}{725} = 115X = 10 \times 725 = 115X = 7250 = X = 63\text{회}$$

전력 변압기

그림 10·9에 보여 주는 것처럼 전기적인 제품에 필요로 하는 전압을 공급하는 강압 변압기를 종종 전력 변압기라 부른다.

정류 회로에서 사용되는 전력 변압기를 정류 변압기라고 부른다.

어떤 전력 변압기는 2차 권선을 한 개 더 가지고 있다. 각각의 권선은 다른 권선들로부터 전기적으로 절연되어 있다.

이것은 그림 10·10에서 보여주는 것처럼 탭이라 불리우는 접속으로부터 출력 전압의 다른 값을 얻는 것을 가능하게 만든다. 변압기는 흔히 제조 응용 분야에 쓰인다.

그림 10·9 전력 변압기

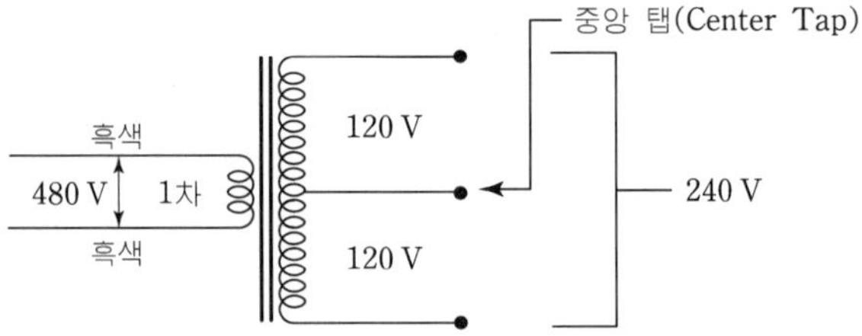

그림 10·10 전력 변압기의 중앙 탭 도식

전압과 전류

전력 변압기가 전압을 바꿀 수 있을지라도, 2차 권선의 부하에 걸리는 에너지의 양은 1차 권선에 공급되는 에너지보다 크게 전달할 수 없다. 실제로 2차 권선에 의해 전달되는 에너지는 항상 1차 권선에 공급되는 것보다는 적다. 이것은 코어와 권선에서 와전류손과 동손 때문이다.

예를 들어 115V에서 변압기가 동작하는 1차 권선에 2A의 전류가 흐른다고 가정하자. 2차 권선이 1차 권선보다 10배 많은 횟수로 감겨져 있다면, 2차 권선에 걸리는 전압은 115×10이나 1,150V로 승압될 것이다. $P=EI$이기 때문에 1차 권선의 와트량은 115×2나 230W와 같을 것이다. 변압기 내의 전력 손실을 무시하면 2차 권선의 와트량은 또한 230W가 될 것이다. 2차 권선의 최대 전류는 다음과 같은 전류의 양을 부하에 전달할 수 있다.

$$
\begin{aligned}
I &= \frac{P}{E} \\
&= \frac{230}{1150} \\
&= 0.2\ \text{A}
\end{aligned}
$$

그러므로 전압이 10배 증가함에 따라, 2차 권선 내의 전류는 10배 감소한다. 즉, 2A에서 0.2A로 감소된다.

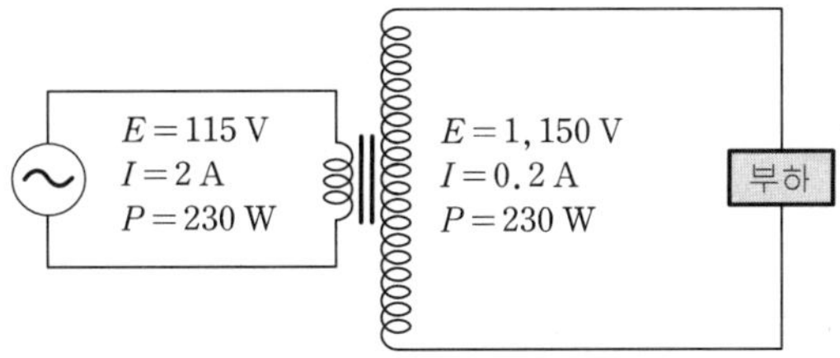

그림 10·11 변압기의 전압과 전류와의 관계

마찬가지로 만약 변압기 전압이 감소되면, 부하에 전달될 수 있는 최대 전류는 1차 권선에서의 전류보다 더 클 것이다. 2차 권선에 의해 이런 조건은 2차 권선의 전력량($P = EI$)이 1차 권선의 전력량과 같다는 것을 성립해야 한다.

전력 전송 선로

변압기에서 입력과 출력의 전압과 전류간의 관계는 전송 선로로 보여주고 있다. 그림 10·12에서처럼 전송 선로는 전력 발전소에서 가정과 회사까지 전기 에너지를 전달한다. 여기서, 발전소에서의 변압기는 발전기에 의해 만들어지는 교류 전압을 올린다. 이것은 고전압이기 때문에 고전압 저전류를 사용하는 원거리 송전로를 따라서 발전소로부터 사용자에게 전달하는 것이 가능하다. 이런 저전류는 송전선에서의 전력 손실을 줄일 수 있다. 그것은 또한 작은 도체를 사용하는 것을 가능하게 한다.

변압기는 송전로의 고전압을 매우 낮은 전압으로 낮추는 전력 송전 시스템과 함께 사용한다. 배전 변압기의 전압은 더욱 더 낮아진다. 전압이 강압되기 때문에 사용자가 이용할 수 있는 전체 전류는 송전 선로에서 나타나는 전류보다 매우 크다. 송전 선로의 손실 때문에 이용할 수 있는 전력은 발전된 전력보다 매우 적다.

교류 전류가 단일 코일을 통해 이동할 때, 이동 자계는 이 주위에서 일어난다. 이런 동작은 자기

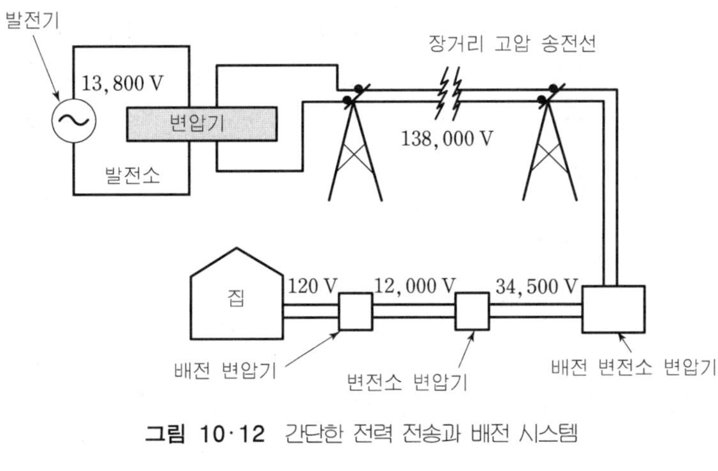

그림 10·12 간단한 전력 전송과 배전 시스템

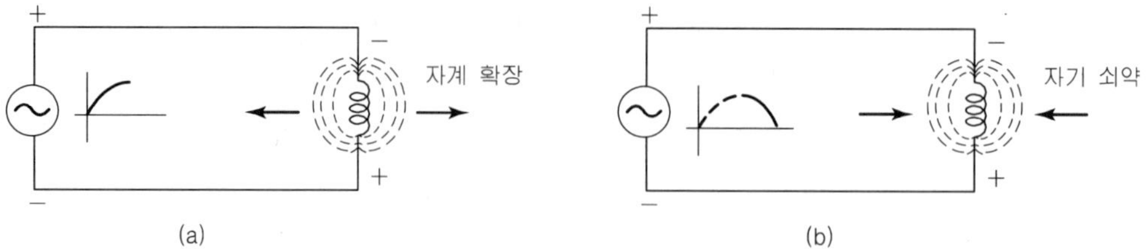

그림 10·13 자기 유도

유도에 의해 코일 자체에 전압이 유도된다. 이것을 자기 유도 또는 간단히 유도라고 부른다. 자기 유도에 의해 발생되는 전압은 코일을 통과하는 전류의 어떤 변화에 반대되는 극성을 항상 갖는다.

그림 10·13에서 보여주는 회로를 생각해 보자. 이러한 회로에서 처음 1/4주기 동안 공급되는 전압이 증가할 때, 코일을 통한 전류도 또한 증가한다. 이것은 그림 10·13(a)에서 처럼 코일 주위에 펼쳐진 자계를 만들어낸다. 코일을 통해 유도되는 전압은 코일을 통한 전류의 변화를 방해하는 극성이 생긴다. 4분기 중 제2분기 사이클 동안 인가 전압이 감소하기 시작하면, 코일 주위의 자기장도 감소되기 시작한다(그림 10·13(b)). 그 결과, 코일에서 유도되는 전압의 극성은 반전된다. 이 전압은 코일을 통해 흐르는 전류의 변화를 다시 방해하는 극성을 갖는다.

전류가 2분기 중 제2분기 사이클을 통해 움직일 때, 인가된 전압과 유도된 전압의 극성은 반대가 된다. 그러나 유도 전압은 전류값의 어떤 변화를 방해하는 극성을 계속 유지한다. 그 때문에, 유도 전압은 전류 변화를 야기시키는 인가 전압을 방해한다. 그러므로 자기 유도에 의해 야기된 전압을 카운터 전압 또는 카운터 기전력 또는 **인덕턴스**(inductance)라고 부른다.

인덕턴스의 단위는 **헨리**(henry)이다. 그것은 19세기 미국 교사이자 물리학자였던 조셉 헨리에 의해 이름을 따서 붙여졌다. 코일은 초당 1 A의 전류 변화가 있을 때 코일에 유도되는 전압이 1 V이면 1헨리의 인덕턴스를 가진다. 인덕턴스를 위한 문자 기호는 L 이다.

유도성 리액턴스

유도성 리액턴스는 코일의 자기 유도에 의해 야기되는 코일 내의 전류 변화와 반대이다. 유도성 리액턴스의 단위는 옴이다. 그것의 문자 기호는 X_L이다. 유도성 리액턴스의 값은 그것을 가로질러 통과하는 전류의 주파수와 코일의 자기 유도에 의존한다. 유도성 리액턴스의 공식은 다음과 같다.

$$X_L(\Omega) = 2P = fL$$

여기서, f = 전류의 진동수〔헤르츠〕
L = 코일의 인덕턴스〔헨리〕
P = 3.14(pi), 상수

이 공식은 유도성 리액턴스가 주파수와 인덕턴스에 직접 비례하는 것을 보여주고 있다. 주파수가 증가함에 따라 유도성 리액턴스는 증가할 것이다. 만약 회로의 인덕턴스가 증가된다면 유도성 리액턴스 또한 증가한 것이다. 유도성 리액턴스와 저항은 둘다 회로 내에서 전류를 방해하는데 이를 임피던스라 불리운다. 임피던스의 단위는 옴이다. 이것의 문자 기호는 Z이다.

직류 회로의 인덕턴스 효과

유도성 성분을 통해서 유도되는 역기전력(cemf)은 공급되는 전압에 반대되므로, 전류의 값이 변했을 때는 반드시 유도성 회로에서의 전류 변화는 공급되는 전압을 뒤따른다.

전형적인 직렬 RL 회로의 전류 응답은 그림 10·14로 설명된다. 전압이 공급되거나 제거될 때 야기되는 응답은 즉시 일어나는 것은 아니다. 전류가 증가하고 감소하는 응답 곡선 사이의 직선 부분은 회로의 안정 상태를 가리킨다. 이 시간 동안에 역기전력이 아닌 것은 코일을 통해 유도된다. 그러므로 전류와 전압은 공존한다. 왜냐하면 전류의 방향은 변화하지 않고 전류는 단지 회로의 저항에 의해서만 제한되기 때문이다.

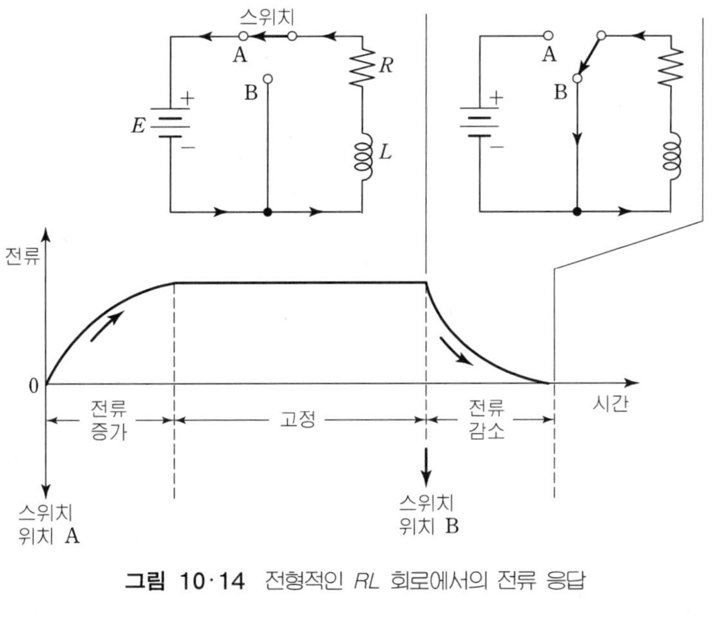

그림 10·14 전형적인 RL 회로에서의 전류 응답

시상수

회로에 전압이 인가된 후에 최대 전류까지 상승하기 위해 요구되는 시간은 회로의 인덕턴스와 저항에 달려 있다. 고정 저항을 갖는 회로에서 인덕턴스가 증가한다면 주기 시간도 증가할 것이다. 이것은 인덕턴스가 커질수록 전류 변화를 방해하기 위한 역기전력의 크기도 커지기 때문이다. 인덕턴스보다 크기 때문에 일어난다. 만약 일정량의 인덕턴스가 남아 있고 저항이 증가한다면 최대

전류에 이르기까지 요구되는 시간은 줄어든다. 이것은 회로에서 저항의 증가가 전류 흐름을 감소시키기 때문이다. 그러므로 적은 역기전력이 전류 변화를 방해하기 위하여 생성된다. 직렬 *RL* 회로에서 전류 최대값(안정 상태)의 63.2%까지 증가하기 위해 요구되는 시간은 *RL* 시상수로 알려져 있다. 이것은 다음과 같은 공식으로 나타낼 수 있다.

$$t = \frac{L}{R}$$

여기서, $t =$ 시상수〔초〕
$L =$ 인덕턴스〔헨리〕
$R =$ 저항〔옴〕

시상수는 또한 회로에서 인가 전압을 제거했을 때 전류가 감소하는 비율을 조절한다(방전 경로가 남아있는 회로 구성 성분에 의해 이루어진다면). 그러므로 만약 주어진 회로 내에서 전류가 0.25초 동안 최대 63.2% 증가한다면, 그것은 또한 0.25초 안에 최대 전류의 63.2%로 감소할 것이다.

전압 특성

직렬 *RL* 회로의 전류가 증가하는 시간 동안 회로에는 3개의 서로 다른 전압이 존재한다. 이 전압들은 공급 전원, 저항에 걸리는 전압 강하, 유도성 소자를 통해서 발생되는 역기전력이다.

고유도 전압

유도성 회로에서 전류가 증가할 때, 회로 내에 코일을 통해 유도되는 기전력의 크기는 공급 전압보다 더 커질 수 없다. 그러나 회로 스위치가 개방 상태일 때 회로의 저항은 급격히 무한히 증가한다. 그 결과 *RL* 시상수는 매우 작아지고 전류는 빠르게 0으로 감소한다. 이것은 오랜 시간 동안 작용된 전압보다 더 큰 전압이 코일에 영향을 주기 때문이다. 그러므로 스파크는 유도성 회로가 갑자기 열렸을 때, 스위치와 다른 접점간에서 종종 관찰되고 있다.

인덕터

인덕터(inductor)는 상당한 양의 인덕턴스를 갖기 위해 감겨진 코일들이다. 인덕턴스는 4가지 요인에 의해서 결정된다.

① 코일의 감겨진 권선수
② 코일의 단면적

③ 코어 재료의 투자율

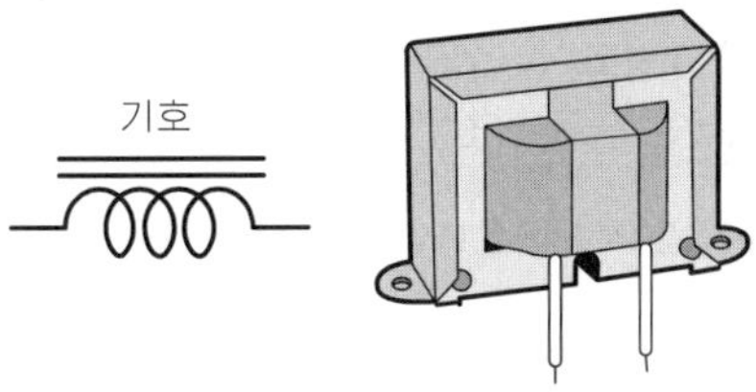

그림 10·15 쵸크 코일

④ 코일의 길이

철심 코어 인덕터는 때때로 쵸크 코일이나 리액터라고 불리운다. 그림 10·15에서처럼 그것들은 종종 필터나 정류기 회로로부터 나오는 전류를 필터링하거나 평탄하게 하기 위하여 사용된다. 인덕터는 또한 라디오와 TV 튜닝 및 발진기 회로에서 커패시터와 함께 사용된다.

토로이달 변압기

토로이달 변압기(Toroidal transformer)는 아주 많은 회로에서 사용된다(그림 10·16(a)).

적층 코어 타입인 이 변압기의 주요한 장점은 다음과 같다.

① 저잡음

② 스트레이 자기장

③ 작은 무게

④ 작은 크기

토로이드란 용어는 자석의 도너츠 모양 코어의 기하 구조를 정의하는데 이용된다.

그 코어는 어떠한 공극도 가지고 있지 않으면서 가루로 된 철이나 규소 강철로 구성되어 있다.따라서 누설 자계는 최소가 된다. 그것들은 또한 회로판에 꾸며지게 된다(그림 10·16(b)). 1차 권선은

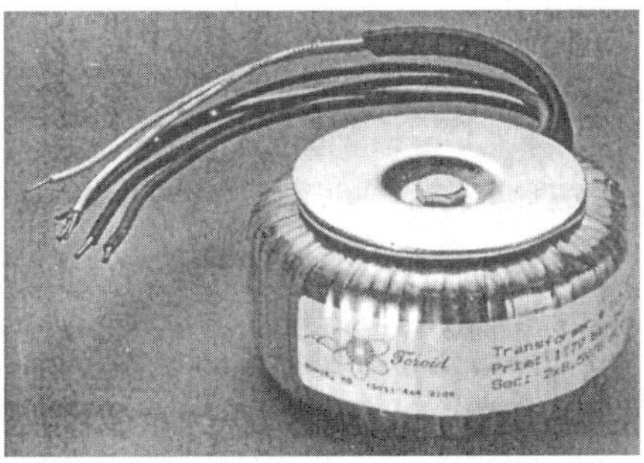

(a) 토로이달 전력 변압기

(b) 볼트와 마운팅 플레이트를 변압기로부터 제거

그림 10·16 토로이달 변압기

주위의 코어로부터 절연되고 감겨져 있다. 1차 권선은 첫번째로 감긴다. 1차 권선으로부터 절연된 2차 권선은 1차 권선의 위에서 감겨지고 분리되어 있다. 도너츠 코어 모양과 같은 토로이달 변압기는 몇 개의 2차 권선을 가지고 있을 수 있다.

토로이달 변압기와 인덕터는 산업 제어 장비, 컴퓨터, 가청 주파의 증폭기, 그리고 전원 공급기에 사용된다.

변압기와 인덕터 검사

변압기에의 가장 일반적인 결함은 다음과 같다.

① 과대 전류에 의해서 야기되는 권선의 화상.
② 인접된 권선간의 단락(전선은 각각의 다른 것으로부터 절연되어 있어야 한다).
③ 권선이 접지되거나 철심에 단락됨.
④ 1차 권선과 2차 권선 간의 단락.

이들 결함의 첫 번째부터 세 개는 인덕터에서 발생한다.

연속성 검사

연속성 검사를 함으로써 변압기의 서로 다른 권선을 쉽게 구별할 수 있다. 연속성 검사는 또한 어떤 개방 권선간(open winding)인지 또는 권선간의 그리고 권선과 철심간의 어떤 단락인지를 알 수 있게 한다.

변압기의 권선간이나 인덕터 권선간의 단락은 보통 저항계로 찾을 수 있다. 그런 단락은 변압기의 임피던스를 감소시키고 변압기가 정상 전류에서 동작할 때 조차 권선이 과열을 일으키도록 한다.

변압기나 인덕터의 연속성 검사는 장치가 회로에서 분리된 이 후에 수행되어져야 한다. 그렇지 않으며, 회로내 다른 소자가 검사 결과를 훼방 놓을 수 있다.

전압 검사

연속성 검사 후에 2차 권선은 전압에 대한 검사를 해야만 한다. 이것을 실행하기 위해서는 1차 권선에 전압을 공급하는 것이 필요하다. 이것은 2차 권선 리드의 나선 끝이 서로간에 그리고 접지 또는 다른 부품과 접촉되지 않았는지 점검한 후에 실행되어져야만 한다. 매우 높은 2차 전압이 예상되는 장소에서는, 줄어든 1차 전압을 사용할 수 있고, 전압비가 결정된다. 예를 들면 120 V의 1차 전압과 600 V의 2차 전압을 가진 변압기는 1대 5의 전압비를 가지고 있다.

각 2차 권선의 전압을 확인한 후, 나중의 참조를 위해서 리드에 라벨을 붙여야 한다.

주의 사항

안전에 관한 조언

인가된 전문가에 의해 가르침 또는 교사 자격이 없이는 어떤 시험도 수행하지 마세요. 변압기는 매우 높은 전압을 가지고 있어 "wild leg"라고 불립니다. 그러므로, 1차 전압을 인가할 때 세심한 주의를 가져야 합니다. 검사를 하는 동안 전기 구성 요소의 어떤 선도 만지지 마세요. 항상, 그것이 "live"인 것처럼 모든 전기 구성 요소를 다루세요.

인덕턴스 측정

8장에서 다루었던 디지털 미터는 두 가지 기능을 수행한다. 그것은 정전 용량과 인덕턴스 모두를 측정한다. 그것은 회로 구성 요소(커패시터, 레지스터, 인덕터)의 전체적인 임피던스를 측정하기 때문에 Z미터(Z meter)라고 불리운다.

이 장에서는 인덕턴스를 측정하는 방법을 논의한다.

다음의 단계는 코일의 인덕턴스를 결정하기 위해 일반적인 절차를 나타낸다.

① 시험 장비부터 ac 라인 코드의 연결을 끊음으로써 전원을 끊는다.
② 커패시터의 방전을 위해 5분간 기다린다.
③ 회로로부터 인덕터 리드를 끊는다.
④ 올바르게 접지된 117Vac 콘센트에 미터의 코드를 연결한다.
⑤ 미터 전원 스위치를 켠다.
⑥ 시험하기 위해 코일이나 변압기에 테스터리드를 연결한다.
⑦ 푸시 버튼 스위치의 인덕터 아래 Value 버튼을 누른다.
⑧ 디지털 표시창에 있는 코일이나 변압기의 인덕턴스 값을 읽는다.

그 값이 micro-henry이면 μH milli-henrys이면 μH의 LED에 불이 켜질 것이다.

연습문제

1. 자석과 전선이 함께 할 때 전압 발생을 설명하여라.

2. 렌츠의 법칙을 설명하여라.

3. 전자 유도의 가장 중요한 점을 설명하여라.

4. 변압기를 설명하고 그 중 절연 변압기에 대해서 설명하여라.

5. 실험자는 1차 코일이 225번 감겨진 50 Vac 변압기를 가지고 있다. 2차 권선에 10 Vac를 공급하려면 얼마나 많은 권선수가 필요한가?

6. 시상수에 대해서 설명하여라.

7. 인덕턴스에 영향을 미치는 4가지를 설명하여라.

8. 적층 코이 디입의 장점을 설명하여라.

9. 변압기의 공통적인 결합을 설명하여라.

11장 회로도와 기호

학 습 용 어

미국 표준 협회(ANSI : American National Standards Institute), 블록 선도(block diagram), 섀시 접지(chassis ground), 설계 문자 분류(class designation leters), 컴퓨터 생성 도표(computer-generated diagrams), 도표(diagram), 그라운드 접지(earth ground), 그림 기호(graphic symbols), 실장도(pictorial diagram), 스케일(scale), 전개 접속도(shematic diagram)

목 표

- 실장, 회로, 블록, 그리고 구조물에 관한 회로도를 정의할 수 있다.
- 실장도로부터 회로 배선도를 그릴 수 있다.
- 전기 전자 도면에 사용되는 7가지 그림 기호를 암기하여 그릴 수 있고, 적당한 분류 지정 문자를 사용하여 각 기호에 라벨을 붙일 수 있다.

만약 여러분이 멀리 떨어진 축구 경기장을 어떻게 가야 하는지를 친구들에게 설명하는 것을 생각해 보라. 이것을 하기 위한 가장 좋고 가장 편리한 방법은 무엇일까? 그들에게 그 경기장이 어디에 위치하였는가를 단지 설명만 할 것인가? 또는 그 도시의 블록들을 표시한 종이 위에 그린 약도 위의 길을 보면서 쉽고 분명하게 설명할 것인가? 축구 경기장을 직사각형 형태로 표현할 수 있을 것이다. 그 그림은 축구 경기장을 찾는 계획이 될 것이다. 전기 도표는 그림과 마찬가지로 어떤 회로를 만들 때 따라할 수 있게 하는 계획과 같다.

실장도

여러분이 회로를 개발했다. 일단 그것을 어떻게 만들 것인가를 계획해야만 한다. 전기나 전자 분야에서 가장 토대가 되는 것은 보통 도면이다. **도면**(diagram)은 다른 여러 부품들이 하나의 회로를 구성하기 위해 어떻게 연결되어 졌는지를 보여준다. 도면을 전개하는 것은 회로를 디자인하는데 중요한 단계이다. 도면은 그 회로를 유지하고 수리하는 데에 안내되고, 회로를 복사, 연구, 수정하는 데에 기록으로 제공된다.

본 장에서는 도면의 몇 가지 공통 종류를 논의한다. 또한 도면을 해석하고 그리는 것에 대한 유용한 정보를 제공한다.

여러분이 자작 키트를 가지고 손수 전기 제품을 제작한다면, 그 구성 매뉴얼에 포함된 항목의 하나는 실장도일 것이다. **실장도**(pictorial diagram)는 조립품 내에 그것들이 어디에 위치하고 어떻게 연결되었는지를 보여주는 회로 부품들의 그림이다(그림 11·1).

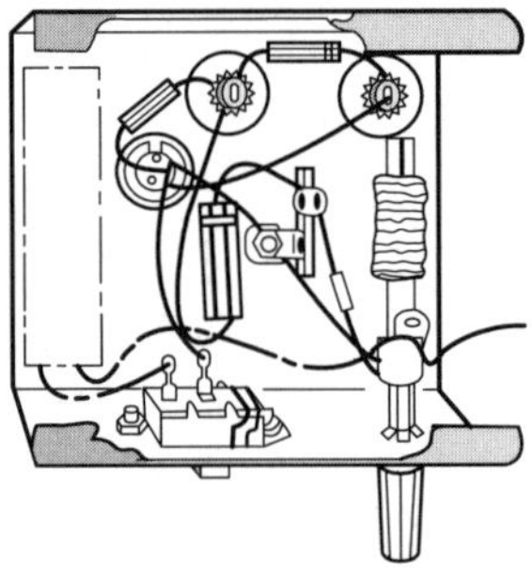

그림 11·1 1석 트랜지스터 라디오의 실장도

또한 실장도는 사용된 단자 끝과 소켓과 같은 배선 장치를 보여준다. 실장도는 크기와 부품의 위치가 정확한 배율로 그려진다. 게다가 그 실장도는 실물 크기, 축소, 확대 크기로도 그려진다.

실장도는 이해하기 쉽다. 이런 이유로, 실장도는 그 완성 제품이 어떻게 보이는지 보여주기 위해 제조하는 곳에 사용되고, 자작 키트에도 사용된다.

실장도의 단점은 그 회로에 대한 분명한 전기적인 정보가 주어지지 않는다는 것이다. 그것은 단순히 회로의 완성된 모습을 보여주는 것이다. 그러한 실장도는 전자의 흐름이나 전기적으로 부품들이 서로 어떻게 관련되어 있는지를 보여주지 않는다. 또한 준비하기 위해 많은 시간이 걸리고 많은 공간을 차지한다.

회로도

회로도(schematic diagram)는 전기 · 전자 회로에 대한 정보를 교환하는 기본적인 방식이다. 이 도면에서의 **그림 기호**(graphic symbol)는 부품을 의미한다. 이들 문자, 그림, 모양은 그 외 다른 것을 나타낸다. 전기 · 전자 공학에서 그림 기호는 회로에서 부품의 연결된 지점을 보여준다. 그 기호가 작기 때문에 도면은 실장도보다 더욱 빽빽하다. 그 기호와 관련된 선들은 회로가 어떻게 연결되어 있고 회로 부품이 어떻게 연결되어 있는지를 보여준다.

그림 기호(Graphic Symbols)

그림 11·2에 나타낸 2석 트랜지스터 라디오 회로도를 검토해 보자. 왼쪽에서 오른쪽으로 이 도면을 읽는다면, 무선 신호를 소리 에너지로 변경시켜 주는 구성 부품들을 순서대로 보게 될 것이다. 왼쪽에 위치한 안테나는 무선 신호를 모으고, 이 신호를 회로가 전자 신호로 변환한다. 오른쪽에 있는 수화기는 전자 신호를 소리로 바꿔준다. 도면을 사용해서 그 회로의 작동을 처음부터 끝까지 추적할 수 있다. 이런 이유로 전기 회로를 설계하거나, 구성하고, 고장 수리 및 유지 보수를 하는 기술자나 공학도들은 자주 도표를 이용한다.

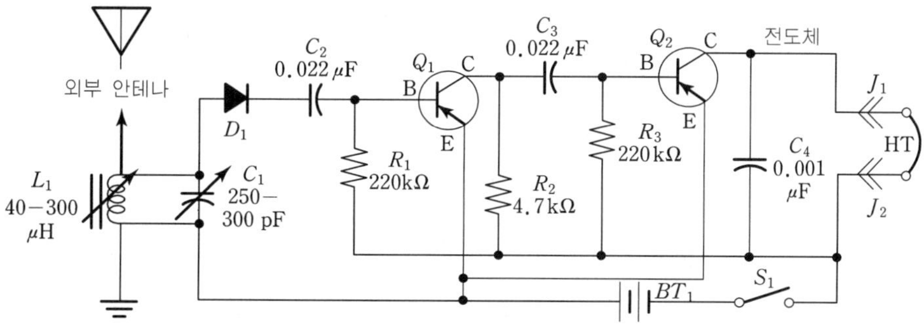

구성 요소 표시

BT1	배터리
C1	가변 커패시터
C2, C3, and C4	고정 커패시터
D1	다이오드
HT	수화기
J1 and J2	끝이 절연된 잭 커넥터
L1	안테나 코일(가변 페라이트 코어 인덕터)
Q1 and Q2	p-n-p 트랜지스터
R1, R2, ad R3	탄소 합성 저항
S1	단극 단투 스위치

연결 기호

도선 교차

도선 연결(연결이 자명할 경우에는 점 표시가 생략되기도 한다)

그림 11·2 2석 트랜지스터 라디오 회로도

구성 요소 표시

그림 11·2에서 보여주는 것처럼 도면의 구성 요소는 분류 지정 문자(class designation letters)에 의해 표시된다. 이 문자에서 R은 저항을, C는 커패시터를 그리고 Q는 트랜지스터를 가리킨다. 표 11·1에는 선택된 몇 가지 항목에 대한 분류 지정 문자를 보여준다. 그 문자는 같은 종류의 다른 요소를 표시하기 위해 R_1, R_2 그리고 R_3와 같이 숫자와 결합시킨다. 부품의 수치값이 그 부품

표 11·1 분류별 지정문자

지정 문자	분 류	지정 문자	분 류
AR	증폭기 리피터	HT	이어폰 수화기
BT	배터리 태양 전지	L	인덕터
C	커패시터	M	모터
CB	차단기	Q	반도체 스위치 포토트랜지스터(3단자) 트랜지스터
D 또는 CR	다이오드 금속 정류기 버랙터	R	전위차계 저항 가변 저항
DS	문자 표시기 LED 신호 표시 램프	S	접촉자 스위치 전지 서모스탯
F	퓨즈	T	트랜스

표시 기호와 함께 회로도에 직접 표시되기도 한다. 그렇지 않을 경우에는 설명서의 부품 리스트 안에 값이 주어질 것이다. 종종 도표에서 기호 문자가 비스듬한 문자로 보이는데 이것을 이탤릭체라고 부른다.

다른 그림 기호(Graphic Symbols)

회로도에 사용되는 많은 공통 기호들을 그림 11·3에서 나타낸다. 이들과 다른 기호들을 표준화하기 위한 책임 있는 조직의 하나는 American National Standards Institute(ANSI)이다. 전기나 전자에서 사용되는 전체 기호 목차는 이 기구에서 입수할 수 있다. 다른 기술 분야에서 사용하는 표준 기호도 ANSI로부터 입수할 수 있다.

대지 접지와 섀시 접지의 연결에 대한 기호를 회로도에서 볼 수 있다. 이 기호들은 일반적으로 회로의 기준점(reference point)으로써 사용된다. **섀시 접지**(chassis ground)는 땅과 전기적으로 연결되지 않은 육상, 항공, 우주 운송 수단과 같은 구조에서 공통선을 나타낸다. 그러나 회로가 대지나 물과 직접 연결이 되어 있다면 부가적인 정보가 기호와 인접되는 곳에 위치할 것이다. 예를 들어 "earth"라는 단어가 접지 기호 옆에 있다면 그것은 대지 접지를 나타낸다. **대지 접지**(earth ground) 연결은 대지에 박힌 금속 막대에 선을 묶음으로써 이루어진다. 섀시나 프레임 연결 부호 역시 공통선을 나타낸다. 이런 기호는 섀시에 대한 회로 연결, 공통선, 또는 인쇄 회로 기판의 공통

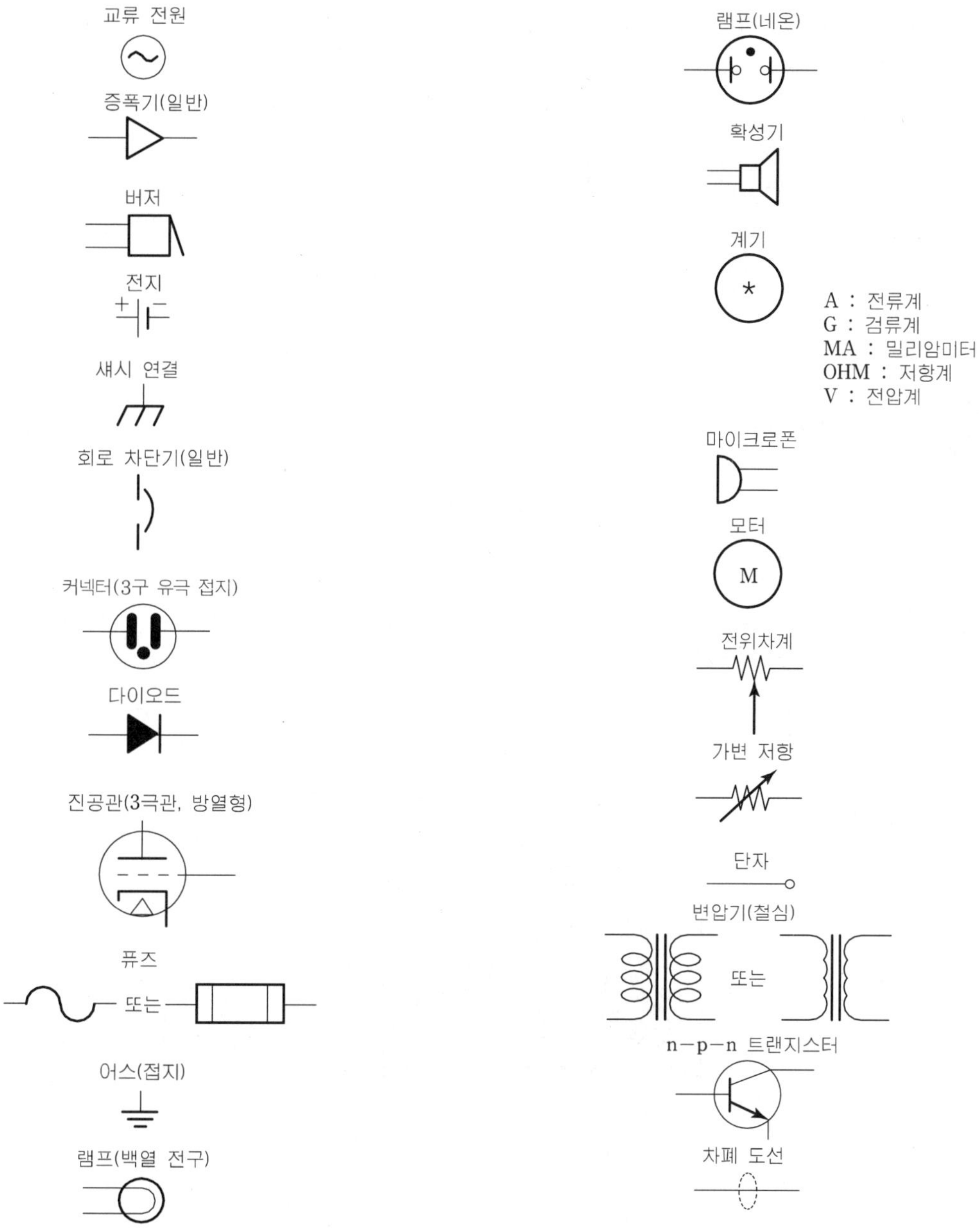

그림 11·3 회로도에 사용되는 공통 기호. 교재에는 다른 기호도 보인다.

점을 나타낸다. 그러나 이러한 연결은 섀시 골격(또는 인쇄 회로판)에 고정시킨 접지와 섀시 프레임과 구조물에 비해서 보다 높은 전압 레벨이 될 수 있다. TV나 라디오와 같은 복잡한 회로에서는 많은 연결점들이 공통선이 된다. 이러한 기호의 사용으로 모든 연결점들을 도면상에 난잡한 부가선 없이 표현할 수 있다. 수도관 접지는 더 이상 모든 부호에서 사용되지 않는다.

안전 상식

교육 훈련

섀시 접지는 전동 기구 분야에서 대지 접지에 연결된다. 이것은 모터 리드선이 섀시와 쇼트되었을 경우 안전한 방법이 된다. 만약 모터 리드선이 섀시와 쇼트되었고, 접지되지 않을 때, 접지하지 않은 사람이 틀을 만지면 충격을 받는다. 그러나 모터 리드선이 접지된 프레임과 쇼트가 되면 차단기가 트립되거나 퓨즈가 끊어진다. 이것은 모터를 정지시키고 사람과 장비를 원하지 않은 전류로부터 보호할 것이다.

회로도의 판독

회로도를 읽을 줄 아는 것이 전기 회로를 이해하는 데에 중요하다. 도면을 공부하고, 만들고 또는 고치고 싶어하는 대부분의 회로는 그러한 도면으로 그려질 것이다. 도면을 읽는다는 것은 그것을 처음 볼 때만큼 어려운 일이 아니다. 약간의 연습으로 회로 도면을 참조하는 것이 편리하고 시간을 절약할 수 있다는 것을 알 수 있을 것이다.

회로도를 읽는 법을 배우기 위해 그림 11·4에서 보여주는 실장도와 회로도를 보면서 시작한다.

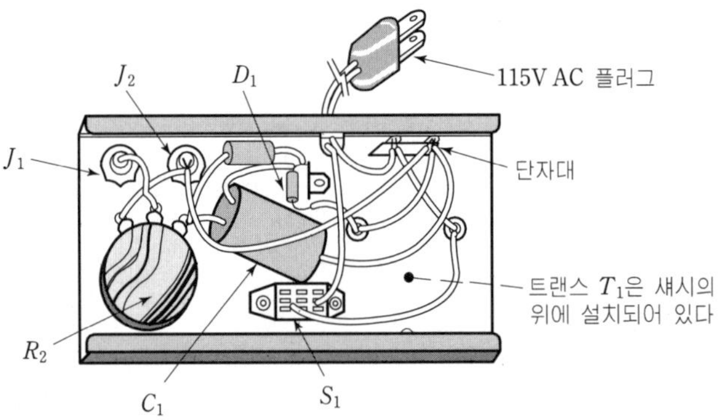

(a) 실장도(아래에서 본 것)

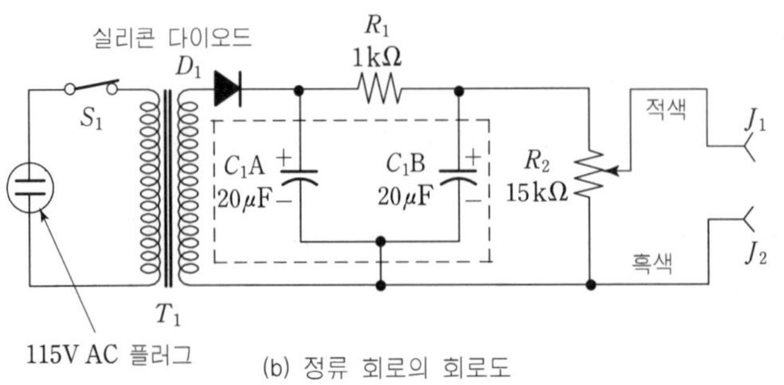

(b) 정류 회로의 회로도

그림 11·4

왼쪽에서 오른쪽으로 읽어라. 양쪽에서 같은 요소를 찾고 확인하라. 전선의 연결을 따라가라. 실장도에서 어떠한 연결은 다른 부품으로 가려질 수도 있다. 회로도에서 그 선들을 찾도록 노력하여라.

실장도와 달리 회로도는 부품이나 연결된 선이 섀시의 어디에 위치해 있는지 보이지 않는다. 또한 회로도에선 단자 끝이나 소켓과 같은 배선이 보이지 않는다. 어떤 종류의 배선 소자를 사용하는가는 부품의 크기와 모양, 사용 가능한 공간, 그리고 회로의 전기적 특성에 따라 다르다.

회로도 배선

회로도에서 회로를 연결 배선하기 위해서는 도면을 읽을 줄 알아야 한다. 또한 선, 연결하는 방법, 연결 도구와 장치에 대하여도 알아야 한다.

회로도의 작성

때때로 회로도가 없이 회로 배선을 할 것이다. 어떤 경우에는 도면이 없는 기존 회로에 대하여 작업해야 할 것이다. 그런 경우에 여러분은 배선이 된 회로를 보고 회로도를 그리는 것이 필요하다. 다음에 제시한 사항들은 여러분이 명료하고 읽기 좋은 도면을 만드는데 도움을 줄 것이다.

① 모든 성분에 있어 표준 기호를 사용하여라. 만약 표준 기호가 없다면 개인용의 기호를 사용하라. 그리고 반드시 도면상에 분리된 기호 목록과 기호의 의미를 표기하라.
② 도면에 기호의 위치를 결정하는데, 너무 가깝게 연결선을 배치하지 말아라. 가능하면 교차되거나 구부러지는 선이 없도록 하라(그림 11·5(a)).
③ 기호들을 너무 근접시켜서 도면이 조밀해지거나 읽기 힘들게 되지 않도록 그린다.
④ 종이에 인쇄되어 있는 선과 회로 배선의 혼동을 막기 위해서 회로도는 괘선이 없는 종이를 사용하여라.

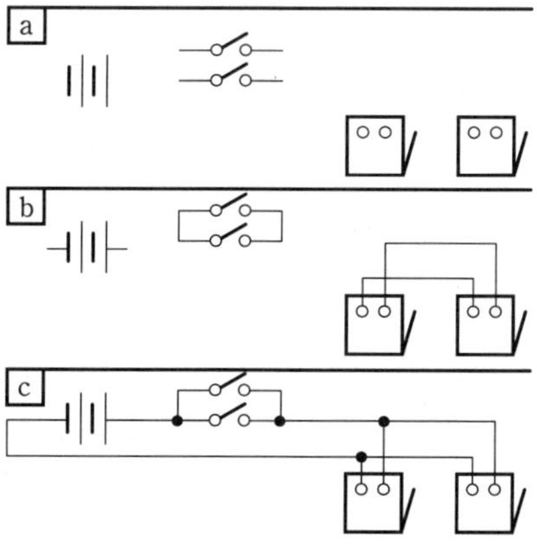

그림 11·5 회로도의 작성

⑤ 기호를 그린 후에 그것을 그림 11·5(b)와 그림 11·5(c)와 같이 직선, 수직, 수평선으로 연결하라.

⑥ 도체가 전기적으로 연결되어 있다는 것을 보여주어야 할 필요가 있는 경우에는 도트(·)기호를 사용하여라.

다른 전기 회로도

실장도와 회로도는 매우 일반적으로 사용되는 반면에 전기 배선을 보여주기 위한 다른 형태의 도면들이 있다. 여기에는 연결도, 블록도, 건축 배치도, 그리고 컴퓨터 회로도가 있다.

블록도

블록도(Block Diagram)는 복합적인 전기 시스템에 관한 정보를 신속히 얻을 수 있는 편리한 방법이다(그림 11·6). 각 블록은 고유의 시스템 기능을 수행하는 전기 회로를 나타낸다. 회로가 수행하는 기능은 각각의 블록에 쓰여진다. 적당한 곳에 블록도는 종종 그림 기호와 결합된다. 블록도는 대개 전류 방향을 가리키는 화살표에 따라 왼쪽에서 오른쪽으로 읽는다. 배선과 각각의 구성요소는 블록도에서는 나타내지 않는다. 전원 공급 장치 블록은 블록도에서 가끔씩 생략하기도 하는데 그것은 모든 전기 회로가 동작하기 위해서는 전원이 필요하기 때문이다.

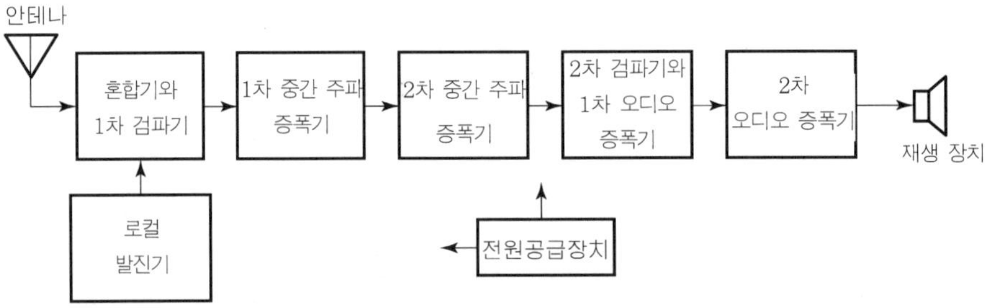

그림 11·6 슈퍼헤테로다인 라디오 수신기의 블록도

건축 평면도

건축가, 전기 설계자 그리고 토건업자들은 건물의 전기 시스템 파트가 어디에 위치하는지를 보여주기 위해 층별 평면도를 사용한다. 이것들은 콘센트, 스위치, 전등 기구, 전선관과 다른 전선 장치들을 포함하고 있다(그림 11·7). 기본 평면도에는 때때로 배관과 관련 배선이 생략되어 있다. 그러나 이것들은 토건업자의 작업 도면에는 나타나 있다. 이 도면으로 전기 기술자가 배선 작업을 한다.

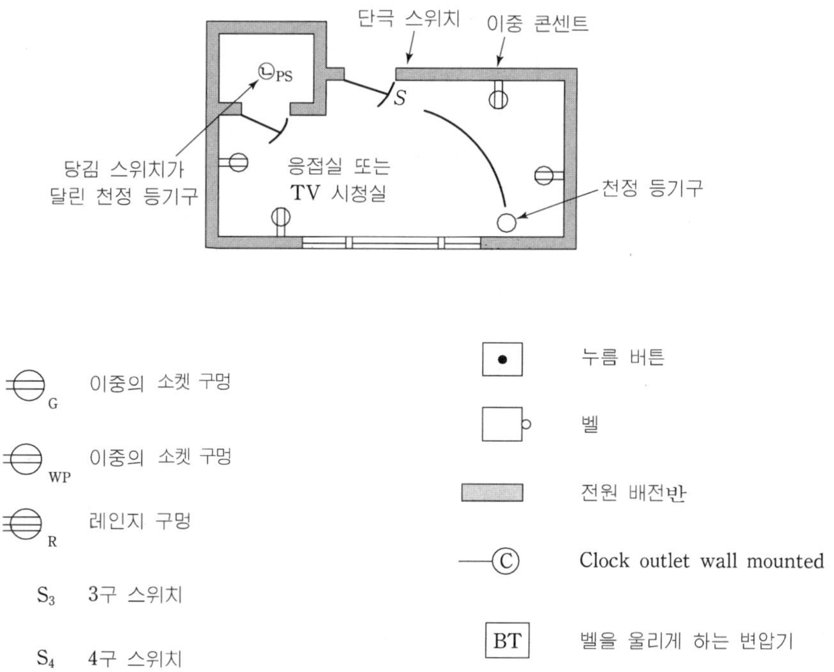

그림 11·7 간단한 평면도와 이 도면에서 사용한 기본적인 기호들

컴퓨터 회로도

전기 회로를 설계하기 위해 컴퓨터 소프트웨어 프로그램을 사용하는 것은 산업체에서는 일반적으로 수행되고 있는 일이다. 컴퓨터 프로그램은 컴퓨터 회로도에서 그림 기호를 연결하기 위한 수

기술 상식

CAD와 CAM

많은 설계자들은 도면을 그리기 위하여 Computer-Aided design(CAD)을 사용한다. 왜냐하면 그것은 빠르고 융통성 있기 때문이다. CAD 프로그램은 설계자들에게 생산의 용이함과 적절한 가격 등에 적당한 균형을 얻을 때가지, 컴퓨터 스크린에서 모델의 테스트와 조작을 할 수 있다.

컴퓨터 도면은 2차원 또는 3차원으로 만들 수 있다. CAD는 매우 정확한 도면을 만들 수 있고, 크고 작은 변화를 신속하게 시킬 수 있다. 그러나 매우 많은 데이터와 좋은 성능의 프로그램을 다루기 위해서는 큰 메모리와 고성능의 마이크로칩을 가진 컴퓨터가 필요하다.

도면이 완성되면 그것을 저장한다. 만약 복사본이 필요하면 플로터와 프린터가 직접 연결된 컴퓨터에 초안 필름을 삽입하여 만들 수 있다. CAD 도면을 만들면, 조립을 위한 개개의 부분을 만들기 위해서 기계로 전송될 수 있다. 이 전송과 제조의 시스템을 Computer-Aided Manufacture(CAM)라고 부른다. CAM 엔지니어는 최상의 전체 제조 공정처리 과정을 결정하기 위하여 컴퓨터 모델링을 사용한다. CAD, CAM 시스템은 특히 동일한 특징을 반복적으로 사용하는 설계에 도움을 준다.

평선과 수직선들을 쉽게 그릴 수 있다. 트랜지스터, 플립플롭, 게이트, 타이머, LED 디스플레이, 커패시터, 변압기, 집적 회로 등을 포함하는 많은 형태의 라이브러리를 설계자가 이용하는 것이 가능하다. 마우스의 클릭으로 설계자가 그림 기호를 도면의 적당한 위치에 끌어다놓을 수 있다. 만약 라이브러리에서 사용할 수 없는 기호가 있다면 설계자는 라이브러리에 표준 기호를 추가할 수 있다. 그러나 표준 기호가 아닌 것은 도면 범례에 기입해야만 한다.

몇몇 정교한 컴퓨터 소프트웨어 프로그램은 회로 설계를 기초로 PCB(Printed Circuit Board) 배선을 할 수 있다. 다른 소프트웨어 프로그램은, 예를 들어, 회로 시뮬레이션, 파형 분석과 회로 측정을 포함한다.

연습문제

1. 도표(diagram)란 무엇인지 설명하여라.
2. 전개 접속도를 작성하기 위한 조건을 설명하여라.
3. 블록 선도(block diagram)란 무엇인지 설명하여라.
4. ANSI의 의미를 설명하여라.
5. 섀시 접지와 그라운드 접지란 무엇인지 설명하여라.
6. 전개 접속도를 읽는 방법을 설명하여라.

2부

회로도와 기호

12장 화학 전지 및 배터리

13장 발전기

14장 전력 산업

12장 화학 전지 및 배터리

학 습 용 어

양극(anode), 배터리(battery)
용량(capacity), 음극(cathode)
전지(cell), 건전지(dry cell)
전극(electrode), 전해질(electrolyte)
비중계(hydrometer), 1차 전지(primary cell), 2차 전지(secondary cell)
보관 수명(shelf life), 전압 정격(voltage rating), 볼타 전지(voltaic chemical cell), 습전지(wet cell)

목 표

- 전지와 배터리를 정의한다.
- 전지에서 기본적인 화학 반응을 이해할 수 있다.
- 배터리 충전기를 배터리에 올바르게 연결하는 방법
- 건전지에 적용되는 보관수명을 정의한다.
- 건전지가 방전되었을 때와 새로운 건전지로 교환해야 될 시기 결정
- 납 축전지식 자동차 배터리 방전 상태 검사와 비중계의 사용 방법
- 납 축전지식 자동차 배터리의 충·방전시 발생하는 화학적 현상 이해
- 유지 보수가 거의 필요 없는 전지의 의미를 설명

동굴을 탐험해 본적이 있습니까? 이 말은 과학적인 지식을 얻기 위한 것, 오락 또는 즐거움을 위해 동굴을 탐험하거나 동굴을 진짜로 탐험하는 사람들을 말한다. 만약, 당신이 동굴 깊숙히 가 본적이 있다면 완벽한 어둠에 대한 기억을 할 것이다. 동굴 탐험가가 가지고 가야 할 한 가지 장비는 아마도 배터리에 의해 작동하는 휴대용 전등이다.

전지의 기본 동작

이 장은 **화학 전지**와 **배터리**에 대해 공부한다. 우리는 배터리 또는 전지가 완전히 방전했거나 충전된 상태를 테스트하는 방법을 배우게 될 것이다. 전구와 같은 기기에 장시간 전원을 공급하기 위하여 전지의 용량을, 어떤 방법으로 연결하여, 증가시킬 수 있는지를 배우게 될 것이다.

볼타 전지(voltaic chemical cell)는 화학적 에너지를 전기 에너지로 변환하여 전압의 형태로 변환하는 합성 물질로 이루어져 있다. 전지와 배터리라는 말이 종종 같은 의미로 쓰인다. 그렇지만 **전지**(cell)는 한 개로 이루어져 있다. **배터리**(battery)는 2개 또는 그 이상의 전지가 직·병렬로 연결되어 있다(그림 12·1).

그림 12·1 배터리는 2개 또는 그 이상의 전지로 구성되어 있다.

화학 전지는 많은 이온으로 이루어진 물질과 연결된 2개의 전극으로 이루어져 있다. **전극**(electrode)은 전류를 흘려줄 수 있는 단자이다. 1장에서 배운 바와 같이 이온이란 하전된 원자이다. 많은 이온을 가지고 있는 산과 염기 같은 물질을 용해시켜 만든 용액을 **전해질**(electrolyte)이라 한다. 예를 들면 소금물도 전해질이다. 전해질은 또한 좋은 전기 전도성을 가지고 있다.

전기를 발생시키는 화학 반응은 매우 복잡하다. 매우 단순한 전지의 동작을 배우면 기초적인 화학 전지의 동작 원리를 이해하는데 도움을 줄 것이다.

전지에서 전해질이 양(+)과 음(−)이온을 형성하기 위하여 분해되거나 이온화된다(그림 12·2(a)). 동시에 화학 반응으로 인해 둘 중 한 전극의 원자에서 이온화 반응이 일어난다. 이것은 전자가 전극에 침착되면서 일어나는 현상이다. (+)이온은 전극으로부터 전해 용액으로 이동한다.

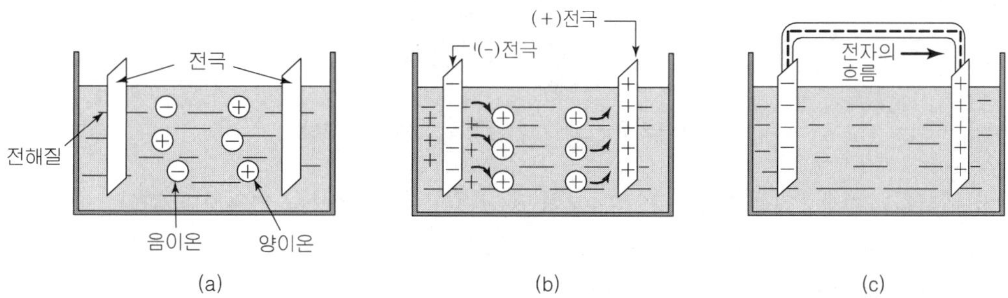

그림 12·2 볼타 전지의 기본 동작

이로 인해 전극에는 (－)로 충전되며, 부근 영역이 (＋)로 충전된다(그림 12·2(b)). 한편 **양극**(anode)은 (－)로 충전된 전극이 된다.

전해질의 이온화로 인해 다른 전극으로 이동함에 따라 약간의 (＋)이온이 발생한다. 이 전극의 이온들은 전자와 결합한다. 따라서, 이러한 반응이 전극으로부터 전자를 제거시키므로 이 전극은 (＋)로 대전된다. (＋)로 대전된 전극은 때때로 **음극**(cathode)으로 부른다.

위에서 설명한 화학 반응에 의해 전극들은 반대의 전하를 가지게 된다. 이렇게 반대로 대전되면 두 전극 사이에 전압이 발생된다. 만약 전지의 전극 사이를 전선으로 연결한다면 과잉 전자들이 (－)전극으로부터 전선을 통하여 (＋)전극으로 이동한다(그림 12·2(c)). 이 전류는 전지 속의 물질이 화학 반응을 못하게 될 때까지 계속된다.

전지의 전해질은 액체로 되거나 풀처럼 되어 있다. **습전지**(wet cell)는 액체 전해질로 되어 있다. **건전지**(dry cell)는 풀과 같은 전해질로 되어 있다.

건전지의 특징

전지는 사용되는 목적에 따라 서로 다른 특징을 갖는다. 그러나 대부분의 화학 전지의 동작 원리는 비슷하다.

1차 및 2차 전지

1차 전지(primary cell)란 충전할 수 없는 것을 말한다. 이것은 매우 낮은 상태로 전압이 떨어지면 원래의 상태로 돌아올 수 없다. **2차 전지**(secondary cell)는 충전 가능하다. 재충전되는 동안 전기 에너지를 공급하는 화학 물질이 원상 복귀된다. 이것은 전지가 회로에 사용될 때의 전류 방향과 반대 방향으로 전지에 직류 전류를 공급함으로써 가능하다(그림 12·3).

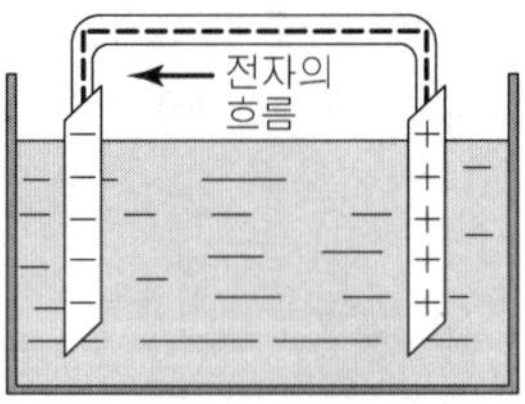

그림 12·3 전지가 재충전될 때의 전류 방향

전지(배터리)의 재충전은 그림 12·4와 같이 충전기와 같은 극성을 연결하면 된다. 충전기는 가변 출력 전압 기능을 가진 정류 회로라고 할 수 있다. 많은 충전기는 충전되는 전압과 전류의 상태를 보여주기 위해 전압계와 전류계를 가지고 있다.

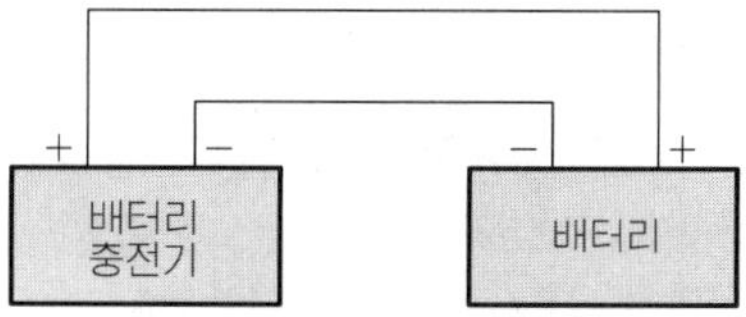

그림 12·4 배터리 충전 회로

전지의 전압과 전류

전지의 **정격 전압**(voltage rating)은 전지가 어떤 회로에 연결되어 있지 않았을 때 발생하는 전압이다. 이것을 개방 회로 전압이라고 한다. 개방 회로 전압은 전지를 만든 물질에 따라 달라진다. 전지의 용량은 어떤 회로에 전류를 공급해 줄 수 있는 능력이라 할 수 있다.

전지의 **용량**(capacity)은 두 가지 요인에 좌우된다. 첫 번째는 전지 내부 전해질의 상태와 양에 좌우된다. 두 번째는 전극의 크기에 좌우된다. 두 전지가 똑같은 전극과 전해질을 가지고 있을 때, 큰 전지가 작은 전지보다 더 오랫동안 전류를 공급할 수 있다.

이전에 설명한 바와 같이 전지는 직렬 또는 병렬로 연결될 수 있다. 전지를 직렬로 연결할 때 높은 전압을 얻을 수 있고, 병렬로 연결할 때 큰 전류를 얻을 수 있다.

보관 수명

모든 건전지는 사용하지 않을 때도 어느 정도의 에너지 손실이 있다. 전지의 **보관 수명**(shelf life)은 최초의 용량보다 10% 이하로 손실될 때까지의 시간을 말한다. 두 가지 이유로 전지의 용량 손실이 발생한다. 첫째, 전지의 전해질이 시간이 지남에 따라 건조해지고, 이것이 사용할 수 있는 이온의 양을 감소시킨다. 또한, 화학 반응이 전지 내부 물질을 변화시킨다. 그리고 이러한 두 가지 과정 모두 열에 의해 가속되므로 차가운 곳에 전지를 보관하여야 수명을 연장시킬 수 있다.

건전지와 배터리의 형태

수년에 걸쳐 여러 형태의 전지와 배터리가 설계되어 왔다.

탄소-아연 전지와 배터리

탄소-아연 전지는 가장 오래되고 널리 사용되는 초기의 건전지이다. 이것의 전해질은 염화암모늄과 염화아연을 물로 용해하여 풀처럼 되어 있다. 이들과 다른 화학 약품이 그림 12·5와 같은 보빈 형태로 전지 내부에 포함되어 있다.

탄소-아연 전지에서 음극은 아연 용기이다. 양극은 이산화망간이라 불리우는 흑색 광 물질과

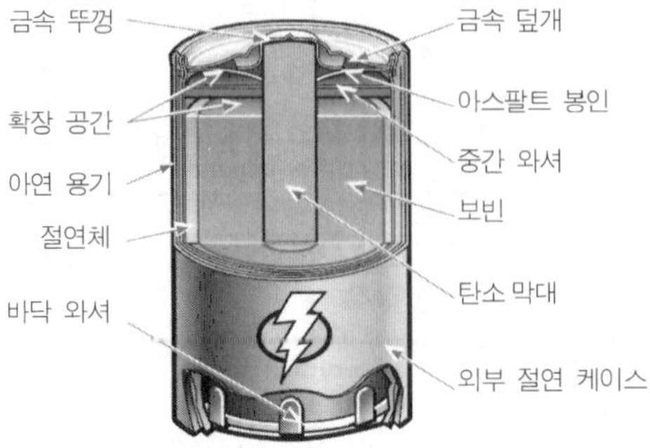

그림 12·5 일반적인 탄소－아연 전지의 주요 부분

분말 탄소와의 혼합물이다. 탄소는 전극의 저항을 감소시킨다. 고체 카본 막대는 혼합물의 중심을 관통한다. 이 막대가 전지의 양극 단자와 양극 전극 사이에 양호한 전기적 접촉을 제공한다.

▶ 분 극

탄소－아연 전지가 동작하는 동안 탄소 막대는 분극(polarization)이라고 알려진 반응이 일어나서 수소로 코팅된다. 이산화망간은 전지로부터 수소 가스를 제거한다. 이 경우, 이산화망간은 **탈분극** 작용을 한다. 결과적으로 전지가 더 좋은 성능을 발휘한다.

▶ 탄소－아연 전지의 크기와 전압

탄소－아연 전지는 그림 12·6과 같은 크기로 제품화되어 있다. 이것의 개방 전압은 1.5~1.6 V이다.

여러 가지 종류의 탄소－아연 배터리가 있다. 일반적으로 3, 4.5, 6, 9, 13.5, 22.5 및 45 V의 전압을 가진다(그림 12·7). 대부분 배터리의 모양은 원통형이지만 납작한 형태도 있다.

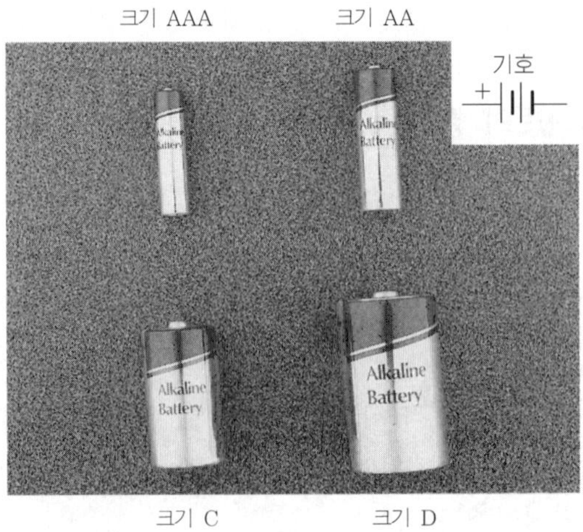

그림 12·6 탄소－아연 전지의 일반 크기

그림 12·7 강철 케이스 안에 4개의 1.5 V 원통형 배터리가 직렬로 연결되어 6 V의 전원을 공급하는 대용량 랜턴 배터리

▶ 동작 효율

일반적인 탄소-아연 전지와 배터리는 비교적 적은 전류에서 짧은 기간 사용될 때 가장 효과적으로 동작한다. 이 방법이 전지와 배터리가 양극화 된 상태를 유지해 주기 때문이다.

알칼리 전지

알칼리 전지는 1차 및 충전 가능한 2차 전지가 있다. 1차 알칼리 전지는 2차 전지와 비슷하며 같은 개방 전압을 가진다.

2차 알칼리 전지는 이동형 에너지 공급원에서의 큰 발전이었다. 이 건전지에서 전해질은 수산화칼륨으로 되어 있다. 양극은 아연, 음극은 이산화망간으로 이루어져 있다(그림 12·8).

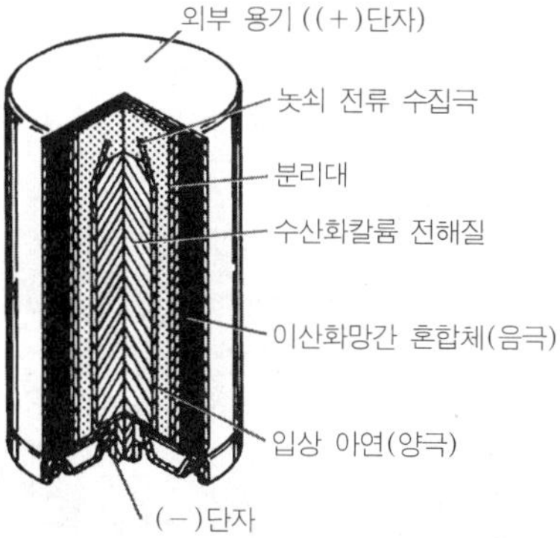

그림 12·8 충전 가능한 알칼리 전지의 주요 부분

2차 알칼리 전지의 개방 전압 1.5 V이다. 일반적으로 AA, C 및 D의 크기로 제품화되어 있다.

이것은 탄소-아연 전지와 동일한 크기이므로 대체하여 사용할 수 있다. 일반적인 2차 알칼리 배터리의 전압 종류는 4.5, 7.5, 13.5 및 15 V가 있다.

전지와 배터리는 완전히 충전된 상태에 있어야 한다. 알칼리 전지와 배터리를 충전하기 전에 완전히 방전시키는 것이 좋다. 최고의 효율을 위해서 제조 회사의 안내에 따라 재충전해야 한다.

알칼리 전지는 같은 용도에 사용했을 때 동일한 크기의 탄소-아연 전지보다 장시간 사용할 수 있다. 1차 및 2차 알칼리 전지(배터리)는 높은 전류 부하에 적합하다. 이러한 이유로 인해 라디오, 텔레비전, 테이프 레코더, 카메라 및 무선 제품의 에너지원으로 널리 사용된다.

산화은 전지

산화은 전지는 최근에 **수은 전지**로 대체되었다(그림 12·9). 수은 전지도 단계적으로 없어질 것이다.

그림 12·9 산화은 전지

니켈-카드뮴 전지

니켈-카드뮴 전지는 자동차에 사용하기 위해 2차 습식 전지로 유럽에서 처음으로 개발되었다. 2차 니켈-카드뮴 건전지에서 전해질은 수산화칼륨으로 이루어져 있다. 양극은 수산화니켈, 음극은 산화카드뮴으로 되어 있다.

니켈-카드뮴 전지의 개방 전압은 1.25 V이며, 크기는 AA, C 및 D 전지를 포함한 몇몇 종류가 있다. 그밖에 다른 형태로는 시계와 보청기와 같은 곳에 사용될 수 있도록 납작한 단추 형상을 하고 있다(그림 12·10). 일반적인 니켈-카드뮴 배터리의 출력 전압은 6, 9.6 및 12 V이다.

그림 12·10 니켈-카드뮴 전지

니켈-카드뮴 전지는 튼튼하게 만들어져 있다. 초기 용도가 자동차의 진동, 충격 및 온도와 같은 극한 상황에서 잘 동작하도록 만들었기 때문이다.

리튬 배터리

리튬 배터리는 기계 및 전기적 특성이 매우 우수하며 매우 높은 에너지 밀도와 긴 수명을 가지고 있다. 또한 동작 신뢰도가 매우 높다. 이러한 장점으로 인해 시계, 계산기 및 광학 소자와 같은 전자 회로에 장시간 공급해야 하는 전원으로 적합하다.

리튬 배터리는 원통형 또는 단추의 형태로 제작된다(그림 12·11).

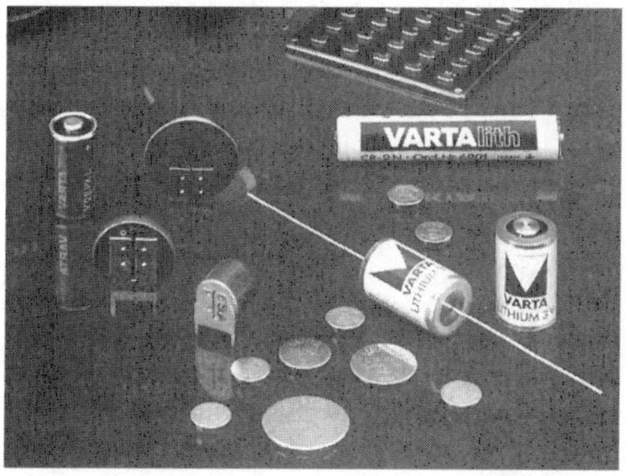

그림 12·11 용도 따라 제작된 여러 종류의 니켈 배터리

리튬은 매우 가벼운 물질이며, 은빛 광택을 발하지만 습한 공기에 노출되면 순식간에 퇴색된다. 이것은 매우 높은 반응성을 가지며, 쉽게 전자를 버림으로써 리튬 이온이 된다. 리튬 배터리는 리튬과 이산화망간으로 구성되어 있다(Li/MnO_2). 이러한 형태의 리튬 배터리 전압은 3.0 V이다. 단추형 전지의 용량은 30~200 mAh이다. 원통형 전지의 용량은 160~1400 mAh이다. 리튬 전지는 양극을 리튬으로 사용한다. 음극 물질은 이산화망간을 열처리하여 반응성 음극을 만든다. 전해질에는 과염소산 리튬을 유기 용기에 넣어 만든다. 그림 12·12(a)는 단추형 전지의 구조를 나타낸다. 그림 12·12(b)는 원통형 전지의 구조이다.

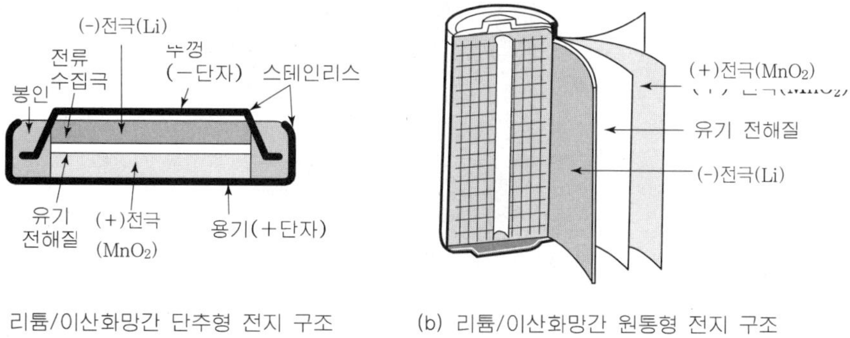

(a) 리튬/이산화망간 단추형 전지 구조 (b) 리튬/이산화망간 원통형 전지 구조

그림 12·12 리튬 전지

건전지와 배터리 검사

건전지와 배터리의 상태 **검사**는 부하를 연결하여 전압을 측정하는 것이다. 개방 회로 전압의 80%보다 적은 전압차를 나타낸다면 전지 또는 배터리는 교체되어야 한다.

전압 검사는 부하를 연결하여 전류가 흐르는 상태에서 한다. 부하 전류에 의해 전지 또는 배터리 내부 저항 양단의 전압 강하가 발생한다. 만약에 전지 또는 배터리의 상태가 좋지 않다면 그것은 전지 내부 저항이 높다는 것을 의미한다. 전해질이 소모되었기 때문에 나타나는 일반적인 현상이다. 상대적으로 매우 큰 내부 전압 강하가 일어나면 단자 전압이 크게 줄어든다.

만약 개방 회로 상태에서 전지 또는 배터리를 검사했다면 단지 매우 적은 내부 전압 강하만 나타날 것이다. 결과적으로 비록 배터리가 좋은 상태가 아니더라도 전지 또는 배터리 단자 양단의 전압이 정격 전압을 나타낼 수 있다.

습전지 또는 배터리

오늘날에 사용되고 있는 대부분의 **습전지**는 자동차, 농장 또는 과수원의 트랙터 및 선박용 엔진의 2차 납 축전지로 사용된다. 이 절은 산화납 기술에 관하여 공부할 것이다. 완전히 충전된 납 축전지에서 전해질은 황산과 물이 용해된 상태이다. 전체 부피의 27%가 황산이다. 갈색 양극판으로 된 활성 물질은 과산화 납(lead peroxide)이다. 회색 음극판으로 된 반응 물질은 스폰지와 같은 구조의 순수 납이다.

납 축전지의 개방 회로 전압은 2 V 미만이다. 일반적인 자동차 배터리는 합계 12 V의 전압을 얻기 위해 6개의 전지가 직렬로 연결되어 있다(그림 12·13).

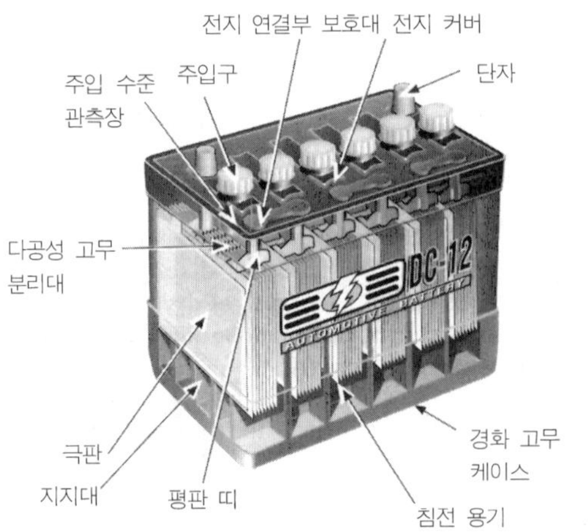

그림 12·13 자동차용 납 축전지의 주요 부분

화학 반응

납 축전지가 방전함에 따라 약간의 산이 전해질에서 극판으로 흡수된다. 산은 두 개의 전극을 구성하는 **활성 물질**과 결합한다(그림 12·14). 이러한 화학적 반응은 두 전극을 황화 납으로 변형시킨다.

전지가 충전되고 있을 때는 역반응이 일어난다. 이때, 극판에 흡수되었던 산이 전해질로 되돌아온다. 극판의 활성 물질은 처음의 납과 과산화 납의 형태로 돌아온다.

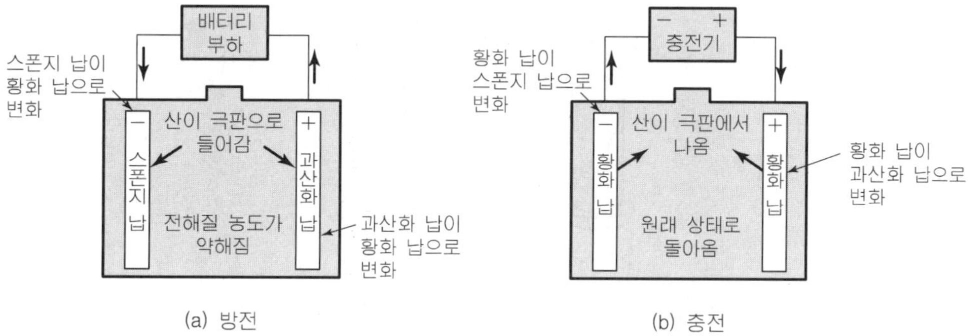

그림 12·14 납 축전지의 화학 반응

납 축전지와 배터리 검사

비록 농장이나 화원의 트랙터, 오토바이 및 선박 배터리가 유지 보수를 하지 않도록 고려되었다고 하지만 아직까지도 **유지 보수**가 필요하다. 납 축전지와 같은 습전지는 물에 뜨는 여러 형태의 기구 중 하나를 이용하여 시험한다. 이 기구는 납 축전지 속에서 전해질의 비중을 측정한다. 액체의 비중은 동일한 양의 순수한 물과의 무게비이다. 황산은 물보다 무겁기 때문에 납 축전지 속의 전해질은 방전함에 따라 비중이 감소하게 된다. 그러므로 전해질의 비중을 측정함으로써 납 축전지의 방전 상태를 측정할 수 있다.

▶ 비중계

가장 일반적인 납 축전지의 시험 기구는 납 축전지의 전해질 비중을 측정할 수 있는 **비중계**(hydrometer)이다(그림 12·15).

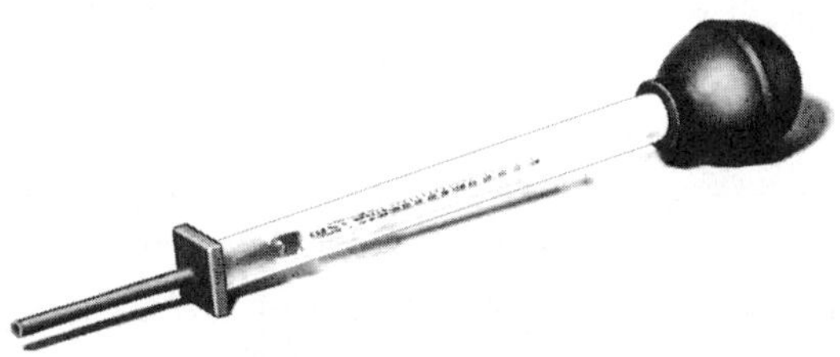

그림 12·15 비중계

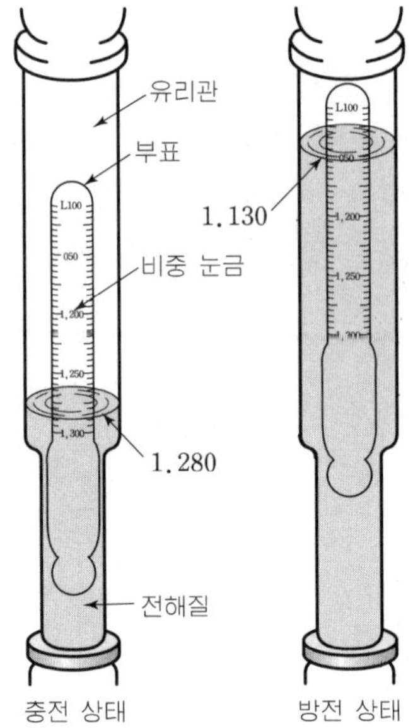

그림 12·16 배터리의 충·방전 상태에 따른 비중계 눈금 상태

비중계를 사용하기 위하여 비중계의 끝부분을 전해질 속에 넣고 구 모양의 고무를 압축한 후 천천히 이완시키면 된다. 이 흡입으로 전해질은 유리관 속으로 빨려오게 된다. 비중계 속의 부표는 전해질의 비중에 따라 어떤 레벨만큼 올라가게 된다. 부표가 어떤 레벨에서 멈추었을 때 부표에 표시된 비중을 읽으면 된다(그림 12·16).

전지가 직렬로 연결되었을 때 하나의 전지가 결함이 있으면 전체 배터리에 결함의 영향이 미친다. 그러므로 배터리 각각을 테스트하여야 한다. 완전히 충전된 자동차 배터리 전해질의 비중은 약 1.28이다. 전지가 방전됨에 따라 비중이 점차적으로 약 1.13까지 감소한다. 그 정도에서 전지는 완전히 방전된 것이다.

▶ 그 밖의 배터리 검사 방법

배터리 검사를 위한 다른 방법은 납 축전지 충전 상태를 개별적으로 결정하는데 도움이 되도록 **부유구**(floating ball)를 사용한다. 부유구는 비중계에서 부표와 같은 과학적 원리로 알아낸다. 예를 들어 배터리의 충전 상태를 나타내기 위해 5개의 부유구를 가진 형식의 것이 있다. 볼이 하나도 뜨지 않으면 배터리는 방전된 것이다. 1개가 뜰 경우 25%의 충전 상태를 나타낸다. 2개가 뜰 경우 50%의 충전 상태, 3개가 뜰 경우 75%, 4개 뜰 경우 100%, 그리고 5개가 뜰 경우 과충전 상태를 나타낸다.

정 격

납 축전지의 용량 정격은 일정 방전시간에 대한 암페어－시간(Ah)으로 나타낸다. 가장 일반적으로 사용되는 **정격**은 자동차 공학회(SAE)의 권고안을 따른 것으로 20시간 비율로 나타낸다. 이

의미는 새로운 배터리 경우, 정격의 100 Ah라는 것은 20시간 동안 연속하여 5 A의 전류를 흘릴 수 있으며, 전지마다 적어도 1.75 V를 유지한다는 것이다.

건충전

몇몇 납 축전지는 **건충전**(dry charge)으로 제조되어 포장된다. 건충전 배터리의 극판은 완전히 충전된 배터리의 상태이다. 이것의 의미는 한 극판은 납이고 다른 극판은 과산화 납이다. 배터리가 사용될 수 있는 상태로 되기 위해서 적당한 비중의 황산이 각 전지에 투여되어야 한다. 그때 습식 배터리의 사용 준비가 된 것이다.

배터리 유지 보수

비록 현대의 자동차 배터리는 **유지 보수**가 필요없지만 트랙터용과 같은 다른 배터리는 반드시 유지 보수를 해야 한다. 다음 항목은 자동차의 납 축전지를 최상의 상태로 유지하는데 도움을 줄 것이다.

- 배터리를 항상 적당히 충전되도록 한다.
- 단자가 부식되지 않도록 항상 깨끗이 한다.
- 배터리 전선의 연결 상태를 검사한다.
- 전해질의 비중이 적당한가 자주 점검한다.

공학 상식

최초의 배터리

Allesandra Volta(1745-1827)와 Luigi Galvani(1737-1798)는 전기의 흐름에 관한 최초의 중요한 실험을 하였다. 1775년에 볼타는 정전하를 생성할 수 있는 전기 쟁반을 고안했다. 이것으로 정전기를 과학적인 연구에 이용할 수 있게 되었다. 전기의 단위로 알려진 볼트는 그의 업적을 기리기 위해 그의 이름에서 따온 것이다.

▶ 배터리가 방전되는 이유

대체로 납 축전지는 다음 세 가지 중 하나의 이유로 인해 저충전을 나타낸다. 첫째, 전기 계통의 오결선이 배터리 방전의 원인이 된다. 둘째, 발전기 또는 레귤레이터의 결함으로 인하여 배터리가 **방전**된다. 마지막으로 느슨하거나 노화된 발전기의 팬 벨트가 발전기의 회전을 느리게 하여 배터리의 방전을 일으킨다. 이 문제를 확실하게 고쳐야 한다.

▶ 충전과 과충전

납 축전지는 **과충전**하면 전지의 극판에는 치명적인 손상과 전해질을 약화시키는 원인이 된다.

▶ 납 축전지의 보관

납 축전기를 **보관**하여야 한다면 먼저 완전히 충전된 상태에서 보관해야 한다. 보관 중인 부분 또는 완전 방전된 배터리의 극판은 조만간에 황화 복합물로 코팅된다. 이 복합물은 극판 물질을 경화시켜 화학적인 반응을 방해한다. 또한 부분 또는 완전 방전된 배터리는 섭씨 약 7℃(약 20°F)에서 동결될 수 있다. 결코 콘크리트 위에 배터리를 보관해서는 안 된다.

▶ 저보수 배터리

일반적인 **저보수 배터리**는 수분 손실률이 적은 배터리이다. 이 경우 유지 보수는 부족한 물을 공급하는 것이다.

대부분 저보수 배터리는 정상적인 충전 전압에서 거의 가스가 발생하지 않는다. 이는 수분 손실을 줄인다. 이러한 배터리의 일부는 가스를 배출하는 시스템을 가지고 있으나 물을 보충할 수는 없다.

활성 물질을 유지하는 배터리 극판 그리드를 설계하고 제조하는 신개발에 의해 저보수 배터리를 만드는 것이 가능하도록 도움을 주었다. 과거의 자동차 배터리에서는 극판 그리드의 효율을 증진시키기 위해 극판 그리드에 안티몬을 합금하였다. 그러나 안티몬은 수분 손실률을 증가시키고 자가 방전하는 현상이 나타난다. 저보수 배터리에서는 스트론슘과 카드뮴과 같은 금속으로 안티몬을 대체하였다. 이 금속은 충분한 강도를 나타낼 뿐만 아니라 가스 발생과 자가 방전을 줄인다.

비록 새로운 배터리가 저유지 보수를 필요하거나 하지 않더라도 배터리를 충전 및 사용할 때는 제조 회사의 지침을 주의 깊게 따라야 한다.

연습문제

1. 전지를 직렬로 연결시에는 높은 전류를 얻을 수 있다. 병렬로 연결했을 때 얻을 수 있는 것은?
2. 많은 이온을 가지고 있는 산, 염기 및 소금과 같은 물질을 용해시켜 만든 용액은?
3. 전지를 충전할 수 없는 것을 1차 전지라고 한다. 충전 가능한 전지를 무엇이라 하는가?
4. 전지가 다른 회로에 연결되어 있지 않았을 때, 나타내는 전압은?
5. 적은 전류에서도 순간적으로 사용할 때, 가장 효과적인 널리 사용되는 전지는?
6. 축전지 교체시 부하를 연결한 상태에서 측정 방법은?
7. 일반적인 자동차 배터리는 12 V의 전압을 얻기 위해서 전지의 연결 방식은?
8. 비중계로 전해질의 비중을 측정했을 때, 완전히 충전된 자동차 배터리의 전해질 비중은?
9. 배터리의 정격은?
10. 납 축전지의 보관시에 주의 사항은?

13장 발전기

학습용어

교류 발전기(alternator), 전기자(armature), 정류자(commutator), 발전기(electric generator), 여자 전류(excitation current), 위상(phase), 정현파(sine wave), 슬립 링(slip ring)

목 표

- 발전기의 작동을 통하여 전압을 발생하는 3가지 요소를 설명할 수 있다.
- 교류 및 직류 발전기의 차이점을 기술할 수 있다.
- 슬립 링과 정류자의 유사점과 차이점을 비교할 수 있다.
- 회전 전기자와 회전 계자 발전기의 비교를 할 수 있다.
- 3상 전압이 ac 발전기에서 발생되는 형태를 그래프로 그릴 수 있다.

여러분들은 무엇인가를 시작해 본 적이 있는가? 뭔가를 시작하기 위해서는 여러분들은 행동을 취해야만 한다. 이 장은 전압을 생성하는 방법을 설명한다. 여러분이 상상한대로 무엇인가는 일을 해야 한다. 여러분은 이 장에서 그 무엇인가 어떤 것인지를 배우게 될 것이다. 이 장은 발전기에 대해 설명한다. 세계 전력의 95% 이상이 전자기 유도 발전기에 의해 공급된다.

기본 발전기

발전시키다라는 것의 의미는 '생산한다'이다. **발전기**(electric generator)는 전자기 유도 방법을 통하여 전압을 생산하는 기계이다. 이것은 자계를 통과하여 회전하는 권선 또는 회전하는 자계가 권선을 통과할 때 생성되는 것이다. 현대 발전기들은 18세기 초 패러데이(Michael Faraday)와 조셉 헨리(Joseph Henry)의 연구 결과이다.

연속적으로 변화하는 전압은 영구 자석의 극 사이에서 회전하는 권선에 의하여 생산된다(그림 13·1). 이것이 간단한 발전기이다. 이 코일을 **전기자**(armature)라고 한다. 전기자 코일 끝 부분은 슬립 링(slip rings)으로 연결되는데, 전기자 회전축을 지지하고 있는 축과 서로로부터 각기 분리

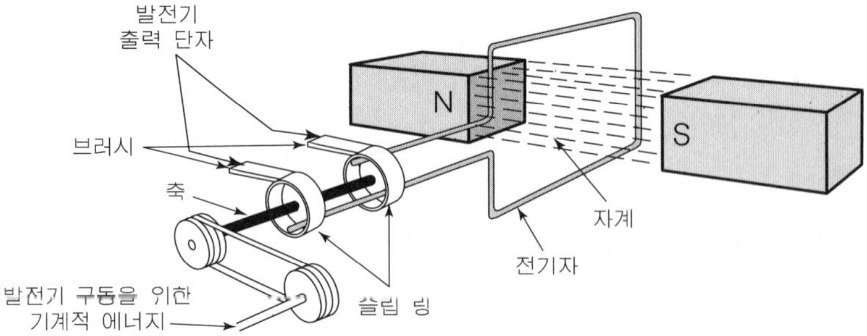

그림 13·1 1개의 코일로 구성된 간단한 교류 발전기

되도록 **슬립 링**(slip ring)에 연결된다. 브러시(brush)는 슬립 링을 누른다. 그것들은 회전하는 전기자를 외부 회로에 연결되도록 만든다. 전기자는 기계적인 힘에 의해 구동된다.

발전기의 동작

전압의 값은 어떤 순간 발전기 동작에서 발생하는 다음 3가지 요인에 의해 결정된다 ; ① 자기장의 자속 밀도(자속 밀도가 클수록 유도 전압이 크다) ; ② 도체의 동작 속도(유도된 전압은 도체 속도의 증가에 따라 증가한다) ; ③ 도체가 자력선을 끊은 각도(도체가 자력선을 90°로 끊을 때 최대 전압이 발생된다).

완전한 1사이클의 교류 전압 발생에서 한 개 코일의 동작은 그림 13·2에 나타낸다. 부하가 터미널에 연결된다면 교류는 회로로 흐를 것이다. 위치 1에서 코일은 자력선들과 평행하다. 그러므로 전기자는 어떤 자력선도 끊지 않으므로 전압은 유도되지 않는다. 이 위치에 코일이 있을 때 부하 회로로 흐르는 전류는 없다.

전기자가 위치 1에서 위치 2로 움직일 때 점점 많은 자력선들을 끊는다. 그러므로 0에서 최고값까지 동일 방향으로 전압이 증가한다. 이 전압의 증가 결과와 유사하게 전류도 증가한다. 이것은 정현파의 1/4주기를 나타낸다. 위치 2에서 코일은 90° 각도에서 자력선을 끊고 있다. 이것은 최고 전압을 생성한다.

동일 방향으로 위치 2에서부터 위치 3까지 움직일 때 전기자는 90°보다 작은 각도에서 소수의 자력선을 끊으므로 전압은 줄어든다. 결과적으로 코일이 자력선과 평행을 이룰 때 또는 자력선들을 끊지 않을 때 전압은 최고값에서 0으로 줄어든다. 이 동안 전류도 0으로 감소한다. 이것은 정현파의 두 번째 1/4주기를 나타낸다.

전기자가 위치 4로 돌아감에 따라 각각의 면은 반대 방향의 자계를 끊는다. 이것은 전압의 극성과 전류의 방향을 바꾼다. 한번 더 전압과 전류는 사인파의 세 번째 1/4주기 동안 0에서 최고값까지 증가한다.

위치 4에서 위치 5까지에서 전기자는 시작 시점으로 돌아간다. 이 동안에 전압과 전류는 최고값에서 0으로 줄어든다. 이것이 완전한 한 주기이다.

전압 파형

그림 13·2는 한 주기 전압 파형의 발생도 보여준다. 코일이 ac 발전기 안에서 완전하게 360°

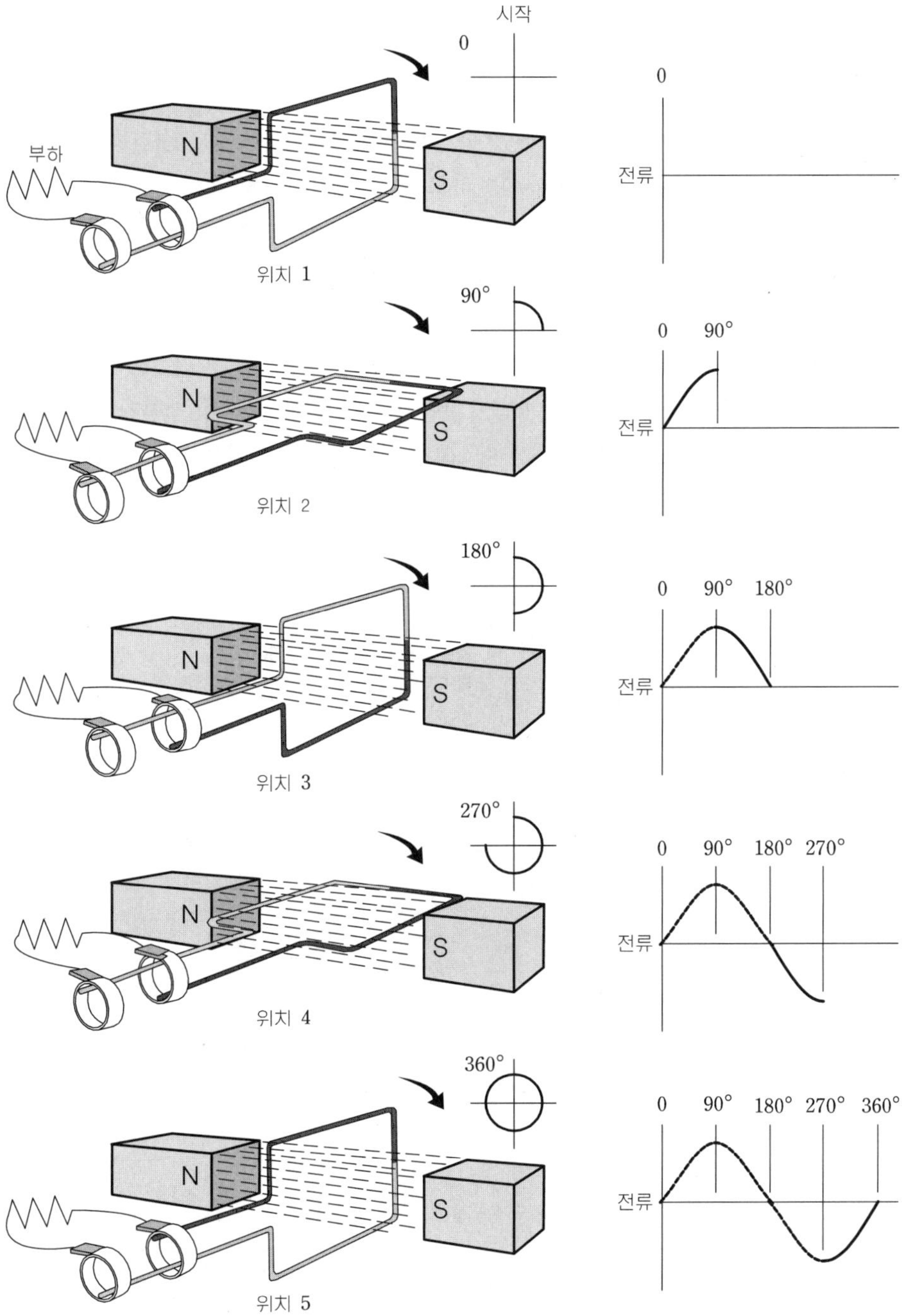

그림 13·2 단일 코일 교류 발전기에 의한 한 주기 전압 발생 과정

회전한다는 것에 주의하여라. 이 파형은 특정 시간 주기의 수학적 정현 함수로 나타낼 수 있다. 코일이 회전함에 따라 1/4회전마다 각도에 관하여 기호로 나타난다. 예를 들어 90°, 180°, 270°, 360°, 이 파형의 형태를 **정현파**(sine wave)라고 부르기도 한다. 이 각들을 전기 각도(electrical degree)라고 부른다.

위 상

외부 AC 회로의 부하가 순수한 저항이라면 파형은 전압과 전류가 같은 순간에 상승, 하강할 것이다. 이때 전압과 전류는 **동위상**(in phase)이라고 한다(그림 13·3(a)).

이전의 장들에서 배운 것처럼 용량성이나 유도성 리액턴스를 포함한 회로들은 전압과 전류가 일치하지 않는다. 용량성 리액턴스는 전압의 변화를 방해한다. 그러므로 순수한 용량성 리액턴스를 가진 AC 회로에서 전류는 전압을 90° 앞선다. 이 경우 전류 파형은 전압 파형과 비교하여 일정 시간 앞에서 진행되고 있다(그림 13·3(b)). 순수한 유도성 리액턴스를 가진 AC 회로일 때는 반대 현상이 일어난다. 이 경우에 유도성 리액턴스는 전류의 변화를 방해한다. 그렇기 때문에 전류 파형은 90°일 때(그림 13·3(c)) 전압 파형보다 늦다. 그러므로 전류와 전압은 어떤 시점에서 서로 다른

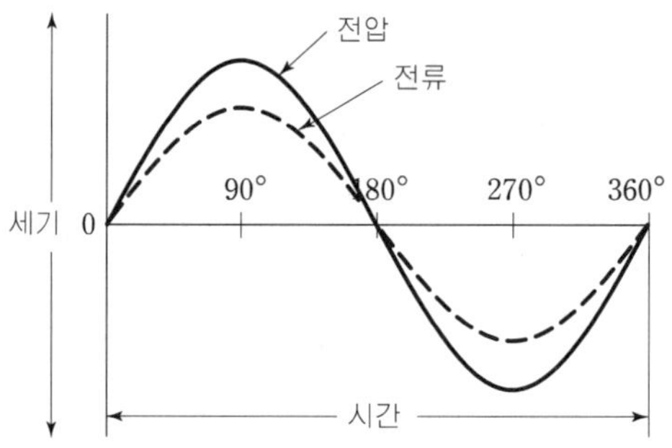

(a) 전류와 전압이 동위상

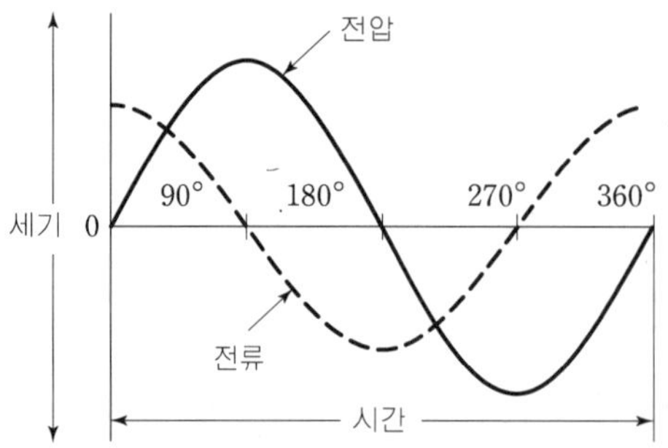

(b) 용량성 회로에서
전류 위상이 전압을 90° 앞섬

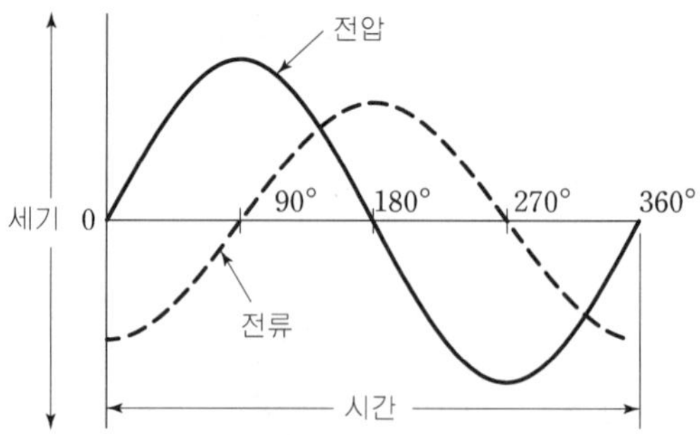

(c) 유도성 회로에서
전류가 전압에 비해 90° 뒤짐

그림 13·3

값을 가지므로 한 AC 회로 안에서 서로 위상이 다르다고 할 수 있다. 실제 AC 회로에서는 보통 저항, 용량성 및 유도성 리액턴스의 조합으로 이루어져 있다. 이것은 0°와 90° 전기 각도 사이의 값을 갖는 전류 파형의 전압 파형과의 위상차를 발생시킨다.

직류 발전기

직류 전류 발전기에서 전기자 코일 또는 코일의 끝은 **정류자**(commutator)에 연결되어 있다. 이 장치는 직류 전류를 만드는데 필요하다. 기본 형태에서 정류자는 '세그먼트'라고 부르는 금속 조각으로 이루어진 원환과 같이 생긴 장치이다. 각각의 세그먼트와 그것을 고정하고 있는 축과는 서로 절연 상태이다.

DC 발전기의 간단한 동작을 그림 13·4에 나타내고 있다. 그림 13·4(a)는 전기자 코일이 자계를 끊는 것이다. 이 장치는 화살표 방향으로 부하 회로를 전류가 흐르도록 하여 전압이 발생한다. 이 위치의 코일에서 정류자 세그먼트 1은 브러시 1과 접촉하고, 정류자 세그먼트 2는 브러시 2와 접촉한다.

정류자 동작과 직류 전류

전기자가 시계 방향으로 반 바퀴를 돌면 정류자 세그먼트와 브러시 사이에 접촉이 반대로 된다(그림 13·4(b)). 세그먼트 1은 브러시 2가 접하고 세그먼트 2는 브러시 1이 접한다. 이와 같은 전류 작용때문에 전기자 코일은 항상 같은 방향으로 자계를 끊는 브러시와 접촉한다. 그러므로 브러시 1과 2는 일정한 극성을 가진다. 직류 전압은 외부의 부하 회로에 공급된다.

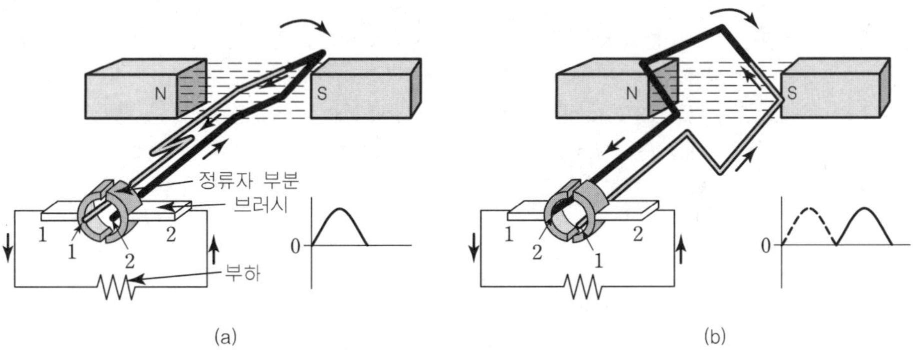

그림 13·4 DC 발전기의 기본 동작

실질적인 발전기

상업적인 DC 발전기의 주요 부분을 그림 13·5에 나타낸다. 이 발전기에서 전기자는 자기 전선

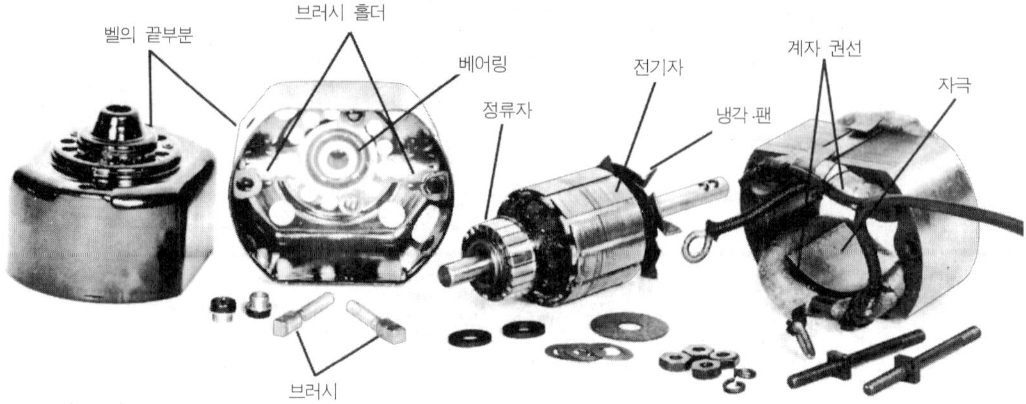

그림 13·5 상업용 DC 발전기 주요 부분

코일로 만들어져 있고, 도체는 적층된 전기자 코어의 슬롯 속에 놓여 있다. 코일의 끝은 정류자 세그먼트에 연결되어 있다. 계자 권선은 발전기를 작동시키는데 필요한 자계를 만드는 전자석들이다.

역사 상식

전류의 전쟁

에디슨(Thomas Edison : 1847~1931)은 1882년 9월 4일 뉴욕에 'Pearl Street' 전기공급소를 만들었다. 이 공급소는 각각 약 1평방 마일의 지역에 공급할 수 있는 100 kW 정도의 6개 직류 전류(DC) 발전기를 보유하고 있었다.

그러나 웨스팅하우스(George Westinghouse : 1846~1914)는 교류 회로 시스템이 직류 회로 시스템으로 보다 더 먼 거리에 전기를 송전할 수 있다는 것을 깨달았다. 다상의 AC 시스템을 도입하기 위하여 조지 웨스팅하우스는 유럽으로부터 테슬라(Nikola Tesla : 1856~1943)의 AC 모터 특허를 구입하고 그것을 사용할 수 있도록 개선하고 수정하기 위해 그를 고용하였다. AC 시스템은 전기 송전을 위한 교류 발전기와 승압 또는 강압 변압기 등에 사용하였다. DC 발전기 옹호자들은 AC 발전기를 불신시키기 위해 새로운 시스템을 준비한 적이 있었다. AC 발전기가 공식적으로 인정받은 것은 웨스팅하우스가 시카고에서 열린 세계 콜롬비아 전시회(1893)에서 극적으로 증명한 후이다. 백열전구와 아크 등이 사용되고 불이 들어오면서 공연장은 불빛으로 밝혀지게 되었다. 이것이 대형 옥외 조명과 조명 광고의 시작이라고 기록되어 있다. 1895년 AC 시스템을 사용하여 웨이팅하우스 전기 회사는 나이아가라 폭포에서 뉴욕의 버팔로까지 22마일에 전기를 송전했다.

계자 권선에 에너지를 공급하고 발전기를 기동시키는 직류 전류를 **여자 전류**(excitation current)라 한다. 발전기는 한번 발전하면 자체에서 발전된 출력으로부터 전류를 얻는다(그림 13·6).

대부분의 작은 DC 발전기는 교류 전기 모터나 가솔린 엔진으로 구동된다. 이 발전기들은 기차, 용접기, 배터리 충전기 및 야외 전화 장비를 작동시키는데 쓰인다.

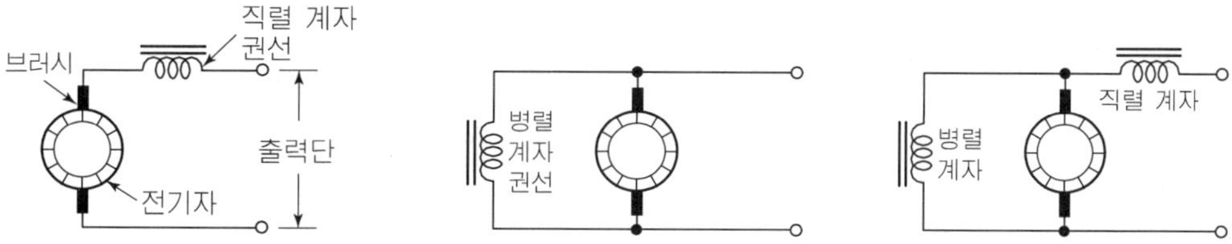

(a) 전기자에 직렬로 계자 권선이 연결된 직권 발전기

(b) 전기자와 병렬로 계자 권선이 연결된 분권 발전기

(c) 직·병렬 복권 발전기

그림 13·6 일반적인 DC 발전기 회로도

교류 발전기

대형 AC 발전기의 회전 부분을 **회전자**(rotor)라고 부른다. 회전자는 증기 터빈, 수차 터빈 또는 디젤 엔진 등으로 돌린다. 이러한 발전기들은 우리가 가정과 공장에서 사용하는 전력을 만들어낸다. 작은 AC 발전기는 보통 가솔린 엔진을 사용한다(그림 13·7). 이런 발전기들은 일반적으로 비상 전력을 제공하기 위해 사용된다. **교류 발전기**(alternating current generator)는 또한 **발전기**(alternator)라고 불리운다.

여 자

작은 AC 발전기에서 초기에 계자 권선에 공급해야 하는 여자 전류는 배터리나 발전기의 자가 발전으로부터 얻는다. 여자 전류는 직류이어야 하지만 자가 발전의 출력 전류는 교류이다. 그러므로 출력되었던 전류는 직류로 변화시키기 위하여 먼저 정류기를 통과한 후 여자 전류로 사용된다. 몇몇의 전기자에서는 정류 회로가 발전기 내부에 위치한다. 큰 AC 발전기에서 DC 여자기는 여자 전류를 생산한다. 이것은 주 발전기 회전축 위에, 또는 그 부근에 위치한다.

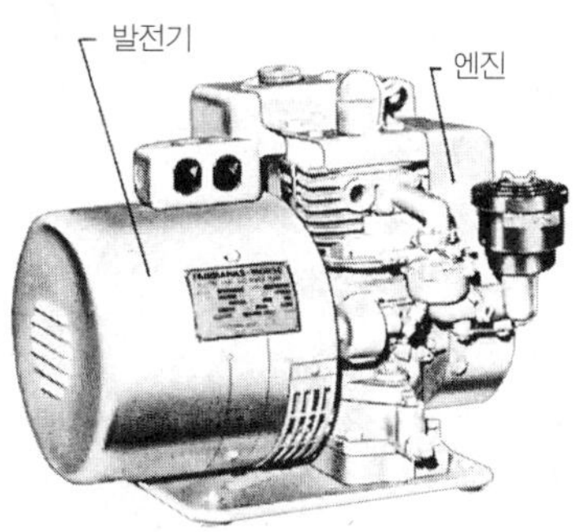

그림 13·7 가솔린 엔진에 의해 구동되는 AC 발전기

회전 전기자 발전기

작은 AC 발전기에서 전기자는 보통 회전자이거나 회전하는 부분이다. 회전자는 고정자라 불리는 일정한 계자 권선에 의해 만들어진 자계 속에서 회전한다. 회전자는 탄소 브러시와 접촉하는 컬렉터 또는 슬립 링을 가지고 있다(그림 13·8).

그림 13·8 AC 발전기의 회전용 전기자

회전 계자 발전기

회전 계자 발전기에서 전기자는 고정되어 있다. 전기자는 도체를 감아서 만들고, 외함 조립부의 슬롯 속에 위치한다(그림 13·9(a)). 계자 권선은 회전자의 극에 감겨 있고, 슬립 링과 연결된다(그림 13·9(b)). 여자 전류는 슬립 링과 연결되어 있는 탄소 브러시를 통하여 계자 권선을 지나간다. 이런 종류의 발전기는 대부분 대형 발전소에서 사용된다.

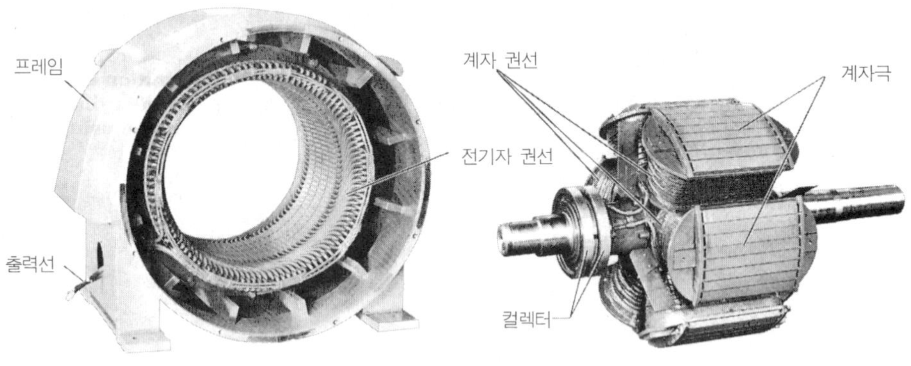

(a) 전기자(고정자) (b) 계자(회전자)

그림 13·9 회전 계자 발전기의 주요 부분

주파수

전류의 주파수는 회전자(전기자 또는 계자 권선)의 속도와 계자 권선에 의해 형성된 자극수에 따라 결정된다. 우리 나라와 미국 대부분의 전력 회사 발전기들은 매초 60사이클 또는 헤르츠의 주파수로 발전한다. 특수 목적의 발전기는 이보다 더 높거나 낮은 주파수로 발전할 수 있다.

전 압

발전기의 출력 전압은 회전자의 속도, 전기자 코일의 수 및 계자 권선에 의해 생산되는 자계의 세기에 의존한다. 발전소 발전기는 대부분 10,000 V 또는 그 이상의 전압으로 발전한다.

마그네토

전자석 대신에 한 개 이상의 영구 자석에 의해 발생한 자계를 이용한 AC 발전기를 마그네토(magneto)라 한다. 몇몇 마그네토에서 영구 자석은 회전자와 일체로 만들어져 있다(그림 13·10).

플라이휠 마그네토는 보통 작은 가솔린 엔진과 함께 사용된다. 이 발전기의 영구 자석 중 한 개 이상은 플라이휠 조립부 위에 설치되어 있다. 플라이휠이 돌면서 자계는 고정된 코일을 끊는다. 이

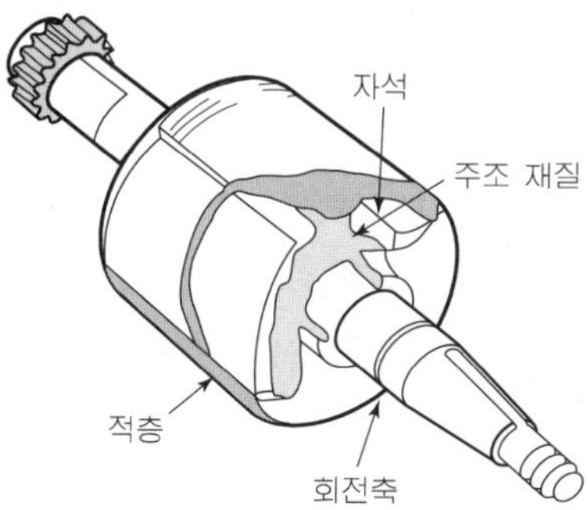

그림 13·10 막대형 영구 자석이 회전자 내부에 위치한 전형적인 마그네토의 회전자 조립부

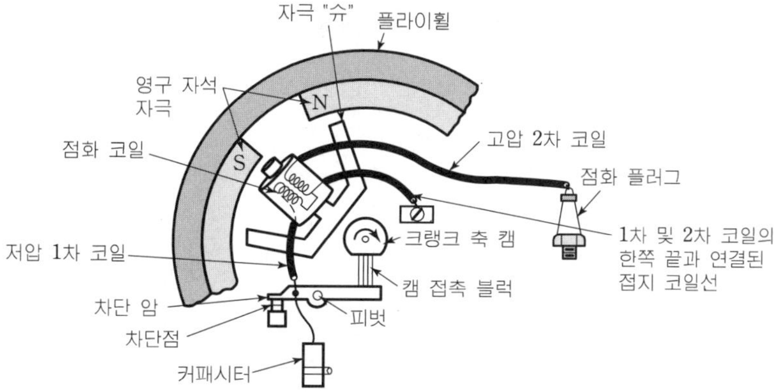

그림 13·11 마그네토를 이용한 전형적인 단일 실린더 가솔린 엔진의 점화 회로

것이 점화 장치 코일이고, 승압 변압기이다(그림 13·11). 점화 장치 코일의 2차 권선에 유도된 전압이 점화 플러그에 공급된다.

3상 발전기

한 개의 권선 세트와 한 쌍의 슬립 링으로 이루어진 발전기는 한 개의 전압파를 발생시킨다. 이것은 단상 시스템으로 알려져 있다.

3상 발전기는 3개로 분할된 권선 세트를 가지고 있다. 전기자 주위에 위치하며 서로 120° 간격을 두고, 각 권선 끝부분은 슬립 링에 연결되어 있다(그림 13·12(a)). 이와 같은 발전기에서 회전자의 매 주기마다 서로 120° 위상차가 발생된 3개의 전압을 생산한다. 이것들은 3개의 도체 전선을 통하여 부하에 전달된다. 3상 전력 시스템은 보통 제조시에 유도 전동기를 동작시키는 데 사용한다.

대부분 나라의 전력 회사는 3상 발전기와 3상 송전을 사용하고 있다. 비록 기업에서는 모두 3상을 쓰고 있을지라도, 단상 부하를(전압이 일치한다면) 전선의 3도체 중 하나와 중성선이라고 불리우는 4번째 도체와 연결하여 사용할 수 있다.

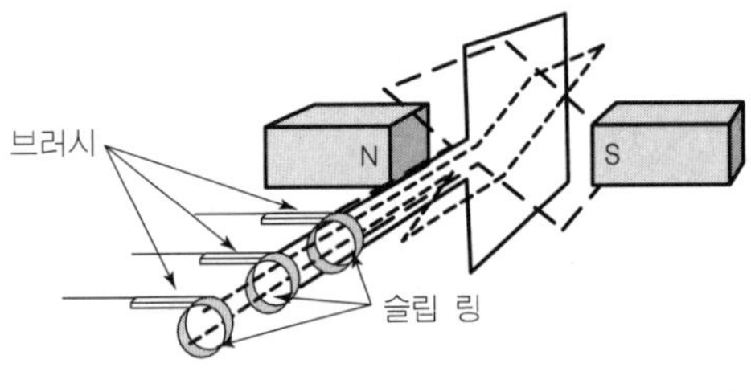

(a) 간단한 3상 발전기의 구조

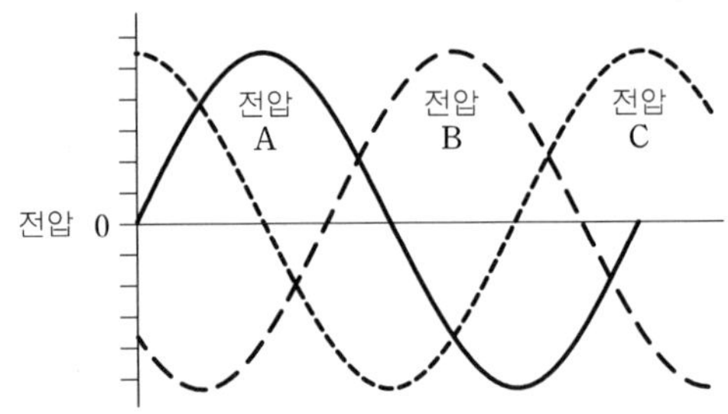

(b) 3상 발전기의 정현파

그림 13·12 3상 발전기

연습문제

1. 전기 발전기는 어떤 방법에 의해 전압을 만드는가?
2. 전압과 전류는 상승과 하강 파장을 동시에 만들어 내는 것을 무엇이라 하는가?
3. 정류기는 무슨 발전기에서 사용하는가?
4. 기본 형태에서 정류기는 무엇이라고 불리우는 금속 조각으로 만들어진 원과 같은 장치인가?
5. 발전기의 계자 권선을 작동하기 위해 사용하는 직류는 무슨 전류인가?
6. 대부분의 작은 직류 발전기는 무엇으로 작동되는가?
7. 큰 교류 발전기에서 사용되는 전기력의 원천에 의해 회전될 수 있는 모터는 무엇인가?
8. 교류 발전기는 또한 무슨 발전기라고 부르는가?
9. 3상의 발전기는 세 개의 분리된 무슨 세트를 가지고 있는가?

14장 전력 산업

학 습 용 어

원자핵 분열(atomic fission), 열병합 발전(cogeneration), 전해질(electrolyte), 화석 연료(fossil fuel), 지열 에너지(geothermal energy), 그리드(grid), 광전지 (photovoltaic cell), 원자로(reactor), 태양 전지 어레이(solar array), 송전 선로(transmission line)

목 표

- 어떤 나라에서 많은 양의 에너지를 사용함으로써 발생하는 중요한 4가지 문제를 규정할 수 있다.
- 화석 연료보다 더 많은 전기를 생산할 수 있는 4가지 에너지원을 설명할 수 있다.
- 전력 발전소의 세 가지 주된 형태에서 발전의 과정을 설명할 수 있다.
- 발전소로부터 전기가 사용될 지역으로 송전하기 위한 시스템 의 주요 요소를 명확히 알 수 있다.

우리는 여러 방법으로 전력을 사용하고 있으며, 우리가 전기를 필요로 할 때 항상 대기하고 있는 것과 같은 상황에 익숙해져 있다. 전기가 없는 지난 시절을 기억할 수 있을까? 우리 사회는 연속적인 전기 에너지 공급에 의존하고 있다. 전기는 사회를 유지시켜 주는, 경제적 재산일 뿐만 아니라 커다란 변화와 불편함을 제거해 주는 시스템이다.

일반적으로 사용하는 에너지원

이 장에서는 어떻게 전기 시설이 만들어지는지, 어떻게 어떤 에너지가 전기 에너지로 변환되는지, 이것이 어떤 방법으로 가입자에게 전달되는지를 설명한다.

현대의 발전소는 크게 세 가지로 구분된다 ; ① 화력 발전소, ② 원자력 발전소, ③ 수력 발전소이다. 모든 발전소는 발전을 위해 교류 발전기를 사용한다. 이러한 에너지는 송전망이나 배전망을 통해 사용자에게 공급된다. 발전기는 대개 터빈에 의해 작동된다. 간혹 원동기라고도 한다. 이러한

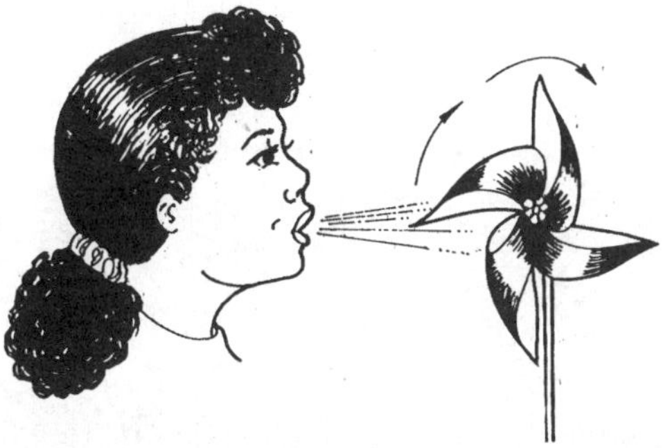

그림 14·1 터빈의 원리 (바람개비의 날개에 공기의 힘이 가해지면 회전한다).

터빈은 증기압(화력 또는 원자력 발전의 경우) 또는 흐르는 물(수력 발전의 경우)에 의해 회전한다. 이러한 단순한 터빈의 기본 원리는 그림 14·1에 나타나 있다. 아주 작은 소형 발전기는 대개 가솔린이나 디젤 엔진에 의해 작동한다.

화석 연료 발전소

화석 연료 발전소는 초창기의 발전소 형태이지만, 아직도 발전소의 일반적인 형태로 남아 있다. 이러한 발전소는 보일러 안에서 물을 가열하여 증기를 만드는 것이다(그림 14·2). 연료는 물을 가열하는데 사용되지만 그 종류는 석탄, 석유 및 천연 가스(**화석 연료** fossil fuel라 불린다)이다. 몇몇 발전소는 수증기가 1,000 °F(538 °C)의 온도로 가열되며, 1평방인치당 3,600파운드〔24,800킬로파스칼(kPa)〕의 압력을 발생시킨다. 이 증기는 터빈 회전자(그림 14·3)에 직접 가해진다. 터빈 회전자에 있는 일련의 날개 또는 버킷이 증기의 분사력을 회전력으로 변환시킨다. 증기의 에너지는 터빈에 사용된

그림 14·2 대규모 증기 발전소

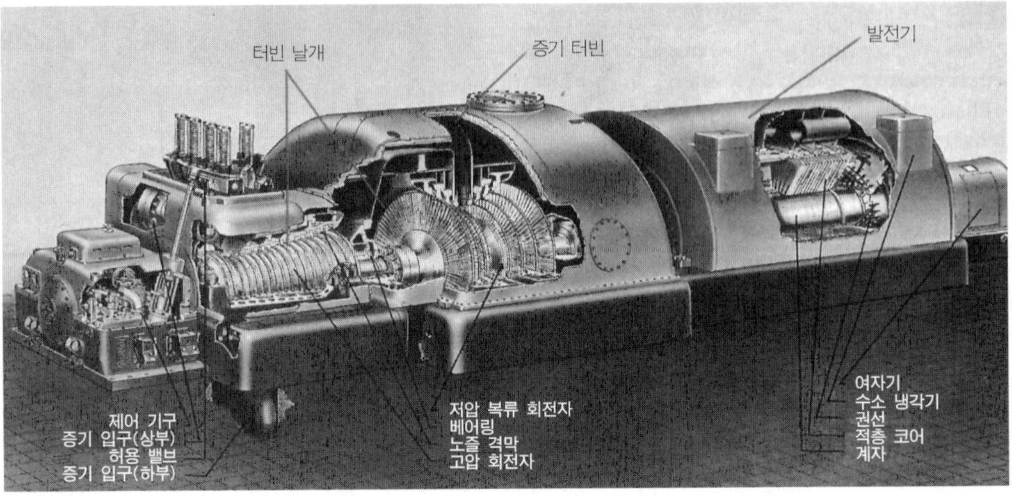

그림 14·3 거대한 증기 터빈 발전기

후 물로 변환되며, 연속적으로 보일러에서 순환된다. 발전기는 발전기량 변화 정도까지 부하가 걸리더라도 일정한 속도로 회전한다. 더 많은 전기 에너지가 필요하면 더욱 많은 연료를 태우면 된다. 많은 증기는 더 많은 기계적 에너지로 변환하고, 그것은 다시 전기 에너지로 변환된다. 이러한 과정을 에너지 변환 시스템이라고 한다. 몇몇의 고효율 증기 전기 발전소는 전기 에너지 1 kWh를 발전하는데 3/4파운드(0.34 kg)라는 적은 양의 석탄이 사용된다. 증기 발전소의 효율은 **열병합 발전**(cogeneration)이라는 시스템에 의하여 상당히 증가하였다. 이와 같은 시스템에서는 터빈을 돌리고 난 다음에 사용하지 않는 증기와 뜨거운 물을 공조 시스템, 가열 및 조리 등 그 밖의 다른 상업적 및 산업적 응용에 사용하며, 이전에는 보일러로 되돌려 보내졌다.

수력 발전소

수력 발전소의 경우 강, 호수 및 저수지 물이 중력에 의하여 터빈의 날개에 직접 힘을 가한다. 수압은 터빈의 축을 회전시키고, 축은 발전기의 로터를 돌린다(그림 14·4).

미국의 많은 수력 발전소는 연방 정부에 의해 통제된다. 이러한 발전소는 물의 흐름을 조절하는 댐과 홍수 조절에 사용된다(그림 14·5).

원자력 발전소

원자력 발전소에 사용되는 연료는 우라늄이다. 원자 또는 중성자가 우라늄 원자의 핵에 충돌하고 **핵분열**(atomic fission)로 알려진 과정으로 분열된다. 분열은 많은 에너지와 중성자를 방출한다. 이러한 중성자는 더 많은 우라늄을 계속해서 분열시킨다. 이러한 결과가 연쇄 반응이다. 원자 폭탄에서는 이러한 작용이 일순간에 거의 모든 열에너지로 막대한 양이 방출된다.

그림 14·4 수직형 수력 발전기

그림 14·5 Shasta 댐과 호수를 공중에서 본 모습

그러나 이 에너지를 천천히 방출할 수 있도록 조절할 수 있다.

원자력 발전소에서는 **원자로**(reactor)에서 연쇄 반응으로부터 발생하는 열을 제한하면서 발생하는 열로 발전을 한다. 이 열에 의해 끓는 물로부터 발생한 증기는 터빈을 동작시킨다. 이러한 터빈은 증기 전기 발전소와 유사하다. 현대의 원자력 발전소의 주요 요소는 그림 14·6과 같다. 여기서 주목할 것은 원자력 발전소와 같은 경우, 물은 주순환 펌프로부터 반응로 관으로 직접

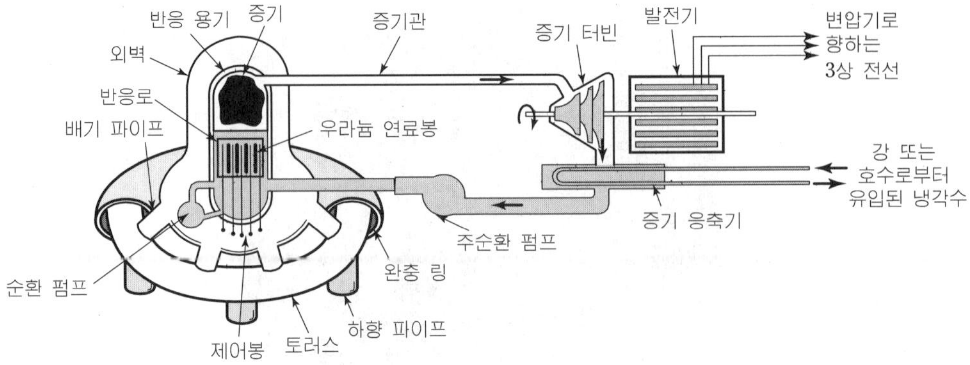

그림 14·6 원자력 발전기의 주요 부분

적으로 순환한다. 반응로를 둘러싸고 있는 물은 약 600 °F(316 °C)로 가열되어 있고, 이것은 1 평방인치당 1,000파운드(6,900 kPa)의 압력을 가지는 수증기로 변한다. 물은 증류수가 사용되며 이는 중성자가 많은 수의 원자와 충돌하지 않도록 감속하는 것을 돕는다. 재순환 펌프는 분열을 조절하는 역할을 한다. 펌프는 증기가 발생할 때 거품의 양을 조절한다. 거품이 적을수록 핵반응의 비율이 커진다.

▶ 원자로와 반응로

몇몇 발전소의 반응로는 20 m의 크기와 635톤의 중량을 가지고 있다. 이러한 용기는 수직으로 위치하고 있으며, 일부는 물로 채워져 있고 우라늄 연료봉을 수용할 수 있다. 연료봉이 중성자를 방출함에 따라 원자의 일부가 쪼개지면서 열에너지가 발생한다.

중성자를 흡수하기 위한 물질로 만들어진 다른 봉은 반응로에서의 핵분열 속도를 제어한다. 제어봉은 연료봉 사이에 위치한다. 제어봉을 반응로 안에 넣었다 뺐다 하면 열의 양을 조절한다. 원자로가 노심의 우라늄 104톤으로부터 제어할 수 있는 열을 발생시킨다면 발전소에서 540만톤의 석탄이 생산하는 전력을 생산할 수 있다.

▶ 증기 발전기

반응로의 위부분에서 발생된 증기압은 터빈의 날개에 가해져 날개를 회전하게 만든다. 터빈 축은 발전기를 돌린다. 몇몇의 현대 발전기에서는 597,000 kW의 전기 에너지를 발생시킨다. 전기가 생산되었을 때, 전기는 송전망을 통하여 분배 및 송전되며, 송전망은 다른 발전소나 사용자에게 연결된다.

증기 응축기

터빈에서 사용된 증기는 증기 응축기(condenser)에서 물로 응축된다. 그러므로 증기를 물로 바꾸기 위해서는 많은 양의 냉수가 필요하다. 물은 주순환 펌프를 통하여 시스템 내부를 순환한다.

따라서 이와 같은 발전소는 반응기 주변의 물이 증기로 변환되며, 이것은 직접 순환 가열수 발전소라 부른다. 막대한 양의 냉수가 필요하기 때문에 증기를 사용하는 발전소는 커다란 강, 호수 및 저수지 부근에 위치한다. 응축기는 터빈으로부터 증기를 응축하기 위해서 분당 15.8입방미터의 물을 필요로 한다.

안전성

방사능 누출의 위험성 때문에 핵발전에서는 많은 안전 요원을 필요로 한다. 예를 들면 그림 14·6과 같이 물기가 없는 벽으로 원자로를 감싸고 있다. 만약 원자로가 깨어진다면 증기와 물이 물기가 없는 벽으로 돌진할 것이다. 이때, 증기와 물은 배기 파이프를 통하여 토러스(torus)로 나갈 것이다. 원자로는 도너츠 형태를 하고 있으며, 하향식 파이프로 이루어져 있다. 이들 파이프는 토러스 주변에 위치하고 있으며, 수중에 출구가 있다. 물은 증기를 응축하기 때문에 압력을 감소시켜 준다. 커다란 외벽 외부 압축 링은 어떤 순간의 압력 변화를 완충시켜 주는 역할을 한다. 이것이 손상으로부터 전체 시스템을 보호한다. 원자로 안의 물이 없어진다면 원자로는 자동적으로 꺼질 것이다.

핵발전소의 가장 큰 장점은 실제에 있어서 무한한 양의 연료로 작동한다는 사실이다. 이와 같은 핵에너지와 석탄, 그리고 기름과 천연 가스를 현명하게 사용한다면 미래의 필요한 에너지원으로 큰 도움이 될 것이다. 그렇지만 무엇보다 안전하게 핵에너지를 생산하는 것이 가장 중요하다.

핵발전소는 거대하고 복잡한 구조이며, 내진 및 돌풍과 같은 자연 재해에 견디도록 설계되어야 한다. 극한 사고가 발생하더라도 시민과 발전소 근무 요원 및 발전소를 보호하기 위한 많은 안전장치와 시스템이 있다. 그러나 이와 같은 예방 조치에도 불구하고 1979년 3월 28일 스리마일 섬의 핵발전소에 사고가 발생했다. 이 발전소는 펜실바니아 미들타운 부근 서스퀘한나 강옆에 위치하고 있다. 이 사고로 인해 핵에너지를 이용한 발전에 대한 의구심을 품게 했다.

1986년 4월 26일 우크라이나 키에프 근처에 있는 체르노빌에서 더 심각한 원자로 폭발 사고가 일어났다. 제어봉을 시험하면서 냉수를 끈 결과, 원자로 외벽이 견딜 수 있는 압력 이상으로 상승하여 이것이 폭발로 이어졌다. 불운하게도 바람이 방사능 물질을 지구의 반대편까지 이송하는 결과를 초래했다. 잠재된 공공 건강의 위험성 때문에 미국에서 핵발전소 운영은 핵규제 위원회(NRC)의 지시를 받도록 되어 있다.

송전 시스템

발전소로부터 전기가 사용되는 곳까지 전기를 보내기 위해서는 커다란 송전 및 배전 시스템이 필요하다(그림 14·7). 이들 시스템의 주요부분들이 다음에 논의된다.

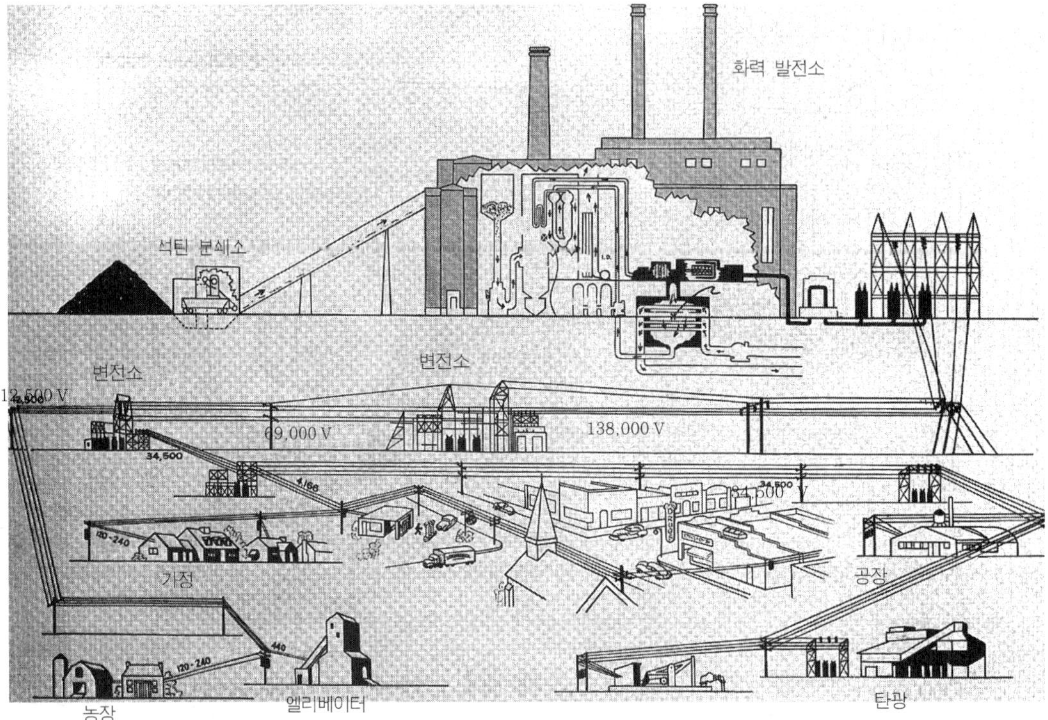

그림 14·7 배전 개념도

송전 선로

송전 선로(transmission line)는 고공에서 고층탑으로 지지하며, 발전소로부터 전기 에너지를 송전한다. 송전선의 중심은 강도를 높이기 위해 강철로 만들어져 있다. 송전선의 바깥쪽은 전류의 흐름을 좋게 하고 가볍게 하기 위해 알루미늄으로 만들었다. 전기 에너지의 손실을 막기 위해 자기와 같은 절연 물질로 탑과 전선을 분리하였다. 그림 14·8은 250,000 V의 고압 송전선을 가설하는 배선공을 보인다. 어떤 경우, 특히 도시에서는 지하 덕트로 전선이 지나가는 경우가 있다.

다양한 실험실과 현장 시험에 의해 그림 14·9에 나타낸 지하 송전선이 성공적일 것이라는 것이 증명되었다. 그림 14·9(a)의 양쪽 화살표는 지중 35 kV 케이블의 납 박막, 플라스틱 적층, 절연층과 내부를 가리키고 있다. 이런 형태의 설계는 수분이 케이블로 스며드는 것을 방지한다. 물이 스며드는 문제는 'watertreeing'으로 알려져 있으며, 결국 전력 케이블을 손상시킬 수 있다.

그림 14·8 고압 송전탑 : (a) 고압 절연체, (b) 도체

(a) 내부

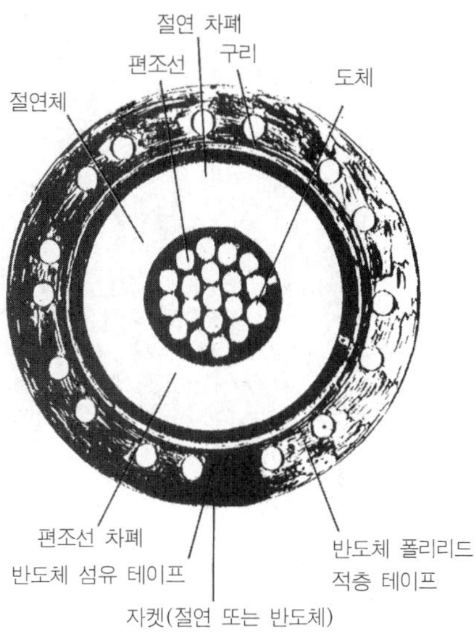

(b) 단면도

그림 14·9 지하 송전 케이블

변압기

교류 시스템에서 송전선 양단의 에너지 손실은 변압기가 매우 높은 값으로 AC 전압을 높일 수 있기 때문에 감소된다. 어떤 송전 시스템은 750,000 V를 이용한다. 이런 고압은 같은 수준의 전력이 더 낮은 전류에서 만들어지는 것을 가능하게 한다. 이것은 적은 에너지 손실, 더 가는 송전 케이블, 그리고 더 높은 효율이 가능하도록 한다. 변압기는 320~483 km 거리 전체에서 전기를 경제적으로 전송할 수 있다. 장거리 송전을 위해서 전압을 상승시키거나 승압하는 외에, 변압기는 부하에 적합하도록 전압을 낮추거나 감압한다.

그림 14·10은 3상 발전기로부터 직접적으로 분리된 버스 또는 구리 막대로 병렬 연결된 두 개의 변압기를 보여주고 있다. 발전기의 각 3상은 다른 것들로부터 절연되어 있다. 각 전선 가닥은 파이프와 같은 보호 장치의 중앙에서 절연체에 의해서 분리된다. 고전압의 3상 전선(그림 14·10)은 변전소로 직접 도달한다.

그림 14·10 병렬로 연결된 두 개 변압기

변전소와 배전망

그림 14·11은 변전소를 보여준다. 변전소는 개인과 가정에서 사용할 수 있게 전압을 낮춘다. 그것들은 전기 에너지를 편리하게 다양한 부하에 분배하고 시스템의 문제를 격리시키기 쉽게 한다.

그림 14·11 변전소

차단기

차단기는 자동 전기 스위치이다. 과도한 전류로 인한 과부하가 언제든지 발생하면 스스로 개방된다. 이것은 높은 전류로부터 송전선과 다른 회로 부분을 보호한다. 고전압과 대전류(34.5 kV와 1,200 A)와 관련이 있기 때문에 차단기는 기름이나 진공과 같은 방전 억제 매체 속에 설치된다.

특별한 기기가 과부하시 차단기가 개방될 때 발생하는 아크를 최소화하는데 이용된다. 작은 차단기는 공기 중에서 작동하며, **공기 회로 차단기**라고 부른다. 그림 14·12는 변전소에 설치되어 있는 두 개의 차단기를 보여준다. 차단기의 위쪽은 분리 스위치이다. 관리자는 접지로부터 이 스위치를 개방할 수 있고, 따라서 완전히 전원으로부터 부하를 차단할 수 있다. 이것은 시스템에서 안전하게 작업할 수 있게 한다.

그림 14·12 변전소 개폐기

전력 회사

전력 회사는 많은 부서와 작업 그룹을 가지고 있다. 그들은 효과적인 서비스를 제공하고, 시설을 보수하고, 에너지 요구를 만족시키기 위해 필요한 개선과 확장을 계획한다. 이 서비스에 영향을 미치는 주 요소는 날씨이다.

정 전

허리케인, 토네이도, 폭발, 해일 및 폭설은 정전을 발생시킨다. 이러한 기후 조건에 대응하여 어떤 전력 회사는 조기 경보 컴퓨터 시스템을 이용하고 있다. 이 시스템은 피해를 감시하고 감독관과 수리반에게 직접 정보를 제공된다. 예를 들면 한 전력 회사는 단지 이틀 동안 각각 두 맹렬한 폭풍이 그들의 지역을 강타했을 때 배전 시스템의 큰 부분을 수리하여야만 하였다(그림 14·13).

그림 14·13 폭풍 피해로 인한 전력선을 복구하고 있는 복구원의 모습

우선권

보통 전력 회사는 소비자들이 전화 신고에 의해서 정전이 발생했을 때를 알 수 있다. 예로서 그들은 나무가 쓰러지고 불도 켤 수 없다고 보고할 것이다. 전력 회사 역시 연결이 끊어진 서비스 지역의 전력 수요가 극적으로 떨어졌기 때문에 구분할 수 있다.

이와 같은 중요한 정보는 컴퓨터 시스템에 전송되어 해석된다. 보수는 필요에 의존한다. 병원과 소방서는 가장 높은 우선권을 받는다. 왜냐하면 전력이 끊기면 사람의 생명이 위험해질 수 있기 때문이다.

개선된 소비자 서비스

보수가 완료된 후, 평가는 미래의 정전에 대한 회사의 대응 방안 개선에 도움이 된다. 이것은 또한 어떻게 소비자에게 서비스를 개선하는가에 대한 정보도 제공한다. 연구에 기초하여, 끊겼던 전력원과 장비는 다시 올 수 있는 천재지변을 위해 재정비된다. 끊어진 전선과 케이블, 변압기, 그리고 다른 피해를 입은 장비들은 폐기 비용에 반영된다. 구리와 알루미늄 전선과 같은 금속들은 재활용을 위해 상업용 재활용 자원 수거업자에 의해 수집된다.

다른 에너지원

에너지원은 기술의 중요한 부분이다. 기술은 일을 할 수 있는 기계를 만드는데 과학적인 사고를 이용하는 것과 관련이 있다. 미국과 같은 나라는 많은 양의 에너지를 효과있게 이용하기 위해 국가 차원의 기술적인 표준화를 유지하고 있다. 어쨌든 이 에너지 이용은 여러 나라에서 중요시되는 문제이다. 이것은 ① 연료원의 고갈, ② 환경의 오염, ③ 연료원을 위한 외부 자원의 의존, 그리고 ④ 연료 수입에 의한 경제적 부담 등이 포함된다.

전기적인 에너지는 에너지 형태 중에서 가장 깨끗한 형태의 하나이다. 수송하기가 매우 쉽다. 그것은 합당한 비용에서 많은 양을 생산할 수 있다. 그러나 전력 생산은 우리의 환경에 피해를 입히고 환경 '친화'적인 방식에서 전력 생산의 방법이 모색되어야 한다.

오늘날 전기 에너지를 생산하는 가장 많은 방법은 열에너지에서 시작하는 것이다. 이 장의 앞에서 설명한 바와 같이 석탄, 석유 및 천연 가스와 같은 화석 연료는 열을 생산하기 위해서 태워지게 된다. 그때 데워진 물은 수증기로 변하게 된다. 그 수증기는 발전기를 움직이기 위한 전력 터빈에 이용된다.

그러나 석탄, 석유, 천연 가스, 핵광석 등을 공급할 수 있는 양이 제한되어 있다. 다른 것들로는 햇빛, 바람, 태양열, 파도 및 유기체(동물 또는 식물)이 있다. 이러한 원료들은 전력을 생산하는데에 매우 유용하게 쓰인다.

광기전력

전력 생산을 위한 에너지원으로 햇빛을 이용하는 것은 많은 장점이 있다. 햇빛은 무한하고 어디에서든지 유용하다. 햇빛을 이용하는 것은 환경 피해와 낭비를 줄일 수 있다. 태양 전지 또는 **광전지**(photovoltaic cells)는 연료의 사용이 없이 햇빛으로부터 직접 전력을 생산한다. 햇빛에서 전력으로의 변환은 여러 나라의 오랜 에너지 문제 해결에 도움을 줄 것이다.

태양 전지

이 전지들은 기판으로 알려진 금속 베이스를 덮는 비금속 물질인 실리콘 층으로 만들어진다. 실리콘은 p형과 n형의 형태를 만들기 위해 화학적인 처리가 된다. 서로 다른 이 두 형태가 맞대고 있는 면을 p－n 접합(p-n junction)이라 한다.

실리콘 태양 전지의 단면을 그림 14·14에 나타낸다. 가장 위에 있는 p형 실리콘은 매우 얇다. 따라서, 빛에너지가 이것을 통과하여 p－n 접합에 도달하게 된다. 빛에너지는 p형 막의 전자에게 에너지를 공급하게 된다. 이러한 현상으로 인해 전자는 p－n 접합 막을 통과하여 n형 막으로 들어간다. 이때 n형 막은 (－)로 대전된다. 전압은 p－n 접합 양단에서 발생한다.

하나의 태양 전지에서 발생하는 전압은 극히 미약하다. 그 때문에 많은 태양 전지가 태양 전지판의 형태로 연결된다. 태양 전지의 중대한 용도는 우주 항공기는 배터리 충전과 회로 동작에 필요한 에너지를 공급하는 것이다.

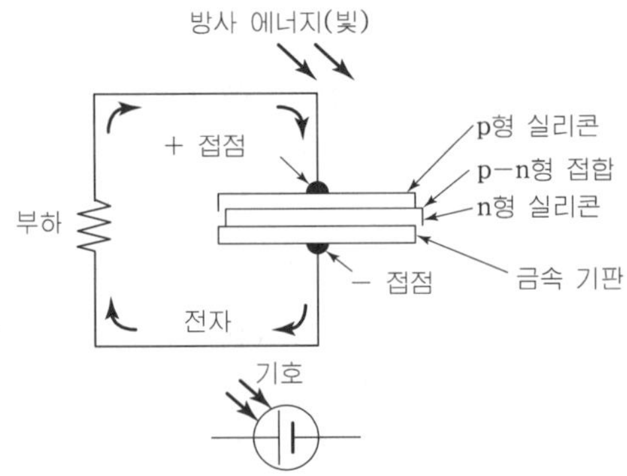

그림 14·14 실리콘 태양 전지의 단면

그림 14·15는 남극 대륙의 드라이 계곡의 호아레 호수에 있는 **태양 전지 어레이**(solar array) 또

그림 14·15 태양 에너지에 의해 가동되는 실험용 물 정화기

는 몇 개의 태양 전지판을 연결한 모습을 나타낸 것이다. 이 어레이는 미항공 우주국에 의해 설치되었으며, 생활뿐만 아니라 실험을 위한 전력 1.5 kW를 공급한다. 소형 태양 어레이의 다른 용도는 알래스카 철도 횡단 신호기에 전원을 공급하는 것을 포함하여 전력이 생산되지 않는 지역의 발전과 고속 도로에 설치되어 있는 비상 전화기에 전원을 공급한다.

바 람

바람으로부터 얻은 에너지를 수년 동안 미국에서 사용했다. 풍차는 바람 에너지를 다른 유용한 일을 할 수 있도록 변환한 것이다. 미국의 시골에서는 간혹 풍차가 물 펌프로 이용된다. 최근에 와서야 풍차가 또 다른 발전기로 관심을 끌고 있다.

그림 14·16은 캘리포니아 알타몬트 패스 부근 농장에 위치하고 있는 풍력 발전기를 보여주고 있다. 조사 보고서에 의하면 이곳에서는 일년 중 8개월 동안 바람이 불며 평방미터당 700～1200 W의 바람 에너지가 있다고 보고되고 있다. 풍력 공장은 바람이 지속적이고 강한 곳에서 많은 풍력 발전기를 사용하는 것이다. 바람을 다루는 산업이 새로운 것은 아니지만 풍력 에너지가 풍부하고 환경친화적으로 완전하기 때문에 중요도가 점점 높아져 가고 있다. 한 개 정도의 풍력 발전기는 주거 또는 업무용으로 설치될 수 있다. 미래를 본다면 한 주에서 2000년쯤 풍력 에너지로부터 10%의 전력을 생산한다는 목표를 가지고 있다. 만약 이러한 용량이 현재에 가능하다면 년간 4,000만 배럴의 원유를 절약할 수 있다.

그림 14·16 미래에는 강하고 지속적인 바람이 부는 지역에서 풍력 공장을 보는 것이 흔할 것이다.

좀더 자세한 형태의 풍력 발전기를 그림 14·17에 나타낸다. 이 사진에서 풍력 발전기는 비행기의 프로펠러 모양의 3개의 날개로 발전한다. 이 풍력 발전기의 날개 길이는 5.1 m이다. 발전기의 날개와 관련 장비는 18.3 m의 탑 꼭대기에 설치되어 있다. 발전을 시작하기 위해서는 최소한의 시간당

그림 14·17 풍력 발전기에 비행기 프로펠러 같은 날개를 설치하고 있다.

10마일 속도(cut－on)의 바람이 필요하다. 시간당 60마일의 바람 속도에서 풍력 발전기는 자동으로꺼지게 되어 있다. 이 바람 속도를 차단(cut－off) 바람 속도라 한다. 그렇지만 이러한 풍력 발전기는 시간당 125마일의 바람 속도를 견디도록 설계되어 있다. 시간당 40마일의 바람 속도에서 95 kW 비율로 발전한다. 이러한 풍력 발전기의 출력은 지역의 유용한 시스템에 공급된다.

해양열

발전을 할 수 있는 또 다른 방법은 해양의 열을 이용하는 것이다. 이것을 태양으로부터 오는 에너지를 저장하거나 모으는 것을 포함한다. 이와 같은 일을 하기 위해 시스템은 그림 14·18과 같이 해양 바닥에 닻을 드리우고 수면에 떠 있는 거대한 구조물의 형태를 취하고 있다. 이 시스템은 물의 따뜻한 상부와 차가운 하부의 온도차를 이용한다. 따뜻한 물은 암모니아와 같은 액체를 가스 상태로 바꿀 수 있다. 이 가스의 압력으로 터빈을 구동시킬 수 있다. 발전기는 터빈 또는 가스에 연결된다. 터빈을 통과한 가스는 다시 차가운 물을 만나면 액체로 바뀐다.

그렇지만 해양열 에너지 변환 시스템은 온도와 압력이 낮다. 충분한 에너지를 얻기 위해서는 막대한 양의 해수와 육지로 송전하기 위한 해저 케이블이 필요하다. 이와 같은 시스템이 많이 건설될 필요가 있으며, 해안선에 많은 인구가 살고 있는 지역에 근접하여 위치해야 한다.

지열 에너지

지구의 표면 가까이에 있는 화산 속의 마그마 덩어리와 같은 지질 활동에 있는 지역에서 발생하는 열을 이용하여 발전할 수 있다. 지열이 발생하는 지역에서는 현재에도 수백메가와트의 전력을 생산하고 있다. 전형적인 이들의 방법은 물이 파이프를 통하여 뜨거운 지질 활동이 일어나는 근접한 곳을 통과하도록 하는 것이다. 따라서 이 물은 증기 상태로 변하고 그때 터빈을 회전시킨다. 이것으로 발전기를 작동시키기 위한 동력을 공급하는 것이다.

이 자원은 전력 시설이 미비하고, 지열이 충분한 나라에서 이 자원을 유용하게 이용할 수 있을 것이다. 지열로부터 1,000가구가 필요로 하는 1MW의 전력을 공급한다면 매년 150,000배럴의 원유를 절약할 수 있을 것이다. 대체 에너지원을 사용함으로써 생기는 비용 절감은 다른 지역의 경제 발전과 미래의 환경과 관련된 일을 위해 사용할 수 있다.

조 력

또 다른 에너지원으로 고려될 만한 것으로는 해양의 파도이다. 이것은 부표를 사용한다. 전기를 생산하기 위해 조력을 이용하기 위한 부표는 두 개의 부분으로 구성된다. 하단부는 물에 뜨기 위한

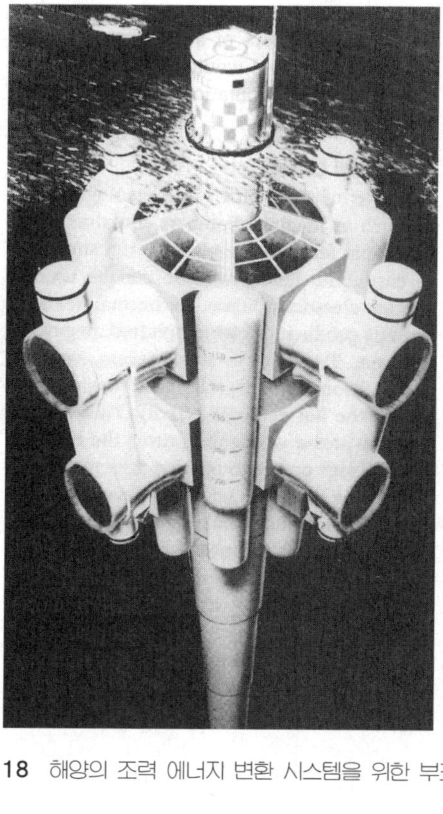

그림 14·18 해양의 조력 에너지 변환 시스템을 위한 부표 구조도

부분이고, 상단부는 아래 부분이 열린 공 모양이다. 파도는 이것의 상부에서 물이 위아래로 이동하는 것이다. 따라서 이러한 힘을 받은 공기가 안팎으로 통과하면서 풍차와 같은 날개를 회전시키게 된다. 공기는 항상 일정한 방향으로 회전하게 설계된 회전자의 날개를 회전시킨다. 그림 14·18과 같이 회전자의 축은 발전기와 연결되어 있다. 이러한 방법은 해안선이 많은 국가에서 저렴하게 발전할 수 있는 방법을 제공한다.

바이오매스

유용한 연료로 변형 가능한 유기 물질은 또 다른 에너지원이 될 수 있다. 농작물과 동물의 오수로부터 발생하는 농업 폐기물과 같은 물질이다. 이와 같은 물질은 메탄 가스, 알코올 및 오일로 변환한다. 최근에 개발된 기술은 경작에 필요한 전기적인 수요를 충분히 공급할 수 있다. 농부는 연료로 사용할 수 있는 에탄올을 생산하기 위해 옥수수와 같은 에너지 작물을 경작한다. 그밖에 높은 열단위를 가지는 풀과 나무와 같은 어떤 종류라도 경작하면 된다.

고공에서의 송전

그림 14·19는 위성 발전소의 한 종류, 즉 우주 전력 변환 시스템에 대한 예술가의 생각을 보여주는 것이다. 이 시스템을 미항공 우주국에서 연구하고 있다. 그런 시스템을 지구에서 고정된 궤도에서 회전하는 위성에 적용될 수 있을 것이다. 태양으로부터 무공해 에너지를 모을 수 있다. 이 에너지는 마이크로웨이브의 형태로 지구에 전송될 수 있다. 이것은 매우 높은 극초단파이다. 지구의 수신쪽은 마이크로웨이브를 전기로 변환한다. 지구상에 높은 곳에 위치하고 있는 이 시스템은 광원에 영향을 미치는 밤과 구름의 영향을 받지 않는다. 따라서 연속적인 동작이 가능하다.

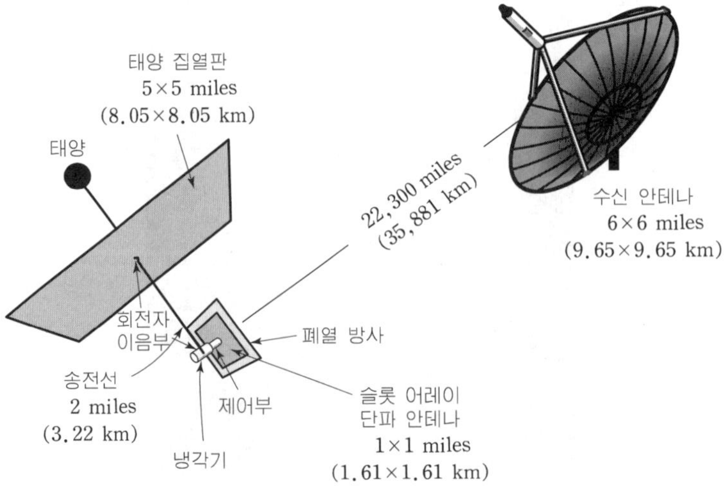

그림 14·19 우주에서의 전력 변환 시스템 개념도

연료 전지

연료 전지(fuel cell)에서 산소와 연료의 상호 작용은 화학적 에너지를 직접 전기 에너지로 변환할 수 있다. 여기서 사용되는 연료의 대부분은 수소와 메탄이다.

수소-산소 연료 전지의 기본적인 구조는 그림 14·20에 나타낸다. 이 전지에서 수소는 가스 또는 액체 상태로 음극에 공급된다. 그때 수소는 이온화된 액체 전해질(electrolyte) 속으로 퍼져감으로 인해 전류를 흘릴 수 있다. 이것은 전해질에서 전자를 자유롭게 하는 원인이 된다. 이들 전자는 음극 위에 침전되고, 음전하로 충전된다. 그때 전자는 양극에서 부하로 움직인다.

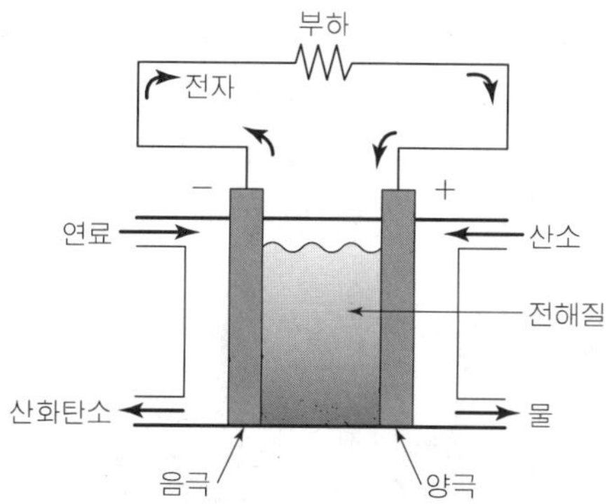

그림 14·20 연료 전지의 기본 동작

연료 전지의 일반적인 용도는 우주 비행체 안이다. 또 다른 지상에서 사용되는 곳은 일시적으로 휴대할 수 있는 전원으로 사용된다. 전해질과 반응 물질의 조합을 바꿈으로서 연료 전지의 다른 형태를 만들 수 있다. 연료 전지의 효율은 변화하지만 입력된 에너지의 45% 정도가 전기로 변환될 것을 기대할 수 있으며, 에너지의 35%가 현장에서 유용한 열로 변환되어 공급될 수 있을 것으로 기대할 수 있다. 단지 20%의 에너지 손실로 연료 전지는 지역적인 전기 생산에 매우 큰 경쟁력을 가질 수 있다.

자기 수력 변환

대규모의 전기를 발생시킬 수 있는 소자로 자기 수력(Megnetohydrodynamic ; MHD)변환기를 들 수 있다. 전자 유체 변환기는 두 가지 원리에 기초를 두고 있다. 첫째, 가스는 고온에서 이온화된다는 것으로 인해 좋은 전기 전도체를 만들 수 있다. 둘째, 전자 유도의 원리이다.

그림 14·21는 전자 유체 변환기의 기본 요소를 보여주고 있다. 가스는 약 2760°C로 가열된다. 이것은 가스를 이온화시키고, 가스에 강한 자장에 의한 힘이 가해진다. 전기적인 힘은 가스가 흐르고 있는 관의 아래 위에 위치하고 있는 전극과 접촉함으로써 발생한다. 외부 회로에서는 전류가 흐른다. 가스는 응축기 속으로 이동하였다가 다시 열원으로 돌아오면 한 주기가 끝난다. 따라서 이온화된 가스는 금속 도체처럼 동작한다.

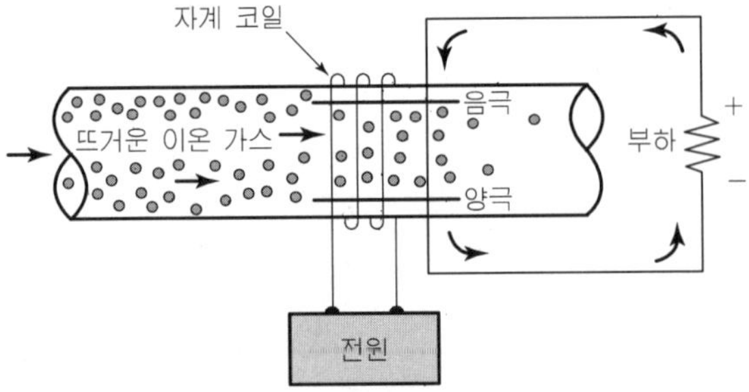

그림 14·21 자기 수력 변환기의 기본 요소

전자 유체 변환기는 적은 수의 이동을 위한 기계 부품을 가지고 있다. 새로운 물질의 엄청난 열과 압력을 견딜 수 있게 할 것이다. 언젠가는 백만와트 이상의 출력이 가능한 전자 유체 변환기를 제작 및 설계가 가능할 것이다. 이것은 작을수록 가벼울수록 동급의 터빈 발전기 결합체보다 효율과 신뢰도가 더 좋다. 그림 14·22에 전자 유체 변환기의 동작에 대한 흐름도이다.

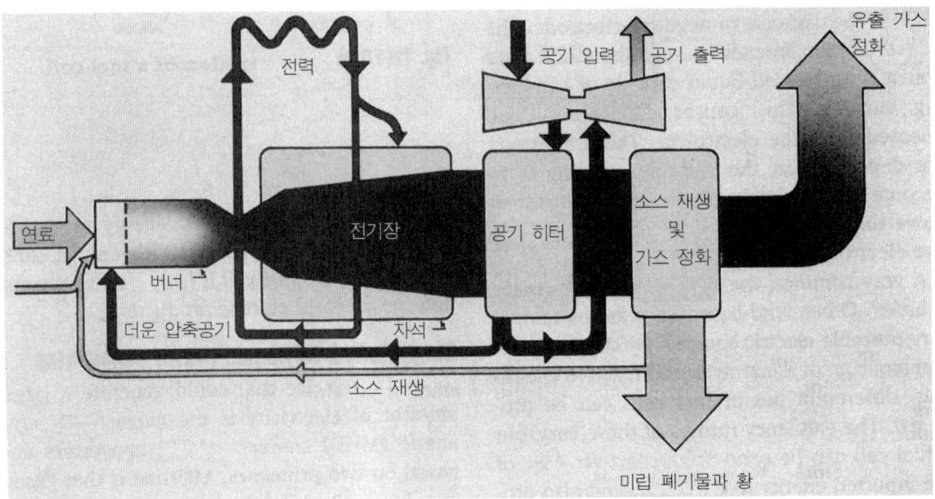

그림 14·22 자기 수력(MHD) 변환기의 흐름도

열이온 에너지 변환

열은 직접적으로 전기 에너지로 변환하는 또 하나의 시스템은 열이온(thermionic) 에너지 변환기이다. 이것을 진공 튜브 속에 두 개의 전극으로 구성되어 있는데, 자유 전자를 방출하기 위한 이미터(emitter) 전극은 가열된다. 비교적 낮은 온도로 컬렉터(collecter) 전극은 이미터에 의해 방출된 전자를 받는다.

그림 14·23의 동축 열이온 변환기는 변환기 중심에 열 발생원을 가지고 있다. 이것이 이미터를 가열하여 자유 전자를 방출하도록 하기 위한 것이다. 그때 전자는 컬렉터로 이동하며 외부 부하로 이동하게 된다.

교류 전류가 열이온 변환기에서 직접 발생된다. 이미터와 컬렉터 사이에 위치한 그리드 전극에 변환 신호를 가하여 교류 전류를 얻는다. 거대한 열이온 변환기가 언젠가는 일반적인 터빈 구동 발전기를 대체할 것이다.

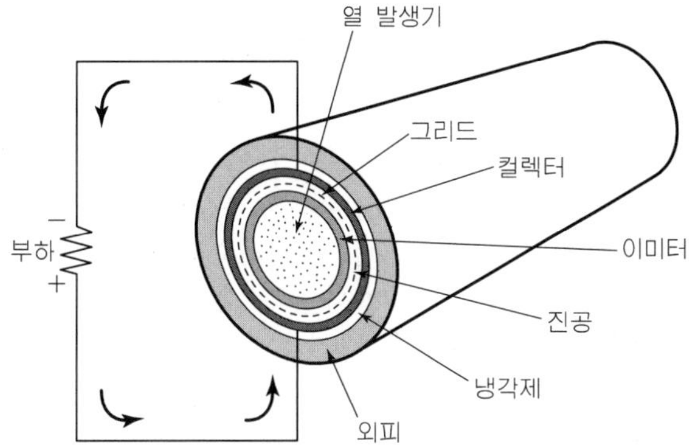

그림 14·23 동축 열이온 에너지 변환기

연습문제

1. 현대의 발전소를 세 가지로 구분하여라.

2. 증기 발전소가 시스템의 중요성이 부각되어 증가한 이유를 설명하여라.

3. 송전 시스템에서 전압이 높을수록 유리한 점을 설명하여라.

4. 풍력 발전에서 Cut−on과 Cut−off의 의미를 설명하여라.

3부

반도체와 집적 회로

15장 반도체와 다이오드

16장 집적 회로와 특수 소자

15장 반도체와 다이오드

학 습 용 어

증폭기(amplifier), 베이스(base), 브리지(bridge), 컬렉터(collector), 공유 결합(covalent bond), 다이오드(diode), 도핑(doping), 이미터(emitter), 양공(hole), 트랜지스터(transistor)

목 표

- 단일 다이오드를 사용하여 교류 신호를 정류하는 반파 회로 구성
- 4개의 다이오드를 사용하여 교류 신호를 정류하는 전파 회로 구성
- 다이오드의 성능 측정
- 전자와 양공의 흐름
- 방열기(heat sink)

전력 회사는 교류를 집, 학교, 공장 그리고 상점 등에 공급하고 있으나 전기 장치는 직류에 의해 작동되고 있다. 에너지를 적절한 전류로 어떻게 변화시킬 수 있을까? 교류에서 직류로 변화시키는 단일 소자가 바로 다이오드이다. 이 장에서는 다이오드가 어떻게 작동하는지, 어떻게 교류를 직류로 변화시켜 주는지에 대해 학습할 것이다. 다이오드는 가장 중요한 전자 부품이며 트랜지스터와 실리콘 제어 정류기(SCR) 등과 같은 모든 반도체의 기본이 된다.

반도체 구조

순수 반도체 재료는 일반적인 실내 온도에서 도체도 절연체도 아니다. 순수 반도체 재료는 좀처럼 전자 부품에 사용하지 않는다. 대신에 **도핑**(doping) - 비소와 같은 다른 물질을 첨가하는 과정 - 에 의해 공유 결합(covalent bond)하고 있는 반도체에서 자유 전자(free electron)를 만든다. 도핑에 의해서 반도체의 저항 성분은 순수 반도체 재료보다 매우 낮아진다.

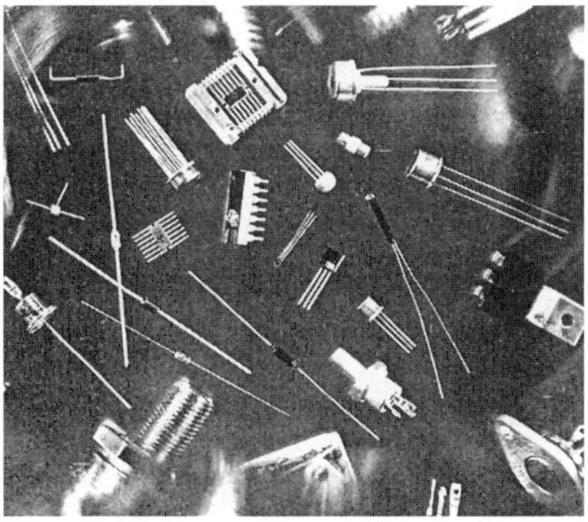

그림 15·1 반도체 소자

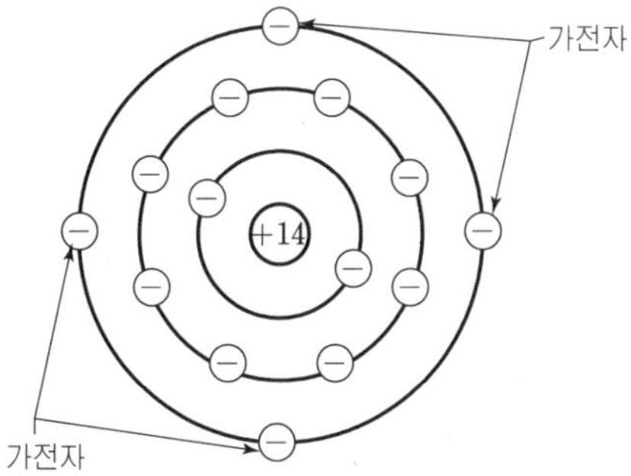

그림 15·2 실리콘 원자

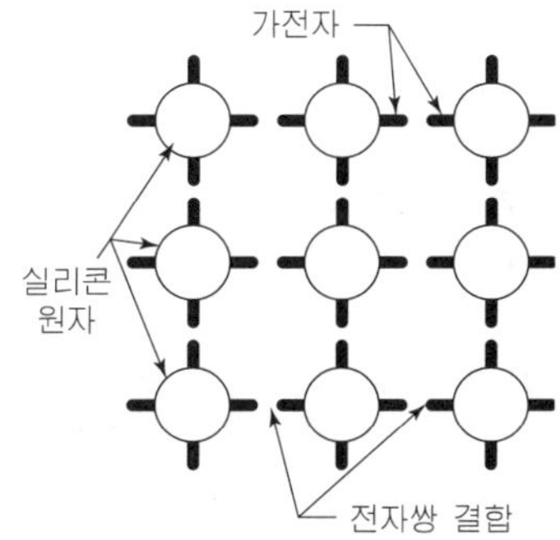

그림 15·3 순수 실리콘의 결정 격자 구조에서 전자 쌍결합 또는 공유 결합

반도체 재료로 사용하는 물질은 대부분 실리콘과 게르마늄이다. 이 실리콘과 게르마늄은 다이오드와 트랜지스터에 사용된다. **다이오드**(diode)는 전자관(electron tube)과 달리 유리관이나 필라멘트가 없는 고체 상태의 반도체이다(그림 15·1).

실리콘과 게르마늄의 원자는 최외각에 4개의 가전자를 가지고 있다(그림 15·2). 이러한 재료에서 원자들은 결정－격자 구조(crystal－lattice structure)로 배열되어 있다. **공유 결합**(covalent bond)에서 원자는 가까이 있는 다른 원자의 가전자들을 서로 공유하고 있다.

원자들의 사이에서 가전자들을 서로 공유하고 있는 이러한 형태를 전자쌍(elecron－pair)이라 한다(그림 15·3).

반도체 재료 : N형

실리콘과 같은 순수 반도체 재료에서 많이 사용되는 불순물은 비소이다. 비소의 5개 가전자 중 4개의 가전자가 각각 실리콘 원자의 가전자와 전자쌍 형태로 결합한다. 각 비소의 1개 가전자는 결

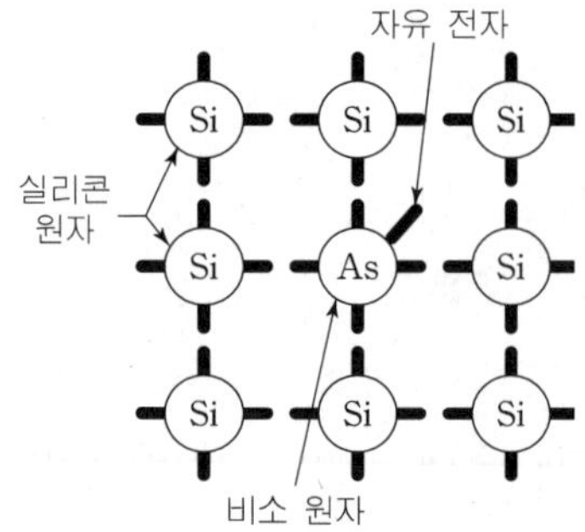

그림 15·4 실리콘에 비소의 첨가로 발생한 자유 전자

합하지 않고 남겨져 있고 이 가전자는 **자유 전자**가 된다(그림 15·4). 자유 전자 또는 음(－)으로 대전된 입자가 있는 실리콘을 n형 반도체 재료라고 한다. 비소가 실리콘에 전자를 제공하였기 때문에 비소를 **도너**(donor) 불순물이라 한다.

과학속으로

실리콘

실리콘은 지구 표면 물질 중 두 번째로 가장 많은 원소로 약 28%를 차지하고 있다. 실리콘은 화합물인 실리콘 산화물(수정 그리고 모래에서)과 규산암, 규산 광물(silicate mineral)과 같은 형태로만 존재한다.

일반적으로 순수 실리콘은 전자로(electric furnace)에서 코크스와 같은 탄소 대체물(carbon-based substance)을 이용하여 반응을 일으켜 산화물을 제거하여 얻는다. 알루미늄을 이용한 반응을 통해 실리콘을 얻기도 한다. 순수 실리콘은 금속 광택이 나는 짙은 회색의 딱딱한 고체이다. 순수 실리콘의 결정 구조는 탄소의 다이아몬드 구조와 같은 구조로 되어 있어 실리콘과 탄소는 화학적, 물리적 성질이 매우 유사하다.

순수 실리콘은 도핑되어야만 전류를 흐르게 하는 전자를 생산할 수 있다. 얇은 실리콘 칩과 전자 회로에 포함되는 모든 부품은 복잡한 형태로 구성되고 집약되어 있다. 실리콘은 컴퓨터 기술로 유명한 지역인 미국 캘리포니아의 실리콘 밸리(Silicon Valley)에서 마이크로프로세서와 같이 매우 중대한 역할을 하고 있다.

반도체 재료 : P형

3개의 가전자를 가진 인듐과 같은 불순물을 순수 실리콘에 도핑할 수 있다. 이러한 경우, 각 인듐 원자의 3개 가전자들은 실리콘 원자의 3개 가전자와 전자쌍 결합을 형성한다. 이로 인해 근처의 실리콘 원자의 남는 하나의 가전자는 전자쌍 결합을 하지 못한 상태로 있게 된다. 따라서, 실리콘 결정－격자 구조에서 하나의 전자가 부족하게 된다. 인듐이나 또 다른 **억셉터**(acceptor) 불순물의 도핑에 의해 결정－격자 구조에 생긴 이러한 빈 공간을 **양공**(hole)이라 한다(그림 15·5(a)).

실리콘에 전압이 인가되면 전자는 전자쌍 결합을 끊을 수 있는 충분한 에너지를 얻고 양공의 자리를 차지하게 되며, 이로 인해 이동하기 전의 전자가 차지하고 있던 자리는 다시 양공이 된다. 이 양공은 전자쌍 결합을 끊고 나온 또 다른 전자를 받아들일 수 있게 된다. 이러한 현상이 지속되어 그림 15·5(b)에 나타내는 바와 같이 실리콘을 통해 양공이 움직이는 것처럼 된다.

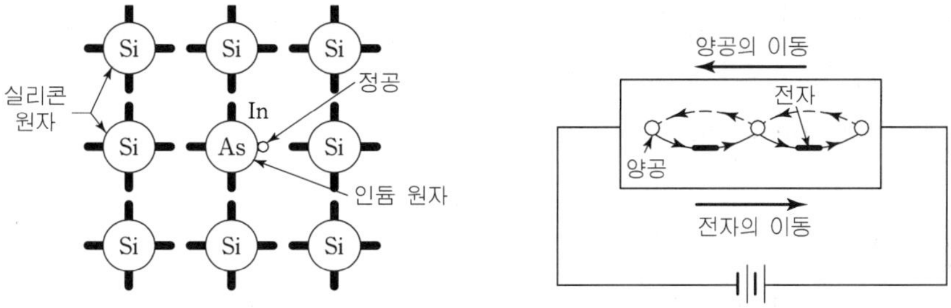

(a) 실리콘에 인듐이 첨가되면 정공이 생성된다

(b) p형 반도체에서 양공과 전자의 이동 또는 드리프트

그림 15·5 반도체에서의 양공

전자의 빈자리로 표현되는 양공은 양의 전하라고 할 수 있다. 그러므로 많은 양공을 가지고 있는 반도체 재료를 p형 재료라고 한다. 실리콘 내에 있는 각 인듐은 전자쌍 결합에서 나온 전자를 받아들일 수 있기 때문에 인듐을 **억셉터**(acceptor) 불순물이라고 한다.

P-N 접합 다이오드

일반적인 다이오드는 p형, n형 반도체를 결합한 구조이다. 화학적 공정을 통해서 p−n 접합으로 알려진 하나의 단위로 만든다(그림 15·6).

공핍층

p−n 접합이 형성되었을 때, n영역에 있는 자유 전자는 접합부를 넘어 p영역의 접합부 근처에 있는 양공의 자리에 들어간다. 동시에 접합부 근처의 p영역에 있는 양공도 접합부를 넘어 n영역의

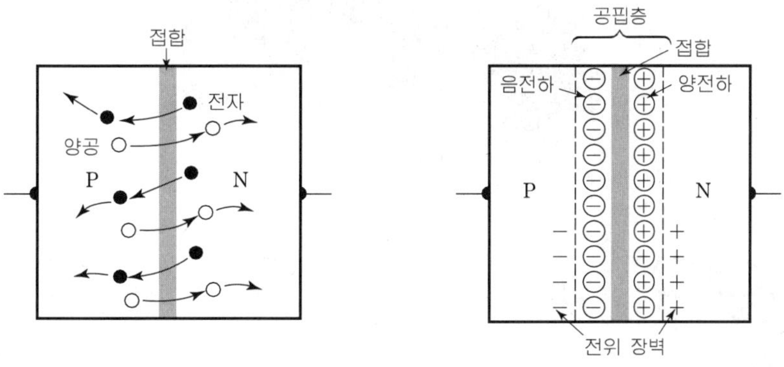

(a) 접합부를 통해 전자와 정공의 확산

(b) 전위 장벽의 생성

그림 15·6 p−n 접합에서 전자와 양공의 운동

접합부 근처에 있는 전자와 결합한다(그림 15·6(a)). 이 결과, n, p영역의 접합부에 있는 원자는 이온화되어 n영역에서는 전자가, p영역에서는 양공의 수가 줄어들게 된다. 이온화가 일어나는 이 영역을 공핍층(depletion layer)이라고 한다.

전위 장벽

공핍층에서 전자와 전공의 결합으로 인해 p영역의 원사는 전자를 얻어 음의 이온으로 되고, n영역의 원자는 전자를 잃어 양의 이온으로 된다. 이러한 현상으로 인해 접합부에 전위 장벽(potential barrier)이라고 부르는 작은 전압이 형성된다(그림 15·6(b)). 전위 장벽의 극성으로 인해 n영역에서 p영역으로 전자의 이동이나 p영역에서 n영역으로 양공의 이동이 없어지게 된다.

다이오드의 동작

일반적인 반도체 다이오드는 실리콘을 이용하여 만든다. 다이오드는 마치 차단기처럼 작동된다. 차단기는 전류를 한 방향으로 흐르게 하지만 다른 방향으로는 흐르지 못하게 한다. 다이오드에 전류를 흐르게 하기 위해서는 인가되는 전압과 극성을 올바르게 설정해야 한다. 다이오드에 인가되는 전압 극성은 순방향 바이어스(forward bias)와 역방향 바이어스(reverse bias)의 2가지이다.

다이오드는 회로에 연결하기 위해 필요한 러그(lug) 또는 리드(lead) 등이 여러 가지 모양으로 되어 있다(그림 15·7(a)). 다이오드는 애노드(anode)와 캐소드(cathode)의 두 개 전극(electrode)

(a) 일반적인 다이오드

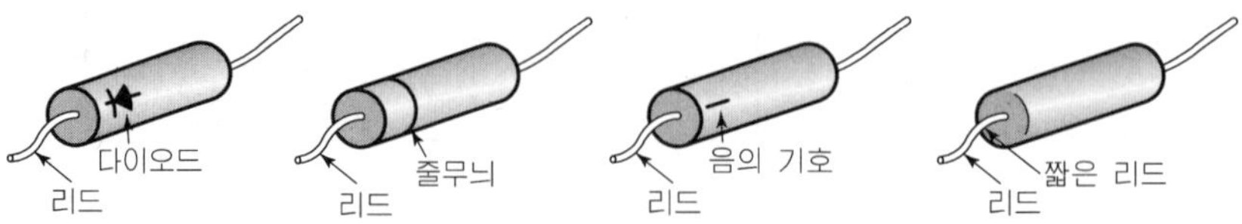

(b) 소형 다이오드

그림 15·7 실리콘 정류 다이오드

을 가지고 있다. 애노드는 다이오드에서 p형이고 캐소드는 n형이다. 다이오드의 애노드, 캐소드 단자는 그림 15·7(b)에 나타낸 바와 같이 몇 가지의 방법으로 구분할 수 있다.

다이오드의 회로 기호는 그림 15·10에 나타내었고 캐소드(−)와 애노드(+)를 표시했다. 그림 15·12에 나타내는 바와 같이 다이오드의 분류 표시는 CR이다. 회로에서 각 다이오드는 CR에 번호를붙여 표시한다. 이 표시로 회로에서 각각의 다이오드를 구분할 수 있게 해준다.

대부분의 다이오드는 1N과 같이 숫자-문자와 그 뒤에 2, 3 또는 4의 숫자나 숫자-문자 조합에 의해 구분된다. 이 숫자는 소자로서의 다이오드를 구분한다. 일부의 제조 업체는 업체 고유의 수 체계를 사용한다.

순방향 바이어스

전압 소스(직류 전압원 등)의 양(+)의 단자가 다이오드의 애노드에 연결되고 음(−)의 단자가 캐소드에 연결되면 다이오드는 순방향 바이어스 상태에 있게 된다(그림 15·8(a)). 이러한 상태에서 직류 전압원의 양의 단자가 p형 반도체에 있는 양공을 p−n 접합쪽으로 밀어내고 동시에 n형 반도체에 있는 자유 전자를 직류 전압원의 음의 단자에 의해 접합쪽으로 밀어낸다. 전자와 양공이 접합 부분에 도달하면 일부 전자와 양공은 접합 부분을 넘어간다(그림 15·8(b)). n형 반도체에 있는 전자와 넘어오는 양공은 결합하게 되고 p형 반도체의 양공도 넘어오는 전자와 결합하게 된다.

접합 부근에서 양공이 전자와 결합하거나 전자가 양공과 결합할 때, p형 반도체(애노드)에서 전자쌍 결합으로부터 전자가 결합을 깨고 나온다. 이 전자는 직류 전압원의 양의 단자로 들어가고 동시에 직류 전압원의 음의 단자에서 나온 전자는 다이오드의 n형 반도체(캐소드)로 들어간다(그림 15·8(c)). 이로 인해 다이오드와 연결되어 있는 외부 회로에 음의 단자에서 양의 단자로 전자 흐름이 생성된다.

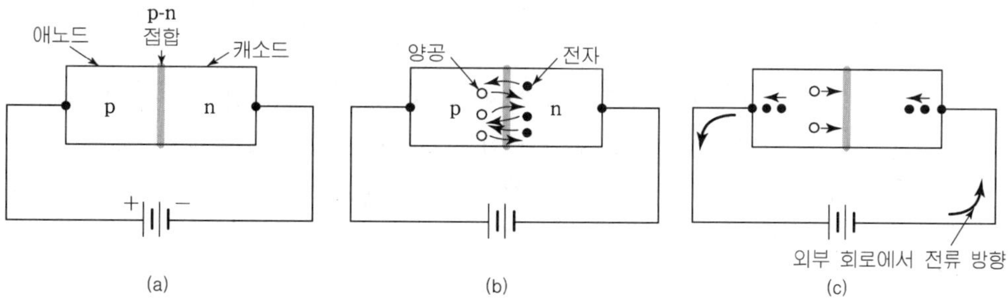

그림 15·8 순방향 바이어스 상태의 다이오드

역방향 바이어스

다이오드의 애노드가 직류 전압원의 음의 단자와 연결하고 캐소드는 양의 단자와 연결하면 다이오드는 역방향 바이어스 상태에 있게 된다(그림 15·9(a)). 이러한 상태에서 p형 반도체에 있는 양

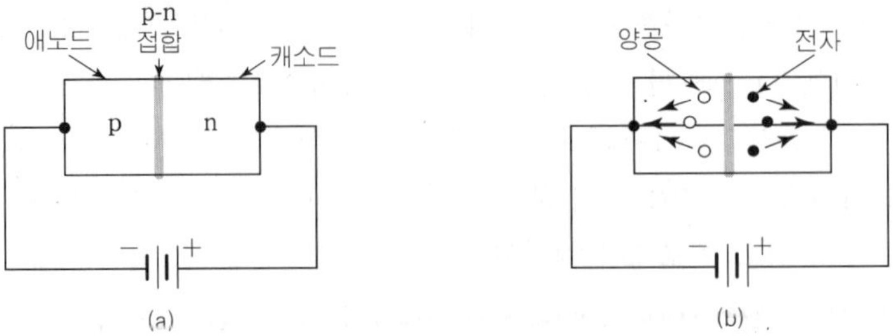

그림 15·9 역방향 바이어스 상태의 다이오드 회로

공은 p−n 접합부를 떠나 직류 전압원의 음의 단자쪽으로 향하게 되고 동시에 n형 반도체에 있는 자유 전자는 접합부로부터 떠나 직류 전압원의 양의 단자쪽으로 향하게 된다(그림 15·9(b)). 이로 인해 다이오드는 전류에 대해 높은 저항 성분을 갖게 된다.

정 류

대부분의 전력 회사는 교류를 공급한다. 교류를 공급하는 주요 이유 중 하나는 교류가 먼 거리로 송전하는데 매우 유리하기 때문이다. 그러나 많은 처리 과정과 소자들은 오직 직류에 의해 작동된다. 예를 들면 트랜지스터와 제어 소자는 직류에 의해 작동된다. 일반적인 콘센트에 연결되어 작동되는 회로에 이러한 소자들이 포함되어 있다면 정류 회로를 사용하여야 한다. 정류 회로는 교류를 직류로 바꾸어 준다. 직류 전압원 충전기와 직류를 공급하는 전원 공급기에서 다이오드는 정류기로 사용된다. 다이오드는 또한 라디오, 텔레비전 수신기, 컴퓨터 그리고 다른 전기 전자 제품의 정류 회로에서 사용된다.

반파 정류 회로

다이오드가 교류 전압원에 연결되어 있으면 각 사이클마다 순방향 바이어스와 역방향 바이어스로 교대로 연결된다. 그러므로 입력 전압의 각 사이클의 1/2주기 동안에 회로의 부하를 통해 전류가 흐르게 되어 다이오드는 정류 회로로 작동한다(그림 15·10). 이러한 작동으로 인해 이 회로를 **반파 정류 회로**(half-wave rectifier)라고 한다.

▷ 출 력

반파 정류 회로의 출력은 맥동 직류로 다른 회로에서 사용할 수 있다. 그러나 라디오, 텔레비전 그리고 증폭기에서는 이러한 직류를 사용하게 되면 허밍(humming) 현상이 일어난다. 이러한 허밍 현상을 제거하거나 감소시키기 위해서 맥동 직류를 여과하거나 매끈하게 만들어야 한다.

▷ 필터링

정류 회로에서 기본적인 필터링 소자는 전해 커패시터이다(그림 15·11). 반파 정류 회로에서 이

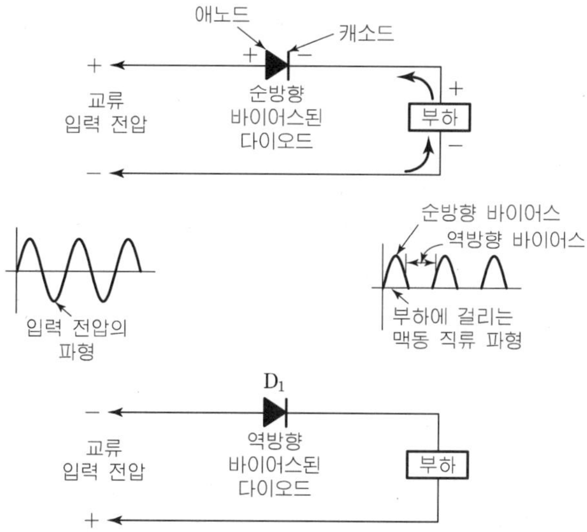

그림 15·10 반파 정류 회로

그림 15·11 전해 커패시터

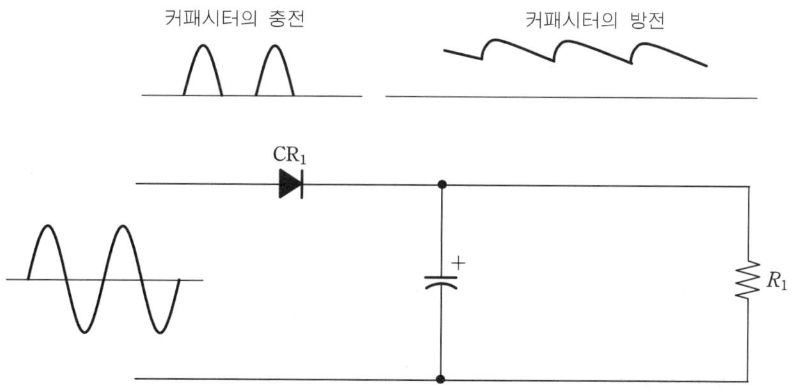

그림 15·12 반파 정류 회로에서 전해 커패시터의 필터링

러한 커패시터의 동작은 그림 15·12에 나타낸다.

다이오드가 순방향 바이어스로 연결되어 있을 때, 전압은 출력 회로를 통해 증가하고 커패시터는 충전하기 시작한다. 전압이 감소되면서 커패시터는 저항 R을 통해 방전하기 시작한다. 다이오드가 다시 순방향 바이어스로 연결되면 완전히 방전하지 못한 커패시터에 다시 완전 충전되고 다시 방전되는 이러한 사이클을 반복한다. 이렇게 방전하다 다시 충전하기 때문에 출력 전압과 전류는 부드럽게 이어진다.

전파 정류 회로

전파 정류 회로는 공급되는 전압의 전사이클을 정류한다. 기본 전파 정류 회로에서는 다이오드를 2개 사용한다. 이 2개의 다이오드는 그림 15·13에 나타내는 바와 같이 공급하는 전압의 각 반주기 동안에 교대로 작동된다. 다이오드를 2개 사용하거나 하나의 패키지에 2개가 있는 것을 사용한다(그림 15·14).

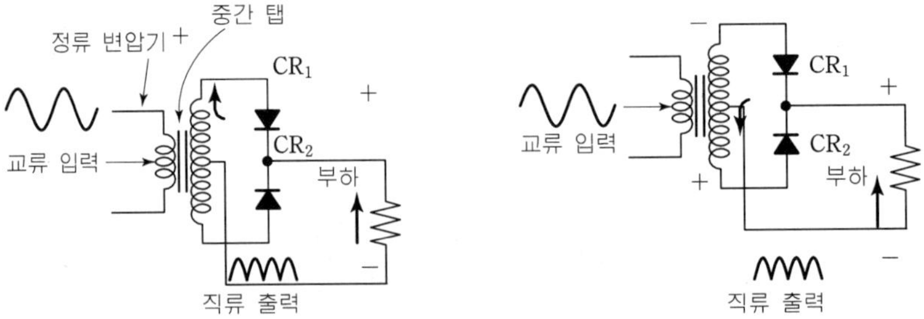

(a) 다이오드 CR_1은 도통된 상태이고, CR_2은 도통되지 않은 상태

(b) 다이오드 CR_2는 도통된 상태이고, CR_1은 도통되지 않은 상태

그림 15·13 2개의 다이오드를 사용한 기본적인 전파 정류 회로

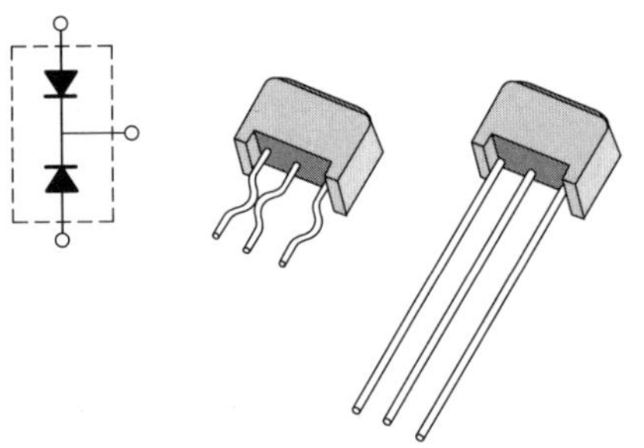

그림 15·14 2개의 다이오드를 이용한 정류기

이 회로에 사용하는 변압기는 중간 탭이 있는 변압기를 사용해야 한다. 정류 회로의 직류 출력 전압은 출력 저항과 필터 커패시터와 같은 다른 회로 소자가 출력에 영향을 주지만 변압기의 중간 탭에 나타나는 전압에 주로 영향을 받는다.

전파 정류기는 반파 정류기보다 더 고른 출력 전압을 갖는다. 이것은 전파 정류기가 공급되는 전압의 각 반주기 동안 출력 회로에 펄스 전압을 생성하기 때문이다. 필터링 후 부하에 걸리는 전압은 매우 매끈하게 할 수 있다.

▶ 브리지 정류기

브리지 정류기는 4개의 다이오드를 배열한 전파 정류기이다. 그림 15·15에 나타내는 바와 같이 공급되는 교류 입력 전압의 각 반주기 동안 다이오드는 작동된다. 주의할 것은 브리지 회로에서는 중간 탭이 있는 변압기를 사용하지 않는다. 다이오드는 개별로 각각 사용하거나 하나의 패키지 형태로 되어 있다(그림 15·16). 필터도 또한 이 정류된 직류에서 펄스를 제거하는데 필요하다.

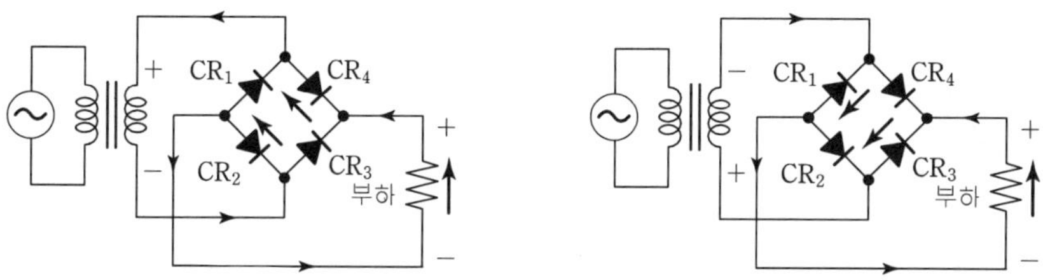

(a) 다이오드 CR_2와 CR_4는 도통되었고 CR_1와 CR_3는 도통되지 않았다

(b) 다이오드 CR_2와 CR_4는 도통되었고 CR_1와 CR_3는 도통되지 않았다

그림 15·15 브리지 정류 회로

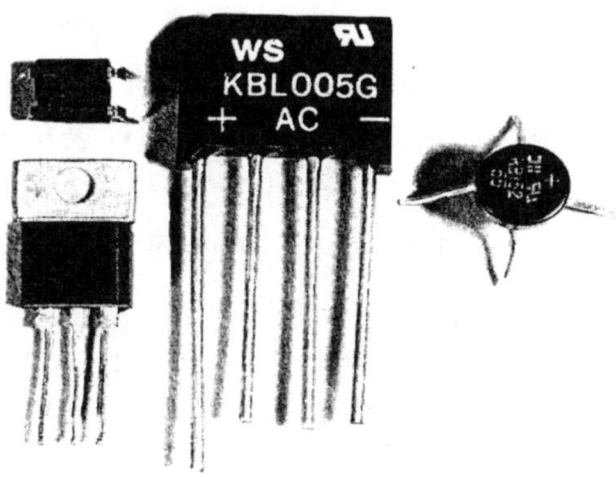

그림 15·16 4개의 다이오드로 이루어진 브리지 정류기

▶ 특수 다이오드

교류 신호를 정류하는 것 이외에 다이오드를 이용한 직류 출력 제어, 교류 제어와 같은 많은 응용 회로가 있다. 이러한 응용 회로에 사용되는 다이오드는 제너 다이오드(Zener diode), 트라이액과 다이액이 있다.

제너 다이오드는 역방향 바이어스 모드에서 작동하여 직류 전압을 생성한다. 제너 다이오드는 역방향 항복 전압(breakdown voltage)에 도달하면 도통된다. 이 역전압은 다이오드를 차단하게 된다. 한 번 도통되면 출력 전압은 부하 전류와 입력 전압 레벨의 변화를 보정하고 생성한다.

트라이액과 다이액은 쌍방향으로 전류의 흐름을 조절하는 교류 장치이다. 역전압으로 트라이액은 게이트를 이용하여 스위칭 동작을 시킬 수 있으며, 다이액은 트리거하거나 도통된다.

다이오드의 정격

정류용 다이오드의 정격은 최대 전류와 최대 정전압과 최대 역전압이다. 최대 역전압은 피크 역전압(PIV : peak inverse voltag) 또는 (PRV : peak reverse voltage)이라 한다. 최대 역전압보다 많은 전압이 인가되면 다이오드는 치명적인 손상을 입는다. 다이오드 정격은 반도체 제조 회사에 출간하는 여러 가지 시방서에서 찾을 수 있다.

다이오드 시험

다이오드에 결함이 생기면 대부분 회로적으로 단락되거나 개방된다. 이러한 결함은 일반적으로 과열로 인해 반도체 재료에 결함을 주기 때문에 일어난다. 과열이 반도체에서 원자와 분자 구조를 치명적인 재배열하는 현상을 유발하기 때문이다.

순방향과 역방향 다이오드의 저항계 측정은 다이오드 시험의 기본이다. 저항계의 음(−)단자를 다이오드의 캐소드에 연결하면 다이오드는 순방향 바이어스 상태에 있게 되어 저항값은 매우 작아진다(그림 15·17(a)). 저항계의 양(+)단자를 다이오드의 캐소드에 연결하면 다이오드는 역방향 바이어스 상태에 있게 되어 저항값은 매우 크게 나타난다(그림 15·17(b)).

저항계를 이용하여 다이오드를 시험하기 위해 저항계에 다이오드를 연결하고 저항값을 확인하면 된다. 그리고 다시 반대로 연결한다. 측정한 다이오드의 저항값이 측정한 또 다른 값에 비해 높게 측정되었다면 다이오드는 아무런 결함이 없다. 측정한 저항값이 모두 매우 적거나 클 때는 다이오드는 손상되어 있어 교체해야 한다. 어떤 저항계는 저항 측정시에 소리로 구분해 주는 장치도 있다.

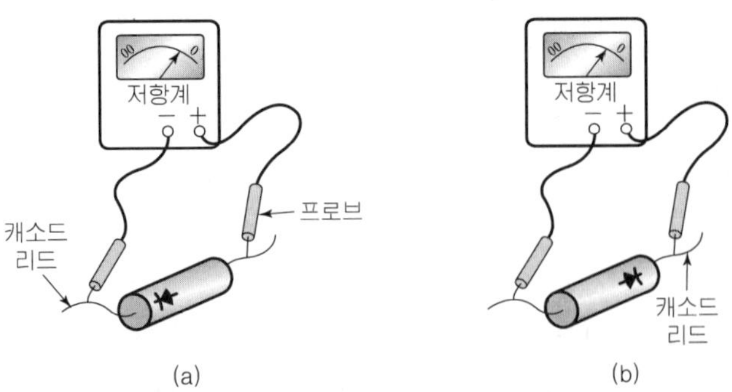

그림 15·17 저항계를 이용한 다이오드의 시험

트랜지스터

트랜지스터는 전자 제품을 발전시켰다. CD 플레이어나 텔레비전은 트랜지스터가 없이는 불가능한 가전 제품이다. 트랜지스터(transistor)는 전류를 조절하고 입력 전압 또는 입력 전류를 증폭시키는데 사용되는 반도체이다(그림 15·18). 예를 들면 트랜지스터 라디오에서 트랜지스터는 안테나 코일을 통해 들어오는 매우 작은 신호를 증폭하는데 사용된다. 라디오의 스피커를 통해 출력될 수 있는 큰 신호를 만들 수 있다.

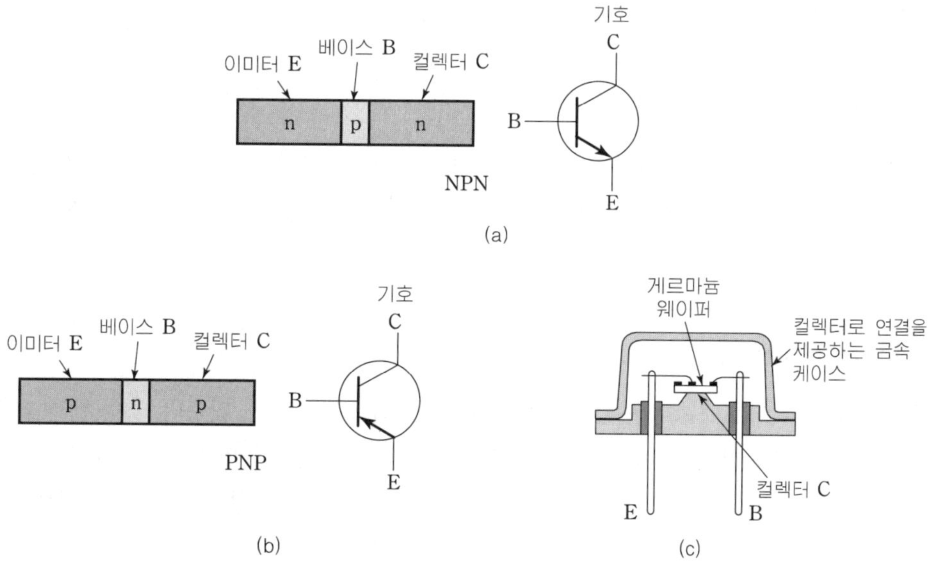

그림 15·18 트랜지스터 구조

트랜지스터의 종류

트랜지스터는 NPN 트랜지스터와 PNP 트랜지스터가 있다. 트랜지스터는 종종 바이폴러 트랜지스터(bipolar transistor)라고 하는데 이것은 트랜지스터가 양공과 전자의 움직임에 의해 작동되기 때문이다. 트랜지스터는 n형 반도체와 p형 반도체로 만들어지고 2개의 다이오드를 서로 마주보게 해서 연결한 형태로 구성된다. 이러한 배열 형태로 인해 **이미터**(emitter), **베이스**(base), **컬렉터**(collector)로 3가지 영역으로 구분된다. 이미터는 베이스와 컬렉터를 양쪽을 연결하는 공통으로 도전되는 영역이다. 이미터에서 본 베이스는 입력이고 이미터에서 본 컬렉터는 출력 단자이다.그림 15·18과 같이 이미터, 베이스, 컬렉터를 기호 E, B, C로 표시한다. 트랜지스터의 각 영역은 회로와 연결을 위해 전선(wire lead)이나 핀으로 연결된다(그림 15·18(c)).

트랜지스터는 종종 차폐 리드인 4번째 리드가 있는 금속 케이스로 덮어진다. 이 리드는 내부적으로 케이스로 연결되어 있고 회로에서 공통점으로 연결된다. 이 금속 케이스는 정전기와 자계로부터 트랜지스터를 보호한다.

기호 설명

NPN 또는 PNP 접합 트랜지스터의 회로 기호를 편리하게 기억하는 법은 이미터의 화살표 방향을 기억하면 된다. 베이스에서 화살표가 밖으로 표시되면 다음과 같이 표현할 수 있다. "Not Pointing iN"(안으로 향해 있지 않다). 그래서 이 회로 기호는 NPN 트랜지스터이다. 만약 화살표가 베이스쪽으로 있으면 다음과 같이 표현할 수 있다. "Point iN Please"(안으로 향해 있네요). 이 회로 기호는 PNP 트랜지스터이다(그림 15·18(b)).

분 류

대부분의 트랜지스터는 2N과 같은 숫자-문자 뒤에 수를 나열하여, 예를 들어 2N104, 2N337, 2N256과 같이 구분한다. 또 다른 트랜지스터는 수와 문자의 조합으로 예를 들면 40050, 40404, 4D20과 같이 표기한다.

트랜지스터 매뉴얼

트랜지스터의 분류 코드에는 NPN 또는 PNP 트랜지스터를 표시하지 않는다. 그러한 기술적인 데이터는 트랜지스터 매뉴얼이나 시방서에서 확인할 수 있다. 이러한 매뉴얼에는 회로에서 동작하는 정보 또한 제공한다. 트랜지스터의 외형 도표에서 트랜지스터의 크기, 모양 그리고 연결 정보를 자세히 제공한다. 트랜지스터의 연결은 일반적으로 트랜지스터를 밑에서 본 형태로 명시한다(그림 15·19).

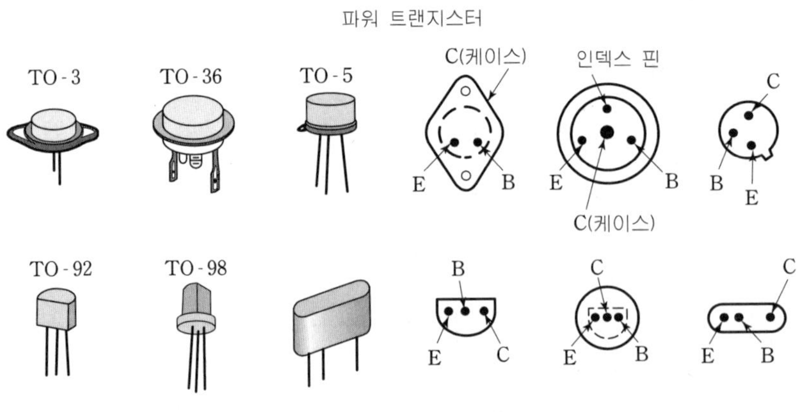

그림 15·19 일반적인 NPN과 PNP 트랜지스터 케이스와 밑에서 본 리드의 구분

대 체

NPN, PNP 트랜지스터는 서로 대체할 수 없다. 트랜지스터는 동작 조건이 같은 다른 분류 코드의 트랜지스터로 대체할 수 있다. 다른 트랜지스터로 대체할 수 있는 트랜지스터의 항목은 트랜지스터 대체 가이드나 매뉴얼에 표시해 준다.

트랜지스터의 동작

증폭기는 출력 전압이나 전류를 증가시키는 장치이거나 회로이다. 트랜지스터는 작은 입력 신호를 큰 출력 신호로 변환해주는 증폭기이다. 입력 신호에 비해 증가된 출력 신호의 양을 전력 이득(power gain)이라 한다. 바이어스 전압(bias voltages)라고 불리우는 작은 전압이 트랜지스터 입력에 공급된다. 입력 회로의 바이어스 전압이 변하면 마치 가변 저항과 같이 바이어스 전압에 따라 트랜지스터의 저항값이 증가하거나 감소한다. 트랜지스터는 또한 디지털(on/off) 부품과 같이 동작하여 컴퓨터 응용 회로에 종종 사용된다.

NPN 트랜지스터

가장 일반적인 트랜지스터 증폭기 회로는 이미터 공통 회로(common−emitter circuit)이다(그림 15·20). 이미터 또는 이미터 부분의 회로가 입력과 출력 회로에 대해 공통 단자로 연결되어 있어 이미터 공통 회로라고 부른다.

이 회로에서 베이스−이미터의 p−n 접합은 직류 전압원 B_1에 의해 순방향 바이어스로 연결된다. 직류 전압원 B_2는 B_1보다 높은 전압을 가지며 출력 회로의 컬렉터에서 이미터로 연결된다. 이런 연결로 인해 이미터·컬렉터간의 양의 전압이 이미터·베이스간의 양의 전압보다 더 높다. 컬렉

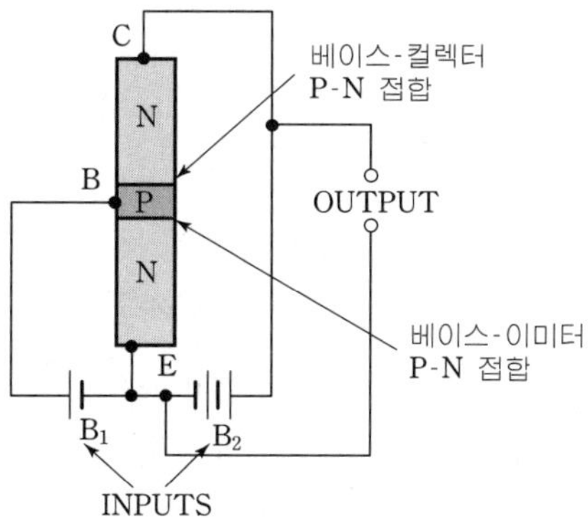

그림 15·20 공통 이미터 NPN 트랜지스터 증폭기 회로

터·베이스간의 전압은 음의 전압을 가진다. 그러므로 베이스-컬렉터 p-n 접합은 역방향 바이어스 상태에 있게 된다.

베이스-이미터 p-n 접합이 순방향 바이어스 상태에 있을 때, 이미터에 있는 자유 전자가 접합부를 향해 이동함과 동시에 베이스에 있는 양공 또한 접합부로 이동한다(그림 15·21(a)). 접합 부분에서 결합한 일부 양공과 전자는 전류를 생성한다. 그러므로 대부분의 전자는 베이스-이미터 접합을 통과하여 컬렉터로 이동하고 이 전자는 직류 전압원 B_2의 양(+)극에 도달하게 된다.

동시에 직류 전압원 B_2의 음극에서 이미터로 전자가 이동한다. 컬렉터-이미터 외부 출력 전류는 입력 회로의 전류보다 매우 크다. 바로 이러한 동작 때문에 이 회로가 증폭기로 사용된다.

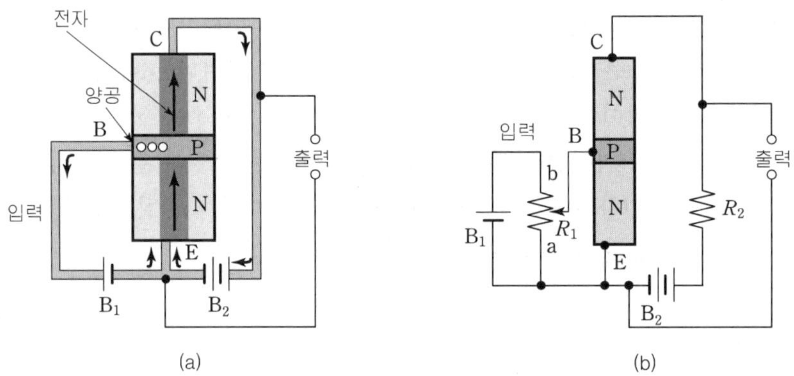

그림 15·21 트랜지스터 회로에서 출력 전류의 기본 제어 방법

출력 전류

그림 15·21(b)에서 알 수 있는 바와 같이 트랜지스터 증폭기 회로에 또 다른 매우 중요한 특징은 입력 전류의 변화로 출력 전류를 조절할 수 있다는 것이다. 입력 회로에서 B_1에는 R_1에 의한 전압 분배기가 설치되어 있다. 전압 분배기의 슬라이더를 a점으로 이동시키면 베이스-이미터 p-n 접합이 보다 적은 순방향 바이어스 전압이 인가된다. 이 결과로 입력 전류가 감소하여 출력 전류도 감소하게 된다.

전류 이득(β)

이미터 공통 트랜지스터 회로의 전류 이득은 그리스 문자인 β로 표기한다. 예를 들면 $\beta=60$과 같이 표기한다. 이 값은 컬렉터 전류(I_c)와 베이스 전류(I_b)의 비를 나타낸다. 입력 신호가 없을 때, 회로의 동작점(operation point)에서 전류값은 $\beta=I_c/I_b$이다. 이것은 β값을 정적으로 측정하는 것이다.

PNP 트랜지스터

그림 15·22(a)와 같이 PNP 트랜지스터를 증폭기로 사용할 때, 베이스-이미터, 베이스-컬렉터간의 p-n 접합 인가 바이어스 극성은 NPN 트랜지스터의 연결과 반대로 연결하면 된다.

이 회로에서 이미터에 있는 양공은 베이스-이미터 p-n 접합부로 이동한다. 또한 베이스에 있는 전자도 접합부로 이동한다. 일부 전자와 양공은 접합 부근에서 결합하지만 대부분의 양공은 베이스를 지나 컬렉터로 이동한다(그림 15·22(b)). 직류 전압원 B_2의 음극에 연결되어 있는 컬렉터 영역으로 양공은 도달하고 배터리의 음극에서 배출되는 전자는 컬렉터로 주입되어 이 양공과 결합하게 된다. 동시에 이미터에 있는 전자가 같은 수만큼의 전자쌍 결합을 깨고 직류 전압원의 양극으로 주입된다. PNP 트랜지스터와 같이 이와 같은 동작으로 인해 입력 전류보다 매우 많은 출력 전류를 생성하게 된다.

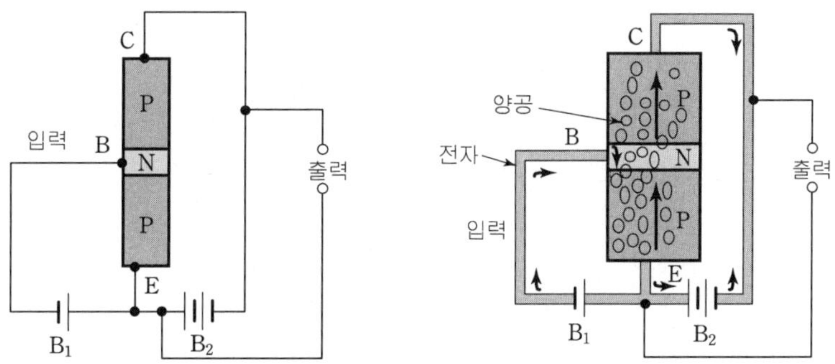

(a) 회로도 (b) 전자의 이동

그림 15·22 공통 이미터 PNP 트랜지스터 증폭기 회로

증폭기

간단한 단일 트랜지스터 증폭기 회로를 그림 15·23에 나타낸다. 이 회로에서 PNP 트랜지스터에 인가하는 바이어스 전압은 직류 전압원 B_1에 의해 공급된다. 저항 R_1은 베이스에서 이미터로 흐르는 전류를 조절하는 전류 조절기 역할을 한다. 모든 트랜지스터 증폭기 회로에서 마찬가지로 베이스-컬렉터 p-n 접합은 역방향 바이어스 상태에 있다.

입력 신호

마이크와 같은 장치에서 음원으로부터 나오는 입력 신호가 입력된다. 트랜지스터의 베이스 단자에

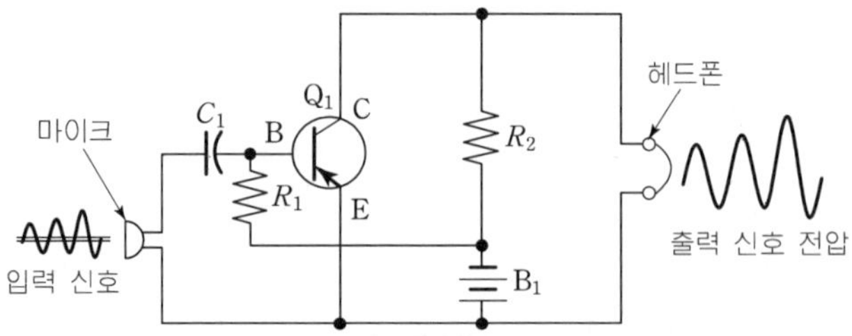

그림 15·23 공통 이미터 트랜지스터 증폭기는 Q 문자로 구분한다.

커패시터 C_1을 연결한다. 입력 신호 전압의 값과 극성이 변하게 되므로 베이스에 인가되는 순방향 바이어스의 값이 변하게 되는데 이것은 음성 신호가 실린 입력 전류가 변하게 되어 출력 전류의 값이 같은 방식으로 변하게 된다.

출력 전류의 값이 변함으로 인해 출력 저항 R_2에 걸리는 전압 강하가 변하게 된다. 직류 전압원, 트랜지스터 그리고 저항 R_2는 직렬 연결된다. 그러므로 출력 전류가 증가하면 R_1의 전압 강하가 증가한다. 출력 전류가 감소하게 되면 R_1의 전압 강하가 감소하게 되고 출력 전압은 증가한다. 출력 전압의 변화가 입력 전압의 변화보다 많이 변하여 입력 신호가 증폭된다. 출력 전압의 변화가 헤드폰으로 인가되고 이 신호는 음파로 변하게 된다.

동작점

그림 15·23에서 입력 전압은 교류이므로 정현파의 각 음(−)의 반주기 동안 베이스−이미터 접합의 바이어스는 역방향 바이어스 상태에 있게 된다. 이미터−베이스 접합은 다이오드와 같이 동작하여 오직 한 방향으로 도통된다. 입력은 이 접합에 의해 정류되어 신호의 반주기는 제거된다. 이러한 문제점을 해결하기 위해 이미터−베이스 회로로 안정된 전류가 흘러야 한다. 이 전류의 크기는 R_1의 값과 B_1의 전압원에 의해 결정된다(그림 15·23). R_1의 값은 베이스 전류의 값을 결정하여 입력 신호는 음의 반주기 동안의 동작점보다 작게 한다. 정류작용이 일어나지 않아 전체 입력 전압이 그림 15·23에 나타내는 바와 같이 증폭되어 출력 신호로 나온다. 동작점은 **정지점** 또는 **큐-포인트**(Q−point)라고도 한다.

트랜지스터 사용법

트랜지스터는 손상될 수 있다. 매우 높은 열은 반도체의 결정 격자 구조를 영구히 손상시킬 수 있다. 소자가 동작하고 있을 때, 전자 부품을 냉각시키기 위해 기술자들은 많은 노력을 해왔다. 또한 트랜지스터를 회로에 납땜할 때, 인두의 열에 조심해야 한다.

방열기

매우 큰 전류를 발생시키는 트랜지스터는 과열로부터 보호하기 위해서 방열기(heat sinks)를 종종 부착한다(그림 15·24). 열은 반도체를 손상시키고 반도체 저항값도 온도에 비례하여 변한다. 온도가 적절하게 조절되지 않아서 발생하는 트랜지스터의 온도의 변화는 전자 부품의 신뢰성을 낮춘다. 방열기는 트랜지스터 자체에서 냉각하는 것보다 더 빨리 트랜지스터의 열을 흡수하여 발산하거나 제거한다. 이러한 방열기는 트랜지스터가 많은 전류를 흐르게 해주고, 온도는 낮게 한다.

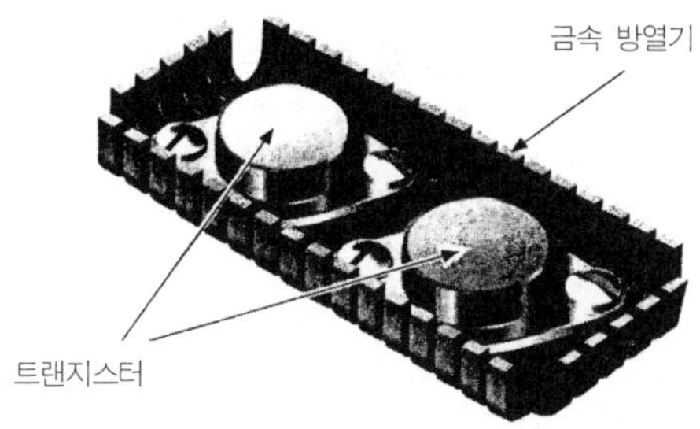

그림 15·24 전력 트랜지스터에 부착된 방열기

트랜지스터의 연결

트랜지스터는 리드를 회로 단자에 납땜하거나 트랜지스터 소켓에 삽입하는 2가지 방식으로 연결된다(그림 15·25). 소켓은 트랜지스터를 좀 더 쉽게 회로에 연결시켜주고 납땜시 발생하는 과열에 인한 손상을 방지한다. 과열은 트랜지스터의 리드와 회로와의 직접 납땜으로 인해 발생한다.

트랜지스터 리드를 납땜할 때, 필요 이상의 열이 발생하지 않게 납땜 인두를 사용하는 것이 좋다. 30~50W의 납땜 인두는 합금 땜납을 사용하기에 충분한 열을 발생한다. 방열기는 납땜하는 트랜지스터의 리드와 항상 연결되어 있다. 롱 노즈 플라이어의 집게 부분이나 지열기와 같은 도구를

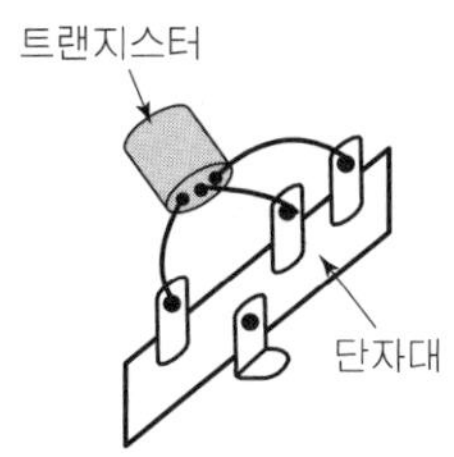

(a) 리드를 회로에 납땜

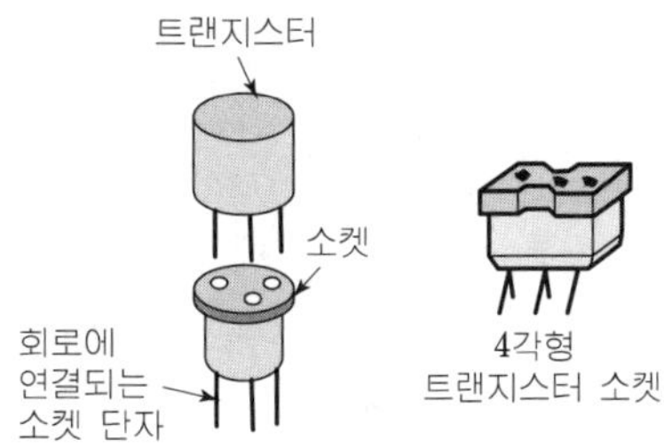

(b) 소켓에 부착된 트랜지스터

그림 15·25 트랜지스터의 연결 방법

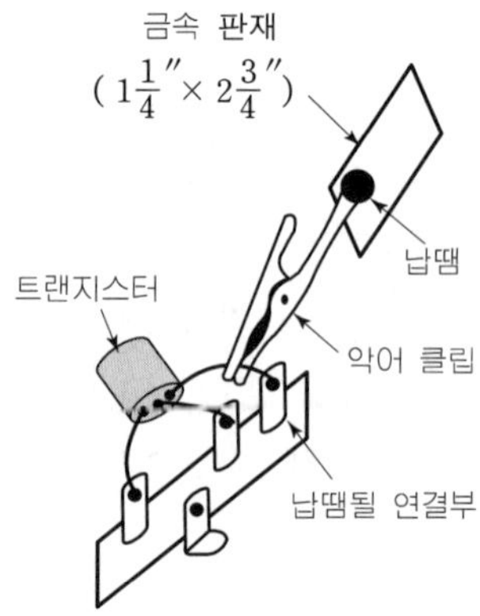

그림 15·26 작은 금속 조각과 악어 클립을 이용한 간단한 방열기 사용법

방열기로 사용할 수 있다(그림 15·26). 소켓 단자를 납땜하거나 제거할 때 항상 트랜지스터를 제거해야 한다.

바이어스 전압

트랜지스터 단자에 공급되는 바이어스 전압을 정확히 알지 못한 상태에서 회로에 트랜지스터를 연결하면 안된다. NPN이나 PNP 트랜지스터에서 베이스－이미터 바이어스 전압이 컬렉터 전압에 영향을 주어 트랜지스터가 작동하게 된다. 베이스 전압이 컬렉터 전압으로부터 멀어지면, 트랜지스터는 작동하지 않는다. 예를 들면 베이스－이미터 전압은 차단 영역과 동작 최대 영역 사이에 작동하도록 설정하여야 한다. 증폭기를 동작시키기 위한 베이스－이미터 직류 바이어스는 게르마늄 트랜지스터는 약 0.3 V이고 실리콘 트랜지스터는 약 0.7 V이다. 안전하게 작동할 수 있는 전류값보다 많은 전류가 인가되면 p－n 접합 트랜지스터에 과도 전압이 인가된다. 트랜지스터를 손상시킬 수 있는 과도한 전류가 트랜지스터에 공급되기 때문에, 트랜지스터를 동작 중인 회로에 부착하거나 제거해서는 안된다.

올바른 극성

트랜지스터는 충분히 높은 역방향 바이어스 전압이 인가되면 손상을 입을 수가 있다. 이러한 손상의 위험은 이미터 공통 회로에서는 매우 작다. 그럼에도 불구하고 회로에 전압을 인가하기 전에 트랜지스터가 정확하게 연결되어 있는지를 확인하는 것이 좋다. 처음 회로를 작동시킬 때에는 반드시 연결 상태를 확인하는 것이 좋다.

트랜지스터 시험

트랜지스터는 과열로 인해 종종 결함이 발생한다. 과열은 베이스-이미터 다이오드 부분, 베이스-컬렉터 다이오드 부분, 두 다이오드 부분 또는 이미터-컬렉터 부분에 너무 많은 전류가 흘러 발생하게 된다. 다이오드에서와 마찬가지로 과열은 결정 격자 구조를 완전하게 파괴하여 트랜지스터가 단락되거나 개방된다.

트랜지스터의 접합들을 저항계로 시험할 수 있다. 시험하고자 하는 트랜지스터가 회로에 연결되어 있다면 베이스의 리드의 연결을 끊어 회로로부터 분리시킨다. 모든 전원을 차단하고 저항계의 측정 범위 단자를 매우 낮거나 중간 단계로 조절하여 베이스와 이미터간의 저항을 측정한다. 이번에는 베이스에 연결된 저항계의 단자를 이미터에, 이미터에 연결된 저항계의 단자를 베이스에 연결하여 다시 측정한다. 베이스와 이미터간의 두 저항값 중 한 값이 다른 값에 비해 현저하게 높으면 베이스-이미터 다이오드 부분은 결함이 없는 좋은 상태임을 알 수 있다(그림 15·27). 베이스-컬렉터 다이오드 부분을 시험하는 방법도 저항계를 베이스와 컬렉터에 연결하여 같은 방법으로 측정한다. 마지막 시험으로 전원을 제거하고 이미터와 컬렉터를 저항계로 연결하여 측정한다. 이때 나머지 트랜지스터의 리드 중 하나의 연결을 끊는다.

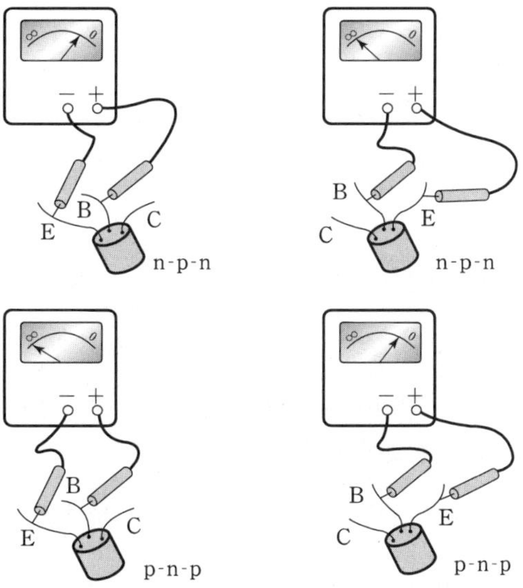

그림 15·27 저항계를 이용한 NPN과 PNP 트랜지스터의 테스트

주의 사항

저항계로 측정할 때는 항상 모든 전압원을 제거해야 한다.

주의 사항

$R\times 1$ 범위에서 어떤 저항계는 측정시에 치명적인 손상을 줄 수 있는 충분한 전압을 트랜지스터에 공급한다. 또한 어떤 저항계는 가장 높은 범위에서 트랜지스터를 파괴시키기에 충분한 전압이 공급된다.

연습문제

1. 다음 용어를 설명하여라.

   ① 도핑
   ② 도너
   ③ 억셉터
   ④ 가전자
   ⑤ 공유 결합
   ⑥ 전위 장벽

2. 억셉터와 도너 원자의 종류는?

3. n형 및 p형 반도체의 공유 결합 모형을 그리고 설명하여라.

4. 반파 정류 회로를 그리고 교류 입력이 인가했을 때 출력 파형을 그리고 설명하고, 커패시터를 이용한 필터링 회로를 그리고 설명하여라.

5. 전파 정류 회로를 그리고, 교류 입력이 인가했을 때 출력 파형을 그리고 설명하여라.

6. 브리지 정류 회로를 그리고 동작을 설명하여라.

7. 동작점에 대해서 설명하여라.

16장 집적 회로와 특수 소자

학 습 용 어

게이트(gate), 집적 회로(integrated circuit), 변조 신호(modulated signal), 연산 증폭기(operational amplifier), 광전자 공학(optoelectronics), 펠티에 효과(Peltier Effect), 포토다이오드(photo diode), 고온계(pyrometer), 실리콘 제어 정류기(silicon-controlled rectifier), 서미스터(thermistor), 열전대(thermocouple), 사이리스터(thyristor)

목 표

- 실리콘 제어 정류기의 동작을 설명할 수 있다.
- 모놀리식 집적 회로의 공정을 설명할 수 있다.
- TTL 집적 회로와 CMOS 집적 회로의 특성 상호 비교 분석할 수 있다.
- 광전자 공학의 5가지 응용을 열거할 수 있다.

오락용, 교육용 등의 전자 장비를 사용해 봤을 것이다. 이 장에서 일반적인 전자 장비에 관하여 많은 부분 다루고 있다. 이러한 전자 장비는 우리의 일상 생활에서 항상 사용하고 있다. 이 장에서는 전자 부품들의 작동에 관하여 설명한다.

검파 다이오드

전자 부품에는 반도체 실리콘 다이오드와 접합 트랜지스터 이외에도 고체 정류기, 전류 조절기, 광검출기, 그리고 증폭기 등이 있으며 특별한 형태의 정류기, 레귤레이터, 전계 효과 트랜지스터 그리고 광전지 등도 포함되어 있다. 또 다른 중요한 반도체 제품으로 집적 회로(IC)가 있다. 집적 회로에는 많은 수의 부품들이 얇은 칩 또는 웨이퍼에 집약되어 있다.

검파 다이오드(Detector diodes)는 반도체 소자로서 라디오와 텔레비전에서 음성 검파(qudio

detection) 또는 복조(demodulation)와 같은 정류 동작을 수행한다(그림 16·1).

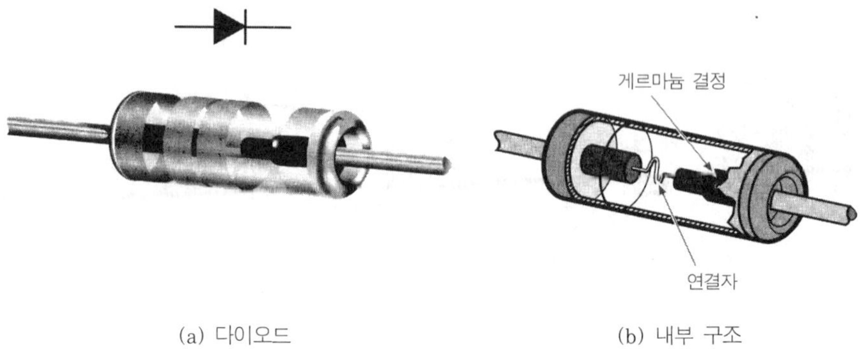

그림 16·1 게르마늄 "수정" 검파 다이오드

이 정류 동작은 고주파 전송 신호로부터 오디오 신호(음성 또는 음악)를 분리한다. **변조 신호**(modulated signals)는 음성이나 음악에 따라 변한다. 전송 신호가 그 정보를 전달할 수 있도록 오디오 신호를 변조해야 한다. 이러한 신호들은 방송국에서 사용하는 전송 신호에 혼합되어 있다.

기본적인 **진폭 변조**(AM : amplitude–modulated) 검파 회로는 그림 16·2에 나타낸다. 이 회로에서 변조된 전송 신호는 다이오드 D_1에서 검출된다. 이 다이오드는 정류 동작을 수행하여 맥동 직류가 저항 R_1에 흐르게 된다. 변조 전송 신호가 변하면 이 전류값은 변하게 된다. 오디오 변조 신호의 전압이 저항과 검파 회로의 출력 단자에 공급되기 때문이다. 일반적으로 100 pF의 커패시터는 오디오 신호의 높은 전송 주파수에 작은 임피던스가 걸리게 하고 적은 주파수에는 큰 임피던스가 걸린다. 그러므로 커패시터에 의해 고주파 신호로부터 오디오 신호를 분리하게 된다.

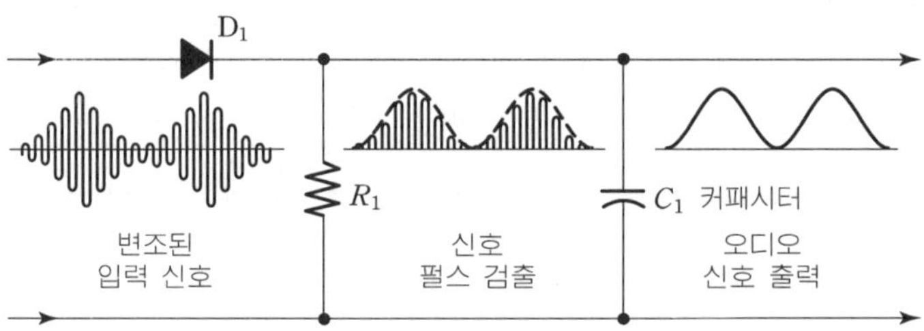

그림 16·2 다이오드 진폭 변조 검파 회로

레귤레이터

전원 공급 장치의 선 전압이 종종 일정하지 않아, 안정된 전류가 요구되는 부하가 동작하지 않는다. 그러므로 전원 공급 장치의 출력 전압은 적절하게 조절되어야 하는데 이것은 제너 다이오드를 이용하면 된다(그림 16·3(a)).

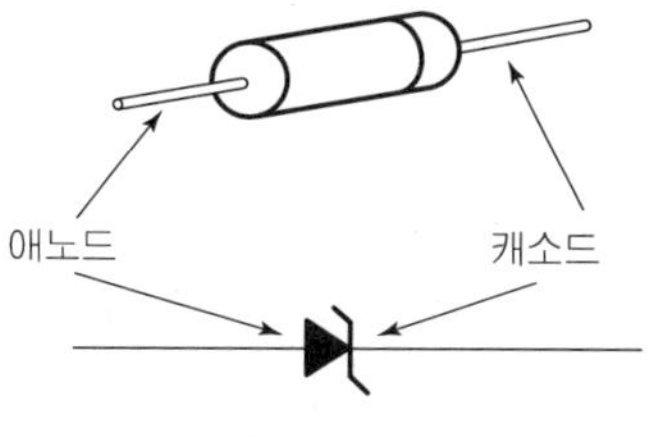

(a) 제너 다이오드와 기호

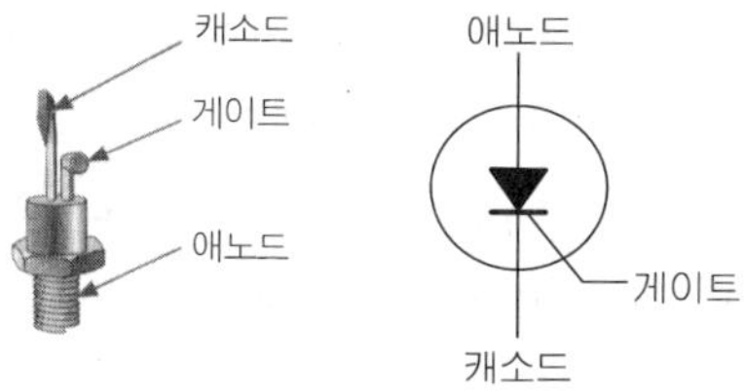

(b) 나사형과 기호

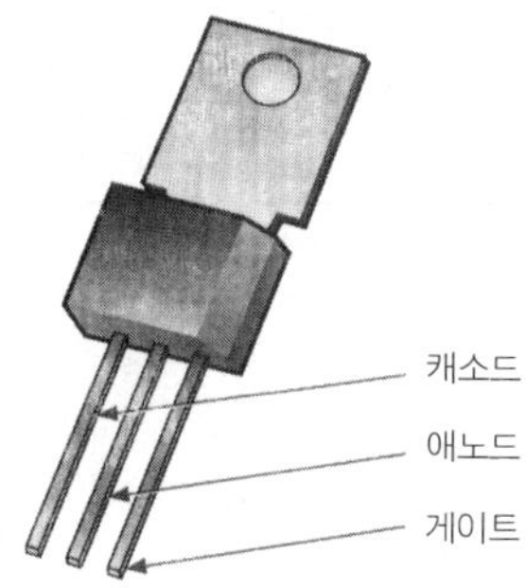

(c) 플라스틱 케이스

그림 16·3 실리콘 제어 정류기

제너 다이오드는 역방향 바이어스 모드에서 전원 공급 장치의 출력 전압을 조절할 수 있는데 전원 공급 장치의 출력 전압이 제너 다이오드의 역방향 항복 전압 이상으로 공급되어야 가능하다. 전류가 증가함에 따라 제너 다이오드의 저항이 감소하기 때문에 제너 다이오드에 걸리는 전압은 부하 전류 또는 입력 전압의 미소 변화에도 일정하게 유지된다.

사이리스터

실리콘 제어 정류기(SCR)는 사이리스터 종류의 하나이다. **사이리스터**(thyristors)는 스위칭 동작에 사용되거나 전류 제어 회로에서 조절 전극에 공급되는 트리거 전압을 조절한다. 다른 사이리스터로는 트라이액(TRIAC : triode AC semiconductor)과 다이액(DIAC : diode DC semiconductor)이 있다.

실리콘 제어 정류기

실리콘 제어 정류기(SCR)는 3개의 단자가 있는 4층 구조의 반도체 소자이다. 3개의 단자는 애노드, 캐소드 그리고 조절 전극인 게이트로 구분된다(그림 16·3(b)). 실리콘 제어 정류기는 다이오드와 마찬가지로 전도 전류를 캐소드에서 애노드로 한 방향으로만 정류한다. 그러나, 게이트에 공급되는 트리거 전압은 도통이 시작되는 시간을 정확하게 제어한다.

실리콘 제어 정류기 회로의 예를 그림 16·4에 나타낸다. 이 회로에서 게이트에 인가되는 제어 전압은 가변 저항 R로 조절이 가능하다. 제어 전압을 양의 펄스로 조절하여 실리콘 제어 정류기를 빠르게 또는 늦게 도통시킬 수 있다. 이른 도통은 부하 전류를 최대로 해주고 늦은 도통은 부하 전류를 적게 해준다. 이러한 전류 제어에 의해 실리콘 제어 정류기는 램프 조광 회로와 모터속도 조절에 사용된다.

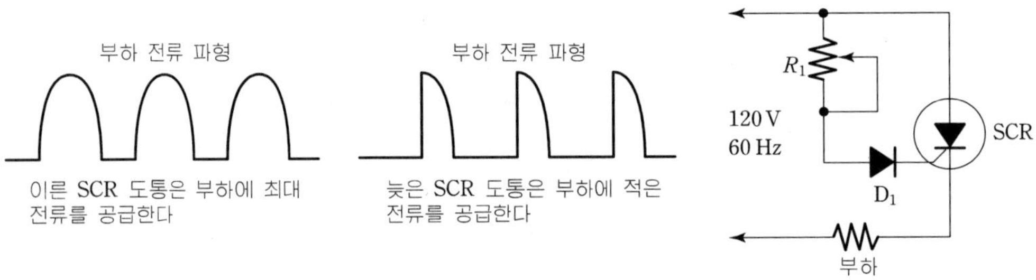

그림 16·4 간단한 실리콘 제어 정류기 전류–제어 회로

다이액과 트라이액

트라이액(TRICS)은 쌍방향으로 교류 전류를 도통한다. 트라이액은 실리콘 제어 정류기와 같은 방식으로 트리거링되지만 실리콘 제어 정류기와 달리 교류 전류를 스위칭시킬 수 있다. 트라이액은 한 방향 바이어스 상태에서 전류를 민감하게 트리거링하지 못하기 때문에 쌍방향으로 균일하게 도핑된 다이액(DIACS)을 게이트로 사용한다. 다이액/트라이액 조합 회로가 가변 저항과 커패시터와 함께 사용하여 모터의 속도, 히터의 온도 또는 조명을 제어한다.

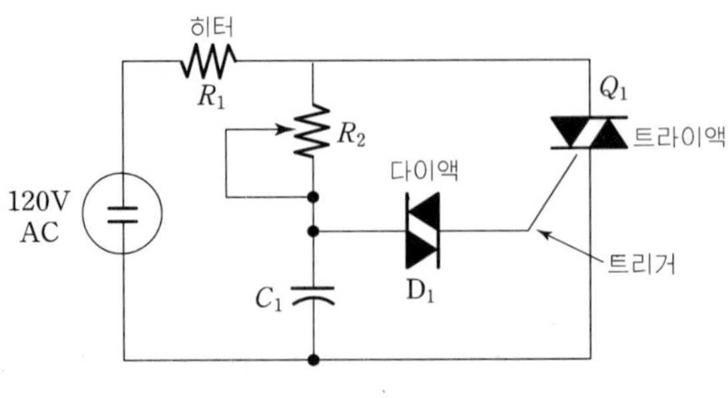

그림 16·5 일반적인 다이액/트라이액 회로

전계 효과 트랜지스터

일반적인 전계 효과 트랜지스터(FET : field-effet transistor)에서 조절 단자는 게이트이다. n형 반도체 재료 내에 p형 반도체 영역이 일부분 차지하고 있는데 이를 **게이트**(gate)라 한다. n형 반도체에 있는 다른 두 단자를 **소스**(source)와 **드레인**(drain)이라 한다(그림 16·6(a)). 회로 기호는 그림 16·6(b)에 나타낸다.

소스에 비해 게이트의 전압이 음의 값을 갖도록 직류 전압이 인가되면 게이트에 정전계가 생성된다. 이 정전계는 n형 반도체 내의 자유 전자에 영향을 미치며 소스에서 드레인으로 흘러가는 전류를 제한한다. 게이트와 소스간의 전압이 감소함에 따라 소스에 비해 게이트의 전압이 적은 음의 값을 가지게 되어 소스에서 드레인으로 많은 전류를 흘러가게 한다.

전계 효과 트랜지스터가 있는 증폭기 회로를 그림 16·7에 나타낸다. 이 회로에서 입력 신호가 게이트와 소스간에 인가되는 전압을 변화시킨다. 그 결과 더 큰 전압의 변화가 출력된다. 그러므로 전계 효과 트랜지스터는 전압 증폭기와 같이 작동한다. 전계 효과 트랜지스터는 오디오 증폭기, 전자 타이머 그리고 검사 장비에 사용된다. 또 다른 전계 효과 트랜지스터는 접합 전계 효과 트랜지스터(JFET)와 금속 산화물 반도체 전계 효과 트랜지스터(MOSFET)가 있다.

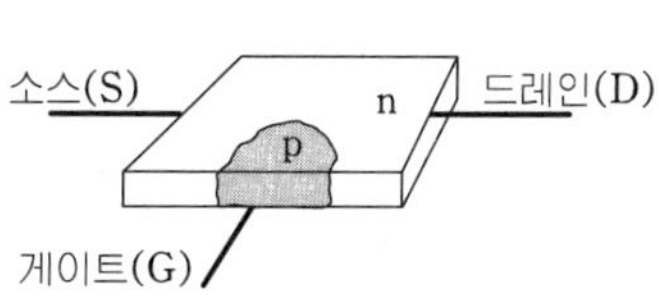

(a) 기본 구조

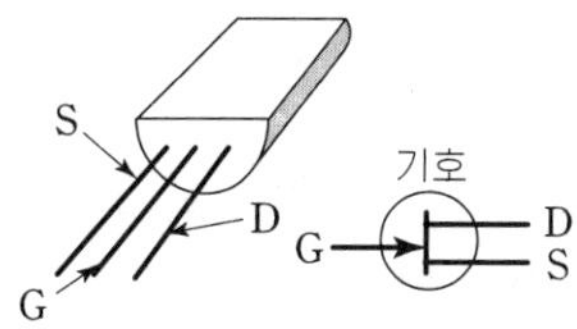

(b) TO−92 케이스의 트랜지스터

그림 16·6 n채널 전계 효과 트랜지스터

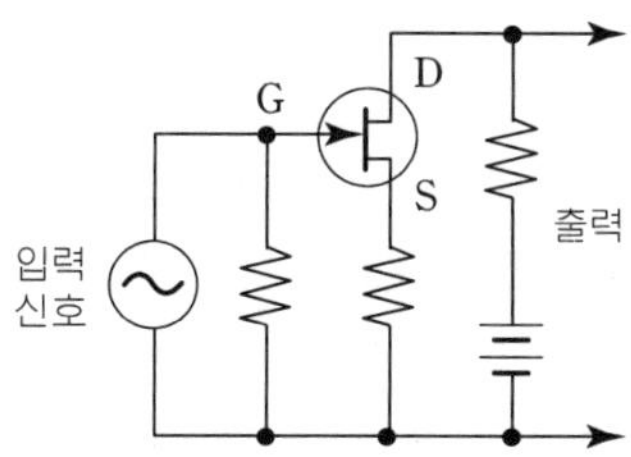

그림 16·7 전계 효과 트랜지스터 증폭기 회로

온도 소자

전자 온도 조절기는 여러 종류가 있다. 비록 여러 종류의 전자 온도 조절기 구성이 서로 다르지만 공통적으로 온도 센서가 반드시 필요하다. 센서에는 3가지 종류가 있는데 서미스터(thermistors), 열전대(thermocouples) 그리고 저항성 온도 소자(RTD : resistance temperature devices)가 있다.

서미스터

서미스터(thermistors) 또는 열저항은 온도가 증가하면 저항값이 감소하는 소자로 산화물로 만든다. 산화물은 망간, 니켈 그리고 코발트와 같은 금속과 산소의 결합으로 이루어져 있다. 서미스터는 여러 가지 모양을 가지고 있으며 그 여러 가지 모양을 그림 16·8에 나타낸다.

서미스터가 온도에 따라 저항값이 변하기 때문에 열작동 저항과 같이 작동한다. 서미스터를 열 센서라고 하기도 한다. 온도의 변화를 전류의 변화로 바꿔주는 소자이다.

온도 측정을 위해 사용되는 회로를 그림 16·9에 나타낸다. 서미스터에 전류계와 건전지가 직렬로 연결되어 있다. 서미스터 주위의 온도가 변하면 전류값 또한 변한다. 미터 눈금은 교정되거나 표시되어 있어 직접 온도를 읽을 수 있다.

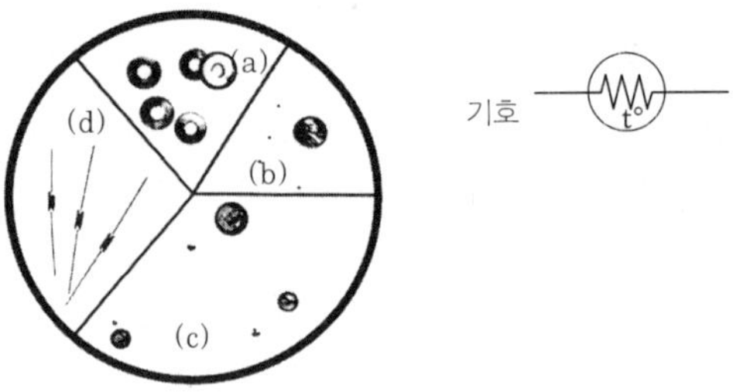

그림 16·8 서미스터. (a) 와셔, (b) 비드, (c) 원판형, (d) 막대형

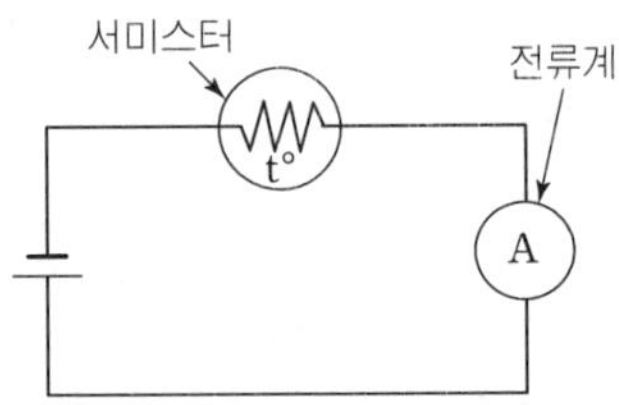

그림 16·9 서미스터를 이용한 간단한 열검출 또는 온도 측정 회로

열전대

열전대(thermocouples)는 고체 소자로 열에너지를 전압으로 변화시키는데 사용되며 2가지 다른 종류의 금속을 접합한 형태이다(그림 16·10(a)). 접합 부분에 열을 가열하면 한 금속 내에 있는 전자는 자유 전자가 될 수 있는 충분한 에너지를 얻어 자유 전자가 된다. 이 자유 전자는 접합 부분을 넘어 다른 금속으로 주입된다. 이러한 변화가 열전대 단자에 전압을 발생시킨다. 이 금속으로는 철과 콘스탄탄, 구리와 콘스탄탄, 안티몬과 비스무트가 있다. 일반적인 열전대를 그림 16·10(b)에 나타낸다.

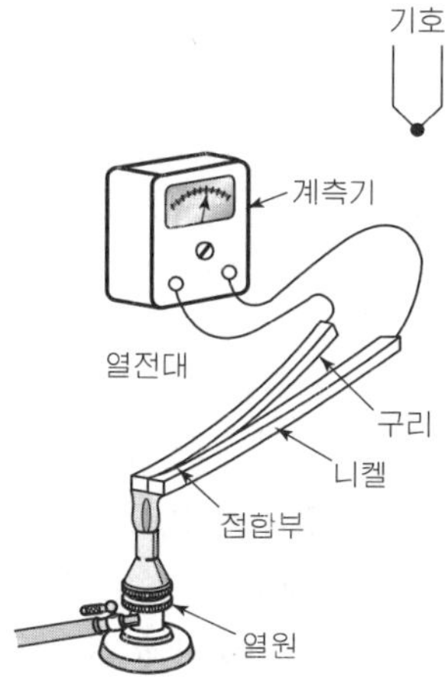

(a) 기본 구조 및 동작

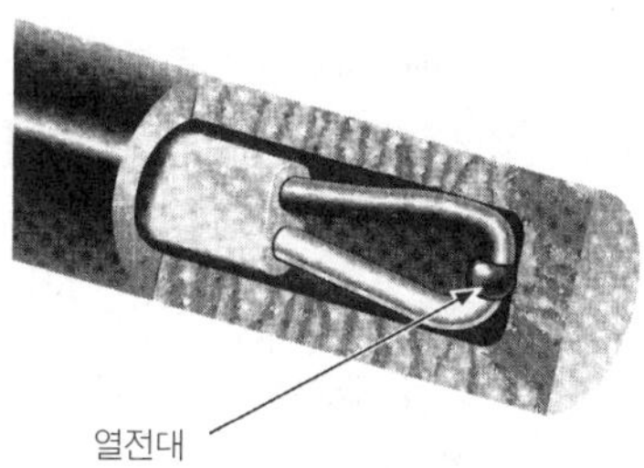

(b) 일반적인 열전대

그림 16·10 열전대

고온계(pyrometers)는 열전대의 전압을 측정할 수 있는 계측기다. 노(爐)에 열전대가 있고 노의 온도가 증가하면 열전대에 의해 생성되는 전압도 증가한다. 이 결과, 계측기를 통과하는 전류도 증가한다. 그래서 계측기의 증가한 전류는, 즉 온도의 증가를 의미한다. 고온계를 이용하여 1,500 ~ 6,000°C 범위의 온도를 매우 정확하게 측정할 수 있다.

저항성 온도 소자

백금과 은과 같은 몇 가지 금속은 온도가 증가하면 저항도 증가한다. 저항값의 변화가 바로 온도의 변화이고 컨트롤러로 온도를 측정할 수 있다.

펠티에 효과

2개의 반도체가 고리 모양으로 2개의 접합부를 갖도록 연결하고 전압을 인가하면 접합부에서 온도의 변화가 일어난다. 한 접합부의 온도는 증가하고 나머지는 감소한다. 접합부를 통해 흐르는 전류의 극성에 따라 어떤 접합부는 뜨겁고 어떤 접합부는 차갑게 변화시키는 것을 **펠티에 효과**(Peltier Effect)라고 한다. 쟝 찰스 펠티에(Jean Charles Peltier)라는 프랑스 물리 학자의 이름을 딴 이 원리는 제한된 공간과 섬세한 전자 장치에서 집적 회로의 냉각 같은 곳에 사용된다.

집적 회로

회로를 구성하는 데 있어 새로운 방식인 **집적 회로**(ICs : integrated circuits)는 다이오드, 트랜지스터 그리고 기판(substrate)에 형성되는 저항 등으로 구성되어 있다. 모놀리식(monolithic)이라는 공정에 의해 제작된다. 이 공정은 박막 형태의 IC를 만든다.

모놀리식 집적 회로에서 다이오드와 트랜지스터는 확산 공정을 통해 기판에 만든다. 이 확산 공정은 기판에 주어진 공간에 불순물을 주입시킨다. 이 공정을 통해 기판에 n형과 p형 영역을 만들 수 있다. 이러한 영역을 이용하여 다이오드와 트랜지스터를 만들 수 있다(그림 16·11).

후막(thick−film) 또는 박막(thin−film) 집적 회로에서 기판에 어떤 물질을 접합시켜 저항과 커패시터와 같은 것들을 만든다. 하이브리드 집적 회로는 모놀리딕 방식과 박막 방식을 모두 이용하여 제작한다.

그림 16·13에 집적 회로 칩을 나타낸다. 이 크기의 또는 더 작은 크기의 회로 조립은 수십 개의 소자를 가진다. 이러한 이유로 인해 집적 회로는 매우 작고 가벼운 장점이 있다. 이것은 종종 마이크로 소형화(microminiaturization)라 한다.

집적 회로는 어떤 형태의 포장으로 완성된다(그림 16·14). 이 포장은 증폭기나 조합 회로와 같은 특정 회로의 소자를 포함할 수 있다.

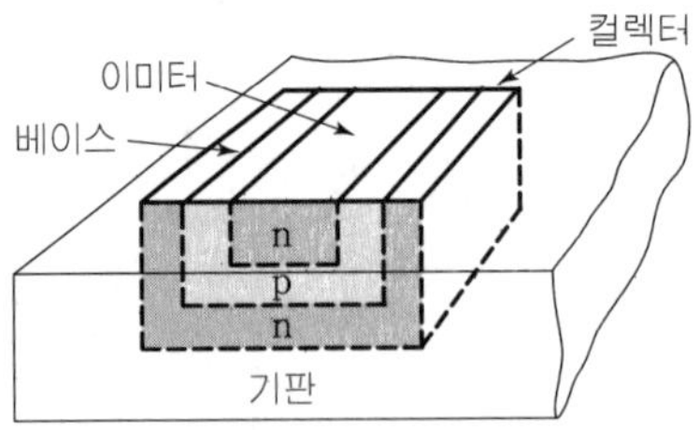

그림 16·11 모놀리식 NPN 트랜지스터의 기본 구조물

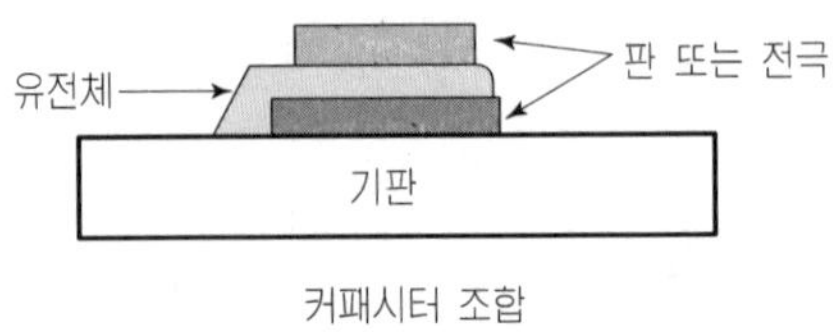

그림 16·12 후막 집적 회로

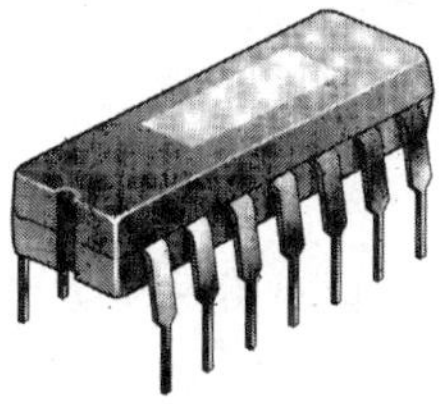

그림 16·13 집적 회로

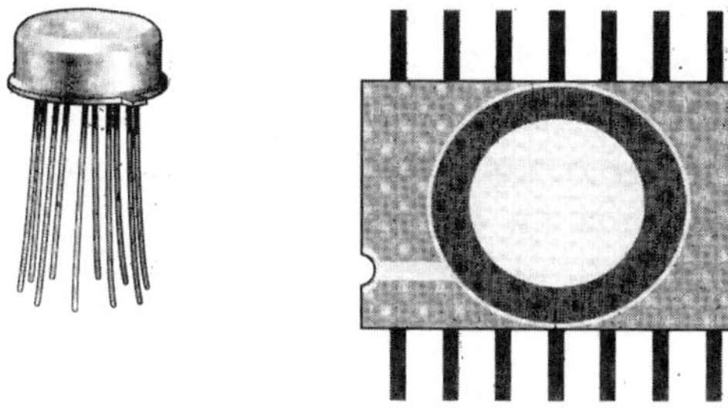

(a) To-5 케이스 (b) 듀얼 인라인 케이스

그림 16·14 집적 회로 패키지

집적 회로의 종류

오늘날 사용되고 있는 집적 회로에는 여러 종류가 있다. 그 중 어떤 것은 컴퓨터에서 고속 스위칭 회로의 요구에 부합하도록 개발되었으며, 이를 논리 게이트(logic gate)라 한다.

집적 회로에는 저항-트랜지스터 로직(RTL), 다이오드-트랜지스터 로직(DTL) 그리고 트랜지스터-트랜지스터 로직(TTL) 등이 있다. 이 3가지 중에서 다양한 기능과 논리 게이트에 사용할 수 있으므로 트랜지스터-트랜지스터 로직이 가장 많이 사용한다. 트랜지스터-트랜지스터 로직 집적 회로로 「74 시리즈」가 있다. 74 시리즈 집적 회로의 예를 들면 7400N과 74LS04N 등이 있다. 이러한 집적 회로는 컴퓨터에 사용된다. 이러한 집적 회로의 성능은 제조 회사에서 발행하는 카탈로그나 시방서에 나타나 있다. 트랜지스터-트랜지스터 로직 집적 회로의 제작 공정으로 인해 공급되는 전압은 한계가 있다. 공급되는 전압은 4.5~5.5 V 직류 전압을 유지해야 한다.

MOS/CMOS

다른 두 가지의 일반적인 집적 회로로 **금속 산화물 반도체**(MOS : metallic-oxide semiconductor)와 **상보형 금속 산화물 반도체**(CMOS : Complementary MOS)가 있다. 이 집적 회로는 단극형(unipolar)(쌍극형에 대비되는) 트랜지스터-트랜지스터 로직이다. 쌍극형 트랜지스터-트랜지스터 로직은 2가지의 전하 캐리어(전자와 양공)가 있다. 금속 산화막 반도체는 양의 전하 캐리어(양공)을 가지고 있는 p형과 음의 전하 캐리어(전자)를 가지고 있는 n형으로 구성되며 오직 하나의 전하 캐리어만 사용되므로 단극형이라 부른다.

그림 16·15는 금속 산화물 반도체의 회로 기호와 연결을 나타낸다. 매우 얇은 n형 실리콘은 n형 기판 위에 확산 공정으로 제조하는 2개의 p형 영역이 있다. 금속 산화물 반도체에서 p형 영역 중 하나를 소스라고 하고 다른 하나를 드레인이라고 한다. 소스와 드레인의 간격은 매우 좁게 제작되고 이 간격 위에 실리콘 산화물의 절연층을 형성시킨다. 게이트는 절연층 위에 알루미늄층으로 구성된다. 그림 16·15를 주의 깊게 살펴보면 게이트와 드레인과 소스에 의해 구성되는 접합 사이에는 아무런 연결이 없다. 금속 산화물 반도체의 소스와 드레인 사이의 도전율은 게이트의 전압에 의해 제어된다.

상보형 금속 산화물 반도체는 같은 집적 회로에 n채널 금속 산화물 반도체와 p채널 금속 산화물 반도체를 같이 제작한 것이다. 금속 산화물 반도체/상보형 금속 산화물 반도체의 장점에는 저전력 소비, 쌍극형 트랜지스터에 비해서 크기가 작고, 직류 전압 3~15V에서 동작에 더 큰 용량이 있다.

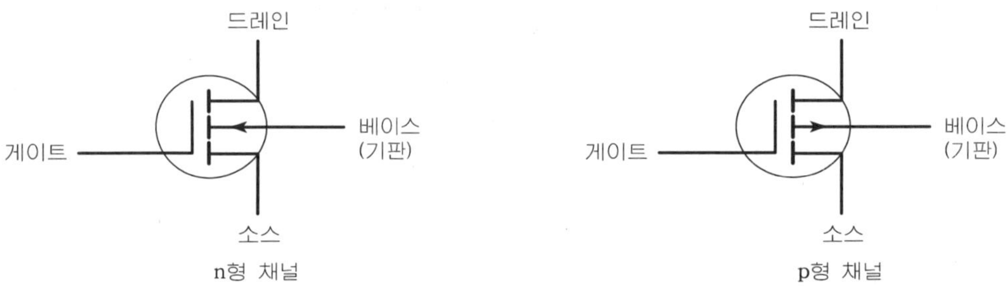

(a) n형 채널과 회로 기호 (b) p형 채널과 회로 기호

그림 16·15 금속 산화막 반도체

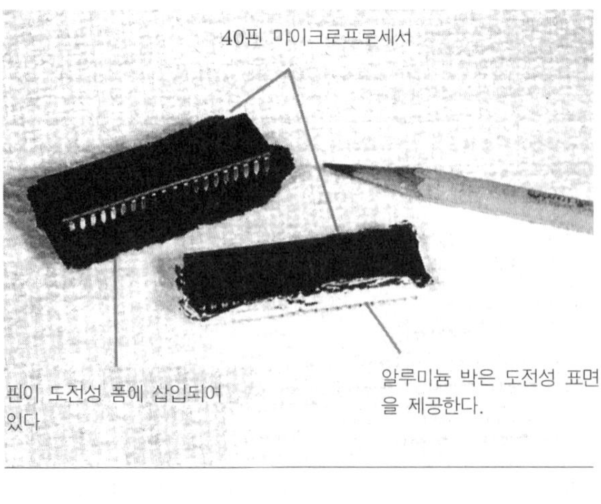

그림 16·16 마이크로프로세서(연필과 집적 회로 패키지의 크기의 비교)

금속 산화막 반도체/상보형 금속 산화막 반도체 집적 회로에는 여러 장점들이 있지만 내부 전극을 정전하로부터 손상을 입지 않도록 조심스럽게 다루어야 한다. 도전성 플라스틱 폼은 집적 회로를 기판에 납땜하기 전까지 핀의 외부 도전 연결을 제공한다. 일단 집적 회로가 기판에 납땜을 하면 정전하는 회로에 있는 저항을 통해 방전한다.

금속 산화막 반도체와 상보형 금속 산화막 반도체의 주요한 장점 중 하나로 대규모 집적 회로(LSI : large scale integration)를 얻을 수 있어 마이크로프로세서와 같은 복잡한 전자 회로를 단일 집적 회로 패키지로 제작할 수 있게 한다(그림 16·16). 마이크로프로세서는 많은 기능을 가지고 있는 고집적 회로이다. 자동차에서 시간, 연료 소비율, 내부와 외부의 온도 그리고 배터리 상태 등을 체크하는데 사용되기도 하고 공기와 연료의 혼합과 엔진의 타이밍을 조절하기도 한다.

다른 종류의 집적 회로도 있으며 가까운 미래에 새로운 형태의 집적 회로가 개발되리라고 믿어 의심치 않는다. 그러나 집적 회로의 더 깊은 토의는 본 교재의 범위를 벗어난다.

광전자 공학

광전자 공학(optoelectronics)은 광학과 전기학의 혼합된 학문이다. 광전자 소자는 광학 소자이면서 전자 소자이다.

광전자 공학에 관한 관심이 많아지고 있다. 예를 들면 광전자 부품은 사진 산업, 적외선 리모컨, 디스플레이 패널, 신호 전송기 등에서 사용되고 있으며 또한 생산 제어, 장비 생산, 그리고 물품 처리에서 위치 판독 장치에 사용되고 있다.

광도전 셀

일반적인 황화 카드뮴(CdS) 광도전 셀(photo conductive cell)을 그림 16·17에 나타낸다. 황화 카드뮴은 카드늄과 황의 화합물 반도체이다.

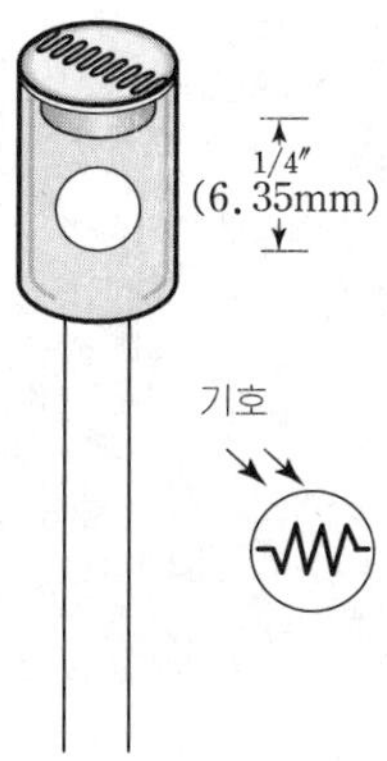

그림 16·17 황화 카드뮴 광도전 셀

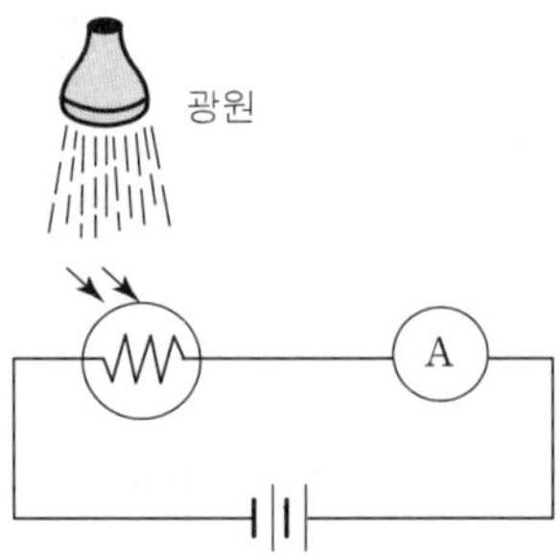

그림 16·18 이 회로는 광도전 셀이 광센서 소자로 사용됨을 보여준다

빛이 셀의 활성 물질에 도달하면 원자에 있는 가전자가 그 원자로부터 자유로워질 수 있는 충분한 에너지를 얻게 된다. 이 전자는 자유 전자가 된다. 빛이 밝아질수록 자유 전자는 더욱 더 많이 발생하게 되어 셀 단자간의 저항값이 감소하게 된다.

어떻게 광도전 셀이 광검출 소자로 사용되는지를 그림 16·18에 나타낸다. 빛이 광전지에 조사되면 저항이 감소하여 많은 전류가 회로에 흐르게 되어 전류계에 나타난다.

또한, 셀은 계전기와 광원이 있는 시스템에 사용된다. 이러한 시스템에서 광원과 계전기의 사이가 차단되면 계전기의 전류는 감소하게 된다. 온/오프 스위칭 동작을 하게 되는 계전기는 카운터, 경보 시스템, 장비의 관리 감독 그리고 다른 장치 등에 사용된다. 광도전 셀은 어두워지면 자동적으로 불이 켜지는 시스템에 자주 사용된다.

발광 다이오드

발광 다이오드(LED)는 표시등과 같은 많은 전자 장치에서 자주 볼 수 있다(그림 16·19). 예를 들면 스위치가 켜지거나 꺼졌을 때나 전압이 높거나 낮음을 표시할 때에 사용된다. 발광 다이오드는 p−n 접합 다이오드의 형태인데 공급 전압이 순방향 바이어스 상태일 때 불이 들어온다. 발광 다이오드의 색은 사용되는 재료에 따라 적색, 녹색, 황색, 그리고 청색으로 나타난다. 적외선과 같

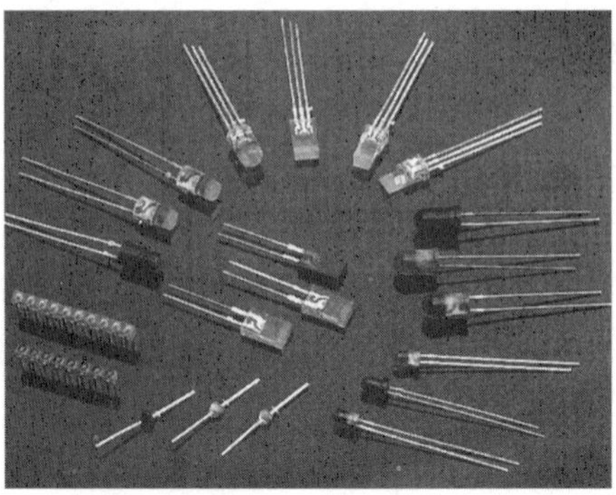

그림 16·19 발광 다이오드 램프

그림 16·20 적외선 방출기

은 눈이 보이지 않는 빛을 내는 다이오드를 적외선 다이오드라 한다(그림 16·20). 발광되는 빛이 보이지 않아서 보안 장치, 제조 공정에서 거리 판독 장치와 리모컨에 사용된다.

적색 발광 다이오드의 재료는 인화 갈륨－비소 화합물(GaAsP)이고 녹색 발광 다이오드는 인화 갈륨 화합물(GaP)이 사용된다. 빛이 발광되는 부분은 렌즈 형태의 플라스틱 패키지로 구성되어 있다. 단일 램프나 어레이 형태의 램프는 단독적으로 또는 합쳐진 형태의 일정한 길이로 구성되어 있다. 2가지 색(예를 들면 적색과 녹색)을 나타낼 수 있는 다이오드는 무색의 렌즈를 가지고 있다. 이 발광 다이오드는 2개의 다이오드와 3개의 단자를 가지고 있는데 3개의 단자 중 하나는 공통 캐소드 단자이다.

일반적인 발광 다이오드는 매우 적은 전력을 소비한다. 작은 적색 발광 다이오드의 전력 소모는 85 mW, 직류 전압은 2.4 V, 전류는 35 mA, 가시각 100°, 그리고 주요 적색 파장은 645 nm이다. 이 파장은 가시광선 범위 안에 있다. 사람의 눈에 일반적으로 보이는 광선의 파장은 대략 400에서 700 nm 정도이다. 모든 종류의 발광 다이오드에서 시방서를 주의 깊게 참조하여 최대 정격을 넘지 않도록 한다.

포토다이오드

포토다이오드(photo diode)는 빛을 검출하는 반도체 소자이다(그림 16·21). p－n 접합은 빛에 민감한 반도체 표면에 쉽게 빛이 도달할 수 있도록 설계되어 있다. 역방향 바이어스된 p－n 접합에 빛

그림 16·21 포토다이오드

이 조사되면 전하 캐리어 쌍(양공과 전자)이 생성된다. 이 캐리어에 의해 발생되는 전류를 광전류(photo current)라 하고 빛에 민감한 반도체 표면에 조사되는 빛의 세기에 따라 비례한다. 실리콘 포토다이오드는 역방향 바이어스 되어있을 때 빛을 검출할 수 있고 광전지(photo voltaic cell)와 같이 작동하여 높은 개방 회로 전압을 가져 종종 카메라의 노출계에 사용된다.

포토다이오드의 접합부는 빛을 감지하는 영역을 노출시키는 둥글고 편평한 유리 렌즈를 가진 플라스틱 포장이 되어 있다. 그림 16·21에 나타낸 포토다이오드는 쉽게 회로 기판에 부착되고 집적 회로 소자와 호환된다. 광기전력 전지는 눈에 보이지 않는 광선뿐만 아니라 가시광선에 잘 반응하도록 설계되어 있다. 포토다이오드는 미광(微光) 스위치, 화재 감지기, 천공 테이프, 그리고 신호 전송기와 같은 빛 감지 장비에 사용된다.

실리콘 포토다이오드의 특성에는 최대 소비 전력(250 mW), 역방향 전압(7 V_{dc}), 파장 550 nm의 빛 감지 기능(가시광선에서) 그리고 390 mV의 개방 회로 전압이 있다.

포토트랜지스터

포토트랜지스터는 내장 증폭기가 있는 것을 제외하고 포토다이오드와 유사하다. 포토다이오드에 비해 100배 이상의 빛 감지 능력이 있다. 포토트랜지스터는 백열 전구의 빛에 잘 반응할 뿐만 아니라 적외선에도 효과적으로 반응한다. 그림 16·22에서 이러한 배치를 설명하고 있다. 잘 정제된 제조 기술을 통해 적외선 다이오드의 방출광은 섬광과 같은 좁은 빔으로 초점을 맞춘다. 이 빔은 포토트랜지스터의 빛에 민감한 표면에 조사될 수 있다. 이로 인해 발생되는 광전류는 기본 다이오드의 전류 기능과 트랜지스터의 전류 증폭기 요소이다. 적외선 다이오드와 포토트랜지스터는 보안 시스템과 계수 시스템에서 빔 차단기로 사용된다.

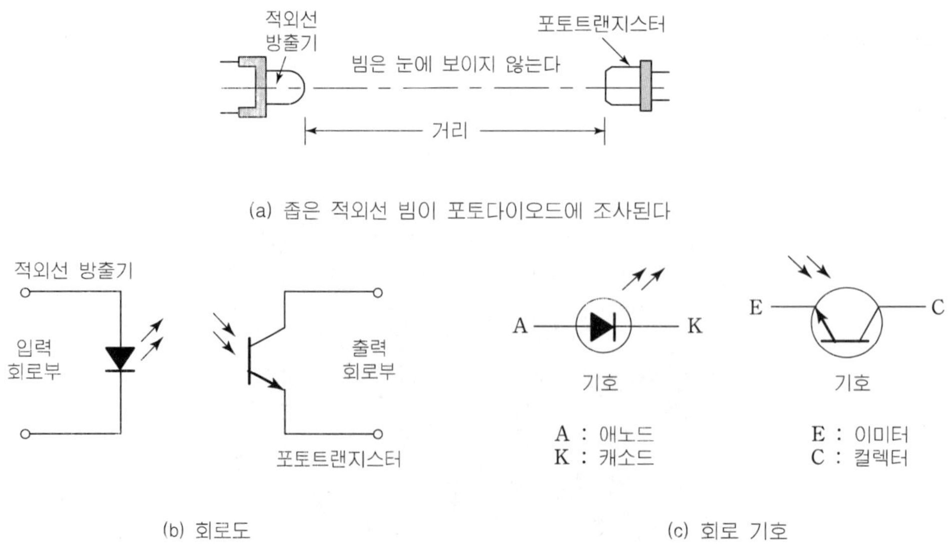

그림 16·22 적외선 방출기와 포토트랜지스터의 사용법

광커플러

그림 16·23에 나타낸 집적 회로 소자는 광커플러(optical coupler) 또는 아이솔레이터(isolator)라 한다. 광커플러는 단일 집적 회로 패키지에 2개의 부품으로 이루어져 있다. 하나의 부품은 발광 다이오드와 같은 광원이고 또 다른 하나의 부품은 광검출기이다. 광학적으로 쌍을 이룬 이들은 투명한 절연체로 분리되어 있다. 이 절연체는 높은 항복 전압, 예를 들면 2,800~6,000 V으로 확실하게 분리시켜 준다. 이러한 성능때문에 상호간의 절연이 필요하는 인터페이싱(또는 연결) 회로에서 특히 많이 사용된다. 고전압에서 작동하는 회로와 저전압에서 작동하는 회로의 연결은 광커플러 소자가 일반적으로 사용된다. 광커플러는 릴레이와 변압기를 대신한다.

광원(송신부)의 재료는 대부분 갈륨-비소(GaAs) 화합물로 이루어진다. 검출기(수신부)는 일반적으로 포토트랜지스터를 사용하지만 다른 반도체를 사용할 수도 있다. 그림 16·24에 광커플러의 회로도와 기호를 나타낸다.

그림 16·23 광커플러

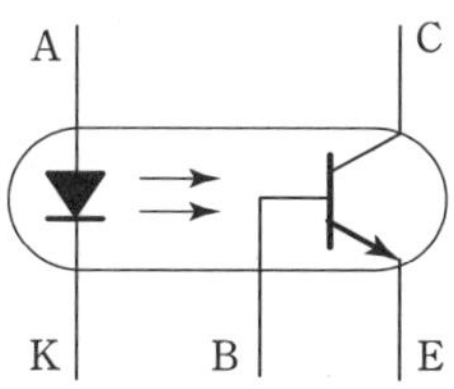

(a) 기호

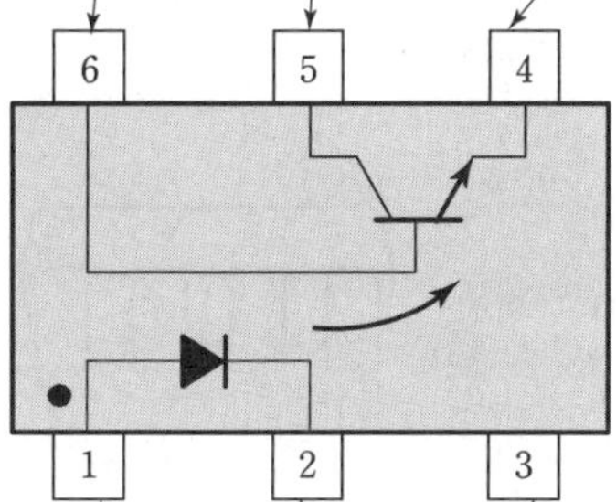

(b) 회로도와 핀 구조

그림 16·24 광커플러 또는 광자 결합 아이솔레이터

과학속으로

● 레이저

포토다이오드와 레이저는 CD, CD-ROM, 또는 비디오디스크에 저장되어 있는 정보를 읽어오는데 있어 필요하다. 디스크가 회전함에 따라 매우 좁은 레이저 빔은 함몰 또는 홈이 연속해서 연결되어 있는 곳에 조사되고 랜드(land)라는 평탄한 영역은 약 1미크론(1미크론=100만 분의 1미터)의 나선형 형태의 빈공간이 디스크에 배열되어 있다. 원래의 신호를 디지털 펄스로 변환시켜 각각의 홈으로 표현했다. 레이저가 이 홈에 조사되면 포토다이오드 검출기에 빛이 검출되지 않는다. 레이저가 랜드에 조사되면 반투명 거울과 렌즈를 통해 포토다이오드에 빛이 검출된다.

이러한 섬광과 같은 빛의 연결은 원래의 디지털화된 신호의 펄스와 같다. 포토다이오드는 이러한 레이저 펄스를 디지털화된 '켜짐'과 '꺼짐'의 전기적 신호로 변환한다. 원래의 음성, 문자 또는 영상을 재구성하는 외부 회로, 즉 CD 재생기, 컴퓨터 또는 텔레비전에 이러한 신호를 보낸다.

패키지와 핀 배치도

그림 16·25는 듀얼 채널 포토트랜지스터 광아이솔레이터의 시방을 나타낸다. 갈륨-비소 적외선 발광 다이오드와 실리콘 NPN 광트랜지스터를 사용하여 광학적으로 한 쌍이 이루어져 있다. 그림은 집적 회로의 듀얼인라인 패키지(DIP : dual-in-line package)에 대한 표준 정보를 나타내고 있다. 7400 시리즈의 집적 회로에 호환성을 갖는 100% 최소 전류 전달률을 제공하는 이 특별한

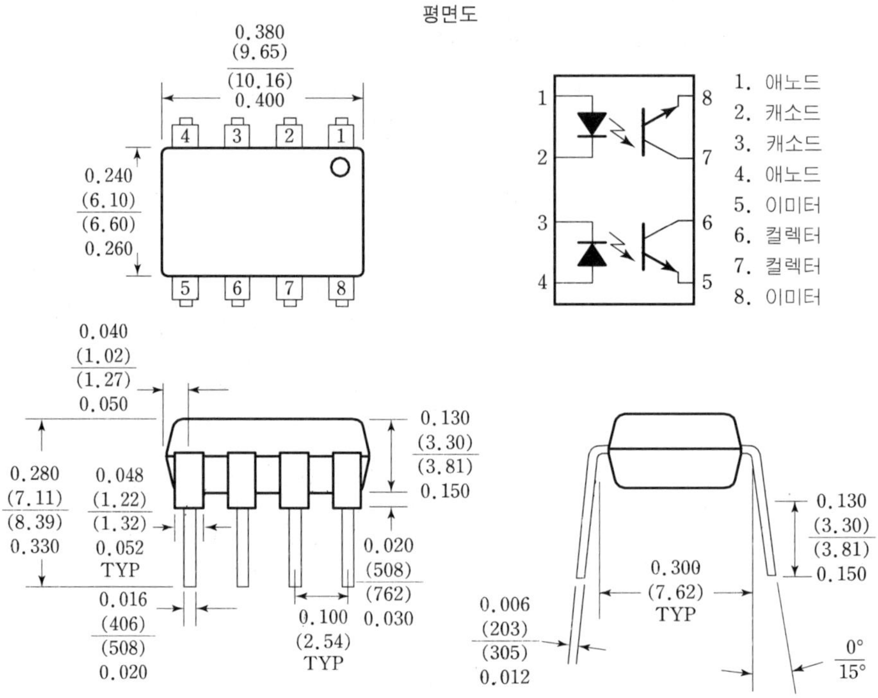

그림 16·25 ILD-2 듀얼 채널 포토트랜지스터 광아이솔레이터의 시방

소자는 7,500 V의 절연 항복 전압을 가지고 0.5 pF의 커플링 커패시터를 가진다. 이 소자는 한 채널 또는 다른 채널에 의한 간섭 또는 혼선이 없는 이중 회로 배열에서 동작할 수 있다. 도트나 또는 작은 원으로 8핀 듀얼인라인 패키지이나 16핀 쿼드(quad) 패키지에서 1번 핀을 표시하는 데 사용된다. 홈(notch)과 같은 다른 방식으로 듀얼인라인 패키지에서 1번 핀을 표시한다.

연산 증폭기

연산 증폭기(operational amplifier)는 가산, 감산 그리고 적분과 같은 산술 연산을 수행할 수 있는 다용도 집적 회로이다. 연산 증폭기는 또한 비교기, 발진기 그리고 선형 증폭기와 같은 기능을 수행한다. 100,000에서 250,000의 개루프 이득이 일반적이다. 또한 100GΩ과 같은 높은 입력 임피던스를 가진다. 연산 증폭기는 외부 회로 소자를 위해 제작되었다.

그림 16·26은 연산 증폭기의 내부도를 나타내고 있다. 표준 TO−99 패키지의 치수와 핀 구조를 그림 16·26(b)에, 그리고 핀 배치와 기능도를 그림 16·26(c)에 나타낸다. 증폭기 입력에 반전(핀 2)과 비반전(핀 3)의 입력이 있음을 주의해야 한다. 단일 연산 증폭기의 출력은 6번핀이다. 전원은 핀 7과 핀 4에 연결된다. 대부분의 연산 증폭기 응용은 ±12 V의 이중 전원이 공급되어야 한다. 연산 증폭기의 전체 공급 전류는 2.5 mA로 매우 작다. 높은 개루프 이득은 높은 선형성을 보장한다.

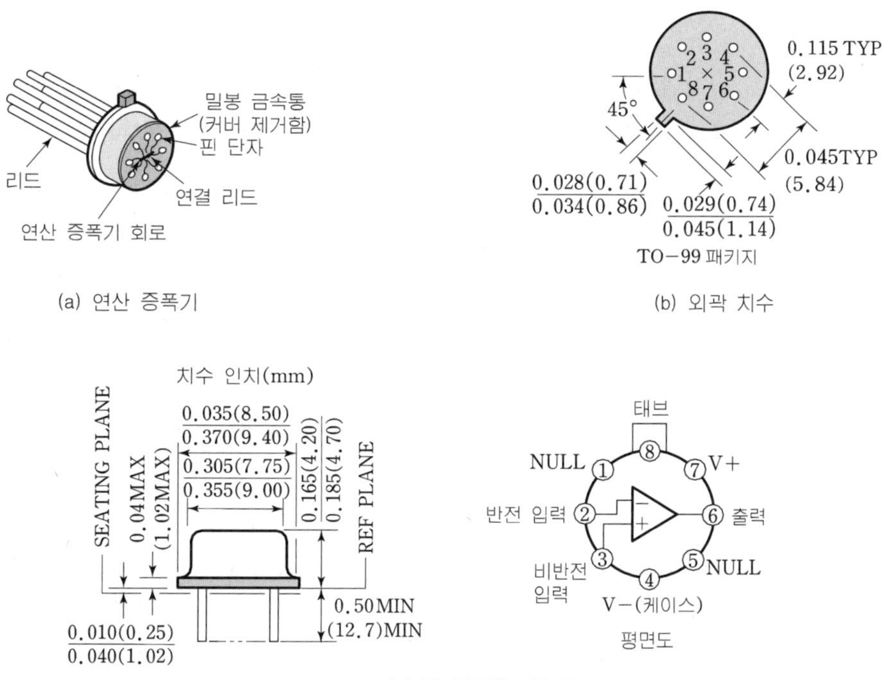

그림 16·26 연산 증폭기

반전 입력

반전 입력은 음극(−) 부호로, 비반전 입력은 양극(+) 부호로 표시한다. 이러한 극성 부호는 전원 공급 전압의 표시와 혼돈되어서는 안된다. 만약 입력 신호가 반전 입력에 연결되고 비반전 입력은 접지에 연결되었다면 출력은 역상으로 나타낸다. 이러한 형태의 회로 배치에서 연산 증폭기의 기능은 반전 증폭기와 같다(그림 16·27). 저항 R_3는 출력으로부터 피드백 전압을 입력 단자에 제공한다. 이것은 연산 증폭기가 입력 신호의 상을 반전시키기 때문에 역피드백 전압이라 한다. 역피드백이 이득을 약간 감소시키지만 연산 증폭기의 동작 특성의 안정성은 개선된다.

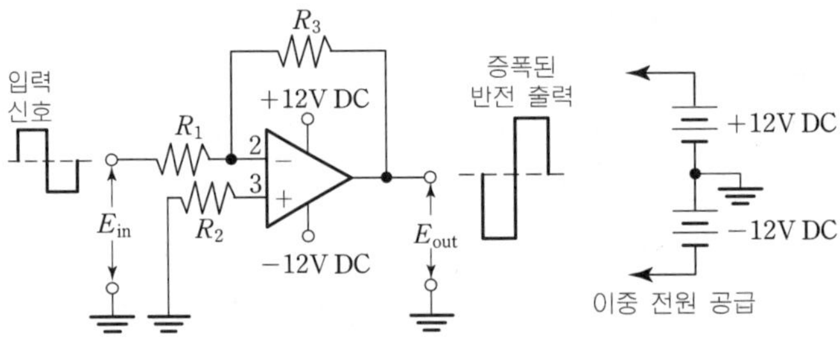

그림 16·27 반전 증폭기의 연산 증폭기(OP amp) 연결

비반전 입력

입력 신호가 비반전 입력 단자에 연결되었다면 출력 신호는 입력 신호에 따라 상이 변화된다. 연산 증폭기가 이러한 회로 배열로 연결되어 있다면 출력 전압은 입력 신호에 따른다.

연습문제

1. 다이오드 AM 검파 회로에서 변조 신호로부터 오디오 신호를 분리하는 방법을 회로를 그리고 설명하여라.
2. 실리콘 제어 정류기의 물리적 구조를 그리고 동작을 설명하여라.
3. 전계 효과 트랜지스터 증폭기의 회로를 그리고 동작을 설명하여라.
4. 온도 센서의 3가지 종류는 무엇인가?
5. 열전대의 기본 구조와 동작을 설명하여라.

6. 펠티에 효과에 대해서 설명하여라.

7. 집적 회로에서 1번 핀을 구분하는 방법은 무엇인가?

8. 모놀리식 집적 회로 공정에 대해서 설명하여라.

9. 광커플러에 있는 광원과 검출부로 사용되는 소자는 무엇이며 그 소자에 대해서 설명하여라.

10. 반전 연산 증폭기의 기본 회로를 그리고 동작에 대해서 설명하여라.

4부

정보화 시대의 전자 공학

17장 전기량 측정

18장 디지털 전자 회로

19장 컴퓨터의 기초

20장 컴퓨터 제어

17장 전기량 측정

학습용어

가상 계측기(virtual instrument), 멀티미터(multimeter), 신호 발생기(signal generator), 오실로스코프(oscilloscope), 이중 주사 오실로스코프(dual-trace oscilloscope), 저항계(ohmmeter), 전류계(ammeter), 전압계(voltmeter), 주파수 카운터(frequency counter), 함수 발생기(function generator)

목 표

- 일반적인 계기들의 기능을 구별할 수 있다.
- 디지털 멀티미터의 운용법을 설명할 수 있다.
- 회로에 전압계와 전류계를 연결하는 방법을 설명할 수 있다.
- 이중 주사 오실로스코프의 동작을 설명할 수 있다.
- 신호 발생기의 사용법을 설명할 수 있다.

앞에서 전압, 전류, 저항 등과 같은 전기량에 대하여 알아 보았다. 소개된 각종 양들을 측정하기 위하여 '계기(meter)'라는 기구를 사용하였을 것이다. 기술자들은 회로의 동작 방법을 규명하기 위하여 다양한 양들을 측정할 때 이 기구를 사용한다. 계기와 기구들의 동작법에 대한 이해가 전자적인 원리들을 연구하는 데 도움을 줄 것이다.

계 기

전기를 "보기" 위하여, 전압, 전류, 저항, 전력 등과 같은 전기량을 측정할 때 계기(meter)가 사용된다. 이 장에서는 세 가지 형태－디지털(digital), 아날로그(analog), 가상(virtual)－의 계기에 대하여 논의한다. 다양한 전기량을 표시하기 위하여 디지털 계기는 숫자를 사용한다. 아날로그 계기는 눈금 위를 이동하는 지침을, 가상 계기는 스크린에 계기의 모양을 나타내는 컴퓨터 소프트웨어를 사용한다. 이들은 모든 종류의 전기·전자 제품의 설계, 제조 및 유지 보수에 사용된다.

전압계

전압계(voltmeter)는 전압 측정에 사용되는 시험 기기이다. 계기의 측정선(test lead) 또는 전선은 전압 강하를 가지는 소자에 병렬로 연결된다. 적절한 계측기를 사용하여 μV에서 MV에 이르는 광범위한 전압 측정이 가능하다. 고전압 측정에는 측정자의 안전을 보장하기 위하여 특별하게 절연된 장치가 필요하다. 전압계는 전압계로서 단일 기능을 하는 것과, 멀티미터의 여러 기능 중에서 전압계 기능을 선택 사용하는 것이 있다. **멀티미터**(multimeter)는 전류, 전압 및 저항을 측정할 수 있는 계기이다. **패널형 전압계**(panel voltmeter)는 단일 기능 기기이다(그림 17·1). 이것은 기술자가 지시값을 쉽사리 읽고, 시스템을 동작시키는데 이 정보를 용이하게 사용할 수 있는 곳에 설치될 수 있다. 전압을 측정하는 디지털 멀티미터(digital multimeter : DMM)는 문제를 진단하기 위하여 회로에서 여러 다른 시험이 요구될 경우에 사용된다. 그림 17·2에 나타내는 계기는 휴대형(a)과 탁상형(b)이다.

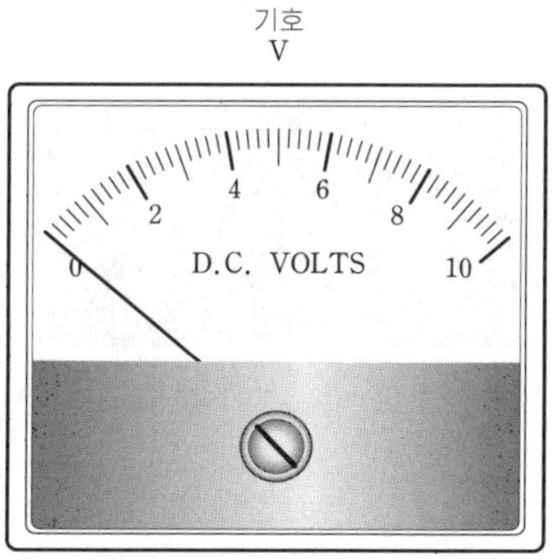

그림 17·1 직류 전압계

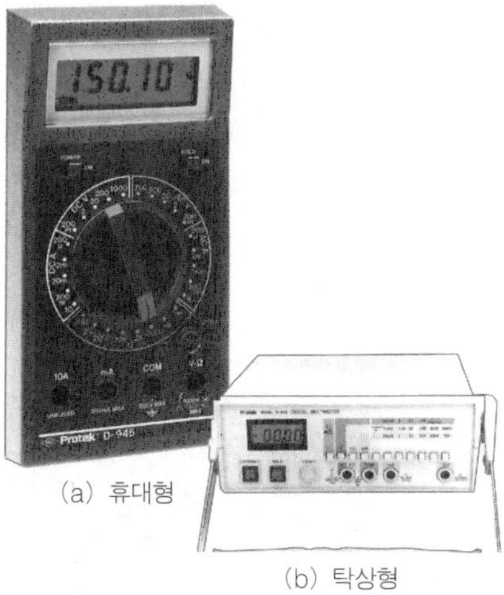

(a) 휴대형

(b) 탁상형

그림 17·2 디지털 멀티미터

전류계

전류계(ammeter)는 전류 측정에 사용되는 시험 기기이다. 마이크로전류계(microammeter)는 1 A의 100만분의 1 단위를 측정하고, 밀리전류계(milliammeter)는 1 A의 1,000분의 1단위를 측정한다(그림 17·3). **갈바노미터**(galvanometer)라고 불리우는 특수한 전류계는 극히 적은 양의 전류를 감지하고, 방향을 표시한다. 전압계와 마찬가지로 전류계도 단일 기기 또는 패널형 기기로 설치될 수 있다. 또한, 멀티미터 또는 디지털 표시 기기의 한 기능일 수도 있다. 멀티미터는 한 개의 지시형 계기나 디지털 표시부를 가지지만 전압, 전류, 저항 등을 측정할 경우에 내부적으로는 각각 다른 회로를 사용한다. 패널형 전류계는 직류 또는 교류 전류를 측정한다. 대부분의 전류계는 분류기(shunt)라고 하는 고정 저항 양단의 전압 강하를 측정한다. 전류가 변화하면 전압 강하도 변화하고, 따라서 계기로 전류를 측정할 수 있다.

그림 17·3 패널 탑재형 밀리전류계

저항계

전기 저항은 **저항계**(ohmmeter)로 측정한다. 저항계의 디지털 표시부 또는 지시부는 전압계나 전류계와 동일하다. 저항계는 아날로그 또는 디지털의 형태이며, 단일 기능 또는 멀티미터의 일부분일 수 있다(그림 17·4).

저항계 회로는 건전지와 같은 에너지원을 필요로 한다. 계기의 케이스 내에 있는 건전지는 전류를 흐르게 하는 표준 전압을 제공한다. 이 전류를 측정하고, 옴의 법칙을 적용하여 저항이 계산되고 표시된다. 저항계 건전지의 전압은 주기적으로 측정되어야 한다. 이 전압은 건전지에 표시된 정격 전압과 같거나 약간 높아야 한다. 이와 같은 전압에서 저항계가 적절히 동작하며, 저항의 읽음치가 정확할 것이다.

고저항계(megohmmeter)는 고저항을 가지는 재질을 시험하는데 사용된다. 장비의 케이스와 전

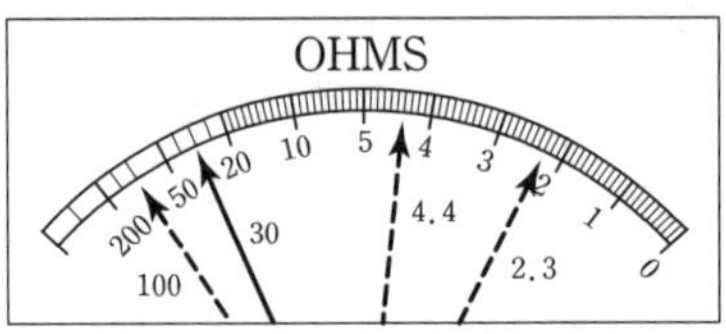

그림 17·4 아날로그 전압-저항-전류계(VOM)에서 저항 눈금 읽기

선의 절연 등이 그 예이다. 이러한 저항을 측정하기 위하여 고저항계, 또는 메가(megger)는 고전압 출력이 필요하다. 고저항계의 에너지원은 고전압을 공급할 수 있는 수동 회전형 발전기가 종종 사용된다.

디지털 계기

디지털 계기는 측정값을 고정 증가분을 가지는 숫자로 표시한다. 이 계기들은 아날로그 신호를 샘플링하여 디지털 형식으로 변환한다. 이 기능을 하는 소자를 아날로그－디지털 변환기(analog－to－digital converter : ADC)라고 한다.

디지털 멀티미터(digital multimeter : DMM)의 입력 신호는 전계 효과 트랜지스터(FET)로 구성된 증폭기에 전달된다. 이렇게 하여 DMM은 매우 높은 입력 임피던스를 가지게 된다. 회로 내의 전압을 측정하기 위하여 계기를 측정하려는 소자에 병렬로 연결한다. 병렬 회로의 전체 저항은 회로가 병렬로 접속될 때 감소하는 것을 고려하면 DMM의 고입력 임피던스는 측정 회로에 거의 영향을 주지 않는다. 이것은 피측정 회로에서 취하는 전류가 매우 작기 때문이다.

디지털 계기는 세 가지 요인에 의하여 전기량 측정에서 많은 아날로그 계기를 대신하게 되었다. 첫째, 디지털 계기는 읽기가 쉽다. 둘째, 측정이 더욱 정확하고, 현재의 전자 회로와 더 빨리 부합한다. 셋째, 구입 가격이 훨씬 저렴하다.

디지털 계기는 표시부의 자리수에 의하여 규격이 정해진다. 일반적으로 표시부는 3½, 4½ 또는 4¾ 자리수와 (＋), (－)부호를 가진다. 가장 왼쪽의 자리가 분수 자리이며, "1"이 표시되거나 아무 숫자도 표시되지 않는다. (＋) 또는 (－)부호는 측정 중인 값의 극성을 나타낸다. 어떤 계기들은 아날로그 막대 그래프 형태의 표시가 있고, 이에 의해 사용자는 측정에 대한 관찰과 이해를 할 수 있는 두 번째 기준을 가지게 된다. 샘플링은 연속적이 아닌 1초당 정해진 횟수만큼 행해진다. 이것을 샘플링률(sampling rate)이라고 한다. 만약, 연속 샘플링이 사용된다면 표시부가 계속적으로 바뀌게 되고, 결국 지시값을 읽을 수 없을 것이다.

디지털 멀티미터

그림 17·5에 나타내는 디지털 멀티미터(digital multimeter)는 기술자들이 사용하는 고급형이다. 이 계기는 전압, 저항, 전류 등을 측정하도록 설계되었다. 기능 선택 스위치, 전원 "on/off" 스위치, 3¾ 자리수와 부호 표시 및 부동 소수점 기능 등을 가지고 있다. 표시부는 액정형이고, 회색 배경에 검은 글자로 측정값을 표시한다. 다이오드, 직류와 교류 전압, 직류와 교류 전류, 저항 및 이외의 특정 항목 시험 기능을 가지고 있다. 또한, RS232 표준 인터페이스를 가지고 있어서 개인용 컴퓨터에 측정 데이터를 전송하여 데이터 저장과 해석을 할 수 있다. 디지털 계기 중에는 도통 시험을 위해 음향 신호 기능을 가진 것도 많다. 이 기능에 의해 사용자가 시험하려는 소자에서 시선을 돌리지 않고도

그림 17·5 디지털 멀티미터

시험을 할 수 있다. 계기는 9 V 건전지로 동작하며, 표시부에 사용자에게 건전지 교환 시기를 알려 주는 저전압 표시기가 있다.

데시벨 계기

어떤 계기에는 데시벨(decibel : dB) 눈금이 있다. 이것은 공공 장소에서 사용되는 확성기의 음향 출력을 측정하기 위하여 사용된다. 데시벨 단위는 일정 전력 수준(보통, 규정된 기기의 입력 전력 수준)에 대한 출력 신호 전력 수준의 비교이다. dB값은 기준 신호에 대하여 시험 신호가 몇 배나 큰지(+dB 수), 또는 몇 배나 작은지(−dB 수)에 대한 수학적 표현이다.

클램프형 계기

대부분의 계기는 측정하려는 회로에 직접 연결되어야 한다. **클램프형 계기**(clamp−on meters)는 직접 연결하지 않고도 전압이나 전류를 측정할 수 있다(전압 측정에는 시험 전선이 필요하다). 전류를 측정할 때에는 계기의 입구부를 열고 시험하려는 도체를 통과시킨 후, 입구부를 닫아 도체를 감싼다(그림 17·6). 전류가 흐를 때, 도체 주위에 형성되는 자계는 전류의 크기에 비례한다. 계기

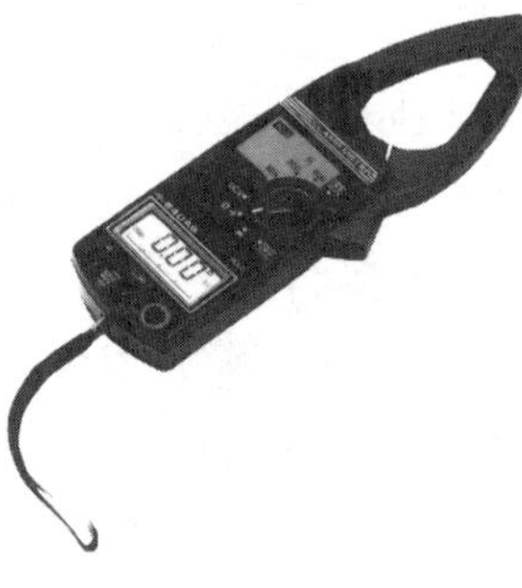

그림 17·6 클램프형 계기

내부의 회로는 자계를 사용하여 전류의 크기를 결정하고, 이 값을 지시한다. 클램프형 계기로 단자에서 분리하기가 쉽지 않은 전선의 전류를 쉽게 측정할 수 있다.

가동 코일형 계기

전형적인 **가동 코일형 계기**(moving coil meter)는 소형의 전동기처럼 동작하며, 자석 운동에 의하여 계기의 지침이 이동한다. 이동량은 계기 회로를 통과하는 전류의 크기에 의하여 결정된다. 지침이 전류에 의하여 움직이기는 하지만 전압이나 저항과 같은 다른 전기량들도 측정이 가능하다. 계기의 표시면은 다양한 전기량을 나타낼 수 있는 눈금이 표시되어 있다. 지침을 이동시키는 부품의 조합을 계기의 가동부라고 한다. 많은 계기들이 영구 자석 가동 코일형 가동부를 채용한다(그림 17·7). 회전축 받침 사이에 끼워진 틀 주위에 코일이 감겨있어서 코일이 자유롭게 회전할 수 있다. 지침은 코일 구성부에 달려 있다. 지침이 계기 눈금의 0을 가리키도록, 작은 스프링이 코일을 잡고 있다. 코일의 끝은 계기의 정지된 단자에 연결되어 있다.

전류가 코일을 지나면 작은 전자석이 생성된다. 전자석의 극은 영구 자석의 극에 의하여 흡인 또는 반발된다. 코일과 지침의 이동은 전류의 흐름에 의존하기 때문에 지침이 이동하게 된다. 전류의 크기에 따라 이동량이 결정된다. 계기 눈금의 가장 큰 값까지 지침을 이동시키는데 필요한 전류의 크기를 계기의 **최대 눈금 편향 전류**(full−scale deflection current)라고 한다. 이런 형식의 계기를 아날로그 계기라고 한다. 아날로그 계기라고 부르는 이유는 연속적인 가변량에 의해 동작하기 때문이다. 이 계기에서 연속적인 가변량은 계기의 코일을 흐르는 전류이다.

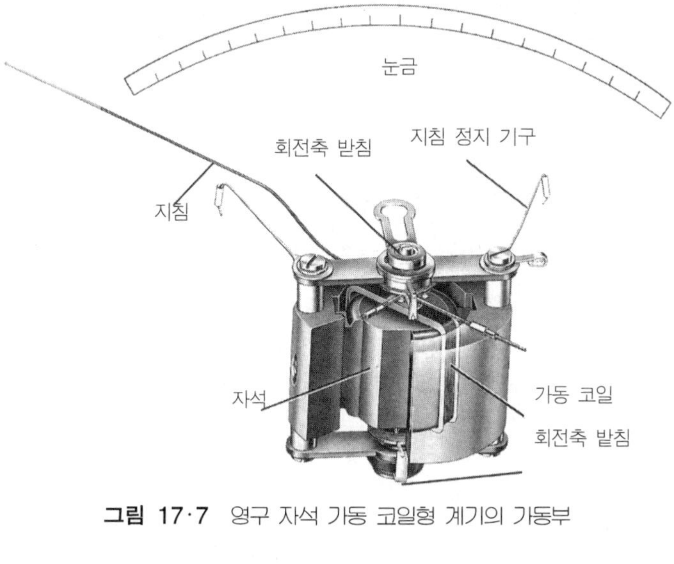

그림 17·7 영구 자석 가동 코일형 계기의 가동부

계기의 사용법

모든 계기(특히 가동 코일형)는 정교한 기구이다. 기계적, 전기적으로 조심해서 다루어야 한다. 전압계와 전류계에서는 적절한 범위를 선택하여야 한다. 이것은 시험하려는 최고 전압이나 최대 전류를 안전하게 다룰 수 있도록 조절되어야 함을 뜻한다.

사용자는 어떤 계기를 사용하기 전에 계기의 동작법을 배워야 한다. 가장 좋은 방법 중의 하나는 계기의 사용 설명서를 주의 깊게 읽는 것이다. 이 설명서는 계기를 안전하게 사용할 수 있는 자세한 사용법을 제공한다. 이 장에서 논의되는 각각의 기구와 이들을 사용한 작업은 기구 제조업자가 제공하는 사용 설명서와 함께 주어진다. 사용 설명서는 매우 중요하며 기구를 사용하기 전에 사용자가 반드시 읽어야 한다. 여기에 수록된 정보는 결선하는 방법, 측정 계획 내역 및 중요한 안전 정보 등을 포함하고 있다. 기구 담당자는 사용하려는 기구에 대한 사용 설명서를 가지고 있을 것이다. 새로운 계기를 사용하기 전에 설명서를 읽어 볼 것을 강력히 추천하며, 기구의 사용 도중에 발생하는 사용법에 관한 의문에 대한 보조 역할도 할 것이다.

사용 설명서에서 아주 중요한 부분이 기구의 안전에 관한 부분이다. 이 부분을 주의 깊게 읽어야 한다. 시험 기구를 작동시키기 전에 이들을 숙지하여야 한다. 사용 설명서에는 기구의 특징들을 요약한 명세표 목록이 있다. 이 목록에는 전력 요구 조건, 측정 범위, 사용 가능한 출력 신호, 프로브(probe ; 탐침)의 입력 임피던스, 사용되는 배터리 형태 등등이 포함된다.

전압계와 전류계는 전원이 공급되고 있는 회로에 연결된다. 따라서, 이들을 사용할 때에는 안전 수칙을 따르는 것이 중요하다. 전압계와 전류계는 집게나 스크루 단자를 사용하여 회로에 연결된다. 이들을 연결할 때에는 회로의 전원을 끄는 것이 안전하다. 측정하려 할 때에 전원을 켠다. 측정하려는 회로에 단락을 일으킬지 모르는 측정선의 절연 불량을 항상 검사한다. 또한, 회로에 측정선을 사용하여 계기를 연결할 때, 회로의 나선(bare wire)을 건드리지 않도록 주의한다.

전압계의 사용법

전압계(Voltmeters)는 전압을 측정하려는 소자나 회로에 항상 병렬로 연결된다. 직류 전압계는 **유극형 계기**(polarized instrument)이다. 즉 측정선의 +는 +, −는 −와 같이 올바른 극성에 연결되어야 한다(그림 17·8(b)).

그렇지 않을 경우, 디지털 계기는 데이터를 혼동시킬 수도 있는 음(−)의 전압을 표시한다. 또한, 지시 계기에서는 지침이 반대 방향으로 이동하여 계기를 고장낼 수도 있다. 교류는 반주기마다 방향을 바꾸고, 따라서 교류는 극성이 없다. 그러므로, 교류 전압계는 측정하려는 두 점에 극성과 관계없이 연결될 수 있다.

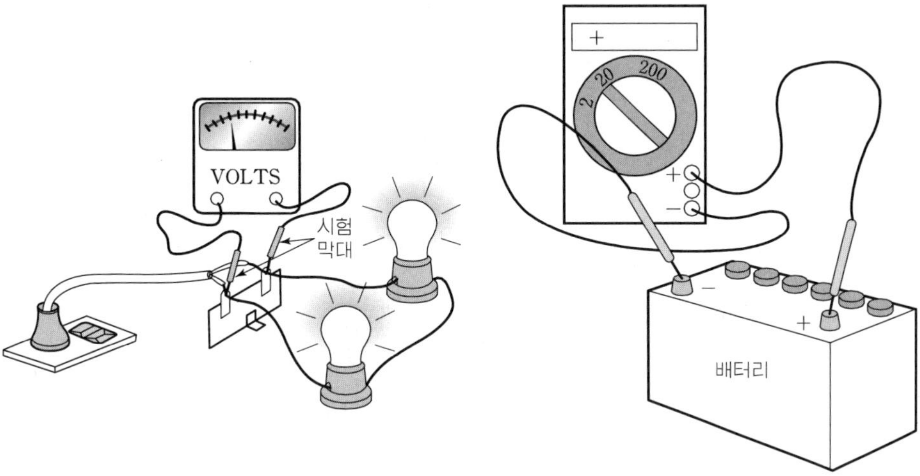

(a) 교류 전압 측정 (b) 직류 전압 측정

그림 17·8 전압계의 사용법

전류계의 사용법

전류계(Ammeters)는 회로에 직렬로 연결된다(그림 17·9). 너무 큰 전류가 흐르는 회로에 연결될 경우 영구 손상을 입을 수도 있다. 직류 전류계는 극성에 맞도록 회로에 연결이 되어야 한다. 극성이 바뀌어서 연결될 경우, 디지털 계기는 반대의 극성을 표시한다. 가동 코일형의 경우에는 지침이 반대 방향으로 이동하여 계기를 고장낼 수도 있다. 교류 전류계는 극성과 관계없이 회로에 연결될 수 있다.

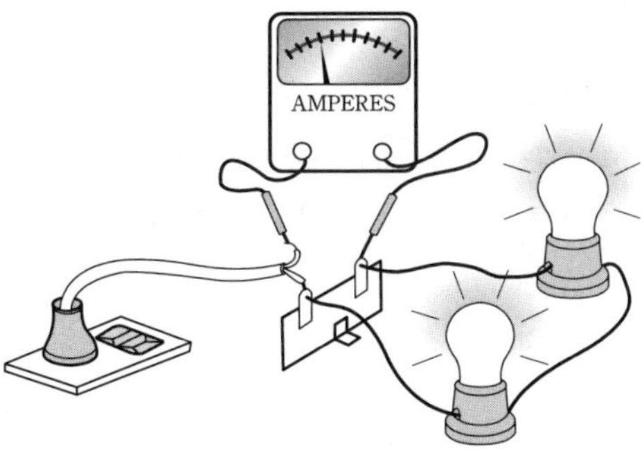

그림 17·9 전류계의 사용법

저항계의 사용법

저항계(Ohmmeters)는 측정하려는 소자나 회로에 병렬로 연결된다(그림 17·10). 이 소자나 회로는 전원으로부터, 또한 측정하지 않는 회로의 다른 부분으로부터 분리되어야 한다. 측정하려는

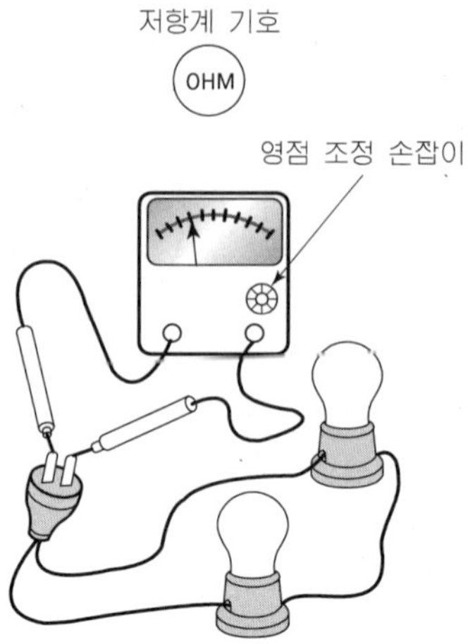

그림 17·10 저항계의 사용법

회로에 다른 부품이 연결될 경우, 잘못된 측정값을 얻을 수 있다. 저항을 측정할 때, 측정선의 양 끝에 손가락이 닿지 않도록 주의한다. 손가락이 닿으면 저항계는 신체의 저항과 측정하려는 회로의 저항이 병렬 결합된 등가 저항을 측정하게 된다. 특히 고저항을 측정할 때 이 점을 주의하여야 하는 데, 이것은 신체 저항에 의해 다른 고저항의 전체 저항에 영향을 줄 수 있기 때문이다. 저항값을 잘못 측정하면, 회로의 고장 수리가 잘 되지 않을 것이다.

저항 측정

저항계는 보통 5 내지 6단계의 측정 범위를 가진다. 시험 저항의 값을 모를 경우에는 고저항 범위에서 측정을 한다. 디지털 계기의 경우, 한 자리나 두 자리가 표시된다면 측정 범위가 너무 높은 것이므로 저저항 범위로 조정한다. 측정 범위가 너무 낮으면 시험값이 선택된 범위보다 더 크다는 어떤 표시가 나타날 것이다. "OL"(over limit) 표시는 측정값을 얻으려면 측정 범위를 더 높여야 한다는 것을 표시한다. 2K 범위에서 1.987이 표시된다면 저항값이 1,987 Ω임을 나타낸다.

도통 시험

저항계는 저항 측정은 물론 도통 시험(Continuity tests)에도 사용된다. 이것은 한 측정점에서 다른 측정점까지 연속된 전류 경로가 있는지를 검사한다. 도통 시험은 코일의 보이지 않는 부분의 도체 검사나 전체 전류 경로가 보이지 않는 기기에서 매우 유용하다. 도통 시험은 보통 스위치, 변압기 및 릴레이 검사에 사용된다.

도통 시험을 할 때에는 저항계의 측정 범위를 가장 낮은 범위에 놓고, 시험하려는 기기의 단자나 회로에 연결한다. 만약, 저항값을 표시하지 않으면 그 기기나 회로는 개방된 것이다(그림 17·11(a)).

반대로 저항계에 어떤 저항값이 표시되면 도통되었다는 것이다(그림 17·11(b)). 저항의 크기는

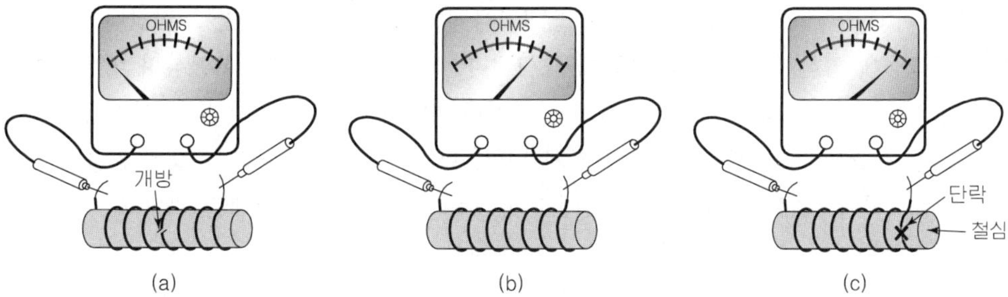

그림 17·11 저항계에 의한 도통 시험

시험하려는 기기나 회로의 특성에 의하여 결정된다. 저항이 매우 낮아, 예를 들면 .05나 .00이 표시되면 시험하려는 지점 사이에 직접 연결(direct continuity)이 존재하는 것이다.

어떤 디지털 계기는 도통 시험에 음향 기능을 제공한다. 이 기능에 의해 계기의 표시판을 보지 않고도 도통 시험을 수행할 수 있다. 특히, 근접 위치한 케이블 말단의 소켓이나 핀들을 검사할 때 유용하다. 케이블에서 각각의 선들이 끊어지지 않고, 다른 선들과 단락되지 않았음을 확인하기 위하여 도통 시험이 필요한 경우가 있다. 음향 신호에 의하여 기술자는 전선에서 표시판으로 시선을 돌리지 않고도 시험을 할 수 있으며, 시험 프로브를 움직이는 위험도 없앨 수 있다. 도통 시험은 단락과 접지 검사에 매우 유용하다. 그림 17·11(c)에 보인 시험에서 절연선으로 감긴 코일의 한 쪽 단자와 코어 사이에 직접 연결이 있음을 나타낸다. 이 경우, 전선의 절연이 어떤 곳에서 결함이 있는 것이며, 전선과 코어가 단락된 것이다. 이것은 위험하고, 또는 회로가 잘못 동작하는 원인이 되므로 코일은 교체되어야 한다.

가상 계측기

개인용 컴퓨터의 고성능화, 저장 용량 증가에 힘입어, 컴퓨터를 이용한 다양한 계측기능을 제공하는 소프트웨어를 만들 수 있게 되었다. 컴퓨터가 전기·전자 계측의 기능을 수행할 경우, 이것을 **가상 계측**(virtual instrumentation)이라 부른다. 컴퓨터의 성능 덕분에 가상 계측은 기술자에게 훌륭한 진단 장비가 된다. 주문 시방의 계측기가 요구될 경우, 사용자에게 다양한 용도를 제공한다. 기술자는 특정한 요구에 부응하는 특정한 데이터를 생성할 수 있는 시스템을 설계할 수 있다. 가상 계측 시스템은 개별 장치로 이루어진 표준 계측 시스템을 모방하도록 설계될 수 있다. 이 시스템에 의하여 얻어진 데이터는 컴퓨터 내에서 인터넷을 통하여 관심이 있는 연구자에게 바로 전송될 수 있다. 이 시방은 표준 탁상형 계기에서는 불가능하다. 가상 계측의 또 다른 장점은 새로운 계측기를 구매하지 않고도 성능 향상이 가능하다는 것이다. 이 시스템의 단점은 컴퓨터에 의존한다는 점이다. 컴퓨터가 동작하지 않으면 가상 계측기의 모든 기능이 정지한다.

가상 모드에서 사용 가능한 일반적인 계측기는 디지털 멀티미터, 오실로스코프, 함수 발생기, 동적 신호 분석기(dynamic signal analyzer : DSA) 및 데이터 기록계 등을 포함한다. 이 계기들은 컴퓨터 프로그램에 의하여 발생되며 화면에 표시된다. 키보드와 마우스, 화면상의 버튼, 손잡이 및 슬라이드 조절기는 표준 계측기와 동일하게 동작한다. PC의 성능이 가상 계측 시스템에 부가되면 데이터의 가공, 표시 및 저장 능력이 증가하게 된다. PC의 속도는 데이터 수집을 μ초로 향상시키며, 수집된 데이터를, 해석을 위한 표의 형태로 표시할 수 있다. 스크린에 표시된 데이터와 파형은 프린트될 수 있다.

외부 시험 회로와 가상 계측 소프트웨어의 연결은 주컴퓨터의 카드 연결 슬롯에 삽입되는 데이터 수집(data acquisition : DAQ) 인터페이스 카드(그림 17·12(a))를 통하여 이루어진다. 외부 커넥터(그림 17·12(b))는 사용자가 다수의 소자를 동시에 DAQ 카드에 연결할 수 있도록 여러 개의 입력, 출력 단자를 가지고 있다. 소프트웨어는 여러 개의 입력들 사이를 매우 빠른 속도로 이동하면서 각각의 데이터를 조립하여 표시하도록 프로그램되어 있다.

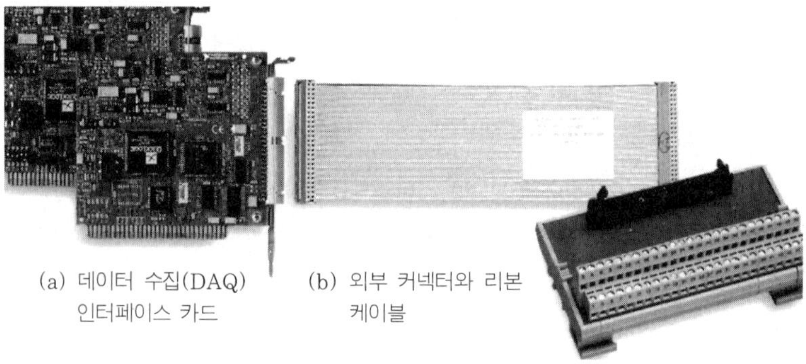

(a) 데이터 수집(DAQ) 인터페이스 카드 (b) 외부 커넥터와 리본 케이블

그림 17·12 가상 계측기

몇 가지 가상 계측기

다음에 보이는 가상 계측기들은 컴퓨터의 성능을 사용한 몇 가지 가능성들이다. 연구 개발 산업의 진보된 요구에 부응하는 수많은 가상 계측기가 있다. 소프트웨어 프로그램에 의해, 기존의 가상 계측기 성능을 능가하고 사용자의 주문 시방에 맞는 가상 계측기를 만들 수 있다.

가상 멀티미터

디지털 멀티미터는 전압과 전류(교류와 직류), 저항 및 온도와 다이오드 검사와 같은 특별한 측정에 사용된다. 그림 17·13의 가상 DMM은 자동 혹은 수동으로 1 mV에서 10 V까지 선택할 수 있는 입력 범위를 가지고 있다.

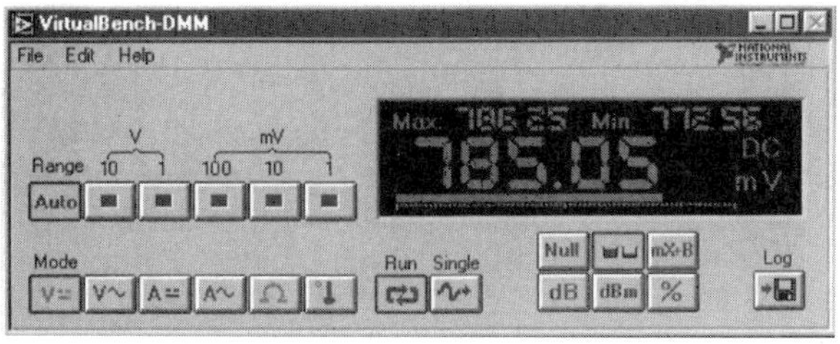

그림 17·13 VirtualBench™ 디지털 멀티미터

가상 오실로스코프

그림 17·14는 가상 오실로스코프의 화면 표시이다. 이 계측기는 다중 채널로, 주파수 대역폭은 직류에서 1.6 MHz까지의 회로 파형을 나타낼 수 있다. 전압 표시는 1 mV/눈금에서 10 V/눈금의 범위를 가진다. 화면 표시의 스위프율은 눈금당 10 나노초(nanoseconds)에서 100 미리초(milliseconds)로 가변된다. 주컴퓨터의 수치 계산 능력에 의하여, 파형 데이터를 사용하여 다양한 계산을 할 수 있다. 이와 같은 방법으로 사용자에게 더욱 다양한 정보가 스크린을 통하여 전달된다. 직류 전압, 실효전압(RMS voltage)값, 최대 및 최소 전압, 첨두－첨두(peak to peak) 및 주파수에 대한 정확한 측정이 가능하다.

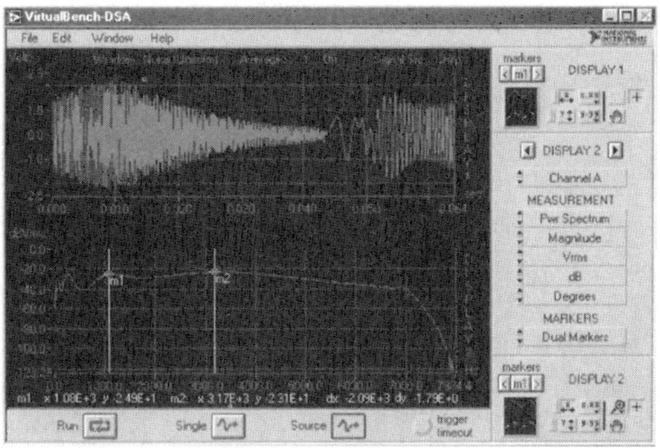

그림 17·14 VirtualBench™ 오실로스코프

가상 함수 발생기

함수 발생기(function generator)(그림 17·15)는 다양한 파형, 형상의 신호 전압을, 매우 정확하고, 선택 가능한 주파수로 제공한다. 가상 상황에서 전형적인 파형 발생기의 친숙한 형상이 화면에 표시된다. 누름 버튼과 손잡이 같은 조절기들은 마우스에 의하여 조작된다. 커서를 원하는 조절기 위에 위치시키고, 그것을 조절하여 파형과 전압 수준을 선택한다. 신호는 외부 커넥터로 전송되어 해당 회로에 공급된다. DC, 정현파, 구형파, 삼각파, 톱니파, 잡음, 계단파 및 다른 파형들을 사용할 수 있다. 이들은 컴퓨터에 의하여 발생되기 때문에 마우스로 그려지거나, 다른 주기를 가지는 다른 모양의 파형이 결합한 파형에 의한 수식으로부터 주문 시방의 파형을 발생시킬 수 있다.

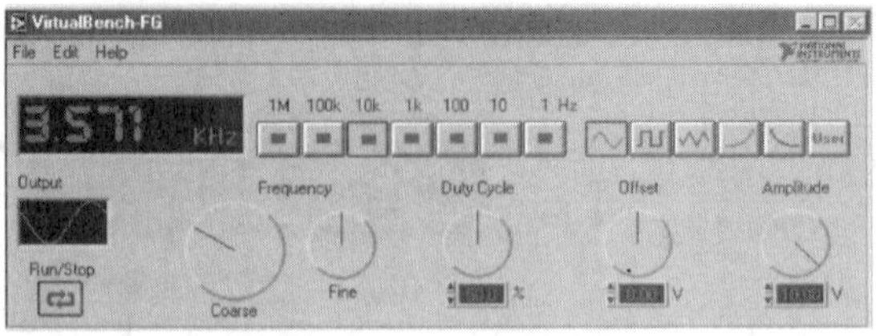

그림 17·15 VirtualBench™ 함수 발생기

가상 동적 신호 분석기

극히 높은 주파수나 매우 짧은 펄스의 파형은 관찰하거나 해석하기가 어렵다. 그러나, 모든 형태의 신호에 포함되어 있는 중요한 정보는 **동적 신호 분석기**(DSA)에 의하여 얻어질 수 있다(그림 17·16). DSA로 측정될 수 있는 몇 가지 양들은 진폭, 파워 스펙트럼, 주파수 일치도 및 충격 응답 등이다. 사용자는 고조파 왜형과 주파수 응답에 관한 데이터도 얻을 수 있다. 유사 난수 잡음, 단발성 소음, 고정 사인파 등을 발생시켜 시험 회로에 주입하고 응답을 분석한다. 데이터는 연속적으로 수집되며 컴퓨터 화면상에는 특정값이 새로운 값으로 갱신된다. 또한, 예를 들어 특정한 신호나 전압에 의하여 계측기가 시동(trigger)될 때 한 세트의 데이터가 수집될 수 있다. 트리거 동작 모드에서 매우 짧은 펄스와 전기적 상황이 획득되고 분석될 수 있다.

가상 데이터 기록계

어느 기간에 걸쳐서 데이터가 수집되고 분석에 사용될 수 있는 형태로 저장되어야 하는 경우가 종종 있다. 이것이 데이터 기록계(data logger)(그림 17·17)의 기능이다. 이 계측기는 컴퓨터 저장 능력을 이용하므로 가상 계측기로서는 예외적인 경우이다. 동작 명령에 의한 시작-종료 상황, 또는 설정된 시간 구간에 걸쳐서 데이터가 수집된다. 이 데이터는 시각적인 해석을 위하여 화면에 표시된다. 또한, 화면이나 프린트된 종이 위에 도식적으로 표현될 수 있다. 이런 형태의 도구는 사람의 눈으로 보기에는 너무 빠른 신호 데이터를 기술자가 검사할 수 있도록 한다. 이 계측기는 작업자가 데이터를 손작업으로 수집하는 것이 비실용적인, 장기간에 걸쳐 발생하는 데이터를 수집할 수도 있다.

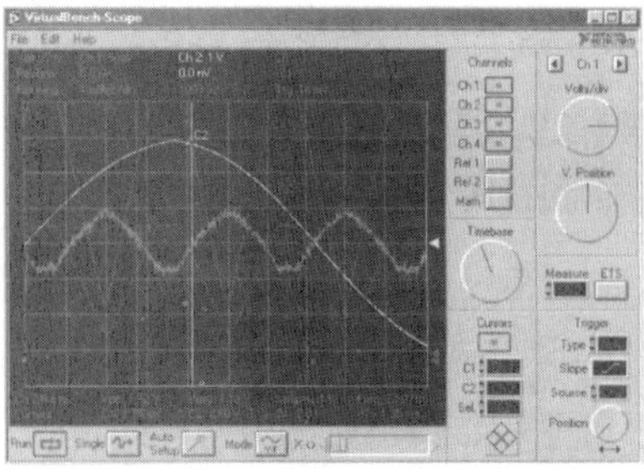

그림 17·16 VirtualBench™ 동적 신호 분석기

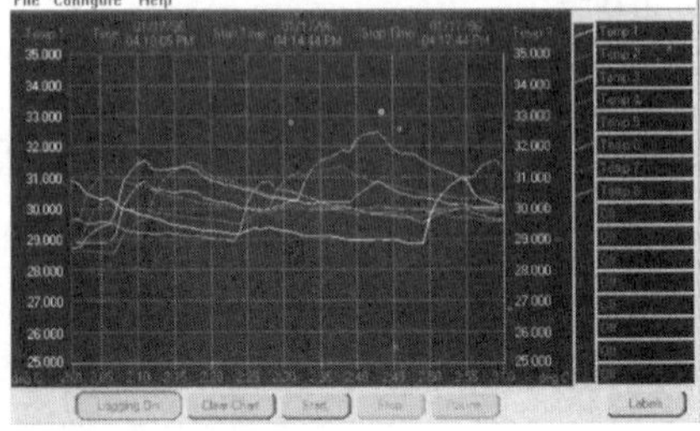

그림 17·17 VirtualBench™ 데이터 기록계

탁상형 계측기

가상 계측기가 점점 더 사용이 늘고 있는 추세이지만 대부분의 시험대에는 개별적인 계측기가 있다. 이 계측기들은 회로의 내부 동작을 해석하는 데 사용된다. 이들 계측기로 얻어진 정보는 전기·전자 공학에 대한 이해와 함께 사용자가 새로운 회로를 개발하고, 새로운 회로의 고장 수리 및 회로 문제점을 해결할 수 있도록 한다. 일반적인 탁상형 계측기들은 다음과 같다.

오실로스코프

오실로스코프(oscilloscopes) 또는 **스코프**(scopes)는 중요한 시험 장비이다. 이것은 여러 종류의 설계, 유지 및 보수에 사용된다(그림 17·18). 오실로스코프의 주된 목적은 전압 신호의 파형(그림 17·19)을 보여주는 것이다. 파형의 진폭은 파의 다양한 전압값을 나타내고, 화면의 수평축은 파의

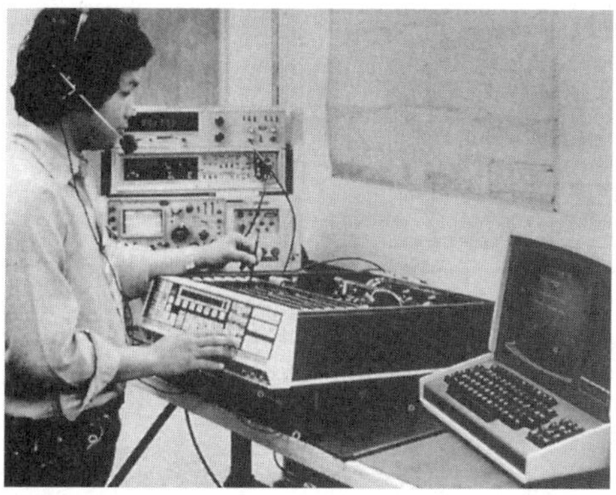

그림 17·18 오실로스코프와 다른 장비를 사용하는 광경

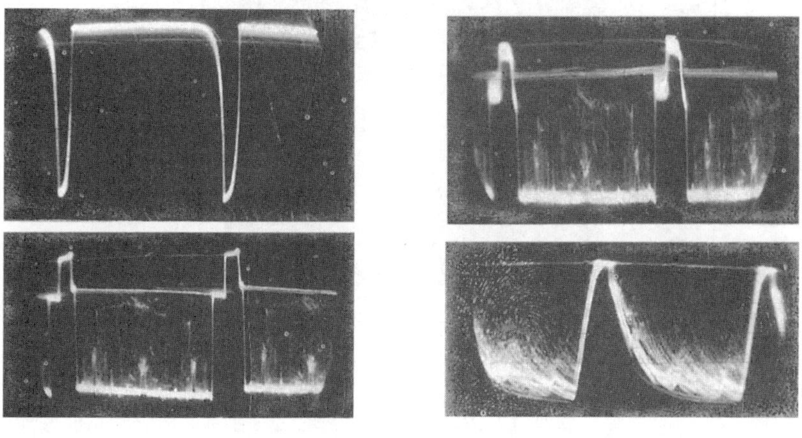

그림 17·19 텔레비전 회로 여러 부위에서의 전압 파형을 보여주는 오실로스코프 화면

점들 사이의 시간을 측정하는 데 사용된다. 이것에 의하여 회로 전압의 파형이 정확한 지점에 있는지의 여부, 주 지점들이 정확하게 시차를 가지는지 등을 관찰하여 회로를 시험할 수 있다.

▶ 음극선관

오실로스코프에 의하여 보여지는 파형은 **음극선관**(cathode ray tube: CRT)의 화면상에 표시된다. 여러 가지 면에서 흑백 TV의 브라운관과 비슷하다. 관의 가느다란 목 부근의 전자총 구성부는 전자 빔－음극선(그림 17·20(a))이라고도 한다－을 생성한다. 관의 화면에 도포되어 있는 형광체에 전자 빔이 충돌하면 형광체가 빛을 낸다. 빔이 수평 또는 수직으로 움직이지 않으면 화면상에 작은 점이 나타난다(그림 17·20(b)). 대부분의 오실로스코프는 **이중 주사 오실로스코프**(dual－trace oscilloscope)로서 동시에 두 가지 파형을 나타낼 수 있다. 이 시스템은 기술자가 진폭과 주기에 대하여 관련이 있는 파형들을 비교할 수 있도록 한다. 채널 1(Ch 1)과 채널 2(Ch 2), 또는 A와 B로 구분되는 빔의 각각에 분리된 입력과 제어기들이 제공된다.

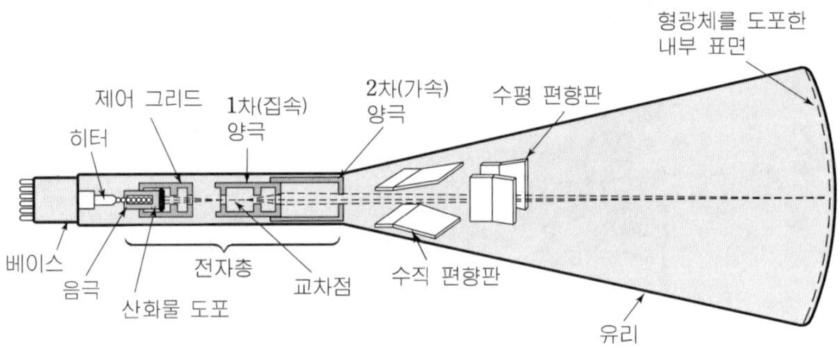

(a) 관 구조

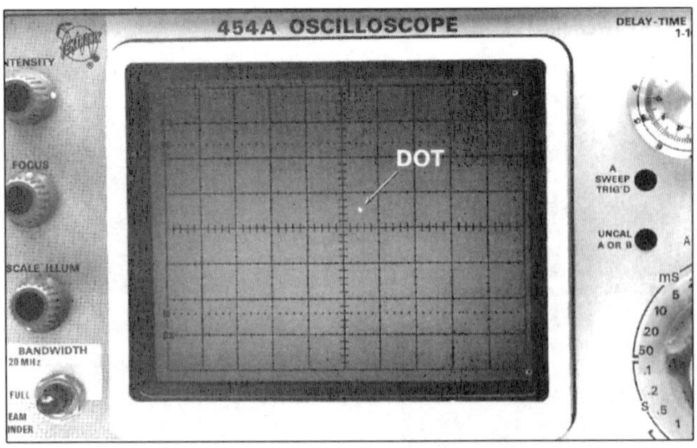

(b) 음극선관의 화면에 나타난 작은 점

그림 17·20 음극선관 오실로스코프

과학 상식

오실로스코프

오실로스코프는 의료 분야에서 **환자 감시 시스템**으로 사용된다. 온도, 뇌파, 호흡 주기 및 심장 박동과 같은 움직임을 관찰하기 위하여 생체 센서가 신체에 부착된다. 이 정보들은 의사들이 해석할 수 있도록 오실로스코프에 표시된다.

전기 감시 시스템은 갓 태어난 미숙아나 심장, 호흡기 질환을 가진 중환자들에게 널리 사용된다. 이들 시스템은 심전도계 같은 기구로부터 얻어진 신호를 분석한다. 이 정보를 병원 관계자에게 전달할 때 일반적으로 오실로스코프상에 가시적으로 표현한다. 심장 박동, 혈압 또는 호흡 주기 등에 어떤 변화가 생기면 간호 시스템에 경고 신호를 보낸다.

▶ 정전 편향

음극선관의 전자 빔은 **정전 편향**(electrostatic deflection)에 의하여 이동한다. 빔은 전자(음의 전하)로 이루어져 있으므로 정전력에 의하여 끌거나 밀 수 있다. 이것은 관내의 수평, 수직 편향판(그림 17·21)에 전압을 가하여 행해진다. 전자 빔의 수직 편향 크기는 시험 전압의 크기에 비례한다. 화면은 등간격으로 분할된다－보통 cm. 각 분할에 대한 전압값은 전면 패널의 스위치에 의하여 선택된다. 수평, 수직 편향에 대한 예를 그림 17·21(a)와 그림 17·21(b)에 나타낸다. 만약, 한 개씩의 수평, 수직 편향판이 동시에 양이거나 음이 되면 빔은 화면에 대각 방향으로 이동할 것이다(그림 17·21(c)).

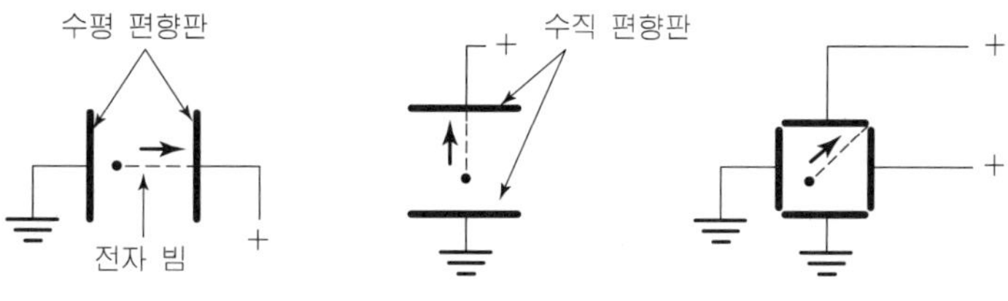

그림 17·21 음극선관에서 전자 빔의 정전 편향

▶ 소인 회로

오실로스코프의 수직 이득 제어기를 최소로 하고, 수평 이득 조절기를 최대로 하면 전자 빔은 화면 위를 수평으로 이동－**소인**(sweeps)한다. 빔의 작은 점은 매우 빨리 움직이고, 눈의 잔상에 의하여 연속적인 선으로 나타난다(그림 17·22).

빔의 수평 소인은 보통 소인 발생기라고 하는 오실로스코프 회로에 의하여 발생된다. 이 회로는 시각(time) 신호에 맞춘 트리거 펄스가 발생기 회로에 입력되면 톱니파형의 출력 전압을 발생한다. 이런 방법으로 각각의 파형이 나타날 때, 정확히 동일한 지점에서 소인이 시작된다. 파형은 일정하고 정지된 것처럼 나타나고, 따라서 관찰하기가 용이하다. 그러나 주된 요인이 되는, 화면에서

그림 17·22 음극선관의 화면에 나타난 수평선

수평 방향의 밝기 변화는 소인률에 따른 주기를 가질 것이다. 이 주기는 각각의 변화에 대하여 수초에서 수분의 일 밀리초의 범위를 가질 것이다. 소인 전압이 수평 편향판에 공급되면 빔은 화면의 왼쪽에서 오른쪽으로 이동한다. 그 다음에 매우 빨리 시작점으로 되돌아 간다. 이 동작이 반복되는 빠르기는 소인 발생기의 주파수에 의하여 결정된다. 발생기의 주파수는 시간축 제어 스위치로 변화시킨다. 각각의 위치에 주기를 나타내는 표시-예를 들어 t/cm-를 가진 스위치를 사용하면 이것이 가능하다. 소인율을 조정할 수 있는 가변 소인 제어기도 있다. 이 제어기는 화면 표시를 동기화하는데 유용하다.

이 제어기는 시간축을 정확하게 하기 위하여 'off' 위치로 잠겨 있어야 한다.

신호 발생기

신호 발생기(signal generator)는 여러 가지 주파수의 전압을 공급하는 시험 장비이다(그림 17·23). 이 전압(신호)은 무선 수신기와 같은 어떤 회로에 가해진다. 회로의 효율적인 동작을 시험하고 조절한다.

▶ 가청 주파수와 무선 주파수 신호 발생기

가청 주파수(audio-frequency : AF) **신호 발생기**는 주파수 범위 10 Hz에서 100 kHz 정도의 출력 신호를 발생한다. 가청 주파수 발생기는 정현파를 발생한다. 구형파를 발생하는 것도 있다. **무선 주파수**(radio-frequency : RF) **신호 발생기**는 주파수 범위가 100 kHz에서 100 MHz 정도이다.

▶ 변 조

전형적인 무선 주파수 신호 발생기에서, 발생기 발진 회로의 400 Hz 신호가 출력 신호를 변조한다. **변조**(modulation)는 반송파(carrier wave)의 진폭이나 주파수를 변화시키는 것이다. 이 경우에 반송파는 정현파형의 출력 전압이다. 진폭이 변화하면 **진폭 변조**(amplitude modulation : AM)라 하고, 주파수가 변화하면 **주파수 변조**(frequency modulation : FM)라 한다.

변조된 출력에 의하여 무선 주파수 발생기는 무선 수신기 회로를 검사하기 위한 소형의 무선 송

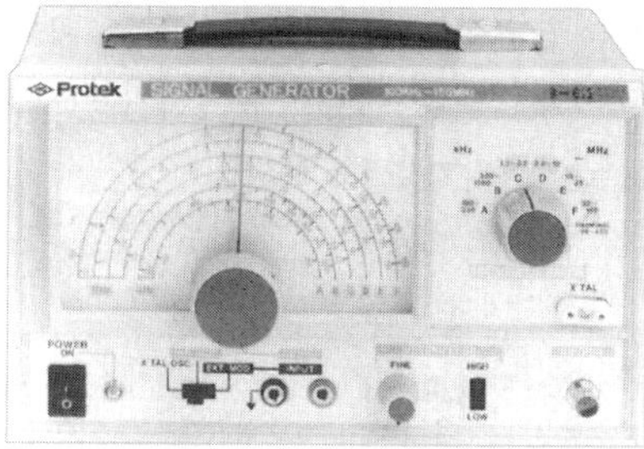

그림 17·23 RF 신호 발생기

신기로 자주 사용된다. 이와 같은 시험에서 신호 발생기는 무선 수신기 회로의 어떤 부분에 연결된다. 만약 회로가 정상적으로 동작한다면 반송파를 변조한 400 Hz의 신호-소리-가 스피커에서 재생될 것이다. 특별한 종류의 무선 주파수 신호 발생기가 텔레비전 수신기 회로를 시험하고 조절하는데 사용된다.

주파수 카운터

주파수 카운터(frequency counter)는 회로의 주파수를 알아보는데 오실로스코프와 함께 사용될 수 있는 계측기이다. 이 계측기는 짧은 시간 동안 입력에 나타나는 주기의 수를 세고, 그 수를 표시한다. 이 과정은 주기적으로 반복되고, 표시는 계속 갱신된다.

그림 17·24에 나타내는 주파수 카운터는 다양한 용도가 있다. 한 가지는 송신 장비가 미국 연방통신 위원회(FCC)의 규정에 만족하게 동작하는지를 알아보는 것이다. 다른 것으로는 무선 수신기에서 국부 발진기를 조정하는 것이다.

신호 추적기

신호 추적기(signal tracers)는 증폭기나 무선 수신기의 회로 내에서 신호 전압을 추적하는 계측기이다. 이것은 시험하려는 회로의 여러 개소를 신호 추적기의 입력에 연결하면 된다. 회로가 정상적으로 동작하면 스피커나 헤드폰을 통하여 가청 음향 신호를 출력한다.

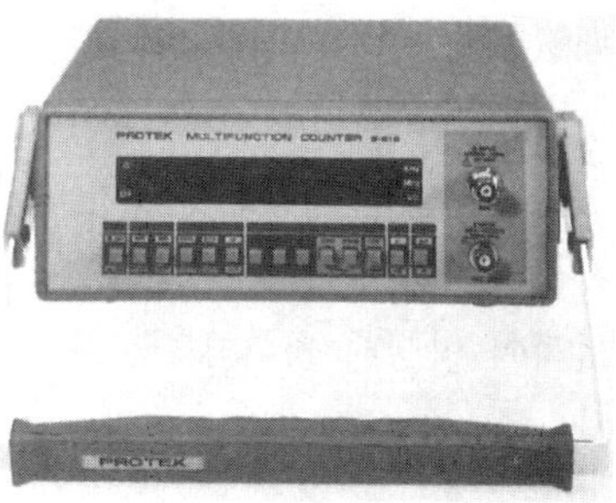

그림 17·24 광대역 주파수 카운터

변조된 무선 주파수 신호에 신호 추적기를 사용하려면 검파 회로가 있어야 한다. 이 회로는 무선 주파수 반송파에서 가청 신호를 분리해 낸다. 신호 추적기의 스피커는 가청 주파수 범위 이상에서는 반응하지 않기 때문에 이와 같은 분리가 필요하다.

전기 · 전자 시험 장비 사용법

다음에 주어지는 절차는 **오실로스코프의 운용**에 관한 기본적인 정보를 제공하기 위한 것이다. 언급된 제어기들은 전형적인 범용 스코프에서 볼 수 있다. 이와 같은 방법으로 오실로스코프의 사용법을 배운 뒤에 여러 가지 목적으로 스코프를 이용할 수 있을 것이다. 다수의 오실로스코프는 여기서 언급된 것 이외의 조절기를 가진다. 따라서, 오실로스코프나 다른 시험 장비를 동작시키기 전에 사용 설명서를 주의 깊게 읽어야 한다. 신호 발생기의 사용에 관한 기본적인 정보도 주어진다. 여기서는 이중 주사 오실로스코프임에 주목한다. 다음의 절차는 양쪽 채널 모두에 적용된다.

절 차

① 오실로스코프를 켠다. 다음의 제어기들을 지시한 것과 같이 조절한다.
② 수직 위치 : 수평 궤적(또는 선)이 스코프 화면의 중앙에 오도록 조절한다.
③ 강도(intensity) 제어 : 선이 너무 밝지 않으면서 화면에 뚜렷이 보이도록 조절한다. 그 다음에 선이 깨끗이 보이도록 초점 제어기를 조절한다.
④ 수직 입력 잭 : 가청 주파수 신호 발생기를 스코프의 잭에 연결한다. 신호는 구형파 10 kHz로 선택한다. 출력수준 제어기는 중간 정도에 놓는다.
⑤ 소인 선택기 : 10 ms/mm 범위로 조절한다. volt/mm를 조절하여 파형이 화면 높이의 약 3/4이 되도록 한다.
⑥ 신호 발생기의 출력 주파수를 서서히 조절하면서, 화면 표시를 관찰한다. 화면 표시는 안정적이어야 하며 주파수의 증감에 따라 폭이 좁아지고 넓어져야 한다.
⑦ 신호 발생기가 사인파를 출력하도록 한다. 다른 주파수에서 이 파형을 관찰한다.
⑧ 스코프에 크리스털 마이크를 연결한다. 마이크에 대고 말을 하여 발생하는 목소리의 파형을 관찰한다.
⑨ 6 V 배터리와 버저를 직렬로 연결한다. 스코프의 수직 입력선을 버저의 단자에 연결한다.
⑩ 깨끗한 펄스 전류 파형이 나타나도록 스코프의 제어기들을 조절한다. 이 파형은 버저의 접점이 회로에 접속, 단절 동작을 반복하여 발생된 것이다.

연습문제

1. 전압을 측정하는 계기의 명칭은 무엇인가?
2. 직류 전압계의 시험선이 올바른 극성끼리 연결되어야 하는 이유는 이 계기가 어떤 형의 계기이기 때문인가?
3. 전류계는 측정하려는 회로에 어떤 방법으로 연결되어야 하는가?
4. 컴퓨터에 적당한 프로그램을 동작시켜, 시험 측정 및 측정 데이터를 저장할 수 있는 계측기를 어떤 계측기라고 하는가?
5. 정확하고 선택 가능한 주파수, 다양한 파형의 신호 전압을 발생하는 계측기의 명칭은 무엇인가?
6. 동적 신호 분석기로 측정 가능한 것 네 가지를 열거하여라.
7. 오실로스코프의 주된 목적은 전압 신호의 무엇을 보여주는 것인가?
8. 두 가지 파형을 동시에 보여주는 오실로스코프의 명칭은 무엇인가?
9. 신호 발생기의 두 가지 일반적인 종류는 무엇인가?
10. 증폭기나 무선 수신기 회로 내에서 신호 전압을 추적하는 계측기의 명칭은 무엇인가?

18장 디지털 전자 회로

학습용어

불 대수(Boolean algebra)
조합 회로(combination circuit)
비교기(comparator)
디지털 전자 공학(digital electronics)
플립플롭(flip-flop), 전가산기(full-adder)
반가산기(halfadder), 인버터(inverter)
논리 게이트(logic gate), 레지스터(register)
진리표(truth table)

목 표

- 디지털 전자 공학을 정의할 수 있다.
- 이진수 조건 혹은 상태로부터 얻을 수 있는 세 가지 방법의 이름
- AND, OR, NOT과 EXCLUSIVE-OR의 기호와 진리표를 그릴 수 있다.
- 이진수 시스템과 10진수 시스템의 차이를 알 수 있다.
- 이진수 덧셈을 할 수 있다.
- 쌍안정 멀티바이브레이터(플립플롭)의 주파수 분할 방법을 알 수 있다.

여러분이 좋아하는 그룹의 콤팩트 디스크 녹음은 우리가 음악으로 알고 있는 연속적으로 변하는 소리로 만든 것이다. CD 플레이어가 그것들을 재생하기 위한 필요한 정보들은 디지털 자료로 기록되어 있다. CD 플레이어는 자료들을 읽어서 아날로그 소리로 변환시켜 주는 것이다.

이진수 조건

디지털 전자 공학(Digital electronics)은 전자 공학의 한 종류로 저전압 펄스를 사용하여 컴퓨터나 스테레오와 텔레비전과 같은 전자 장비를 운용하는 것이다. 이 기술은 이미 아날로그 회로로 수행되던 많은 전자 기능을 대신하고 있다.

1997년에 소저너(Sojourner)호에 의해 화성에서 지구로 화상을 전송하기 위해 디지털 정보를 사용하였다. 왜 음악과 비디오 영상 같은 아날로그 정보를 디지털 정보로 바꾸는 것이 필요한지 생

각해 보아라. 당신은 디지털 형식으로 어떤 다른 장치의 정보를 처리하려고 생각할 수 있는가? 이들 장치로 하여금 매우 짧은 시간에 많은 양의 데이터를 다루는 것이 가능하게 하는 것은 무엇이라고 생각하는가?

운영되는 대부분의 디지털 회로는 원하는 결과를 얻기 위하여 일련의 순차적인 스위칭 동작에 의존한다. 이 장에서는 논리 회로, 가산기, 계수기와 클럭과 연계된 기본적인 스위칭 동작에 대해 배울 것이다. 최근의 디지털 회로의 일반적인 응용은 컴퓨터와 데이터 처리 시스템, 수치적으로 제어되는 기계 장치와 시험 기기를 포함한다. 또한 디지털이란 용어는 일반적으로 출력이나 지시치를 문자, 숫자로도 표시하는 시스템을 나타내기 위하여 사용된다.

많은 전자 회로 시스템에서, 서로 다른 전압 레벨과 주파수들의 신호로 원하는 결과나 출력이 만들어진다. 신호(signals)는 전압이나 전류이다. 예를 들면, 증폭기 시스템이 있는 스피커는 다양한 레벨과 주파수가 공급될 때 디지털 전자 공학이란 말은 두 개의 다른 전압 레벨 혹은 두 개의 다른 이진 조건으로 주된 동작을 하는 회로 시스템을 의미한다. 이진은 두 개의 부분으로 구성된 것을 의미한다.

디지털 회로에 의해 작동되는 두 개의 다른 조건, 혹은 상태는 여러 가지 형태가 있다. 가장 간단한 형태는 단극, 단투(single-pole, single throw) 스위치의 열고 닫힘으로 구성된다(그림 18·1(a)). 이 경우, 논리 1(높음)이 스위치가 닫혀져 있는 조건이고 논리 0(낮음)이 스위치가 열려져 있는 조건을 표현한 것이다. 비슷하게 불이 켜진 램프는 스위치가 닫혀 있을 때 논리 1의 조건으로 생각되고, 불이 꺼진 램프는 스위치가 열려 있을 때 논리 0의 조건이라고 생각할 수 있다.

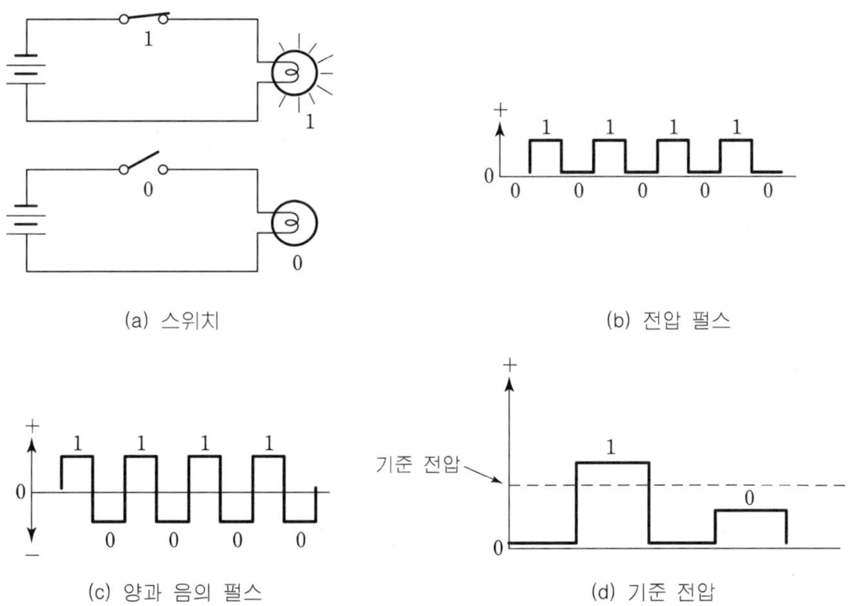

그림 18·1 이진수 조건을 생성하는 일반적인 방법

매우 공통적인 디지털 연산 방법은 전압 펄스를 사용하는 것이다(그림 18·1(b)). 여기서 양의 펄스는 논리 1을 표현한 것이고 펄스가 없는 것은 논리 0이다. 구형파 신호에서, 양의 펄스는 논리 1을 표현한 것이고 음의 펄스는 논리 0을 표현한 것이다(그림 18·1(c)).

이진수 조건이 다른 일반적인 방법으로 사용되는 것은 두 개의 다른 전압 레벨을 사용하는 것이다(그림 18·1(d)). 이 경우에, 주어진 기초 전압보다 크면 논리 1, 기준 전압보다 낮으면 논리 0이다.

논리 회로

디지털 회로에서 논리 회로라고 하는 것은 하나 혹은 그 이상의 특정 입력 조건을 만족하면 미리 정해진 출력 조건을 나타내는 회로를 말한다. 이런 식으로 동작하도록 설계된 회로는 논리 기능을 수행한다고 말한다.

논리 회로의 입력 조건은 스위치의 조합으로 제어될 수 있으며, 이는 스위치가 ON(1), OFF(0)의 동작에 의해 이진 응용에 이상적이기 때문이다.

초기의 논리 게이트는 스위칭 기능 수행을 위해 릴레이를 가장 많이 사용했다. 그러나, 릴레이는 동작 속도가 느리고 상대적으로 많은 전력을 요구하기 때문에, 트랜지스터나 다이오드, 실리콘 제어 정류 소자(SCR : silicon-controlled rectifier)와 다른 반도체 소자와 같은 스위칭 소자가 릴레이를 대체하게 되었다.

많은 트랜지스터를 포함하는 집적 회로는 디지털 논리 게이트에서 가장 많이 사용하는 스위칭 장치이다. 그 이유는 소량 경량이며, 대단히 빠른 속도로 동작할 수 있기 때문이다.

기본적인 PNP 트랜지스터 회로가 ON/OFF 스위치의 기능을 한다(그림 18·2). 이 회로에서 스위치 S_1은 입력 신호(배터리 전압)를 제어한다.

S_1을 열면(닫힌 위치 2) 트랜지스터의 이미터-베이스 접합점은 차단점으로 역바이어스된다(그림 18·2(a)). 이 조건은 컬렉터 전류 혹은 출력이 최소가 되는 것이다. 트랜지스터 "스위치"는 OFF로 되든가 혹은 LOW 상태로 고려할 수 있다.

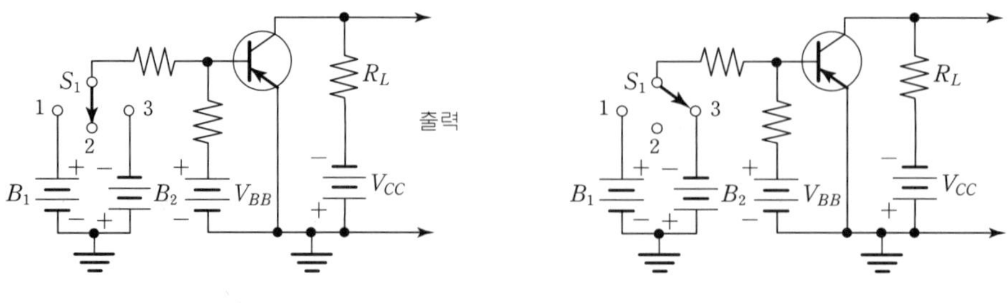

(a) 트랜지스터 off (b) 트랜지스터 on

그림 18·2 스위칭 소자로서의 트랜지스터

S_1이 닫히면 위치 1 트랜지스터의 베이스에 양의 전압이 공급된다. 이 전압이 베이스－이미터 접합점의 역바이어스 조건에 영향을 미치지 않으며 트랜지스터 출력 신호는 LOW 상태로 있다.

트랜지스터는 S_1이 닫히면(위치 3) 켜진다. 이 조건에서는 음의 전압이 트랜지스터의 베이스에 적용된다(그림 18·2(b)). V_{BB}에 의해 베이스－이미터 접합면에 작용하는 역바이어스 전압보다 B_2가 높은 전압이고, 트랜지스터는 도전(ON 혹은 논리 1) 상태로 전환된다.

논리 게이트의 형태

논리 게이트(logic gate)는 신호 입력을 논리적 비교에 의하거나 혹은 미리 정해진 방법으로 데이터를 처리하는 전자 회로이다. 세 가지 기본적인 유형의 디지털 논리 게이트는 AND 게이트, OR 게이트와 NOT 게이트이다. 모든 논리 게이트에서는 각각의 출력이 이진 혹은 두 가지 상태(ON(1) 혹은 OFF(0))중의 하나이다. 각각의 출력 상태들은 스위칭(ON 혹은 OFF) 동작에 의해 만들어지거나 혹은 논리 게이트의 입력에 주어진 논리 조건들에 의해 만들어진다. 논리 게이트의 기본적인 형태의 동작에 대한 예는 다음과 같이 설명할 수 있다.

AND 게이트

제조 공장에 두 명의 근로자가 조립 라인에 서 있다고 가정하자. 또한, 이 시스템에서 두 명의 근로자가 준비되었을 때만 모터로 구동되는 조립 라인 벨트가 움직일 수 있고, 두 명 모두 벨트를 정지시킬 수 있는 것이 바람직하다고 가정한다.

AND 게이트로 그림 18·3(a)와 같은 제어 출력 시스템을 설계하여 문제를 해결할 수 있다. 직렬의 스위치 A와 B가 모두 ON(1)이 되어야만 모터에 작용하는 전압이 공급되어 동작하게 된다. 이 전압 혹은 출력 신호(C)는 1로 표현할 수 있다. 만약 스위치 A 혹은 스위치 B가 OFF이면(혹은 0의 상태) 모터에 전압이 공급되지 않으므로 멈출 것이다. 이러한 출력 조건은 0으로 나타낸다.

진리표(true table)는 입력과 출력 사이의 관계로 회로의 동작을 기술한다(그림 18·3(b)). 진리표는 모든 입력이 1이면 AND 게이트의 출력이 1인 것을 나타낸다. 입력이 모두 0이면 출력은 0이다.

비교기(comparators)는 수량, 조건, 또는 상태가 같은지를 비교하는 AND게이트를 사용한 회로이다. 예를 들면, 하나의 입력이 두 개인 AND 게이트는 두 전압이 예정된 양의 값에 도달하면 출력이 1이 되도록 설계될 수 있다. 그리고 그 출력은 몇몇 종류의 지시 장치를 활성화시키는 데 이용될 수 있다.

NPN 트랜지스터를 사용한 기본적인 AND 게이트가 그림 18·3(c)에서 보여진다. 여기서, 스위치 A와 B는 이미터 저항에 나타나는 높거나 낮은 신호 출력을 공급하도록 트랜지스터의 상태를 전환하는 바이어스 전압을 제어한다. 진리표가 이 게이트에서도 유효함에 주목하라.

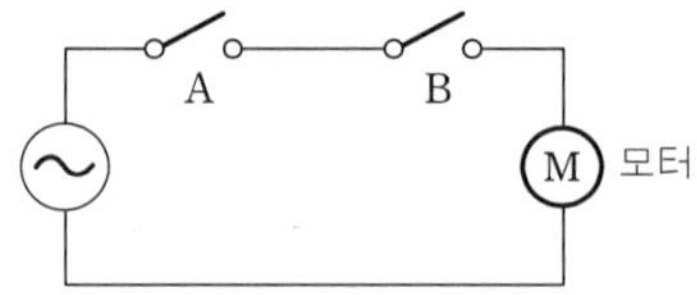

(a) 모터 제어

기호

진리표

입력		출력
A	B	C
0	0	0
1	0	0
0	1	0
1	1	1

(b) AND와 진리표

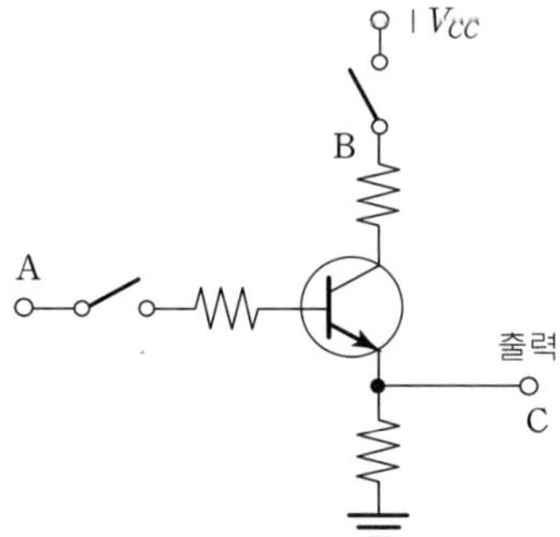

(c) 트랜지스터

그림 18·3 AND 논리 게이트

AND 게이트의 연산은 방정식 A · B = C로 표현된다. 이것은 "입력 A와(AND) 입력 B는 출력 C와 같다"로 읽는다.

▶ 논리 수학

불 대수(Boolean algebra)는 논리 회로를 표현하기 위해 사용되는 수학적 방법이다. 일반적인 대수처럼 보이지만 기호와 연산이 다르게 사용된다.

OR 게이트

간단한 OR 게이트의 매우 실제적 예는 푸시 버튼 스위치 조합을 사용한 주택의 2-문 신호 시스템이다(그림 18·4(a)). 이 게이트는 스위치 A와 B가 병렬로 연결되어 있어 스위치 A나 스위치 B가 닫힐 때(1) 혹은 두 스위치 모두 닫힐 때 버저 소리가 들린다(출력 C는 1이다). 버저는 스위치가 모두 열려있거나 0 상태이면 소리가 나지 않는다(출력은 0이다). 게이트의 이러한 관계를 진리표로 나타낸다(그림 18·4(b)).

NPN 트랜지스터를 사용한 기본적인 OR 게이트의 보기를 그림 18·4(c)에서 나타낸다. 이 게이트에서, 스위치 A와 B의 조건 조합에 따라 출력 신호는 1이나 0으로 나타난다. 진리표는 또한 이 게이트의 I/O(입력과 출력) 관계를 반영한다.

OR 게이트의 연산은 방정식 A + B = C로 자주 표현된다. 이것은 "입력 A **혹은**(OR) 입력 B (혹은 양쪽 다)는 출력 C와 같다."로 읽는다.

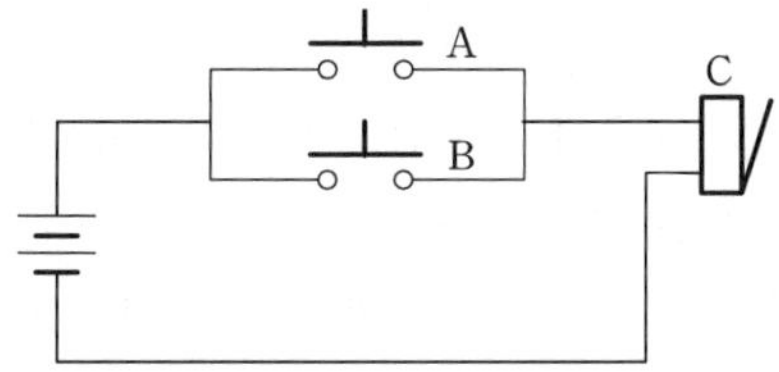

(a) 버저 제어

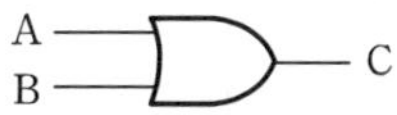

기호

진리표

입력		출력
A	B	C
0	0	0
1	0	1
0	1	1
1	1	1

(b) 진리표

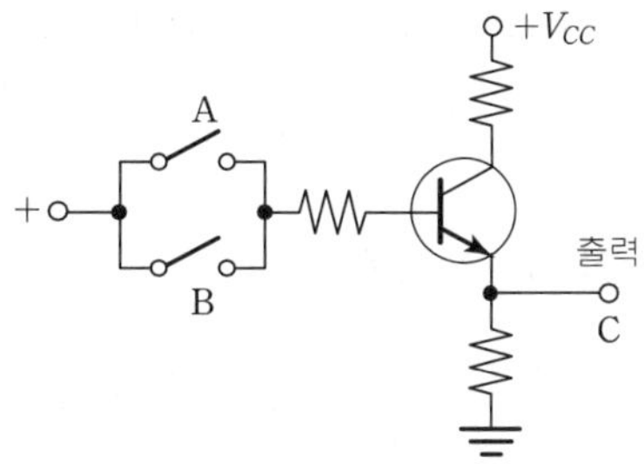

(c) 트랜지스터

그림 18·4 OR 게이트 논리

NOT 게이트

인버터(inverter) 혹은 부정(complementary) 게이트는 신호를 반전시키는 NOT 게이트의 중요한 응용이다. 이것은 오직 하나의 입력을 가진다.

기본적인 NOT 게이트의 일반적인 예는 주택 난방 시스템의 온도와 가스 난로 동작 사이의 관계이다. 이러한 시스템의 제어 장치는 높거나 낮은 온도와 이진 조건의 영향을 받는 서모스탯이다. 설정 온도보다 높으면 서모스탯은 1이고 온도가 낮으면 서모스탯은 0으로 가정한다.

방안 온도가 온도 조절 장치의 설정값보다 위로 올라가면, 서모스탯은 열린다(그림 18·5(a)). 릴레이의 출력 전류는 가스 밸브를 닫게 되어 회로는 식게 된다. 온도가 내려가서 서모스탯의 실정값보다 낮게 되면(입력 0), 서모스탯은 닫히고(출력 1) 난로는 작동하여 뜨겁게 된다.

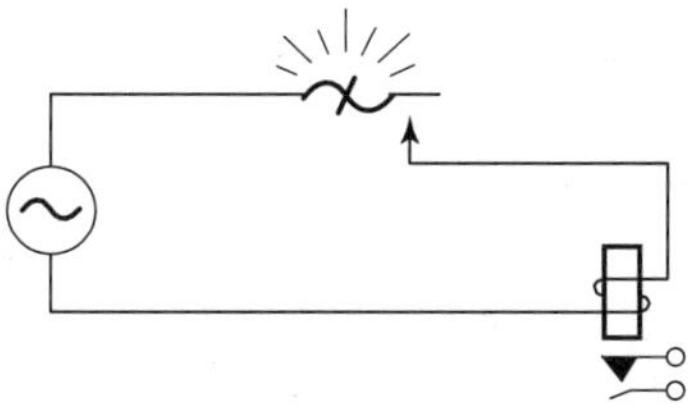

(a) 난로 제어

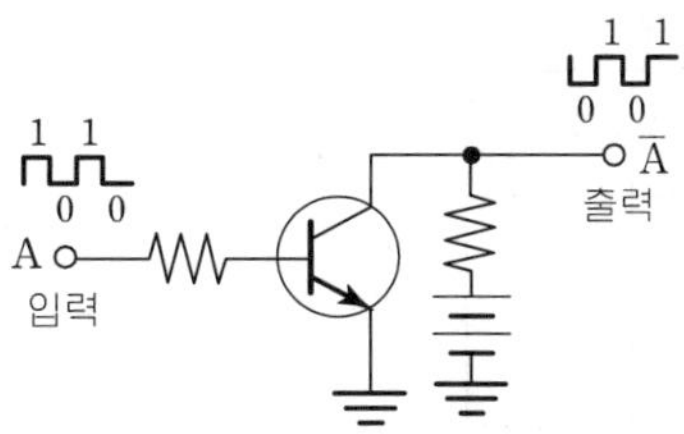

(b) 트랜지스터

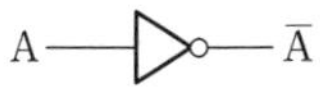

기호

진리표

입력	출력
A	$\bar{A}$
1	0
0	1

(c) NOT와 진리표

그림 18·5 NOT 논리 게이트

NPN 트랜지스터를 사용하는 기본적인 NOT 회로는 그림 18·5(b)와 같다. 트랜지스터 베이스의 입력 전압이 양의 방향(1)으로 충분히 높으면 트랜지스터는 전류가 많이 흐르게 된다. 이번에는 출력 전압 혹은 트랜지스터에 나타나는 전압이 낮다(0). 입력 전압이 없거나 입력 전압이 낮으면(0), 트랜지스터는 차단되고, 결국 출력 전압은 높게(혹은 1의 상태) 된다. 하나 혹은 더 많은 게이트의 입력이나 출력을 나타내는 문자의 위에 선을 그으면 반대, 부정 상태가 된다. 이것을 부정(not)이라 부르며 $\overline{A}$ 혹은 $\overline{C}$를 부정 A 혹은 부정 C로 표현한다.

NOT 게이트의 연산은 수학적으로 표현하면 방정식 $A=\overline{A}$가 된다. 이것은 "입력 A는 출력 **부정**(NOT) A와 같다."로 읽을 수 있다. NOT 게이트의 진리표는 그림 18·5(c)와 같다.

NAND와 NOR 게이트

이미 논의된 세 가지 기본 게이트로서 어떠한 논리 함수나 연산도 수행할 수 있다. 그러나 AND, OR와 NOT 게이트를 조합하면 논리회로를 간단하게 구성하는 데 매우 편리하다. 일반적으로 많이 사용되는 조합은 NAND 게이트와 NOR 게이트이다.

NAND 게이트는 AND 게이트와 NOT 게이트의 조합이다(그림 18·6(a)). 진리표에서 의미하는 것은 만약 입력의 각각의 게이트에서 동일한 조건을 가지고 있다면(양쪽 모두 1 혹은 0) 출력은 반대의 조건이 된다. 만약 입력이 동일한 조건이 아니라면 출력은 1이다.

NOR 게이트는 OR 게이트와 NOT 게이트의 조합이다(그림 18·6(b)). 이 게이트의 진리표를 보면 입력 모두가 1이면 출력은 0이고 입력 모두가 0이면 출력은 1이다. 그리고 입력이 같은 조건이 아니면 출력은 0이다.

NAND 게이트의 연산을 수학적으로 표현하면 방정식 $\overline{A \cdot B}=C$으로 표현할 수 있다. NOR 게이트는 방정식 $\overline{A+B}=C$으로 표현된다. NAND 식은 "입력 A와 입력 B의 부정은 C와 같다."로 읽으며, NOR 식은 "A 혹은 B의 부정은 C와 같다."로 읽는다.

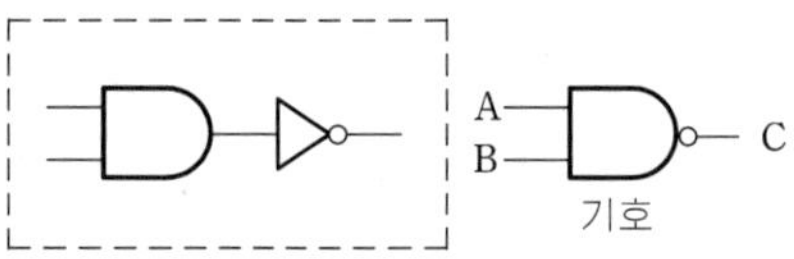

진리표

입력		출력
A	B	C
1	1	0
0	0	1
1	0	1
0	1	1

(a) NAND 게이트

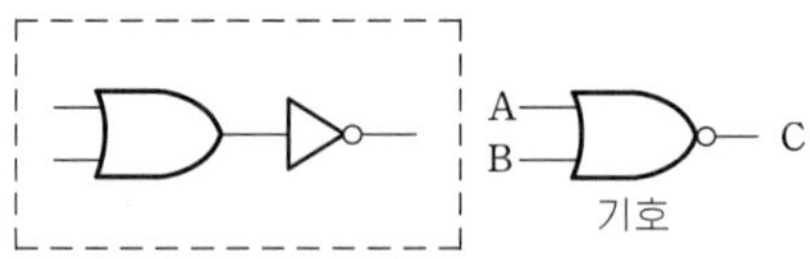

진리표

입력		출력
A	B	C
1	1	0
0	0	1
1	0	0
0	1	0

(b) NOR 게이트

그림 18·6 NAND와 NOR 논리 게이트

배타적 - OR (EXCLUSIVE - OR: XOR) 게이트

배타적-OR(XOR) 게이트는 특별한 게이트이다. 단지 두 개의 상태중 한 개만이 주어진 시간에 진실인 것을 원할 때 사용하는 논리이다. 그림 18·7에 나타낸 진리표와 같이 한 개의 입력만이 논리 1일 때 출력은 논리 1을 나타내고 만약 입력 논리 둘 다 1이거나 둘 다 0이면 출력은 0이다. 이것에 대한 예를 들면 2인용 비디오 게임을 하고 있다고 보면 된다. 단지 한 사람만이 주어진 시간에 게임을 할 수 있는 것이다. 두 사람 다 동시에 게임을 할 수는 없는 것이다. 그러므로 이러한 것은 배타적-OR 상황인 것이다. 만약 XOR 게이트에 두 개의 입력보다 더 많다면 입력 1의 개수가 홀수개일 때만 출력은 1이고, 입력 1의 개수가 짝수개이면 출력은 0이 된다.

XOR 게이트의 연산을 수학적으로 표현하면 방정식 $A \oplus B = C$ 이다. XOR 식은 "입력 A에 배타적 혹은 입력 B에 배타적으로 C와 같다."로 읽는다.

기호

진리표

입력		출력
A	B	C
0	0	0
0	1	1
1	0	1
1	1	0

그림 18·7 배타적-OR(XOR) 논리 게이트

논리 회로 설계

다음과 같은 특성을 가진 회로가 필요하다고 가정을 한다. 입력 A와 입력 B 모두 1이면 C가 1, 입력 A와 입력 B 모두가 0이면 C가 1, 서로 다른 입력 조합에 대해서는 C가 0이다. 논리적으로 표현하면 상태문은 다음과 같다.

① 만약 A=1이고 B=1이면 C=1

② 만약 A=0이고 B=0이면 C=1

③ 서로 다르면 C=0

이러한 특성을 가진 논리 회로를 설계하려면 각각의 요구에 대해 먼저 개별적으로 충족되어야 한다. 그런 다음 출력을 조합하면 된다. 요구 ①은 그림 18·8(a)와 같이 간단한 AND, $C = A \cdot B$만으로도 충분하다. 두 번째 요구는 양쪽 입력이 0일 때 1인 회로가 필요하다. 이것은 그림 18·8(b)와

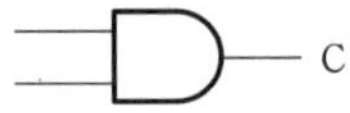

$C = A \cdot B$

(a) AND 회로

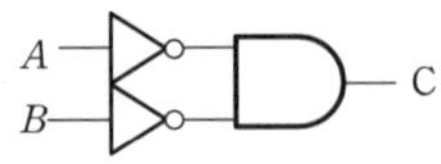

$C = \overline{A} \cdot \overline{B}$

(b) NOT 회로를 사용하여 입력을 반전한 AND 회로

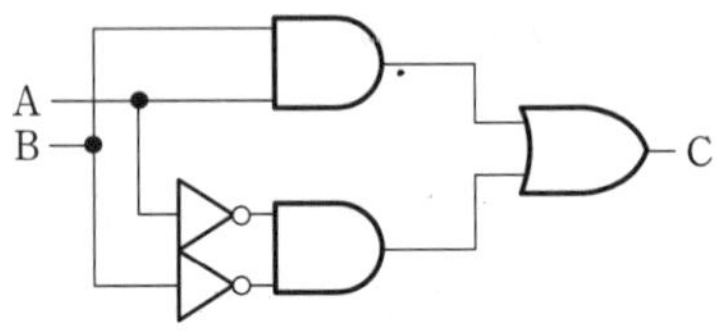

$C = (A \cdot B) + (\overline{A} \cdot \overline{B})$

(c) 조합 회로

진리표

입력		출력
A	B	C
0	0	1
0	1	0
1	1	1
1	0	0

(d) 문제 조건을 위한 진리표

그림 18·8 논리 회로 설계 단계

같은 반전 입력의 AND 회로로서 가능하다. 만약 양쪽 입력 모두 0이면 이런 입력에 대해 AND 회로는 1이므로 결국 출력은 1인 것이다.

두 회로에서 올바른 입력에 의한 결과가 OR 회로로 입력된다. **조합 회로**(combinational circuit)는 이와 같은 형태의 배열을 가진다(그림 18·8(c)).

문제의 첫 부분에 대한 표를 만들 수 있다. 먼저 입력의 가능한 조합 모두를 나열한다. 두 개의 입력이면 네 가지 조합이 된다. 각각의 입력 집합에 대하여 논리 회로의 규칙이 출력 C를 결정한다. 특정 입력 집합에 대하여 중간 단계의 논리값이 결정될 수 있고, 출력값이 밝혀진다. 출력값은 진리표에 나열된다. 새로운 입력 집합이 선택되어지며 모든 조합에 대하여 출력을 결정한다. 최종 진리표는 그림 18·8(d)에 나타내었다. 주의할 것은 출력 C는 두 개의 입력 조합이 (0, 0)과 (1, 1)일 때 1이고, 이외의 경우에 0이다. 덧붙여서 문제의 세 번째 요구는 자동적으로 맞아 들어간다. 이런 경우가 자주 있지만 그래도 확인하여야 한다.

방금 기술한 논리 회로 설계 문제는 부합 회로이며 컴퓨터에서 발견할 수 있는 일반적인 회로이다. 출력이 1이라는 것은 입력이 부합 즉 양쪽 다 1이거나 0인 것이다.

이진수 체계

어떤 수를 전기적으로 표현할 때 십진수 체계(0부터 9까지)를 이용한다면 열 가지 다른 회로 조건이나 상태가 있어야 각각의 다른 숫자를 표현할 수 있다. 이렇게 될 수는 있지만 매우 큰 구성 요소의 수로 구성되는 복잡한 회로를 사용하여야만 한다.

논의되었던 논리 회로는 그 특성상 이진이다. 동작을 위한 단지 두 조건, 또는 두 상태에 의존한다는 것을 의미하며, 전기적으로 간단한 스위칭 소자에 의해 매우 쉽게 표현된다. 그러나 몇몇의 디지털 회로에, 십진법의 수나 수의 그룹을 표현할 필요가 있다. 예를 들면 계수기나 계산기, 컴퓨터와 같은 데이터 처리 장치에 설치된 회로들이다.

이진수 체계는 이진 숫자(일반적으로 비트(bit)라고 부르는) 1과 0의 결합에 의해 십진수로 표현한다. 결과적으로 더하기, 빼기, 곱하기, 나누기와 같은 수학적 연산은 디지털 회로에 의한 매우 빠른 속도로 수행된다.

이진수 체계는 어떤 십진수를 표현하기 위해 기수 2를 사용하는 수의 조합에 가능하다. 예를 들면

$$1=2^0$$

$$2=2^1$$

$$3=2^0+2^1\ (1+2)$$

$$25=2^0+2^3+2^4\ (1+8+16)$$

여러 가지 십진수와 이것의 이진수가 표 18·1에 있다. 이 표를 보면 오른쪽에서 왼쪽으로 읽어보면, 십진수 7은 다음과 같다.

$$1(2^0) + 1(2^1) + 1(2^2)$$

혹은

$$1+2+4$$

혹은 이진수 표현으로

7=000111=111(앞서는 0은 생략 가능)

사람들이 십진수로 표현하는 것을 좋아하기 때문에 계산기나 컴퓨터에 십진수와 동등한 이진수를 사용한다. 그러므로 디지털 장비를 사용하여 작업할 경우, 이 두 가지 수 체계가 서로 변환되어야 한다.

표 18·1에 나타내어지는 대로, 각각의 이진수 비트는 몇몇의 십진수를 나타낸다. 이 수는 2의 누승과 동일하다. 이진수는 동등한 십진수를 더하여 변환될 수 있다. 표와 같이 각각의 십진수는 해당 비트가 표시된 열에 나타난 수로 2의 누승을 취한 수와 같다. 이진수를 십진수로 변환할 때 기억해야 할 중요한 것은 2의 지수에서 오른쪽 끝이 2^0으로 시작한다는 것이다. 다음의 예제는 이진수(기수가 2인 수)를 십진수(기수가 10인 수)로의 변환이다.

1	0	1	1	0	이진수
↓	↓	↓	↓	↓	
2^4	2^3	2^2	2^1	2^0	
↓	↓	↓	↓	↓	
16+	0+	4+	2+	0+ =22	십진수

표 18·1 십진수와 이에 동등한 이진수

십진수	2^5 (32)	2^4 (16)	2^3 (8)	2^2 (4)	2^1 (2)	2^0 (1)
			이 진 수			
0	0	0	0	0	0	0
1	0	0	0	0	0	1
2	0	0	0	0	1	0
3	0	0	0	0	1	1
4	0	0	0	1	0	0
5	0	0	0	1	0	1
6	0	0	0	1	1	0
7	0	0	0	1	1	1
8	0	0	1	0	0	0
9	0	0	1	0	0	1
10	0	0	1	0	1	0
20	0	1	0	1	0	0
30	0	1	1	1	1	0
40	1	0	1	0	0	0
50	1	1	0	0	1	0

표 18·1에서 보여주는 것처럼 매우 큰 이진수는 십진수에 친숙한 인간에게는 매우 복잡해질 수 있음을 나타낸다. 예를 들면, 이진수 1111111111111을 십진수로 바꾸려면 열세 개의 수를 더하는 것이 필요하다. 이런 이유로, 이진화 십진 코드(BCD, binary coded decimal)가 인간을 위해 컴퓨터화 된 장치로부터 이진수를 번역하는데 이용된다. 이진화 십진 코드는 각각의 십진 숫자를 나타내기 위해 이진수를 사용한다. 예를 들면, 십진수 325는 이진화 십진 코드에 의해 0011 0010 0101로 표현된다. 1111111111111의 이진화 십진 코드의 동등값은

1000 0001 1001 0001=

8 1 9 1 =

8,191이다.

어떻게 해서 빠르게 되냐 하면 큰 이진수를 변환할 때 이진화 십진 코드를 사용하면, 이진수를 사용할 때 다음의 덧셈을 하는 것보다 훨씬 간단하다 : 4096+2048+1024+512+256+128+64+32+16+8+4+2+1은 8191과 같다.

디지털 연산

많은 디지털 시스템 운영의 핵심 부분은 수학적인 연산을 포함하고 있다. 예를 들면 컴퓨터 시스

템의 연산 장치는 더하기, 빼기, 곱하기, 나누기, 근 구하기를 할 수 있고, 정보 처리의 다른 수단을 제공한다. 실제로는, 모든 수학적인 연산은 더하기 회로에 의해 수행된다.

이진수 덧셈

이진수의 덧셈 규칙은 다음과 같다.

0+0=0
0+1=1
1+0=1
1+1=10

10을 "일-영"이나 "영과 자리올림 일" 혹은 "영과 자리올림 1의 합" 등으로 읽을 수 있다. 이런 규칙들의 사용 예는 다음과 같다(괄호 안의 수는 동등한 십진수이다).

011(3)	1101(13)	110(6)
+010(2)	+1111(15)	011(3)
101(5)	11100(28)	+101(5)
		1110(14)

반가산기

반가산기(half-adders)는 디지털 회로 한 자리 비트 이진수 두 개의 더하기를 수행한다. 그림 18·9와 같은 반가산기는 AND, OR, NOT 논리 회로의 활용 예를 잘 보여주고 있다. 첨부된 진리표는 한자리 비트수가 여러 가지 조합으로 더해질 때 회로 내 여러 위치에서의 이진 조건(0 혹은 1)들이다.

전가산기

전가산기(full-adders)는 두 비트와 이진의 더하기 회로로부터의 자리올림 비트를 더하는 회로이다. 기본적인 전 가산기 회로는 두 개의 반가산기와 조합이다. 많은 전가산기를 사용하면 큰 이진수의 더하기가 가능하다.

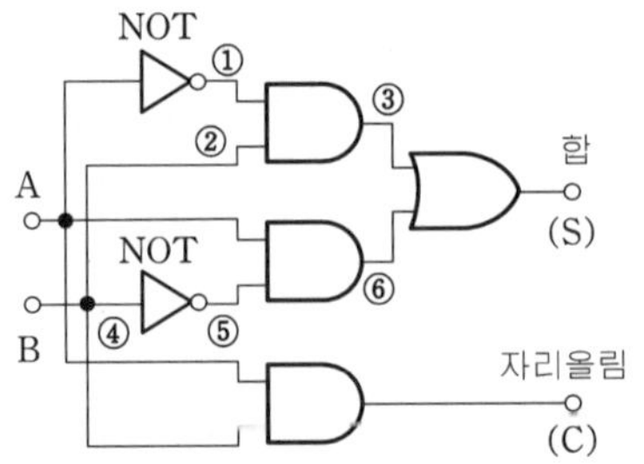

진리표

입력		회로 내의 위치						응답	
A	B	1	2	3	4	5	6	C	S
0	0	1	0	0	0	1	0	0	0
0	1	1	1	1	1	0	0	0	1
1	0	0	0	0	0	1	1	0	1
1	1	0	1	0	1	0	0	1	0

그림 18·9 반가산기 회로와 진리표

뺄셈, 곱셈, 나눗셈

뺄셈, 곱셈과 나눗셈은 모두 덧셈의 변화이다. 뺄셈은 더하기의 거꾸로 이거나 반대이며, 곱셈은 더하기의 반복이고 나눗셈은 곱셈의 반대이다. 이와 같은 관계를 가지므로 변형된 가산기가 다른 수학적 연산을 수행한다.

레지스터와 계수기

레지스터(registers)는 단어 또는 비트의 그룹으로서 데이터의 비트를 저장하는 기억 장치이다. 이 장치는 데이터 비트를 위한 간단한 저장 공간으로 작동하거나. 오른쪽이나 왼쪽으로의 이동에 의한 데이터 변경 같은 작동에 사용된다. 레지스터의 가장 일반적인 사용은 발진기에서 나온 예정된 클럭 펄스를 가지고 작동하는 타이머이다. 레지스터를 사용하는 다른 방법은 리밋 스위치와 같은 현장 장치에서 발생되는 입력 펄스를 세는 것이다.

계수기(counters)는 일반적이며 유용한 디지털 회로 시스템의 하나이다. 수를 셀 뿐만 아니라, 주파수를 분주할 수도 있다. 예를 들면, 100Hz 신호를 디지털 계수 회로를 가지고 10Hz 혹은 1Hz까지 나눌 수 있다.

쌍안정 멀티바이브레이터(bistable multivibrators), 혹은 **플립-플롭**(flip−flops(FF))은 대부분의 이진 계수기에서 사용하는 기본적인 회로이다. 이들 회로는 두개의 안정된 출력 상태를 가지고 있고 한 출력 상태로부터 다른 하나로 전환될 수도 있다. 그림 18·10과 같이 T형 플립-플롭 입력에 트리거(T) 전압 펄스가 주어질 때 이와 같은 동작을 한다. 여기서, 1은 출력 전압 펄스를 나타내고, 0은 출력 전압이 0임을 나타낸다. 플립-플롭의 기호 속에 출력 중의 하나가 부정 $Q(\overline{Q})$인 것은 항상 다른 (Q) 출력의 역이라는 것을 나타낸다.

클럭은 종종 트리거 전압 펄스로 플립-플롭에 작용한다. 그 펄스는 양의 전압이면, 상승-클럭(up-clook)이다. 역으로 음의 트리거 펄스는 하강-클럭(down-clook)이다.

각각의 클럭 펄스는 Q와 $\overline{Q}$의 출력 상태 변화를 일으킨다. Q가 높으면 $\overline{Q}$는 낮다. 출력은 다른 클럭 펄스에 의한 변화가 발생될 때까지 상태를 유지하게 된다.

캐스케이드(cascade)는 그림 18·11과 같이 4개의 T형 플립-플롭이 서로 연결되어 구성된 간단한 계수 회로이다. $\overline{Q}$ 출력은 판독 장치로 사용되는 램프에 연결되어 있다. 리셋선은 전압 펄스가 모든 플립-플롭에 동시에 공급되도록 한다. 이 펄스는 플립-플롭 $\overline{Q}$ 출력을 0으로 만든다. 리셋은 계수기의 판독기를 0000으로 한다. 이 회로에서 양의 트리거 펄스(1 상태)가 어떤 플립-플롭에 공급되면 상태를 전환하거나 변화시킨다고 가정한다.

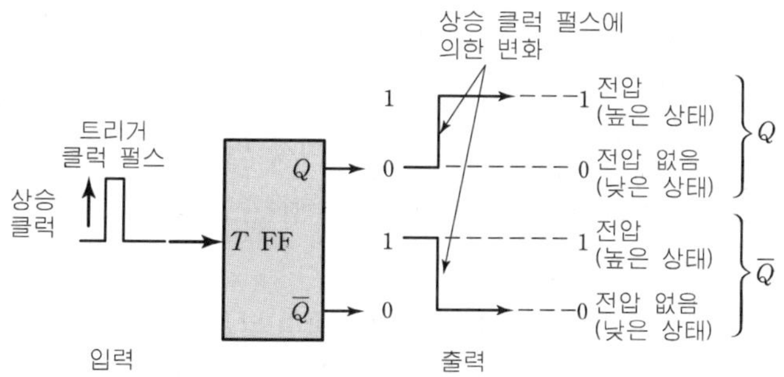

그림 18·10 플립-플롭의 기본적인 전환 동작

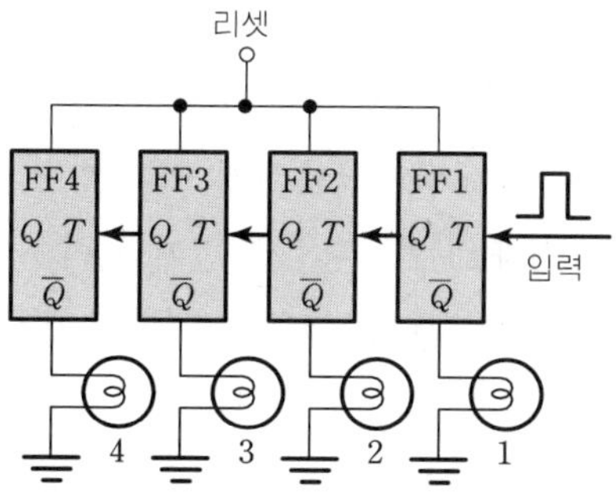

이진수 판독				펄스 수
0	0	0	1	1
0	0	1	0	2
0	0	1	1	3
0	1	0	0	4
0	1	0	1	5
0	1	1	0	6
0	1	1	1	7
1	0	0	0	8
1	0	0	1	9
1	0	1	0	10
1	0	1	1	11
1	1	0	0	12
1	1	0	1	13
1	1	1	0	14
1	1	1	1	15
0	0	0	0	16

그림 18·11 4개의 플립-플롭 디지털 계수기

모든 플립-플롭의 초기 상태는 1로 가정하고, 첫 번째 양의 펄스가 FF #1의 트리거 T에 작용하면 플립-플롭의 $\overline{Q}$ 출력이 high, 1이 된다. 결국 이와 동시에 FF #1의 Q 출력은 0 이어서 펄스는 FF #2에 아무런 영향이 없다. 램프 #1은 빛나게 되고 계수기의 판독은 0001이 된다.

두 번째 양의 펄스가 FF #1에 적용되면 플립-플롭은 원래의 상태로 돌아가게 된다. FF #1의 Q 출력이 1이 되고, $\overline{Q}$ 출력은 0이며 램프 #1은 꺼진다. FF #1의 high 출력은 FF #2의 트리거로 작용되이, 이 플립-플롭을 변화시켜 $\overline{Q}$ 출력은 1이 되고 Q 출력은 0이 된다. 결국 램프 2가 빛나게 되어 계수기의 판독은 0010이 된다.

세 번째 양의 펄스가 FF #1에 작용되면 변화가 생겨 결국 $\overline{Q}$가 1이 되고 램프 #1이 빛나게 된다. FF #2의 출력은 FF #1의 Q 출력이 ϕ 상태이므로 입력이 변하지 않아 그대로 유지된다. 이와 같이 FF #3는 FF #2의 Q 출력이 또한 ϕ 상태에 있기 때문에 아무런 영향이 없다. 회로의 이러한 조건 때문에 램프 #1과 #2는 둘 다 빛나게 되고, 카운트의 판독은 0011이다.

네 번째 펄스로 시작하는 계수기의 동작을 추적해보면, 네 번째부터 열다섯 번째 펄스가 FF #1의 트리거에 적용되었을 때의 이진 판독이 그림 18·11에 있다.

계수기가 셀 수 있는 펄스의 최대 수는 15이다. 열 여섯 번째 펄스는 모든 플립-플롭의 Q 출력이 1이 되고 자동적으로 카운트를 0000로 리셋한다. 플립-플롭을 회로에 더 많이 붙이면 계수기는 더 많은 펄스를 셀 수 있다.

앞서 설명된 것과 같은 계수기를 상승 계수기(up counter)라 부르는데 이는 1, 2, 3, 4, 5 등과 같이 윗쪽 방향으로 세어나가기 때문이다. 반대로 아래쪽으로 세어나가는 것을 하강 계수기(down counter)라 부른다.

주파수 분주기

그림 18·12(a)는 한 개의 플립-플롭이 어떻게 주파수 분주기(frequency divider)로 사용되는지 보여준다. 첫 번째 입력 펄스가 Q 출력을 1 상태로 하고 $\overline{Q}$ 출력에 0 상태로 가게 한다. 두 번째 입력 펄스는 Q 출력이 0 상태로 가게하고 $\overline{Q}$ 출력은 1 상태로 만든다. 세 번째 입력 펄스는 Q 출력이 1 상태로 $\overline{Q}$ 출력이 0 상태로 만든다. 네 번째 펄스는 Q 출력이 0 상태로 $\overline{Q}$ 출력이 1 상태가 되게 한다. 주의할 것은 네 개의 클럭 입력 펄스가 출력 Q를 1 상태로 두 번 가게 했다는 것이다. Q 출력은 입력 펄스를 2로 나눈 것과 같은 효력을 가진다. Q 출력이 그림 18·12(b)와 같이 다른 플립-플롭의 입력에 연결되며, 입력 펄스는 각각의 플립-플롭에 의해 2로 나누어진다.

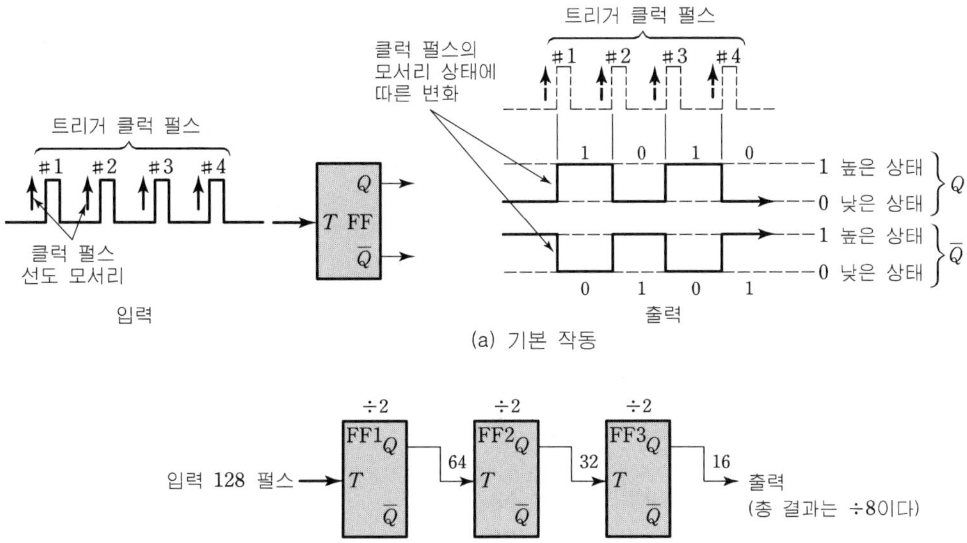

(a) 기본 작동

(b) 주파수 분주기로의 플립플롭 연결

그림 18·12 주파수 분주기

디지털 시계

그림 18·13은 60 Hz 전원으로 작동하는 디지털 시계의 간단한 블록 선도이다. 이 선도는 시계를 작동시키는데 필요한 여러 가지 다른 종류의 회로를 모두 보여주는 것은 아니다. 이것은 디지털 계수기가 어떻게 작용하여 전원선의 주파수를 줄여서 초, 분 그리고 시간을 연산하는데 사용하는지 보여준다.

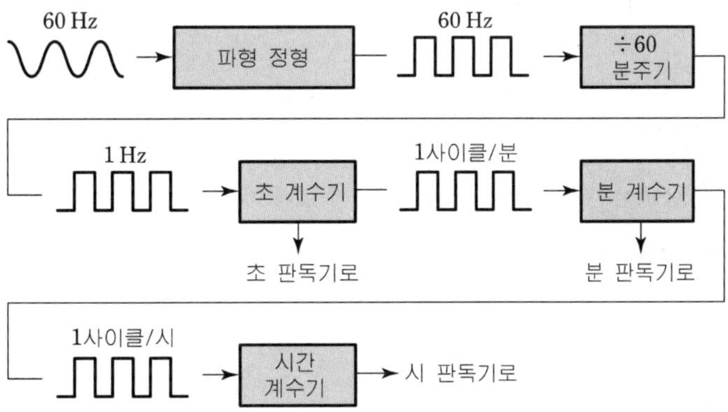

그림 18·13 디지털 시계 회로 시스템의 블록 선도

연습문제

1. 다음 회로에 대한 진리표를 표시하고 논리식을 구하여라.

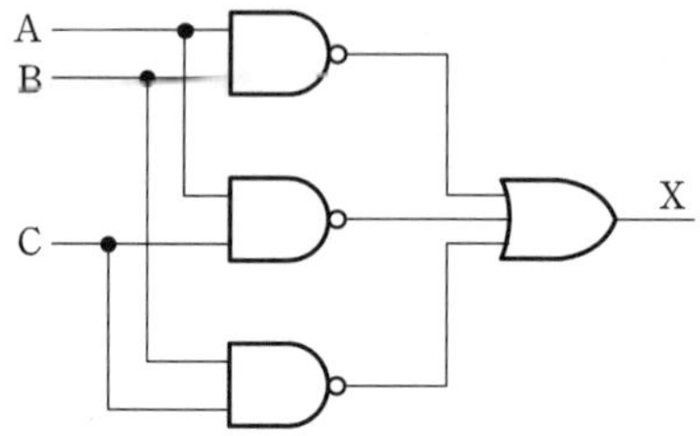

2. 다음 회로에 대한 진리표를 표시하고 논리식을 구하여라.

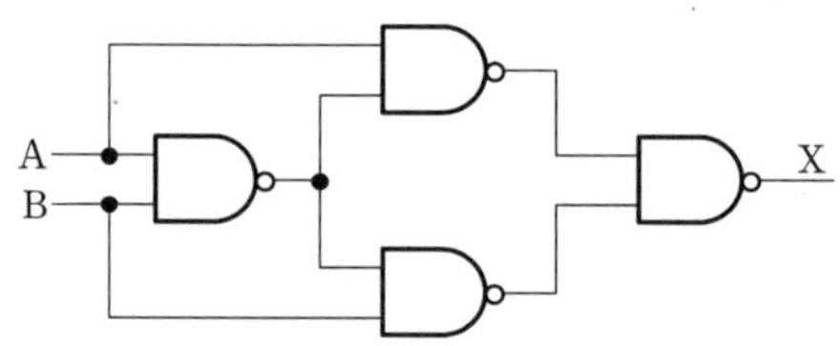

3. 두 개의 AND 게이트 출력을 OR게이트의 입력으로 연결한다. 첫 번째 AND 게이트의 입력은 A와 B이고 두 번째 AND 게이트의 입력은 C와 D이다. 각각의 조건이 다음과 같을 때 OR 게이트의 출력은 어떻게 되겠는가?

   (a) A=1, B=0, C=1, D=1

   (b) A=0, B=0, C=0, D=0

   (c) A=1, B=1, C=0, D=0

   (d) A=1, B=0, C=1, D=0

4. EXCLUSIVE OR(XOR) 함수 $F=A\overline{B}+\overline{A}B$를 AND와 OR 게이트만을 사용하여 구현하여라.

5. EXCLUSIVE OR(XOR) 함수 $F=A\overline{B}+\overline{A}B$를 NAND 게이트만을 사용하여 구현하여라.

6. 다음 십진수를 이진수로 변환하여라.

   (a) 9_{10} (b) 25_{10} (c) 127_{10} (d) 255_{10}

7. 다음 이진수를 십진수로 변환하여라.

   (a) 1010_2 (b) 100101_2 (c) 0111_2 (d) 10110101_2

8. 다음의 이진수를 더하기하였을 때의 결과를 십진수로 표시하여라.

(a) 1+1 (b) 0+1 (c) 1+1+1 (d) 01+11+1011

9. 32를 카운트하기 위해서는 몇 개의 플립플롭이 필요하겠는가?

10. 1MHz의 클럭 주파수를 분주하여 31.25kHz를 카운트하려면 몇 개의 플립플롭이 필요하겠는가?

19장 컴퓨터의 기초

학 습 용 어

연산 논리 장치(ALU)
아스키 코드(ASCII)
이진 시스템(binary system)
비트(bit), 바이트(byte)
중앙 처리 장치(CPU)
입력/출력 (I/O), 래치(latch)
다중 채널(multiplexing)
운영 체계(OS)
램(RAM), 롬(ROM)
3상태 IC(tri-state IC)

목 표

- 컴퓨터 시스템에서 요구하는 세 가지 기본 요소를 안다.
- 컴퓨터 기억 장치를 설명하기 위해 사용되는 용어를 정의한다.
- 2진수 자료를 16진과 8진 코드로 변경한다.
- 컴퓨터에 있는 중앙 처리 장치(CPU)의 기능을 설명한다.
- 컴퓨터에서 사용되는 두 일반적인 형태의 기억 장치(ROM과 RAM)에 의해 수행되는 기능을 설명한다.
- 컴퓨터 안의 메모리 장소인 하위 주소와 상위 주소에 따른 기능을 설명한다.
- 래치와 3상태 IC를 정의한다.
- 데이터가 컴퓨터에 의해서 어떻게 먼 거리에 전송될 수 있는지 설명한다.
- 가정과 산업에서의 컴퓨터 응용을 구별한다.

제어 패널을 가진 장치를 사용할 때, 컴퓨터를 사용하는 것을 아는가? 리모콘을 사용하여 텔레비전의 채널을 바꿀 때, 컴퓨터에 데이터를 입력한다. 지금부터 24시간 동안에 사용하는 모든 컴퓨터의 목록을 알아보는 것도 재미있을지 모른다. 그럼 분명히 하루 동안에 컴퓨터를 얼마나 많이 사용하는가에 대해 놀랄 것이다.

컴퓨터 시스템의 기본 요소

사업과 산업 및 정부가 다루는 엄청난 양의 정보를 최소한의 실수로 신속하게 처리하기 위해서 기본적으로 필요로 하는 것이 하나 있다. 그것은 그들이 정보를 모으고, 수학적인 계산을 하며 쉽게 검색할 수 있도록 정보를 저장하여 주는 믿을 수 있는 시스템을 필요로 한다.

이와 같이 많은 다른 기능들이 컴퓨터에 의해 수행된다. 컴퓨터는 프로그램이 가능한 전자 장치로서 데이터를 저장하고, 검색하고 처리한다. 오늘날 대부분의 데이터 처리는 디지털 컴퓨터 시스템에 의해 수행된다. 디지털 컴퓨터의 범위는 소형의 휴대용 컴퓨터로부터 크고 복잡한 시스템까지 있다. 이들 시스템은 서로 연결된 장비의 수많은 부품들로 구성된다. 그림 19·1은 대형 전산실에서 일반적으로 볼 수 있는 장비의 일부를 나타낸다.

모든 종류의 컴퓨터에 연관된 전자 기술은 근본적으로 같다. 이 장에서는 표준이 되고 있는 마이크로컴퓨터에 집중한다. 이것들은 작은 회사에서 뿐만 아니라 이전에는 훨씬 규모가 큰 컴퓨터를 사용하던 대형 회사에서도 사용된다.

모든 컴퓨터 시스템은 하드웨어, 소프트웨어, 그리고 운영 체계를 요구한다. 하드웨어는 키보드와 모니터와 같은 실제 장치이며, 컴퓨터 내부의 칩들과 다른 전자 장비 모두를 포함한다. 소프트웨어는 그 하드웨어에서 운영되는 프로그램을 말한다. 소프트웨어 프로그램은 컴퓨터가 수행하여야 할 단계적인 명령어의 목록이다.

운영 체계는 하드웨어가 작동할 수 있도록 소프트웨어를 해석하여 주는 중요한 요소이다. 어떤 컴퓨터도 운영 체계 없이 작동할 수 없다. 마이크로컴퓨터를 위한 운영 체계의 예는 Windows NT, DOS, OS8, 그리고 Unix 등을 포함한다.

그림 19·1 대형 전산실 장비

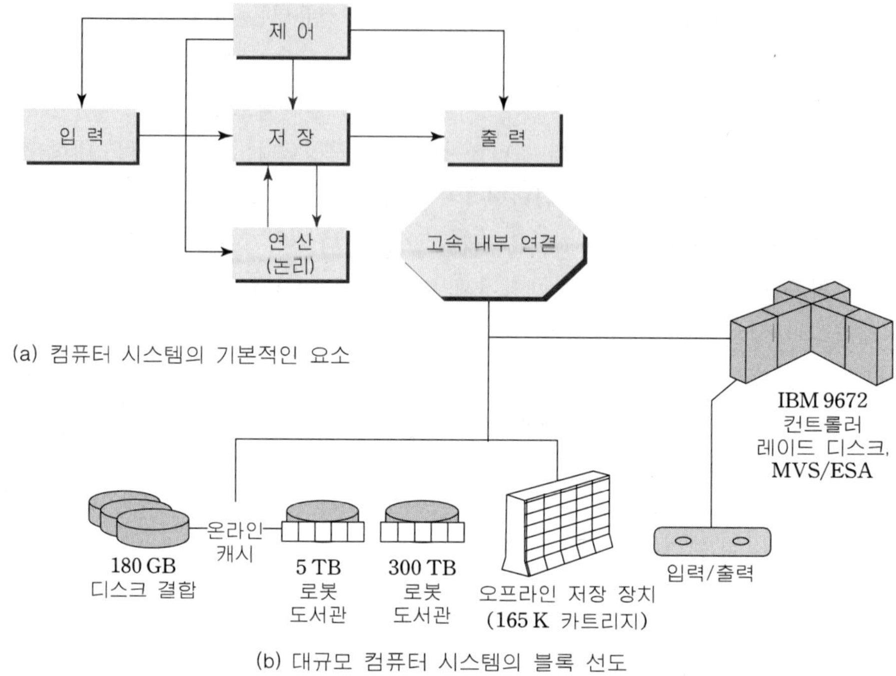

그림 19·2 컴퓨터 시스템

하드웨어

컴퓨터 시스템이 가지고 있는 다섯 가지 기본 요소는 입력 장치, 제어 장치, 연산 논리 장치, 저장 장치, 그리고 출력 장치이다(그림 19·2). 이들 각각의 요소는 한 가지 이상의 형태를 가지며 한 종류 이상의 기능을 수행한다. 이 장은 각 요소의 기본적인 특성을 논의한다.

▶ 입력 장치

컴퓨터의 입력 장치는 컴퓨터 시스템에 데이터를 제공한다. 입력 장치에는 다양한 형태가 있다. 예를 들면 키보드, 마우스, 조이스틱, 트랙볼, 스캐너, 자석 테이프, CD-ROM, 다양한 형태의 디스크들, 디스켓, 이동할 수 있는 카트리지, 그리고 마이크로폰(그림 19·3) 등을 포함한다. 전자 가정 보안 키패드 조차도 컴퓨터 입력 장치이다. 컴퓨터는 이러한 장치 전부로부터의 입력을 컴퓨터가 처리할 수 있는 전자 형태로 변환한다. 데이터는 이동할 수 있는 기억 장치로부터 데이터 복사에 의해 컴퓨터로 입력될 수 있다.

▶ 제어 장치

컴퓨터의 심장에 해당하는 제어 장치는 실제로 일을 하는 부분이다. 마이크로컴퓨터에서 제어 장치는 일반적으로 **중앙 처리 장치**(**CPU**)의 일부분으로 포함된다. CPU는 컴퓨터에 있는 모든 하드

그림 19·3 입력 장치. 스캐너, 마우스, 키보드, 디스켓은 상단에 보여진다. 보안 키패드는 아래쪽에 보여진다.

웨어를 제어하고 조정한다. 이 장을 공부한 후 이 작업이 얼마나 큰지를 발견할 것이다. 기본적으로 CPU는 입력 장치로부터 입력을 받아서 명령에 따라 그것을 처리한 다음 출력 장치로 보낸다.

▶ 연산 논리 장치

제어 장치는 일반적으로 마이크로 프로세서의 CPU의 일부분으로 포함되어 있는 **연산 논리 장치**(**ALU**)로 연산 작업을 보낸다. ALU는 비교하고 결정하며 더하기 빼기를 할 수 있다. 그것은 특별히 설계된 논리 회로를 사용하여 전기 펄스들을 고속으로 세고 더하여 이 작업을 수행한다.

▶ 저장 장치

데이터는 컴퓨터에 여러 단계로 저장되어야 한다. 내부 기억 장치는 이 장의 나중에 논의된다. 장기간 외부에 저장할 수 있는 장치에는 하드 디스크 드라이브와 여러 종류의 이동할 수 있는 카트리지와 디스크들이 포함된다. 이동할 수 있는 카트리지는 하나의 드라이브로 무한히 저장할 수 있도록 해준다. 유일한 제한 요소는 당신이 가지고 있는 카트리지의 수이다. 이 장치는 플로피 디스크, CD-ROM, 그리고 마그네틱 테이프 카트리지 등이 포함된다. 몇몇 이동할 수 있는 카트리지는 기가바이트나 혹은 더 많은 데이터를 보유할 수 있다.

▶ 출력 장치

컴퓨터는 사용 가능한 하드웨어와 사용자의 요구에 의해 다양한 형태의 출력을 제공한다. 컴퓨터 모니터는 출력의 형태 중 아마 가장 일반적일 것이다. 그 다음으로 일반적인 것은 프린터기에 의해 종이에 출력하는 "하드 카피"이다. 팩스/모뎀은 전화 연결을 통해 출력을 보낸다. 또한, 데이터는 앞에 언급된 어떤 외부 저장 장치로도 복사될 수 있다.

소프트웨어

컴퓨터에게 어떤 작업을 수행해야 하는지를 말하는 응용 프로그램이다. 예를 들어 문서 작성, 표 계산, 재정과 데이터 베이스 소프트웨어 처리, 게임, 컴퓨터 유틸리티, 그리고 쉽게 인터넷을 사용할 수 있게 하는 "front-end" 소프트웨어와 같은 것들을 포함한다. 소프트웨어 프로그램은 일 처리를 위해 CPU에 상세하고 순차적인 논리 명령을 제공한다.

운영 체계

컴퓨터의 하드웨어는 키보드를 이용하여 입력하는 소프트웨어나 단어를 자동적으로 인식하지 못한다. 컴퓨터는 입력 장치로부터 받은 데이터로 일할 수 있기 전에, 데이터는 컴퓨터가 인식할 수 있는 형태로 변환되어야 한다. 컴퓨터의 **운영 체계**(OS)는 컴퓨터의 안에 있는 명령의 번역을 관리하는 해석 프로그램 노릇을 한다. 그것은 컴퓨터가 소프트웨어 명령을 이해할 수 있도록 도와준다. 컴퓨터가 필요한 작업을 수행한 후에, 운영 체계는 결과를 소프트웨어가 읽을 수 있는 형태로 번역하고, 소프트웨어는 출력 장치를 사용하여 정보를 제공한다.

컴퓨터 용어

컴퓨터가 어떻게 일하는지를 이해하기 전에 약간의 기본적인 용어를 알 필요가 있다. 아마 바이트와 메가바이트라는 용어를 들어보았을 것이다. 오늘날 대부분의 컴퓨터에서 1**바이트**(byte)는 8비트와 같다. **비트**(bit)란 "binary digit"를 줄인 것으로, 컴퓨터가 가질 수 있는 정보의 가장 작은 단위를 말한다. 각각의 비트는 하나의 2진 숫자(1 혹은 0)를 가질 수 있다. 큰 양의 정보는 2의 누승을 사용하는 바이트를 기반으로 한다. 표 19·1은 대용량 장치에 사용되는 용어를 보여준다. 오늘날의 마이크로컴퓨터는 원래의 컴퓨터보다 내부나 외부에 더 많은 메모리를 가지고 있다. 따라서, 대부분의 컴퓨터 기억 장치는 지금 메가바이트와 기가바이트라는 말을 사용한다.

표 19·1 컴퓨터 메모리 크기 용어

이 름	표 현	약 어	비 고
비트(bit)	한 개의 2진수	(없음)	컴퓨터에서 정보의 최소 단위
바이트(byte)	8비트	(없음)	
킬로바이트	1024바이트	K 혹은 KB	2의 10승 (2×2×2×2×2×2×2×2×2×2)
메가바이트	1,048,576바이트	M 혹은 MB	2의 20승
기가바이트	1,073,741,824바이트	G 혹은 GB	2의 30승; 1024메가바이트
테라바이트	1,099,511,627,776바이트	T 혹은 TB	2의 40승; 1024기가바이트
페타바이트	1,125,899,906,842,624바이트	P 혹은 PB	2의 50승; 1024테라바이트

수체계

용어 이해에 추가하여 컴퓨터가 어떻게 계산하는지에 대한 기본적 지식이 필요하다. 컴퓨터는 인간과는 다른 수 체계를 사용하고 있다. 인간이 가장 많이 사용하는 수체계는 밑이 10이라고 하는데 그 이유는 그것이 열 개의 숫자 0, 1, 2, 3, 4, 5, 6, 7, 8, 9로 구성되기 때문이다. 그리고 다양한 위치에 있는 이 숫자 조합의 값에 대하여 우리가 이용하는 방법을 인식하고 이해하고 있다. 예를 들면, 21,450이 37과 같은 값이라고 생각하지 않는다. 그리고 37보다 21,450이 더 큰 수라고 즉시 알고 있다.

2진수

컴퓨터는 2를 밑으로 하는 **2진수 체계**(binary system)를 사용한다. 이 체계는 단지 두 가지 수 0과 1만을 컴퓨터가 사용하기 때문에 컴퓨터에게 더 편리하다. 이 두 수는 논리 회로의 두 가지 가능한 상태와 용이하게 연관이 된다. 0이란 수는 "off"(혹은 "no") 상태를 나타낸다. 1이란 수는 "on" (혹은 "yes") 상태를 나타낸다.

컴퓨터가 받는 정보가 아무리 복잡해도 컴퓨터 처리 장치는 그 정보를 일련의 1과 0으로 읽고 처리한다. 전기적으로 이것은 다른 값을 가진 두 전압을 사용하여 표현된다. 예를 들면, 5V의 펄스는 숫자 1을, 펄스가 없을 때에는 숫자 0을 표시할 수 있다. 각 바이트가 문자, 수 또는 다른 기호와 같은 알파뉴메릭(alphanumeric) 문자를 나타낸다.

표 19·2 8비트 바이트 속의 비트 자리에 따른 동등값 표

1	1	1	1	1	1	1	1
128	64	32	16	8	4	2	1

2진수에서 자리값이 오른쪽에서 왼쪽으로 이동할수록 2의 승수가 증가한다. 그리고, 가장 오른쪽 자릿수는 8비트 바이트에서 1의 값은 가지고 있어 2의 0승이라 할 수 있으며, 왼쪽 옆 자릿수는 2의 값을 가지며 2의 1승이다. 세 번째 자리에 있는 수는 2의 2승으로 2×2=4이다. 네 번째 자리는 2의 3승으로 2×2×2=8로 나미지도 같다.

2진수에서는 자릿수의 값이 10진수일 때와 같이 10의 누승으로 증가하지 않는다. 대신 2진수에서는 2의 누승으로 증가한다. 표 19·2는 8-비트 바이트에서 각 자릿수의 값을 나타내고 있다.

2진수로 표현된 수는 모두 1과 0으로 이루어지므로 용이하게 구별될 수 있다. 101과 같은 몇몇 작은 수에서는, 그 차이를 말하는 것이 어려울지도 모른다. 수가 2진수인지 10진수인지 명확히 인식할 수 없을 때에는 아래 첨자 2를 그 수의 뒤에 포함하여 줌으로써 즉시 판별할 수 있게 해준다.

인간과 컴퓨터 간의 통신을 쉽게 해주기 위해 프로그래머들이 하이 레벨 프로그램을 개발하였다. 이 언어들은 문자와 숫자 코드의 결합을 이용하여 인간에게 의미를 준다. 그리고 컴퓨터는 이 기호를 2진 코드로 변환한다.

그러나 기억 장소에 있는 데이터를 보려면 우리는 컴퓨터의 2진 코드를 다룰 줄 알아야 한다. 2진수는 컴퓨터를 위한 것으로 인간으로서는 0과 1의 수백 가지 서로 다른 조합을 기억하기는 어렵다. 이러한 이유로 8진수나 16진수 코드를 자주 사용한다.

8진수(Octal)

8진수(기수 8)는 여덟 개의 숫자들 0, 1, 2, 3, 4, 5, 6 그리고 7을 사용한다. 컴퓨터 시스템에서 8진수는 8비트의 2진수를 표현하기 위하여 세 자리 2진수를 사용한다. 이렇게 하기 위해 2진수에 있는 숫자에 자리 값을 대체해 준다. 그리고 나서, 우리는 세 그룹으로 수를 쪼갠다. 오른쪽에서부터 시작해서 첫 번째 3비트를 함께 묶어 준다. 이들의 값은 오른쪽에서 왼쪽으로 각각 1, 2와 4이다(그림 19·4). 그리고 다음 3비트를 그룹 짓고 난 다음에 다시 1, 2와 4의 값을 오른쪽에서 왼쪽으로 부여한다. 7번째 비트와 8번째 비트(가장 중요한 비트(MSB))는 1과 2의 값을 가지고 있다. 2진수 중에서 1이 나타날 때마다, 대응되는 위치의 8진수의 그룹에 값을 더해 준다. 8진수로 쓰여진 수는 숫자 다음에 바로 아래 첨자로 8을 붙여줌으로써 구별된다(그림 19·5). 어떤 사람들은 O 문자를 사용하여 8진수라고 하는데 그것은 숫자 0과 혼동이 되므로 대부분의 사람을 아래첨자 8을 사용한다.

예로서, 10 101 001의 2진값은 251_8(혹은 O251)의 8진수값을 가진다. 8개의 2진 비트는 8진의 수로 000_8에서 시작하여 377_8까지이다. 8진수의 변환의 다른 예가 그림 19·5에 보여진다.

2	1	4	2	1	4	2	1	자릿값
1	1	1	1	1	1	1	1	2진수
3			7			7		8진수

그림 19·4 8진수 자리값

2 1	4 2 1	4 2 1	2 1	4 2 1	4 2 1	자릿값
1 0	1 1 1	0 1 0	0 0	0 0 0	0 1 0	
	272_8			002_8		
1 1	0 0 0	1 0 1	0 0	0 0 0	0 0 0	
	305_8			000_8		
1 1	1 1 0	1 1 1	1 1	1 1 1	1 1 1	
	367_8			377_8		

그림 19·5 2진수의 8진수 변화 예

16진수(Hexadecimal)

많은 컴퓨터가 지금 수 체계로 16진법(hex)을 사용하고 있는데 이것은 16이 밑이 되는 것으로 숫자는 0, 1, 2, 3, 4, 5, 6, 7, 8, 9, A, B, C, D, E와 F를 사용한다. 두 개의 16진수 숫자의 조합으로 00000000에서 11111111까지의 어떤 2진수도 표현할 수 있다. 8개를 기억하는 것보다는 2개의 숫자로 기억하는 것이 쉽다. 16진수로 수를 쓰면 숫자의 가장 왼쪽에 $를 붙여 식별한다. 예를 들면, 2진수 00011010은 16진수로 쓰면 $1A이다.

2진수에서 16진수로 변환하기 위해 8비트의 데이터를 두 개의 4비트 그룹(니블 : nibble)으로 나눈다(그림 19·6). 가장 오른쪽의 비트에서 시작하여(최하위 비트 : LSB) 자리값이 주어진다. 오른쪽에 첫 번째 비트는 1의 값을 가지고 있다. 두 번째 비트는 2의 값을 가지고 있다. 세 번째 비트는 4이고 네 번째 비트는 8이다. 값이 반복되는데 오른쪽에서 왼쪽으로 다음 4비트는 1, 2, 4와 8의 값을 받게 된다. 가장 왼쪽의 비트(MSB)는 8의 값을 가진다. 2진수 1이 나타낼 때마다 자리값을 더하면 16진수의 값과 같다. 결국 그림 19·7과 같이 2진수 10010011은 8+1=$9, 2+1=$3이며 16진수값으로는 $93이다. 만약 자리값을 더하여 9보다 크면 문자 A부터 F까지 사용하여 나타낸다. 이것은 16이 밑이기 때문이다. 결국 1010은 8+2=$A이고 1101은 8+4+1=$D이다. 그림 19·8에서 변환의 예를 더 보여주고 있다.

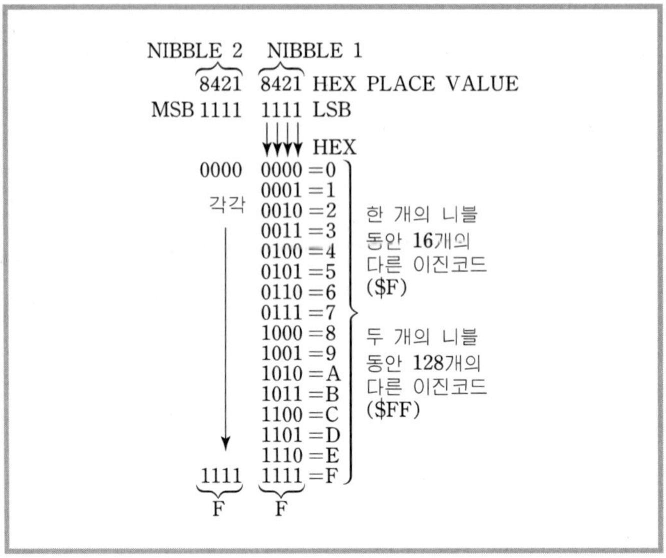

그림 19·6 16진수의 자리값

8	4	2	1	8	4	2	1	자릿값
1	0	0	1	0	0	1	1	2진수
8 + 1 = 9				2 + 1 = 3				

93_{16}
또는
$93

그림 19·7 2진수와 16진수의 변환

8 4 2 1	8 4 2 1	8 4 2 1	8 4 2 1	자릿값
0 0 0 1	0 0 1 1	1 0 0 0	1 0 1 0	
$13		$8A		
1 0 1 1	0 1 0 1	0 0 0 0	0 0 0 0	
$B5		$00		
1 1 0 0	1 1 0 0	1 1 1 1	1 1 1 1	
$CE		$FF		

그림 19·8 2진수와 16진수 변환 예

그림 19·9 일반적인 마이크로컴퓨터 워크스테이션

마이크로컴퓨터

마이크로컴퓨터(퍼스널 컴퓨터 혹은 PC로 자주 불린다.)는 하나 이상의 기능을 수행하도록 결합된 수많은 IC들로 만들어졌다(그림 19·9). 주요 IC는 CPU를 포함하는 장치이다. 이 IC는 그 컴퓨터에 의해 수행되는 모든 기능의 중심이다.

앞서 언급했던 것처럼 컴퓨터는 프로그램이라 불리는 단계적 명령 목록에 의해 제어된다. 초기 CPU들은 각 기능을 한번에 한 단계씩만 수행했다. 현대적인 장치는 동시에 여러 기능을 수행하는 다중 처리기를 포함한다. 이런 기능은 수학적인 연산, 그래픽의 생성, 데이터의 입력과 출력, 그리고 일반적인 작동이 될 수 있다. 이와 같은 다중 처리 장치를 사용하면, 설계 담당자가 컴퓨터의 속도를 4배 정도 향상시킨 것과 같다. 이것은 정보를 공유하기 위해 컴퓨터를 네트워크로 연결하는 사무 작업에서는 매우 중요하다.

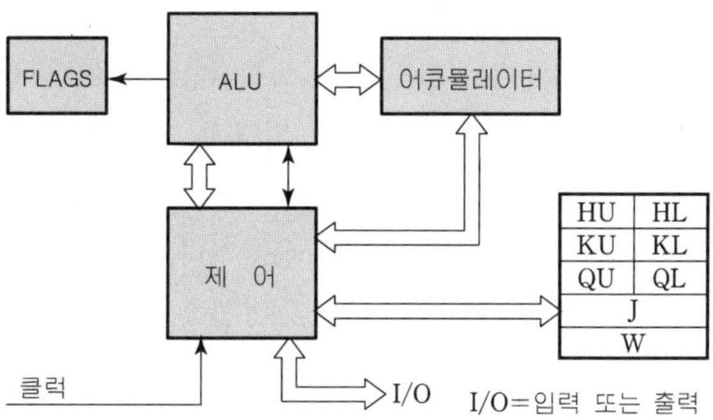

그림 19·10 중앙 처리 장치(CPU)의 블록 선도

CPU 내부

CPU의 간략화 된 블록 선도는 그림 19·10과 같이 묘사된다. 선도 속의 블록간 화살표는 데이터 흐름의 방향을 의미한다. 넓은 화살표는 병렬의 다중 데이터 경로를 나타낸다. 2진수 자료(0 혹은 1)의 한 비트는 각각의 주어진 시간 동안에 각각의 도체에 보내진다. 이 도체들을 여러 개로 묶어 데이터를 병렬로 4, 8, 16 혹은 32비트씩 동시에 보낼 수 있다. 이것은 버스 구조의 예이다. 한 개의 화살은, 일반적으로 제어 용도의, 정보의 한 비트를 위한 경로이다.

▶ 레지스터

그림 19·10 선도의 오른쪽 편에 이름 붙여진 블록은 **레지스터**(resister)이다. 이것은 프로그램에서 나중에 사용하기 위한 데이터의 일시 저장 장소이다.

레지스터는 플립플롭이라는 요소를 직렬로 연결한 것이다. 그들은 서로에 연결되어 있지는 않지만 플립플롭의 뱅크를 형성하여 같이 일한다. 이들은 데이터를 1과 0의 2진수로 저장한다.

▶ 어큐뮬레이터

어큐뮬레이터는 CPU 안의 특별한 레지스터이다. 어큐뮬레이터 안의 데이터는 ALU와 함께 수학적 기능을 수행하는데 이용될 수 있다. 플래그는 산술 연산과 논리 연산의 결과를 나타내는데 이용된다. 각각의 플래그는 개별적으로 논리 1 또는 0으로 설정될 수 있는 특별한 8비트 그룹 중의 한 비트이다. 플래그는 2진수 형태의 연산 동작의 결과를 보여준다. 이들의 결과로서 0과 같은지 다른지를 보여준다. 플래그는 두 수의 더한 결과로 생성되는 자리 올림수도 표현한다. 플래그는 플래그 조건에 의해 프로그램의 동작을 제어할 수 있다.

제어 회로는 정보를 컴퓨터로 전송한다. 이름에 나타나는 것과 같이 CPU의 이 부분은 전체의 컴퓨터 연산을 조절한다. 컴퓨터를 출입하는 모든 데이터는 제어 시스템을 통과하여야 한다.

2진수 자료는 레지스터 워드라고 불리는 그룹으로 저장된다. 그림 19·11은 3비트 워드를 저장할 능력이 있는 레지스터를 보여준다. 입력 정보 A(A_1, A_2, A_3)는 전송 출입 신호 t_a가 1일 때 플립플롭 입력으로 통과한다. 만약 입력이 1이면 설정(set) 입력에 1이 나타나서 플립플롭의 값은 1로 가정하게 된다. 만약 입력이 0이라면, 1은 해제(reset) 입력에 1이 나타나고 플립플롭의 값은 0으로 가정하게 된다.

레지스터의 전송 개념은 컴퓨터의 데이터 이동에 중요하다. 그림 19·12(a)는 레지스터 A에서 레지스터 B로의 데이터 전송을 묘사하였다. 큰 화살표는 많은 비트의 데이터 워드를 나타낸다. t_1은 전송이 주어진 시간에 발생한다는 것을 나타낸다. 이 경우는 t_1이 t_1으로 알려진 특정한 시간에 1로 설정된다는 것이다.

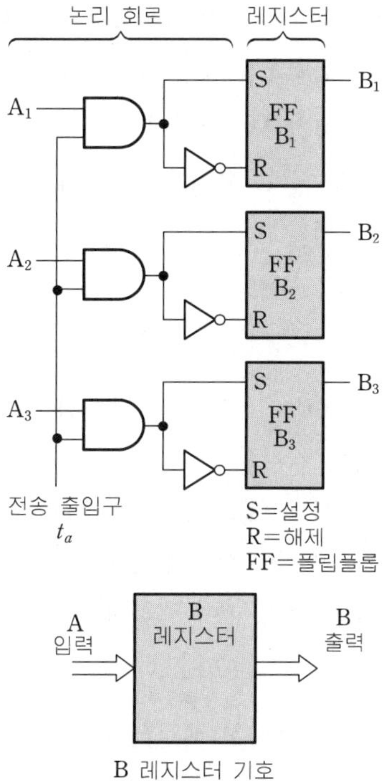

그림 19·11 3개의 플립플롭으로 만든 3비트 레지스터

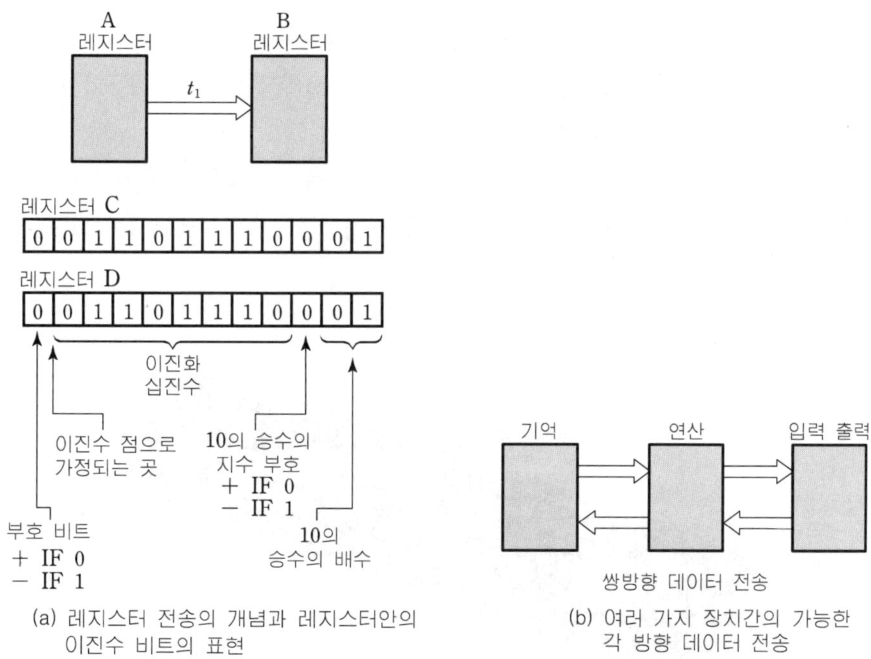

그림 19·12 레지스터의 전송개념

그림 19·12(a)의 레지스터 C는 12개 2진수 비트의 그룹을 가지고 있다. 12비트가 의미하는 것은 정수 849를 표현하거나, 문자 S, 10진수 $+0.43\times10^{+1}$, 혹은 두 변수를 더하라는 명령을 나타낸다. 그림 19·12(a)의 레지스터 D는 10진수를 나타내는 레지스터 내용의 한가지 해석을 나타낸다. 그림 19·12(b)는 데이터가 기억 장치, 연산 장치, 그리고 입력－출력을 포함하는 여러 가지 다른 장치로부터 전송될 수 있음을 보여준다.

메모리의 종류

앞에서 설명했듯이 데이터는 컴퓨터에서 특별한 곳에 2진수로 저장된다. 메모리라고 불리는 전자 회로가 기능을 수행한다. 메모리는 각각의 집적 회로 혹은 메모리 칩이 장착된 작은 플러그인 회로 기판으로 컴퓨터에 장착된다. SIMMS(single inline memory modules)라고 불리는 회로 기판이 메모리의 대중적인 형태이다(그림 19·13). 이 형태에서는 수백만 바이트의 데이터가 순간적으로 저장되어 활용된다. 또한 SIMMS는 컴퓨터 메모리를 쉽게 늘릴 수 있도록 한다.

▶ 롬과 램

컴퓨터에서는 롬과 램이라는 두 가지 유형의 메모리가 사용된다. 각각의 유형은 많은 설계 변형이 있다.

램(RAM)은 임의의 접근 기억 장치를 나타낸다. 그리고 일시적으로 프로그램 정보를 저장할 수 있는 기억 장치이다. 컴퓨터를 끄면 램 안에 있는 정보는 잃게 된다. 다시 컴퓨터를 켜게 되면 램은 다시 임시로 저장할 수 있게 되나, 끄면 담겨진 어떠한 정보도 기억할 수 없다.

롬(ROM)은 읽어내기 전용의 메모리이다. 이것은 영구적인 기억 장치이며, 저장된 프로그램은 컴퓨터를 켰을 때 부팅과 동작을 시작하는데 필요한 것이다.

롬에 있는 프로그램은 펌웨어(firmware)라고 한다. 컴퓨터를 켤 때 OS는 사용자가 보내는 명령을 디코드하여 컴퓨터로 보내어 작동하도록 한다. 롬－집적 회로는 프로그램이 그 내부구조에 설계되어 있어서 변경될 수 없다.

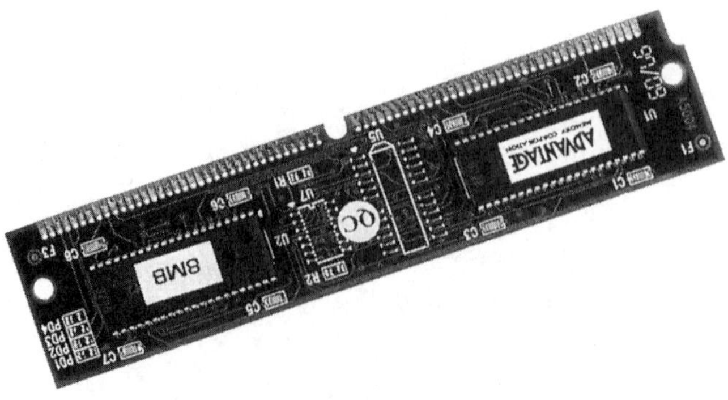

그림 19·13 SIMM(싱글 인라인 메모리 모듈)

▶ PROM

롬은 설계와 제조가 비싸기 때문에, 수백 킬로바이트 정도가 필요할 경우에 사용된다. 작은 수가 필요하다면 프로그래머블 읽기 전용 메모리(PROM : programmable read-only memory)가 특수 장비를 사용하여 프로그램화된다. PROM-집적 회로는 생산자가 롬보다 염가의 형태로 소비자 요구에 맞춘 펌웨어를 제공할 수 있도록 한다. 프로그래밍 장비는 메모리 셀의 2진수 조건을 전기적으로 변경하며 필요에 따라 1 혹은 0으로 상태를 변경한다. PROM이 작성되면, 저장된 정보는 변경할 수 없다.

▶ EPROM

소거 가능한 프로그래머블 읽기 전용 메모리(EPROM : erasable programmable read-only memory)는 PROM과 비슷하지만 지울 수가 있다. EPROM의 정보를 지우기 위해서는 사용자가 자외선(UV : ultraviolet)에 노출시키면 된다. EPROM의 모습은 PROM과 유사하다. IC의 상단의 창으로 EPROM을 식별할 수 있다. 이 창은 칩의 표면에 자외선이 비칠 수 있도록 해준다. UV에 노출시키면 2진수 숫자의 상태가 모두 0으로 변한다.

EPROM의 변형이 EEPROM(electrically erasable programmable read-only memory)으로 전기적으로 소거가 가능한 프로그래머블 읽기 전용 메모리이다. EEPROM에서 자외선을 대신하여 전기적 펄스를 사용하여 비트 정보를 2진수의 0으로 만들어 준다. EEPROM의 장점은 회로 기판에서 분리하지 않고 정보를 변경할 수 있다는 것이다.

PROM의 각각의 유형은 PROM 프로그래머라 불리는 특별한 프로그램 회로를 사용하여 프로그램할 수 있다. 적정한 데이터를 원하는 곳에 위치시키기 위해 컴퓨터는 데이터를 검사하는 과정을 거친다.

대부분의 마이크로컴퓨터는 인쇄된 회로 기판을 위한 슬롯을 가지고 있다. 컴퓨터의 기능을 확장하기 위해 이 슬롯에 기판을 삽입할 수 있다. 이러한 기판들은 사운드 카드, 음성 합성기, 비디오 가속기와 특별한 형태의 디스크 드라이브 구동 장치 등이 있다. 이 회로 기판을 동작시키기 위해서 프로그램을 동작시키는 제어 회로 안에 PROM을 포함하고 있다.

메모리 주소

앞서 설명한 것처럼 컴퓨터는 많은 개별적인 바이트의 메모리를 가지고 있다. 운영자는 데이터를 얻거나 담겨진 자료를 변경하기 위해 어떠한 개개의 바이트에도 접근할 수 있어야 한다. 그러므로 컴퓨터는 주소(address) 시스템을 포함하고 있다. 기억을 위해 2바이트를 요구하기 때문에 각각의 주소는 두 부분을 가지고 있다. 이러한 바이트들을 하위(low)와 상위(high) 주소라고 한다. 그림 19·14에서 묘사한 대로 주소의 각 부분은 8비트를 가진다.

▶ 하위 어드레스

만약 하나의 2진수 비트가 객체 표시에 사용된다면 단지 두 개의 주소(주소 0과 주소 1)를 구별할 수 있다. 컴퓨터에서는 두 개의 메모리 위치보다 더 많이 필요로 하므로 이것이 충분하지가 않다는 것을 쉽게 알 수 있다. 만약 비트의 수가 배로 되면, 그 조합은 넷 00_2, 01_2, 10_2, 11_2으로 증가하게 된다. 이것도 아직 사용할 수 있을 정도로 충분하지 않다.

만약 비트의 수가 8까지 혹은 1바이트로 증가되면 그 조합은 256개의 식별할 수 있는 장소로 증가된다. 256바이트로 함께 무리 지어진 것을 "메모리 한 페이지"라고 한다. 그림 19·15에 나타내는 바와 같이 페이지에서 8비트 2진수 주소가 00000000_2부터 시작하여 11111111_2까지 계속될 것이다. 이런 시스템은 저장된 데이터를 포함할 수도 있는 기억 장소를 식별할 수 있다.

주소에 대한 코드는 어드레스 버스로 불리는 16도체로 묶여서 메모리 칩으로 보내진다. 하위 8 어드레스 버스 라인은 A_7, A_6, A_5, A_4, A_3, A_2, A_1 그리고 A_0라는 기호로 도면에 표시된다. 8 라인이 함께 고려될 때에는(하위 주소로서) $A_7 - A_0$로 간단하게 표시한다.

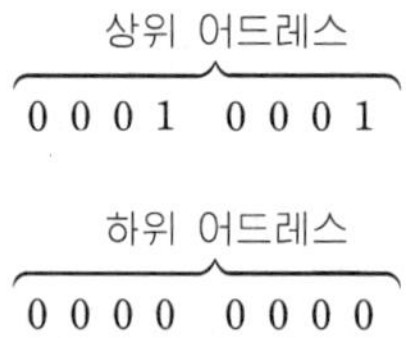

그림 19·14 메모리 어드레스의 하위와 상위 바이트

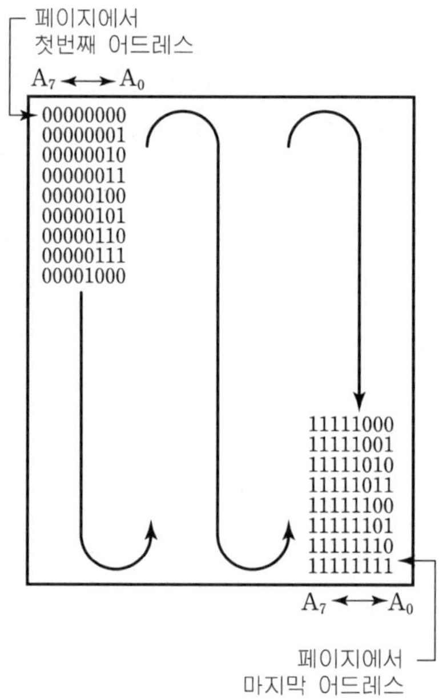

그림 19·15 메모리 한 페이지에 담겨진 256바이트. 바이트는 밑 2의 수 혹은 2진수이다. 주의할 것은 밑 2로 수를 순차적으로 매긴다는 것이다. 처음 9개의 주소는 10진수(밑 10) 0, 1, 2, 3, 4, 5, 6, 7과 8에 대응한다. 이 페이지에서 마지막 8자리의 2진수와 동일한 10진수는 무엇일까?

그림 19·16에 표시된 것과 같이 A_0는 최하위 비트(LSB)라고 불리운다. 10진수에서와 마찬가지로 2진수에서 어떤 수의 가장 오른쪽의 숫자는 최하위 비트이다. A_7은 최상위 비트이다(MSB). 어떤 데이터값의 가장 왼쪽 위치에 있는 숫자는 자리수에 관계없이 MSB이다. 이 시스템으로, 많은 장소가 숫자의 조합에 의해 지정될 수 있다. 그러나 간단한 작업을 수행하기 위해서도 더 많은 것이 필요하다. 구분된 장소를 확대하기 위해 상위의 8주소 라인이 필요하다.

MSB 0 0 0 0 0 0 0 0 LSB
A_7 ——— A_0

그림 19·16 어드레스버스의 하위 8비트

▶ 상위 어드레스

하위 어드레스는 페이지에 있는 개개의 바이트를 식별한다. 1바이트의 상위 어드레스를 더함으로써 컴퓨터는 256페이지를 지정할 수 있다. 상위 어드레스 버스의 라인은 A_{15}, A_{14}, A_{13}, A_{12}, A_{11}, A_{10}, A_9 그리고 A_8로 표시된다. 상위 어드레스 8라인을 그룹으로 묶여서 $A_{15}-A_8$로 표시하게 되면 A_8 비트는 상위 어드레스의 LSB가 되고 A_{15} 비트는 MSB가 된다(그림 19·17).

MSB 0 0 0 1 0 0 0 1 LSB
A_{15} ←——— A_8

그림 19·17 어드레스 버스의 상위 8비트

상위와 하위 어드레스를 합치면(256페이지에 페이지마다 256 1바이트씩 위치할 수 있다) 컴퓨터는 65,535개의 장소를 언급할 수 있다. 이 수는 64KB로 표현된다. 첫 번째 페이지 번호는 0이다. 이 페이지에 0부터 255까지의 위치가 담겨진다. 0도 유효한 수이므로 이것은 256개의 각각의 8비트 메모리 위치를 말한다. 다음은 1페이지이다. 256개 장소이며 2페이지부터 255페이지까지도 같다(그림 19·18).

구분할 수 있는 메모리를 증가시키는 다른 방법은 세 번째 주소 라인을 사용하는 것이다. 이 라인은 64KB 블록의 메모리를 증가시키는데 사용된다. 두 개의 첨가 비트에 의해 식별할 수 있는 4개의 64KB 블록이 생기며 3비트는 8개의 블록을 식별할 수 있다. 8비트를 사용하면 컴퓨터가 기억장치를 16MB 이상 지정할 수 있게 한다. 더 높은 상위 어드레스가 지금 몇몇 컴퓨터에서 사용 가능하며, 128MB보다 더 많이 지정할 수 있게 한다.

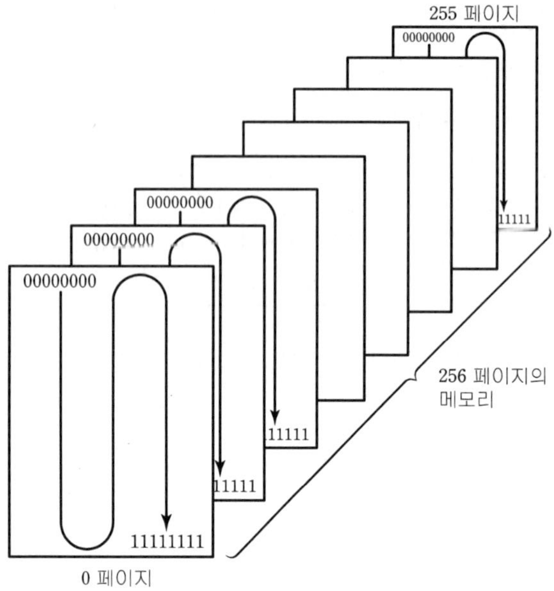

그림 19·18 상위 어드레스 정의에 의한 쪽수

데이터 전송

컴퓨터가 데이터 전송을 위해 한 개의 8비트를 사용하면 "8비트 컴퓨터"라고 말한다. 2바이트를 사용하면 "16비트 컴퓨터"라고 말한다. 현재 어떤 컴퓨터는 데이터 전송을 위해 32 혹은 64비트 그룹을 사용한다. 이러한 컴퓨터는 광범위의 다양한 작업을 빨리 수행하는 능력을 가지고 있다.

전기적 충격

컴퓨터 내부의 이곳 저곳으로 혹은 컴퓨터로 데이터를 보내기 위해서는 전기적 충격을 사용한다. 디지털 정보는 1(논리적 1 혹은 yes)이나 0(논리적 0 혹은 no)으로 제한되므로, 전압에 의해 그 정보를 나타낼 수 있다.

매우 일반적인 형태는 TTL(transistor–to–transistor logic)로서 이 형태는 1을 표현하는 전압 수준이 3에서 5 V_{DC}이다. 논리 회로에서 이러한 전압을 받으면 논리적 1로 받아들인다. 0에서 0.6 V_{DC}를 받으면 논리적 0이다(그림 19·19). TTL은 컴퓨터 회로와 컴퓨터 가까이 위치한 주변 장치의 회로 사이에서 주로 사용된다.

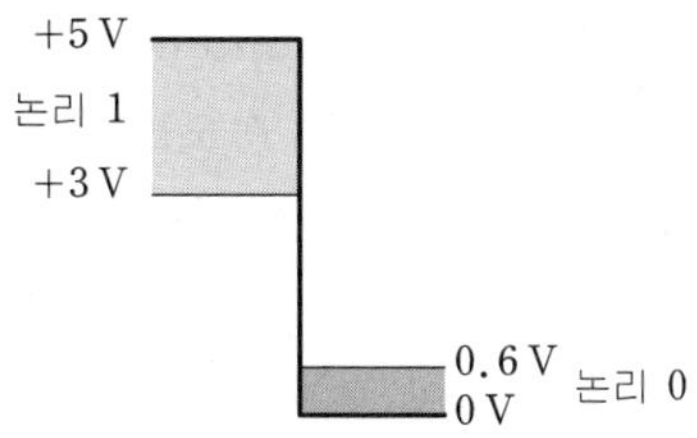

그림 19·19 TTL 레벨을 위한 허용 전압 변동 범위

케이블

만약, 대략 2피트(60cm) 이내이면 리본 케이블이 사용될 수 있다(그림 19·20). 이것은 평평한 케이블로 모든 도체가 평행이다. 2피트보다 더 먼 거리에서는 도체 간에 전압이 유도된다. 이것은 혼선(crosstalk)이라고 불린다. 혼선이 발생하면, 케이블의 다른 끝에서 수신된 데이터는 전송한 데이터와 일치하지 않는다. 더 먼 거리(6에서 10피트)를 위해, 한 쌍씩 꼬여진 전선(twisted pair) 케이블을 사용하여야 한다. 이런 유형의 케이블의 각 데이터 도체는 신호 귀환 전선과 같이 꼬인다. 이것은 혼선을 최소화시킨다. 양쪽 케이블은 간섭을 최소로 하기 위해 전도성 차폐막을 가지고 있다. 리본 케이블은 절연체의 아래에 평평하게 꼬인 전선망이 있고, 한 쌍씩 꼰 케이블은 금속 포일로 감겨져 있다.

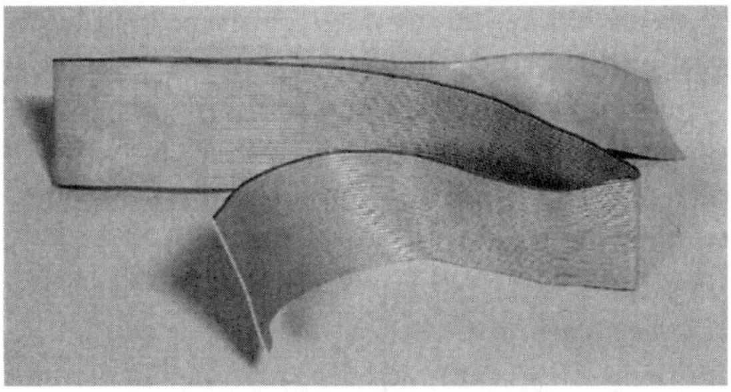

그림 19·20 전형적인 리본 케이블

장거리의 데이터 전송

데이터를 수백 피트 혹은 수마일 이상 떨어져 있는 컴퓨터 사이에서 전송하기 위해서는 도체의 수가 적은 것이 바람직하다. TTL로는 그 작업을 수행할 수 없다. 장거리 전송을 위한 공통의 데이터 형식은 RS-232라고 한다. 이것의 표준 형태와 향상된 형태는 EIA(Electronic Industries Association)에서 출판된다.

마이크로컴퓨터로부터 데이터는 전송, 수신과 접지라 이름 붙여진 세 선의 조합으로 송수신된다. 다른 선들은 제어의 목적으로 사용될 수 있다. 데이터는 한번에 1비트씩 연속적으로 빨리 보내진다. 한 개 비트만의 전송을 직렬 통신(serial communication)이라 한다. 1초당 전송되는 비트 수를 전송 속도(baud rate)라 한다. 일반적인 전송 속도는 초당 2,400, 4,800과 9,6000비트이다. 정보를 송수신하기 위하여 케이블에 연결된 모든 통신 장비의 전송속도는 동일하여야 한다. 이것은 소프트웨어나 하드웨어 스위치를 통해 가능한다.

전화 네트워크는 일반적으로 더 빠른 속도의 통신을 제공한다. 전화 네트워크를 사용할 때는 전화선을 통하여 컴퓨터 신호를 통신할 수 있도록 해주는 모뎀이 필요하다. 몇몇의 고속 전화 모뎀은 지금 초당 56,000비트를 초과하는 속도로 정보를 운반할 수 있다.

데이터 중의 1은 -12에서 -15 V를, 0은 +12에서 +15 V의 형태로 보내진다(그림 19·21). 송수신 장치 양쪽은 적어도 세 가지의 기본적인 연결을 가지고 있다. 이 형식을 위해 사용되는 커넥터는 25핀 D 커넥터이다. 이 커넥터를 위해 설정된 표준은 2번 핀은 자료 전송용이고 3번 핀은 수신용이다. 7번 핀은 신호의 접지 혹은 공통 귀환용이다(그림 19·22).

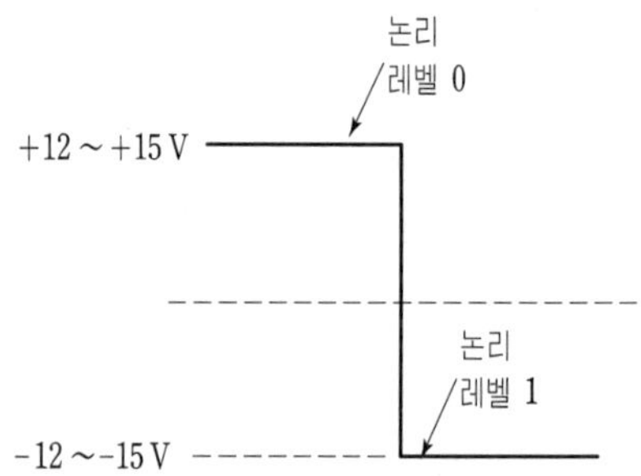

그림 19·21 2진수를 표시하기 위한 RS-232의 논리 레벨

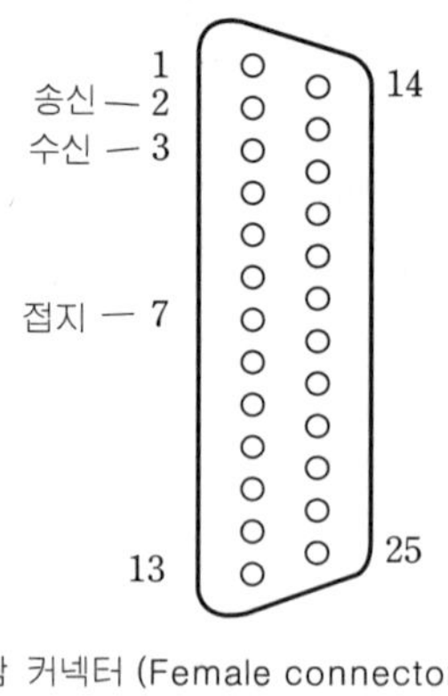

그림 19·22 RS-232 커넥터의 형식에 대한 DB-25 암 커넥터

논리 회로

논리 회로의 펄스 혹은 파형은 사각형이다. 각각의 펄스는 그 파형을 기술하기 위하여 분리된 몇 가지 부분으로 이루어져 있다. 0 V에서 5 V로 변하는 상태를 상승 시간 혹은 상승 모서리(leading edge)라고 부른다. 많은 회로가 펄스의 상승에서 트리거된다. 정상적인 고레벨(steady high)은 펄스 주기 동안에 일정한 5 V이다. 5 V에서 0 V로 변하는 때를 하강 시간 또는 하강 모서리(trailing edge)라고 부른다. 낮은 레벨을 저상태(steady low)라고 부른다. 다음 상승이 일어날 때까지 0 V 근처에 있게 된다. 이 부분(상승 모서리, 고, 저, 혹은 하강 모서리) 중의 어떤 것도 논리 회로의 트리거로 사용될 수 있다(그림 19·23).

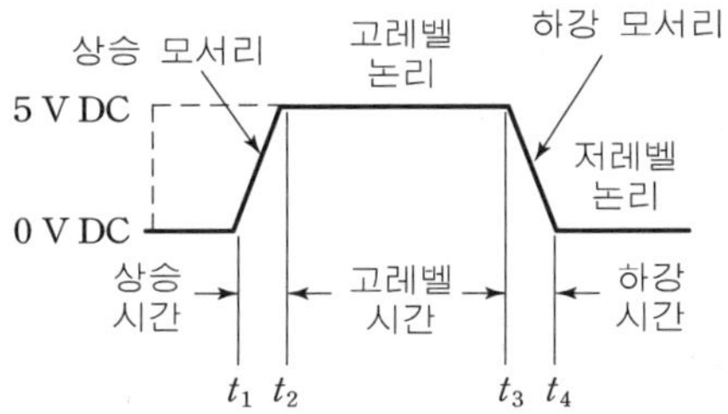

그림 19·23 사각 파형의 부분들

클 럭

그 클럭(clock)은 CPU에 신호를 공급하는 사각파형 발생기이다. 컴퓨터 내의 모든 신호가 안정되고 동기되도록 하는 주파수를 제어하는데 수정(XTAL)이 사용된다. 그림 19·24에서 클럭은 마이크로 프로세서 외부에 위치한다. 다른 시스템에서는 마이크로프로세서의 한 부분이지만 같은 타이밍 기능을 수행한다.

원하는 클럭 주파수가(예를 들어 4.0MHz), ϕ로 지정되어 마이크로프로세서로 보내진다. CPU는 모든 다른 장치를 제어하기 위해 이 클럭 펄스를 사용한다. 각각의 클럭 펄스의 주기는 t 상태

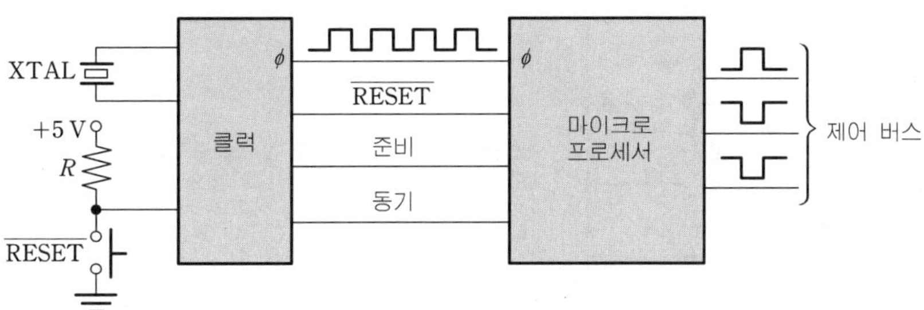

그림 19·24 마이크로프로세서와 외부 클록

시간이다. 시간 상태(time state)는 컴퓨터가 소프트웨어 프로그램으로부터 한 명령을 수행하는데 필요한 시간이다. 초기의 마이크로프로세서는 각 명령마다 특정한 시간 상태가 필요했다. 명령은 일반적으로 4에서 17까지의 시간 상태 사이에 수행되었다. 연산 속도를 위해 최근의 마이크로프로세서는 하나의 시간 상태 동안 명령을 끝마치도록 한다.

실행 동안에 CPU는 다른 용도로 컴퓨터의 다양한 부분을 사용한다. CPU가 신호를 보낼 때 모든 부분이 준비되어 있어야 한다. 따라서 클럭은 컴퓨터의 매우 중요한 장치이다.

시간 선도

논리 회로를 조합해서 사용할 때는 다양한 입력 펄스가 언제 발생하는지를 기본적으로 알아야 한다. 신호가 게이트에 들어갈 때마다 필요한 스위칭이 일어나기 위해 시간이 소요된다. 이것을 전파 지연(propagation delay)이라고 한다. 만약 두 신호가 AND 게이트의 입력에 가해지면 동시에 존재하여야 한다. 그림 19·25(a)에 나타내는 바와 같이 t_0시각에 입력 A와 B에 펄스가 동시에 도착한다. 펄스의 상승과 하강 사이의 경과 시간은 두 펄스 모두 같다. 이 예를 보면 t_0와 t_1 사이의 시간 주기는 0.5마이크로초(μs)이다. 만약 A에 펄스가 늦게 도착하면 회로에 의해 시간 지연이 발생한다. 그림에서와 같이 입력 B의 펄스보다 입력 A의 펄스가 늦게 도착한다(그림 19·25(b)). 만약 AND 게이트가 적절하게 동작하려면, 펄스 B의 기간이 펄스 A를 수용할 만큼 충분하게 길어야 한다. 이것은 그림 19·25(c)에 보여주는 것과 같이 시간 선도(timing diagram)를 사용한다면 가능하다. 보여지는 것처럼 펄스 A의 지연이 5 μs 펄스 B는 펄스 A의 5μs보다 더 길어야 한다.

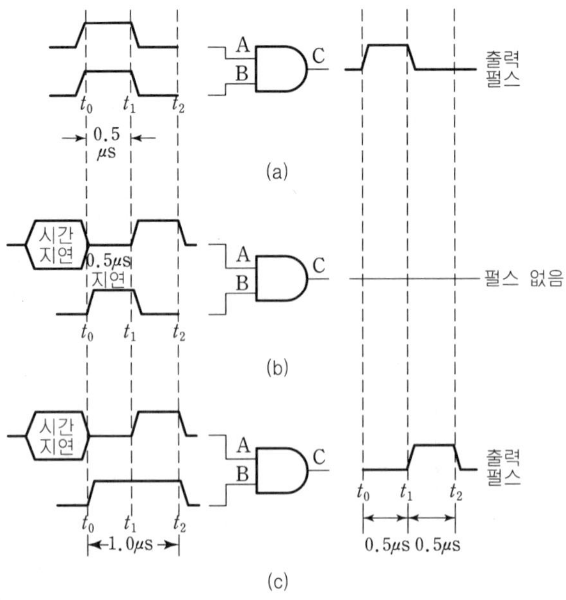

그림 19·25 논리 게이트의 올바른 연산을 위한 입력 시점

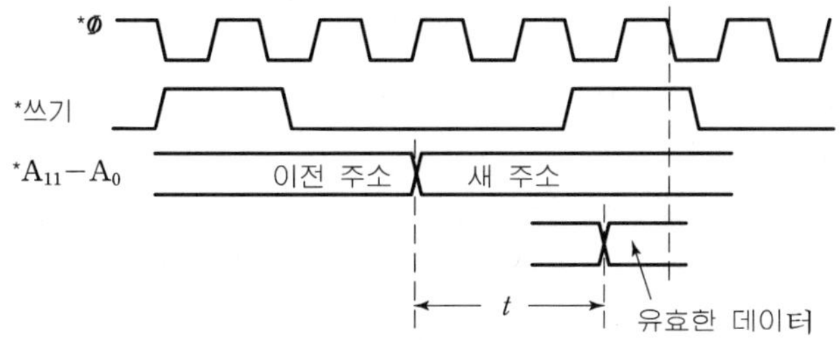

그림 19·26 외부 주메모리 이용을 위한 타이밍 신호(OP 코드에서)

마이크로컴퓨터를 위한 기계 사이클(machine cycle)의 타이밍 선도가 그림 19·26에 보여진다. 예를 들어 WRITE 신호의 하강 모서리로부터의 지연 이후에 주소 라인(A_0에서 A_{11}까지)이 안정하게 된다. 데이터는 반드시 WRITE 펄스의 다음 하강 모서리까지 기억 장치의 출력 라인에서 유효하여야 한다. 전체 동작 시간은 t이다. 전체 동작 시간은 데이터 버스상에 유효한 데이터가 존재하도록 하는 주소 데이터가 안정한 시간이다.

입력/출력(I/O)

정보를 입수하기 위한 아무런 방법도 없었다면 마이크로컴퓨터는 사용 가치가 없다. 결국 마이크로컴퓨터는 데이터 연산과 유용한 기능 몇몇을 수행해야만 한다. 컴퓨터의 입력/출력(I/O) 서브시스템은 컴퓨터 내의 정보 흐름을 살펴보게 한다.

3상태 IC

컴퓨터에 데이터를 주는 것이 필요할 때 컴퓨터가 데이터를 받을 준비가 되었을 때에만 버스에 데이터가 존재하여야 한다. 이러한 목적을 위해 사용되는 **3상태 IC**(tri−state ICS)는 임피던스의 세 가지 상태를 제공한다. 불가능(not enable)일 때는 데이터를 버스에 매우 높은 임피던스를 제공한다. 결국 이 상태에서는 데이터 버스에 적재할 수 없다. 장치가 가능(enable)하게 하는 신호에 의해서 선택되었을 때 입력측은 데이터를 받아들이고 저장한다. 세 번째 상태는 출력측에서 데이터를 버스로 제공한다.

래치 회로

데이터가 출력 장치로 보내지면 짧은 시간 동안만 존재한다. 이 시간은 대부분 겨우 몇 마이크로초이다. 이 시간 주기 동안 반응할 수 있는 기계 장치는 거의 없다. 따라서 **래치**(latch)를 가지고 있는 것이 필요하다. 이 장치는 데이터를 읽고 다음의 데이터로 대체될 때까지 유지된다. 대부분의 마이크로프로세서는 내부의 래치 회로를 가지고 있다.

만약 래치 회로를 가지고 있지 않은 특정한 장치는 외부 래칭 기구가 필요하다. 74LS75 IC와 같은 외부 래치는 데이터를 운반하는 네 개의 도체와 연결된다. 도체는 4, 8, 16 혹은 32개씩 그룹을 지어 사용되고 각각 그룹은 데이터 버스라고 한다. 데이터가 옳은 목적지로 연결될 수 있도록 데이터 버스는 어떤 주어진 시간 동안 단지 한 개의 장치에만 연결되어야 한다. 이것을 위해 모든 래치로의 연결은 매우 높은 임피던스를 가지고 있어야 한다. 임피던스가 높으면 래치는 버스로부터 전류를 거의 취하지 않을 것이다.

래치는 두 개의 가능(enable) 펄스를 사용하여 데이터를 수신하도록 선택된다. 데이터 버스에 래치가 하나 이상 연결되어 있어도 두 개의 가능 펄스의 조합으로 한 번에 한 개의 장치만을 선택하는 것이 가능하다. 가능 펄스는 데이터 버스의 임피던스를 낮게 해준다. 이런 경우는 데이터가 장치에 의해 받아들여진다(그림 19·27(a)). 출력선은 선택된 장치로 데이터를 보내며 변할 때까지 이 레벨로 논리를 유지시켜 준다. 가능 신호가 래치로부터 제거되면 래치의 입력쪽은 높은 임피던스로 돌아간다. 이러한 순차 동작은 그림 19·27(b)의 타이밍 선도에 나타나 있다.

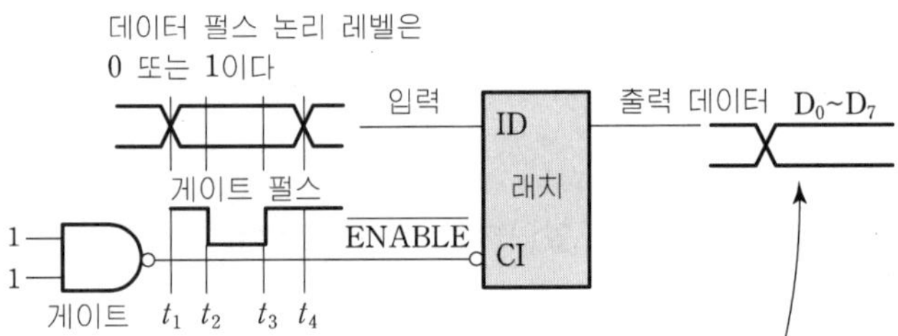

(a) 대표적인 래치 회로

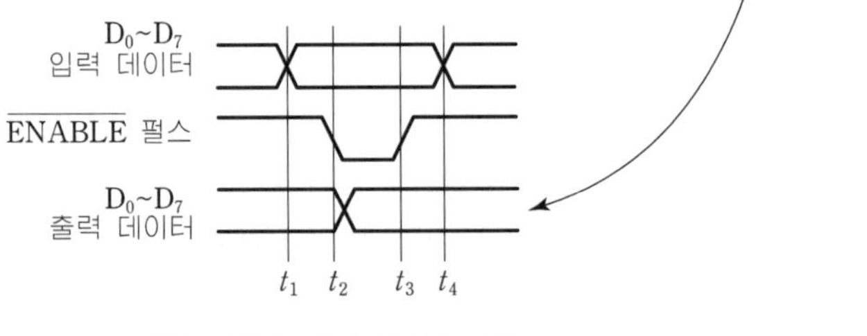

(b) 래치를 위한 타이밍 선도

그림 19·27

이진 코드에 의한 장치 선택

프로그램에서 출력 장치로 데이터를 보낼 필요가 있을 때 그 장치를 명시하는 방법을 가지고 있어야 한다. 컴퓨터는 이러한 목적을 위해 장치–선택(ds, device-select) 코드를 생성한다. 0과 255 사이의 이진 코드는 256가지의 출력 장치를 각각 정의한다. 같은 코드로 256 가지의 입력 장치를 정의하는데 사용한다.

다른 기능에 대한 같은 코드의 사용은 컴퓨터가 제어 버스를 가지고 있기 때문에 가능하다. 이 버스는 프로그램 명령에 의해 설정되는 한 개의 비트(0 혹은 1)로서 한 개의 도체로 만들어진다. 제어 버스 역시 IC의 가능 핀에 연결된다. 가능 연결에 의해 적당한 때에 데이터 버스의 장치가 활성화되도록 한다. 어떤 하나의 시간 상태 동안 버스 상의 장치 중 하나만이 활성화되어야 하므로 이것은 매우 중요하다.

제어 라인은 보통 0 V일 때 활동 상태이다. 이것은 일반적으로 5 V 레벨이고 0 V로 변경될 때 장치를 활성화시키는 것을 의미한다. 이러한 신호 형태를 위한 단어 표기법은 단어의 위에 바를 붙인다(즉 $\overline{\text{RESET}}$, $\overline{\text{ENABLE}}$).

여러 제어 라인의 한 예는 "IN 부정" 혹은 "IN 바"라고 읽으며, 각각의 항은 같은 의미를 가지고 있다. 입력 명령이 내려진다면, IN 제어 라인은 논리 0으로 변한다. 같은 방법으로 출력이 실행되는 것이라면, OUT 라인은 논리 0으로 되고 출력 장치는 활성화된다(그림 19·28). 이러한 시스템은 어드레스 버스의 하위 8비트 (A_0부터 A_7까지)의 일부 혹은 전부로 장치를 선택하게 되어 있으며 이 경우는 A_0이다. 컴퓨터는 같은 버스에 속해 있는 장치의 그룹 혹은 개개의 장치를 위한 코드를 제공하기 위해 어드레스 버스를 사용한다. 다른 시간 상태 동안에 여러 가지 목적을 위해 버스를 사용하는 것을 **멀티플레싱**(miltiplexing)이라고 부른다. 입력이나 출력을 위한 비트의 그룹은 제어 버스에 의해 선택된다. 두 개의 가능 펄스가 NAND 회로로 들어가며 입력이나 출력 포트만이 기능을 하도록 한다. 단일 장치가 선택되면 데이터 버스를 통해 데이터가 전송된다. 데이터는 대부분의 마이크로프로세서에서 8, 16 또는 32비트 그룹이다.

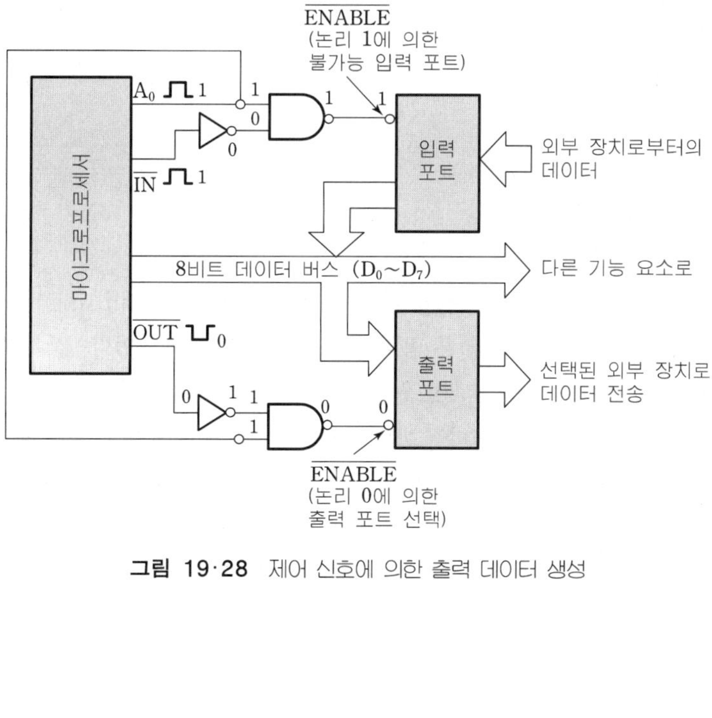

그림 19·28 제어 신호에 의한 출력 데이터 생성

메모리 맵에 의한 장치 선택

다른 시스템에서 I/O 장치를 선택하여 사용하기 위한 것이 메모리 맵(memory mapping)이다. 앞서 설명하였듯이 16비트 어드레스 버스에서는 어드레스로 불러낼 수 있는 기억 장소가 65,536개이다. 마이크로컴퓨터에서 메모리 맵을 사용하는데 이들 기억 장소의 몇몇은 I/O 목적을 위해 설정한다. 입력 장치로부터의 데이터를 원하면 특별한 장소에 담겨진 것을 읽어야 한다. 이것은 기억 장치 읽기 명령 사용을 통해 할 수 있다. 출력 데이터는 기억 장치 쓰기 명령 수행으로 된다. 데이터가 쓰이는 기억 장소는 출력 장치에 연결된다.

비디오 모니터의 출력

글자의 출력은 TV와 유사한 비디오 모니터상에 블록으로 "프린트"된다. 각각의 블록은 한 개의 기억 주소에 의해 구별된다. 화면에 나타나는 각각의 문자에 대해 이진 코드가 할당된다. 널리 사용되는 시스템은 정보 내부 변환을 위한 미국 표준 코드(American Standard Code for Information Interchange) 혹은 ASCII(아스키)라고 한다. 각각의 텍스트 문자나 그래픽 문자를 위한 아스키 코드가 특정한 주소에 쓰여져 있다. 주소를 선택하면 화면에 문자가 나타난다.

글자 인쇄 이외에도 컴퓨터는 화면 위에 형상이나 그래픽의 모양을 표시할 수 있다. 이 영상의 해상도는 모니터의 능력에 의존한다. 문서 작업과 같은 반복 작업은 640×480 화소(pixel)의 낮은 해상도에서도 충분하다(pixel은 picture element의 약자로서 영상 화면 위의 개별적인 점이다). 그래픽 작업은 세밀함이 요구되는 작업이므로 고해상도가 요구된다. 마이크로컴퓨터용 모니터 해상도는 2048×768 화소의 고해상도 사용이 가능하다. 고해상도 모니터에서 영상 표시 장치의 각 화소를 구별하기 위하여 수천의 메모리 위치가 사용된다.

원칩 마이크로컴퓨터

그림 19·29(a)에 묘사한 것은 40핀 원칩 마이크로컴퓨터(single-chip microcomputers)이다. 어떤 형태의 "지능" 제어가 요구되는 넓은 범위의 응용을 위해 설계되었다. 같은 형태의 핀 구성과 회로 설계(구조라고 한다)를 사용하는 새로운 장치의 수가 계속 증가하기 때문에 모스텍 MK3870 "계열"의 마이크로 컴퓨터가 부상하였다. 그림 19·29(b)에 묘사한 대로 부품의 번호는 일반적인 부품 형태와 롬과 램의 크기(칩에서 허용하는 메모리 공간)를 표시하는데 사용한다. 그림 19·29(c)와 (d)는 핀의 이름과 수행하는 기능을 보여주고 있다. 이것은 마이크로컴퓨터에 사용되고 있는 여러 가지 계열(구조) 중의 하나이다. 다른 것들도 생각할 수 있는가?

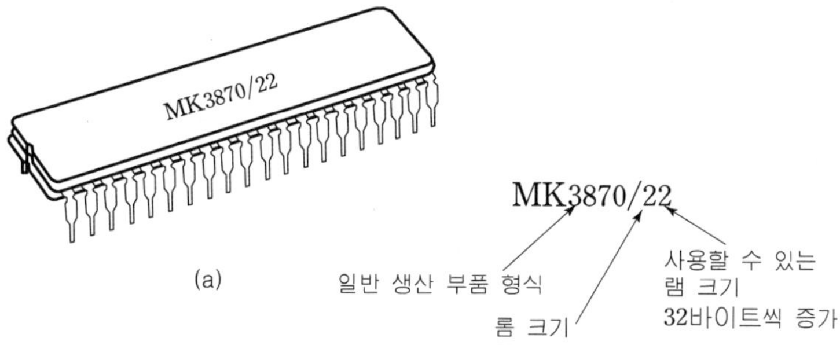

(a) (b)

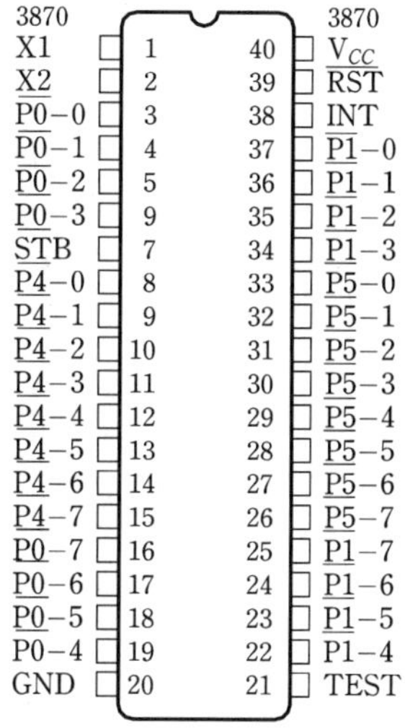

(c)

핀 이름	설명	형식/기능
P0-0－P0-7	I/O Port 0	양방향
P1-0－P1-7	I/O Port 1	양방향
P4-0－P4-7	I/O Port 4	양방향
P5-0－P5-7	I/O Port 5	양방향
STROBE	스트로브 준비	출력
EXT－INT	외부 중단	입력
RESET	외부 리셋	입력
TEST	시험선	입력
XTL1, XTL2	시간 기준	입력
V_{CC}, GND	전원 공급선	입력

(d)

그림 19·29 원칩 마이크로컴퓨터

그림 19·30은 레지스터의 안과 밖으로 전달되는 데이터 방향의 블록 선도를 보여준다. 그림 19·31은 원칩 마이크로컴퓨터 레지스터의 여러 가지 사용에 대해 설명한 것이다. 스크래치패드는 일반적인 목적의 램으로 사용될 수 있는 64×8비트의 레지스터를 제공한다(그림 19·32). MK 3870/2는 여분의 램을 가지고 있다. 소프트웨어 루틴은 이 램에 저장되고 실행이 가능하게 된다. 모든 MK 3870 계열의 마이크로컴퓨터는 명령이 70개 이상 공통으로 설정되어 실행한다. 설계자는 시스템 요구 사항에 적합한 롬과 램의 적절한 결합을 가진 장치를 선택할 수 있다.

정보의 입력과 출력은 네 개의 평행 포트(I/O 포트 0, 1, 4와 5)를 통해서 수행된다. 이들 포트들의 블록 선도는 그림 19·30에 나타낸다. 정보는 포트로부터 나가거나 들어오므로 쌍방향(bidirectional) 혹은 I/O 포트라고 한다. 이 예에서 각각의 포트는 8비트씩 허용된다. 포트는 TTL 호환 입력이나 래치 출력으로 각각 사용될 수 있다.

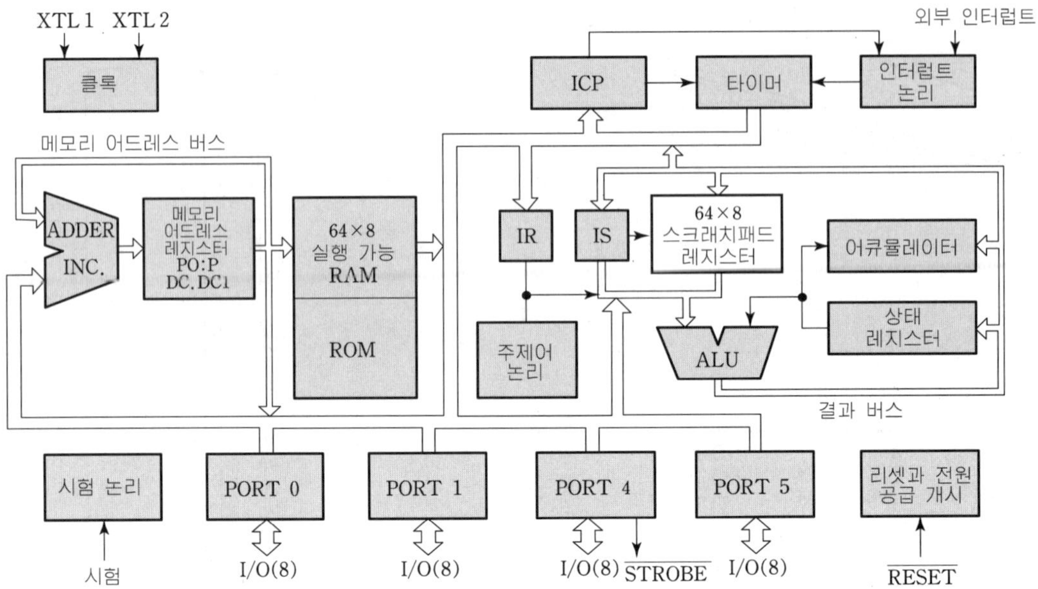

그림 19·30 MK 3870 원칩 마이크로컴퓨터의 블록 선도

앞으로의 과제

앞으로는 컴퓨터가 점점 더 많은 제품의 생산을 제어하게 될 것이다. 사무실 작업은 소형의 휴대용 컴퓨터(랩톱), 전화기/모뎀 연결, 근거리 통신망(LAN), 광역 통신망(WAN), 그리고 휴대 전화에 의해 급속히 변화하고 있다. 이러한 기술은 대형 회사가 전세계의 사무실을 연결하는 것이 가능하게 한다. 이것들은 기업의 근로자들에게 사무실 밖에서 일하는데 보다 더 많은 융통성과 자유를 줄 수 있다.

컴퓨터는 또한 소규모 응용에서 대해서도 사용된다. 컴퓨터에 의한 전자 데이터 처리는 패스트푸드 식당에서조차 사용된다. 더 이상 종업원이 주문서에 요구하는 음식을 적어 주문하지 않아도 된다. 주문을 하면 그들은 마이크로프로세서가 장착된 기계의 단추를 누른다. 주문이 완성되면 인쇄된 계산 종이를 받게 되며 모니터상에 어디로 음식이 준비되고 배달되었는지가 표시된다. 동시에, 기계는 향후의 사용을 위해 전자적으로 정보를 자동적으로 저장한다. 정보는 재주문 혹은 계산의 용도를 위해 관리자에게 쉽게 접수될 수 있다.

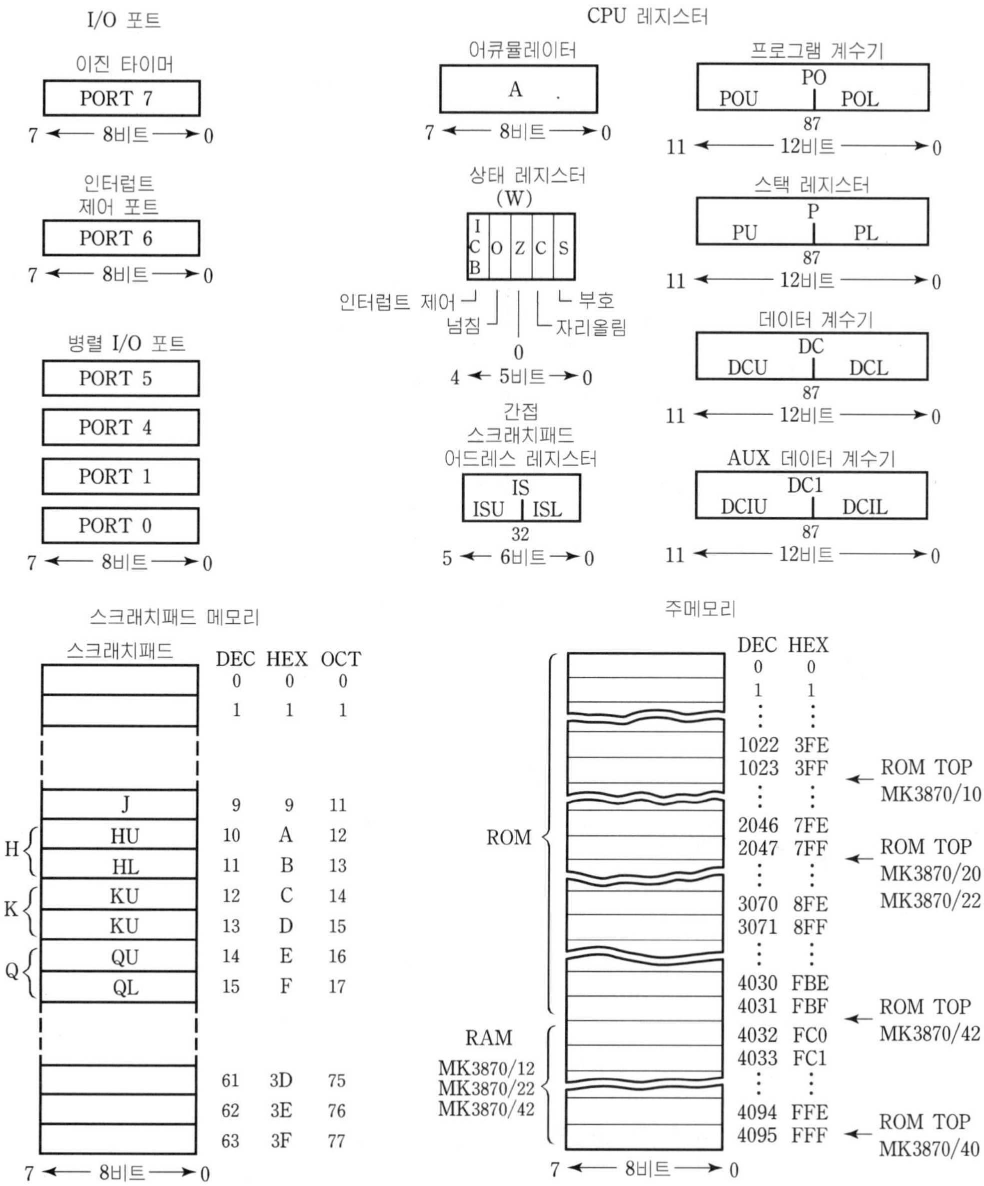

그림 19·31 I/O 포트, CPU 레지스터, 스크래치패드와 주메모리를 나타내는 MK 3870 계열 프로그래밍 모델

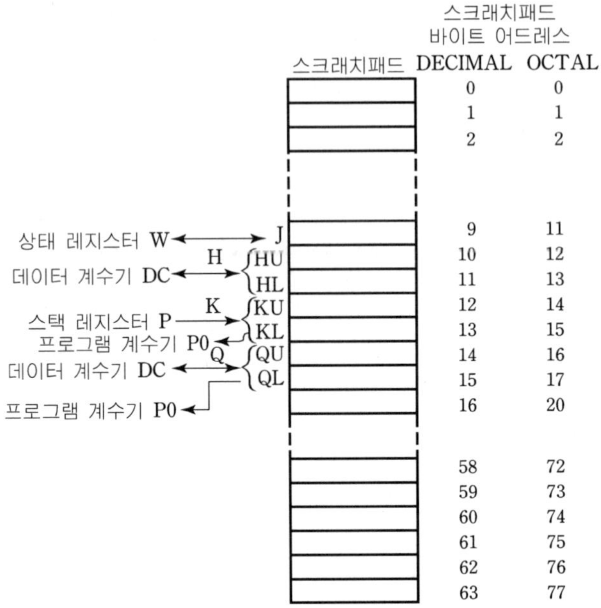

그림 19·32 레지스터 간의 데이터 전달을 나타내는 스크래치패드 레지스터 맵

연습문제

1. 컴퓨터를 구성하고 있는 하드웨어 장치를 4가지로 분류하면 어떻게 되는가?
2. 1Mbyte는 몇 Byte인가?
3. ALU의 역할은 무엇인가?
4. 중앙 처리 장치(CPU)를 구성하는 3가지 부분은 무엇인가?
5. CPU에 의한 처리 명령과 데이터를 기억하고 있는 메모리 내의 기억 장소를 구별하기 위한 것은 무엇인가?
6. 다음의 2진수를 16진수로 변환하여라.

   (a) 1011_2 (b) 1110_2 (c) 0010101_2 (d) 10011100_2

7. 다음의 2진수를 8진수로 변환하여라.

   (a) 100110_2 (b) 10101_2 (c) 1110101_2 (d) 10111101_2

8. 다음 8진수를 2진수로 변환하여라.

(a) 35_8 (b) 674_8 (c) 310_8 (d) 3_8

9. 다음 16진수를 2진수로 변환하여라.

(a) $67B_{16}$ (b) $43C_{16}$ (c) $10DE_{16}$ (d) $A5_{16}$

10. 마이크로프로세서 시스템에서의 두 가지 형태의 기억 장치 소자를 설명하여라.

20장 컴퓨터 제어

학 습 용 어

아날로그-디지털 변환기(analog-to-digital converter)
베이식(BASIC)
디지털-아날로그 변환기(digital-to-analog converter)
디바운스 회로(debounce circuitry)
전용 제어(dedicated control)
전기적 소거 가능한 피롬(EEPROM), 팬아웃(fanout)
직접 모드(immediate mode), 인터페이스(interface)
마이크로컨트롤러(microcontroller)
프로그램 모드(programmed mode)
풀업 저항기(pull-up resistor)

목 표

- 직접 제어에 대해 정의한다.
- 마이크로컨트롤러 프로그램을 가지고 주변 장치를 구동하는 방법을 설명할 수 있다.
- 마이크로컨트롤러를 위한 인터페이스 회로의 정의와 설명을 할 수 있다.
- 아날로그-디지털 변환기와 디지털-아날로그 변화기의 비교를 알 수 있다.
- 풀업 저항기를 스위치와 함께 사용하는지에 대한 설명할 수 있다.
- 빛으로 동작하는 입력의 선도 그리기와 회로의 동작에 대해 설명할 수 있다.

디지털 컴퓨터는 우리들의 생활에서 매우 일상적인 장치이다. 지난 주에 디지털 컴퓨터를 몇 시간 사용하였나? 마이크로웨이브 오븐을 사용하고, 비디오 게임을 하고 혹은 단지 텔레비전 채널을 바꾸기 위해 사용한 시간을 포함하였는가? 이 장에서는 컴퓨터가 실제 생활과 연관된 것에 초점을 맞추었다.

전자 공학을 통한 실제 생활과 인터페이스

마이크로프로세서, 메모리 그리고 입·출력 장치를 포함하는 컴퓨터는 디지털 컴퓨터의 범주 내에 포함된다. 마이크로컨트롤러는 이들의 구성원이고 **전용 제어**(dedicated control)로 불리우는 매우 특별한 경우의 컴퓨터이다. 전용 제어는 사용자를 위한 하나의 일반적인 기능을 수행하도록 프로그램 된 제어기를 의미한다. 그것은 장난감, 자동차, 텔레비전, 오븐, 다리미 그리고 당신이 매일 사용하는 수많은 다른 일반 장치에서 사용된다. 제조 공정 속의 생산 제어와 같이 더 큰 규모의 제어 응용에는 개인용 컴퓨터를 전용 제어 응용에 사용한다. 전용 제어의 작은 규모 응용에는 값이 싼 마이크로컨트롤러를 사용한다. 이 장에서, 그와 같은 장치의 일종인 베이식 스탬프 II®라 불리는 장치에 대해 배운다. 입력과 출력 장치를 어떻게 연결하여 정보를 운반하고 유용한 기능을 수행하는지 배울 것이다. 또한 요구 사항을 충족시키기 위해 베이식 스탬프 II®를 프로그램하는 방법을 배울 것이다.

데이터

19장으로부터 기억하여야 할 중요한 개념은 컴퓨터에서 모든 데이터는 전압 펄스의 형태라는 것이다. 각각의 데이터 비트는 논리 1이거나 논리 0이다. 논리 1은 TTL 회로에서 +5 V 펄스로 표시된다. 논리 회로는 트랜지스터를 전환하기 위한 베이스 전류나 TTL호환 장치를 구동하기 위해 필요한 전류를 공급한다. 논리 0은 매우 낮거나 0볼트를 나타내며 트랜지스터나 다른 장치의 동작을 멈추게 한다. 컴퓨터 프로그램은 이 전압 펄스를 제어하고, 이 장에서 컴퓨터가 과제를 수행하도록 하는 특정한 명령에 대하여 배울 것이다.

팬아웃

TTL 논리 회로에 의해 공급될 수 있는 전류량은 많은 장치를 동작시키기에는 너무 작다. **팬아웃**(fanout)은 한 개의 TTL 출력이 구동할 수 있는 TTL 장치의 수이다(그림 20·1). 그런데 컴퓨터의 마이크로프로세서에 의해 사용되는 5 V 직사각형 펄스파는 대부분의 모터, 릴레이와 다른 작동 장치들에 사용되는 것은 아니다. 그러므로 유형의 부가적인 회로가 필요하다.

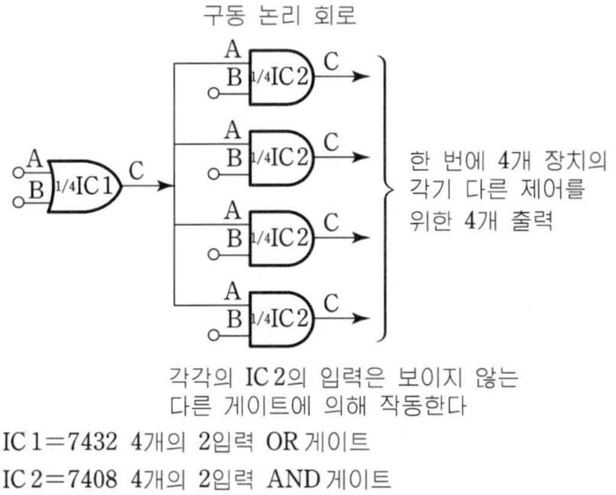

그림 20·1 1개의 TTL OR 게이트 팬아웃으로 4개의 TTL 입력

간단한 인터페이스

인터페이스(interface)는 마이크로컨트롤러와 전기적인 연결로 주컴퓨터의 선택된 데이터의 저장과 처리 그리고 릴레이 및 모터와 같은 작동 장치들 사이의 통신을 의미한다. 이들 전기적인 연결은 사용자가 마이크로컨트롤러를 프로그램하는 것을 가능하게 한다. 그림 20·2는 간단한 인터페이스 회로를 보여준다. 1개의 데이터 회선은 공통 이미터 구성의 트랜지스터에 연결된다. 이 회로에서 트랜지스터는 릴레이를 제어한다. 베이스 전류는 1,000Ω 저항(R_b)으로 제한한다. 이 저항은 500에서 5,000Ω 사이의 임의값을 가질 수 있다. 릴레이는 12 V_{dc}를 사용하며 릴레이 코일은 컬렉터 회로의 부하가 된다. 컴퓨터로부터 이미터－베이스 접합으로의 TTL 전압 펄스는 트랜지스터의 바이어스가 되는 베이스 전류를 생성한다. 이에 의해 컬렉터 전류가 릴레이를 활성화시킨다. 베이스 전류가 유지되는 동안 릴레이는 활성화되어 있다. 만약 베이스 전류가 멈추면, 릴레이는 평상시 위치로 돌아간다. 회로 보호를 위해 릴레이 코일에 다이오드 D_1이 병렬로 연결되어 있으며, 이것은 릴레이 코일이 ON/OFF될 때 높은 과도 전압을 발생시킬 수 있는 유도 부하이기 때문이다.

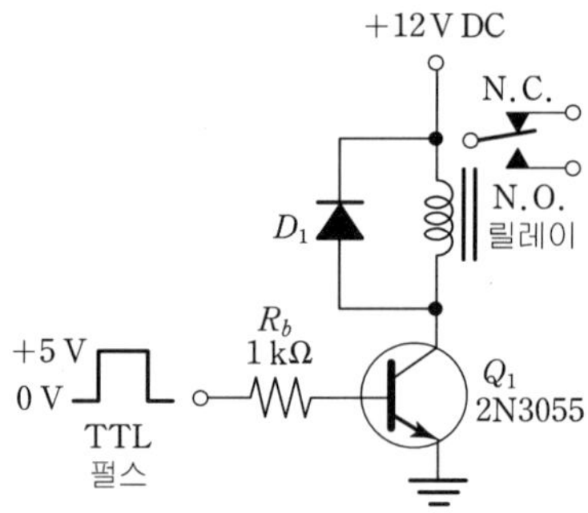

그림 20·2 트랜지스터 구동 회로

래 치

컴퓨터 프로그램의 명령은 매우 짧은 실행 시간에 동작한다. 데이터 선로에 보내진 데이터는 마이크로프로세서가 새로운 주사 사이클을 시작할 때까지만 지속된다. 이것은 단지 몇 마이크로초 정도이다. 이런 이유로 데이터는 반복적으로 전송되거나 그림 20·3과 같이 래치에 의해 접수된다. 4비트 데이터 버스는 래치의 입력측(핀 2, 3, 6과 7)에 연결된다. 제어되어야 할 장치는 래치의 출력측(핀 16, 15, 10과 9)에 연결된다. 래치 회로의 동작은 컴퓨터 신호에 의해 동작하는 동작 가능(enable) 신호에 의해 제어된다. 데이터가 래치되어 있으므로, 프로그래머는 모터 제어기 또는 다른 장치가 임무를 완수했을 때 동작을 정지시키는 다른 신호를 보내야 하는 것을 기억하여야 한다. 만약 논리 1이 장치를 구동하는데 이용된다면, 0은 멈추기 위해 전송된다.

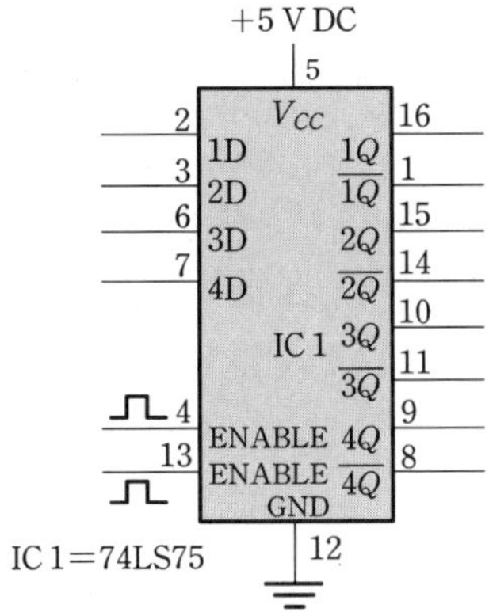

핀	연결	
2	D_0	4비트 데이터 입력
3	D_1	
6	D_2	
7	D_3	
4	D_0	데이터 통과를 위한 동작 가능 핀
13	D_1	
16	D_0 출력	
1	$\overline{D_0}$ 반전 출력	
15	D_1 출력	
14	$\overline{D_1}$ 반전 출력	
10	D_2 출력	
11	$\overline{D_2}$ 반전 출력	
9	D_3 출력	
8	$\overline{D_3}$ 반전 출력	

그림 20·3 4비트 데이터 래치 회로

아날로그-디지털 변환기(ADC)

디지털 컴퓨터의 내부 회로는 1과 0의 논리 레벨로 제한된다. 한편 외부에서는 두 개의 논리 레벨로 제한되어 있지 않다. 대부분의 장치들은 연속적으로 변화하는 레벨의 전압을 사용한다. 예를 들면, 실제 세상에서는 무한한 수의 색, 온도, 밝고 어두운 수준, 혹은 저항이 존재한다. 음향 증폭기와 연산 증폭기는 대표적인 아날로그 장치로서 이들은 여러 가지 레벨로 변화한다.

디지털 컴퓨터가 어떤 전압이나 전류 레벨을 다른 것과 구별하기 위하여, **아날로그-디지털 변환기**(ADC : Analog-to-digital converter) 회로를 사용한다. 그림 20·4는 아날로그 신호를 디지털 신호로 바꾸어주는 전형적인 아날로그-디지털 변환기를 보여준다. ADC는 입력에 아날로그 신호를 받아서 디지털 코드로 아날로그 신호를 변환한다. ADC의 출력은 당연히 디지털로 컴퓨터에서 사

그림 20·4 전형적인 아날로그-디지털 변환기

용할 수 있다. 대부분의 ADC 장치는 직렬이나 병렬 형태로 데이터를 전송하며 자료 형태는 수신 장치의 필요에 따라 정해진다. 디지털 데이터는 프로그램이 해석할 수 있는 데이터 표로 형성된다. 이 데이터는 수식이나 그래프, 모니터 상의 스크린 및 프린트, 데이터 처리, 회계 등과 같은 응용 프로그램에 사용될 수 있다.

저렴하고 간단한 ADC가 그림 20·5이다. 이 회로는 타이머 IC 555와 제어를 위한 *RC* 네트워크를 사용하였다. 그림 20·5는 구형파를 생성시키는 회로를 설명한다. 구형파의 낮은 상태 주기는 고

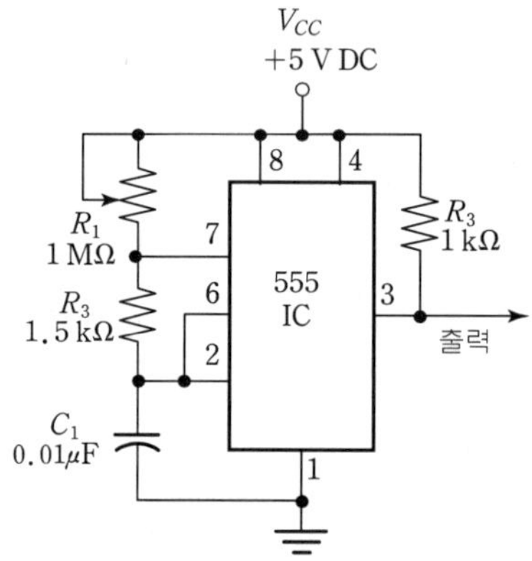

그림 20·5 555 타이머 IC를 사용한 ADC 회로

정된다. 구형파의 높은 상태 주기는 저항 R_1과 R_2, 그리고 커패시터 C_1의 값에 의해 결정된다. 듀티 사이클(duty cycle)은 한 개의 전사이클(한 개의 높은 상태 + 한 개의 낮은 상태)에서 시간 길이에 대해 높은 논리 레벨의 시간 길이비이다. 만약 높은 시간이 낮은 펄스의 두 배라면 파는 66%의 듀티 사이클이다(그림 20·6). R_1이 변하면 파의 듀티 사이클도 변한다.

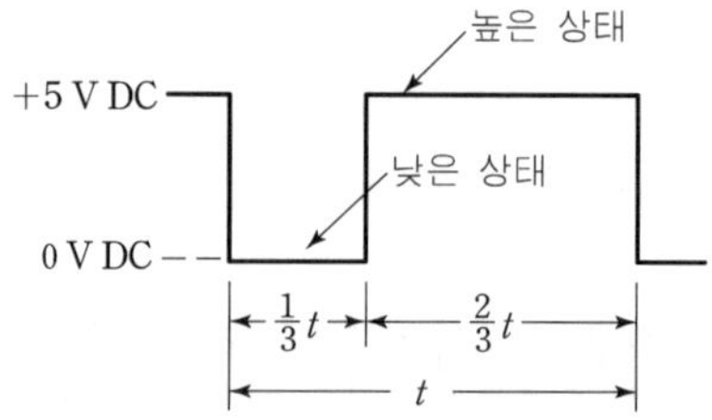

그림 20·6 555 타이머 회로의 66% 듀티 사이클을 나타내는 도표

컴퓨터 프로그램은 구형파의 레벨을 결정할 수 있다. 예를 들어 전압 펄스가 낮은 동안에는 어떤 것도 발생하지 않는다. 전압 펄스의 논리 레벨이 변화할 때는 컴퓨터 프로그램에 있는 명령이 이것을 감지하여 소프트웨어 계수기가 계수를 증가시킨다. 계수기는 듀티 사이클의 끝에서 논리 레벨이 0이 될 때까지 계속해서 수를 세게 된다. 이 시점에서 컴퓨터는 저항의 아날로그값을 나타내는 디지털값으로 나타낸다.

디지털 - 아날로그 변환(DAC)

가끔 컴퓨터는 장치의 작동을 위해 아날로그 출력을 필요로 한다. 아날로그 출력은 일반적으로 전압 수준이 다양하다. 컴퓨터에 의해 DAC에 보내진 디지털 코드는 미리 설정된 한계값 내에서 변화하는 전압을 결정한다. 그림 20·7은 대표적인 **디지털 - 아날로그 변환기**(digital－to－analog converter)로서 디지털 정보를 연속적으로 변하는 전압 출력으로 바꾸어준다.

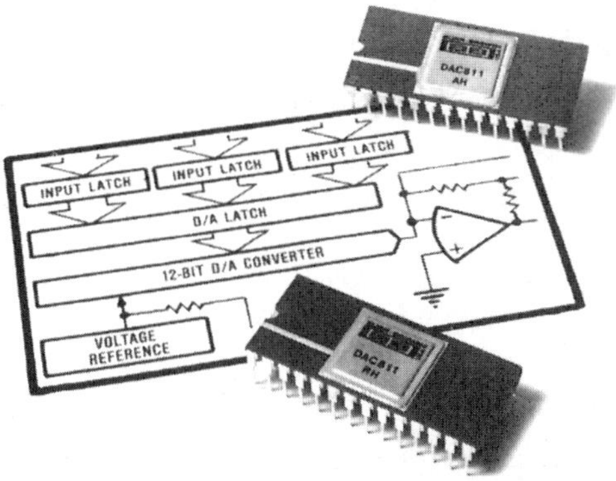

그림 20·7 디지털－아날로그 변환의 예

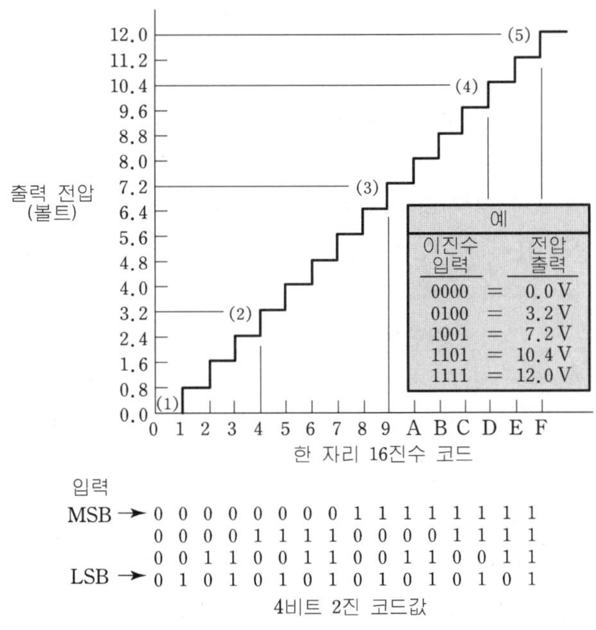

그림 20·8 4비트 입력을 이용한 각각의 사용 가능한 입력 코드(디지털)에 대한 디지털－아날로그 변환에 의한 전압 출력(아날로그)

ADC와 DAC 모두에 대하여, 한 형식에서 다른 형식으로 바뀔 때의 정확도를 분해능(resolution)이라 부른다. 예를 들어, 0.0 V에서 12 V까지의 아날로그값을 고려할 때 만약 4비트 혹은 한 개의 니블을 데이터 범위를 위해 사용하면 12 V는 15개의 증분으로 나타난다(4비트에 의한 16가지 조합이다). 이 경우에는 각각의 디지털수 값은 0000와 1111사이며 10진수의 0.80 V(12 V/15)와 같다. 0000=0.0 V, 0001=0.80 V와 0010=1.6 V이며, 1111=12 V까지이다. 0.8 V의 증분은 상당히 크지만, 어떤 응용에서는 사용할 만하다. 0.0 V에서 12 V까지 변할 때 주의할 것은 매끄러운 변환이 아닌 계단과 같이 변한다는 것이다(그림 20·8). 8비트로 분해능을 증가시키면 256(00000000에서 11111111)까지 단계의 수가 증가하게 된다. 0.04706 V(12 V/255)로 단계의 값이 줄어든다. 만약 컴퓨터가 모터의 위치를 측정하기 위해 인코더로부터 데이터를 받는다면 이 정도의 정확도가 필요하다. 더욱 정확한 것이 필요할 때에 12와 16비트 데이터 범위를 사용할 수 있다.

컴퓨터 프로그래밍

베이식(BASIC)은 컴퓨터 제어를 위해 사용되는 여러 가지 컴퓨터 언어 중의 하나이다. 컴퓨터 언어는 실질적으로 단어, 약자와 수 문자의 형태로 된 프로그램 명령 코드의 집합이며, 변형된 형태나 다른 모드로 작성된다. 베이식 안의 지시나 명령은 직접 방식과 프로그램 방식이 가능하다. 직접 모드(immediate mode) 혹은 계산 모드는 지시나 명령에 휴대용 전자 계산기처럼 컴퓨터가 즉각적으로 응답한다. 다음은 직접 모드 동작의 예이다.

```
PRINT "변압기 가격은 60달러이다."
```

return이나 enter를 누르면 명령 PRINT가 수행되면서 즉각적으로 응답한다. 이 명령은 컴퓨터에 인용 부호 안의 문장을 표시하도록 한다. CRT 화면에 다음과 같이 인쇄된다.

```
변압기 가격은 60달러이다.
```

프로그램 모드에서의 컴퓨터 프로그램 실행은 연기된다. 컴퓨터는 RUN 명령으로 실행될 때까지 기억 장치에 프로그램을 저장한다. 베이식 프로그램은 행번호로 구성된다. 행번호는 프로그램 줄의 시작 부분에 들어 있는 1~5자리의 숫자이다. 관습적으로 행번호는 10, 20, 30 등등이 연속한 행에 지정된다. 이것은 프로그램을 수정하거나 향상시키는 부가적인 명령이 들어갈 수 있는 공간(11, 12, 21, 33, 등)을 허용한다. 다음은 프로그램 모드로 작성된 명령의 보기이다.

```
10 PRINT "커패시터를 위해 지정된 문자 분류는 C이다."
20 PRINT "인덕턴스를 위해 지정된 문자 분류는 L이다."
30 PRINT "푸시 버튼을 위해 지정된 문자 분류는 S이다."
40 PRINT "트랜지스터를 위해 지정된 문자 분류는 Q이다."
50 END
RUN
```

RUN 명령을 넣은(행번호 없이) 다음에 return을 누르면 컴퓨터는 프로그램을 실행하고 한번에 한 줄씩 화면에 다음과 같이 표시한다.

```
커패시터를 위해 지정된 문자 분류는 C이다.
인덕턴스를 위해 지정된 문자 분류는 L이다.
푸시 버튼을 위해 지정된 문자 분류는 S이다.
트랜지스터를 위해 지정된 문자 분류는 Q이다.
```

그림 20·9는 두 개의 수를 더하는 프로그램을 보여준다. 번호는 INPUT문에 의해 키보드로 입력된다. 결과는 화면상에 인쇄되며 그 다음에 프로그램이 끝난다. 각 명령 코드의 경우는 컴퓨터에 의해 명령이 수행될 때마다 순서대로 동작이 수행된다.

```
10 INPUT "더하기 위한 첫 번째 수는 무엇인가?"; X
20 INPUT "더하기 위한 두 번째 수는 무엇인가?"; Y
30 Z=X+Y: PRINT "더하기는";X;"+";Y;"=";Z
40 END
```

그림 20·9 두 개의 수를 더하는 베이식 예제 프로그램

컴퓨터가 수행할 수 있는 연산의 수는 설계에 의해 제한된다. 일부 컴퓨터는 72가지 다른 연산(예를 들면 PRINT, +, GOTO, 그리고 IF THEN)을 실행시킬 수 있다. 프로그래머가 할 일은 어떠한 연산을 컴퓨터가 언제 수행할 것인지 정해주는 것이다. 각 컴퓨터를 위한 명령 코드는 약간 다른데, 많은 국가의 다른 부분의 사람들처럼 공통 언어의 다른 방언과 같다. 만약 직접 프로그램 작성하려면 해당 컴퓨터에 적용되는 프로그래밍 매뉴얼을 가지고 있는 것이 도움이 될 것이다.

다른 프로그래밍 언어로 PBASICTM이 있다. 이 언어는 베이식의 맞춤 버전으로 이 장에서 설명한다. PBASICTM은 PARALLAX사에 의해 이 책의 과제 부분을 수행하는 베이식 스탬프 II®를 위해 개발되었다.

펄스 입력

컴퓨터가 스스로 외부 장치와 통신하기 위하여 핀에서 입력을 받아야 한다. 이들 입력은 스위치, 센서, 열전대 혹은 다양한 다른 장치로부터 올 수 있다. 어떤 장치이든 간에 결국 컴퓨터에 논리 0 혹은 논리 1을 제공해야 한다. 만약 장치가 이 전압 레벨을 제공하지 않는다면, 전압 레벨을 제공하는 I/O 모듈을 가지고 인터페이스 할 필요가 있다.

스위치

베이식 스탬프 II®는 소프트웨어 명령에 의해 입·출력핀이 지정될 수 있는 16개의 단일 핀이 있다. 그림 20·10과 같이 P_0부터 P_{15}까지 지정된다. 베이식 스탬프 II® 보드상의 I/O 핀은 핀 5부터 20까지이다. 임의의 입력핀, 예를 들어 핀 7을 데이터 입력이나 데이터 출력에 사용할 수 있다. 단지 필요한 것은 프로그램이 명령을 수행할 때, 입력 장치 $+5V_{DC}$ 또는 0V에 의해 발생되는 펄스이다. 명령은 스위치의 논리값(1 또는 0)을 변수로 저장하며, 이 변수는 프로그램에 의해 필요에 따라 사용될 수 있다.

소프트웨어와 하드웨어를 통합하여 유용한 작업을 행할 수 있다. 이 경우에, 예를 들면 스위치에 의해 컴퓨터 프로그램 순서를 바꾸어 프로그램을 외부에서 제어를 할 수 있다. 스위치에 의해 생성된 $5V_{DC}$ 전압 펄스는 외부 장치가 예정된 서비스를 요구하는 것을 프로그램에 알린다. 펄스가 읽혀지면 컴퓨터가 서비스를 실행하는 프로그램을 수행하도록 한다. 이 회로를 운영하기 위하여 프로그램은 스위치를 정기적으로 검사해야 한다.

$5V_{DC}$를 발생하거나 전환하는 감광성 장치가 컴퓨터 입력으로 사용될 수 있다. 그림 20·11은 이런 형태의 두 전형적인 회로를 보여준다. 포토트랜지스터(그림 20·11(a))나 적외선 다이오드 송신기-수신기 짝(그림 20·11(b))은 필요한 논리 전압 펄스를 발생시킬 수 있다. 적외선 다이오드 짝 회로는 전송기(이미터)와 수신기 사이를 통과하는 물체를 셀 수 있다.

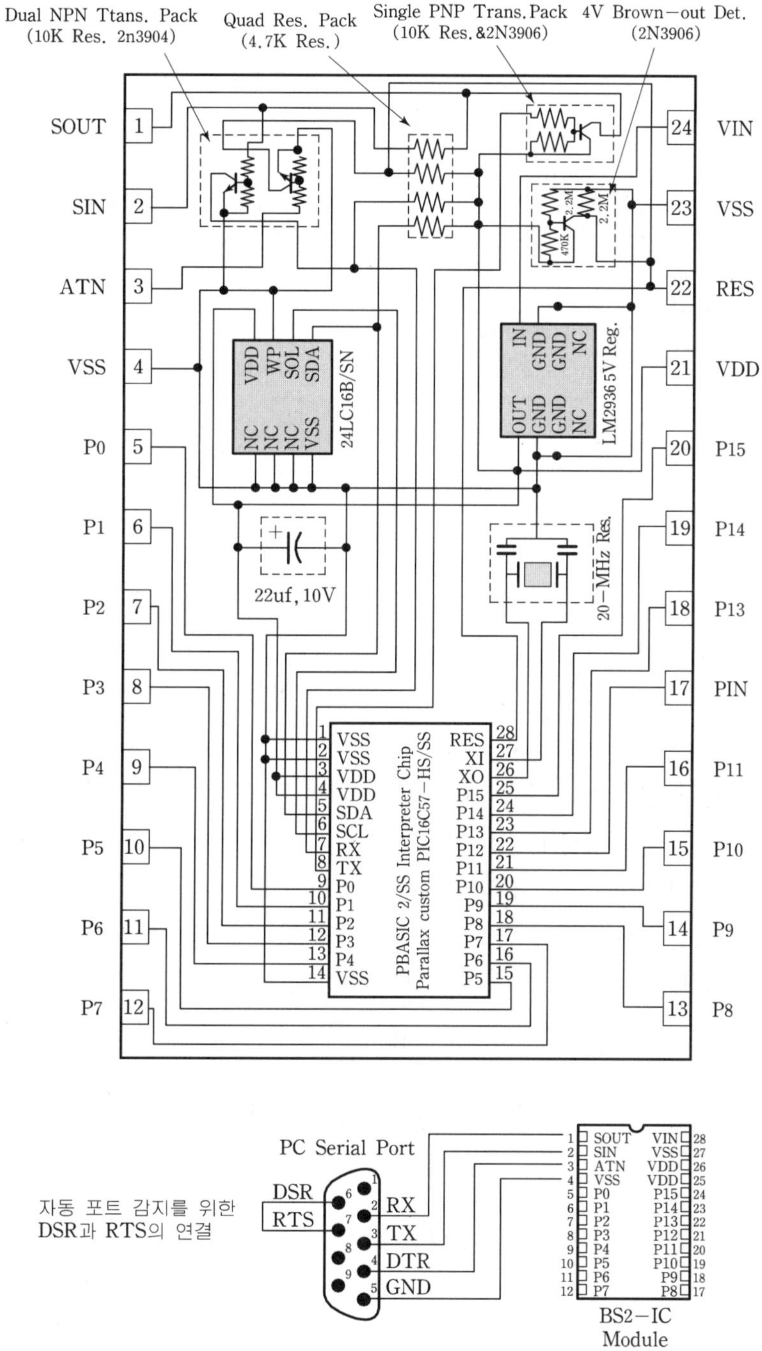

그림 20·10 마이크로컨트롤러 : 베이식 스탬프 II®의 핀 구성

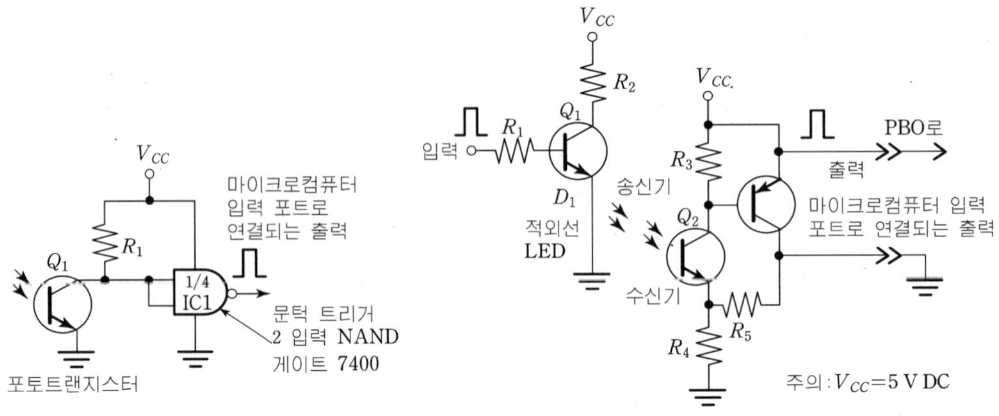

(a) 포토트랜지스터 회로

(b) 적외선 다이오드 송신/수신기 회로

그림 20·11 광동작 장치

풀업 저항기

앞에서 말한 것처럼 TTL 장치의 입력은 반드시 적정한 전압 레벨 사이의 값을 가져야 한다. 이를 위해 1k 저항이 그림 20·12와 같이 연결된다. 이것을 **풀업 저항기**(pull－up resistor)라 부르며 필요할 때 0에서 $+5\text{V}_{\text{dc}}$ 전압을 확실하게 만들어 준다. 여기서 값은 1k이지만 범위가 470에서 수천 옴까지도 가능하다. 저항의 한쪽은 5V_{dc}에 연결하여 적정한 논리 레벨을 제공한다. 저항의 다른 쪽은 스위치의 한쪽에 연결된 IC 입력에 연결된다. 스위치의 다른 쪽은 공통 접지에 연결한다. 스위치는 평소에는 열린 위치이며, 입력은 논리 1이다. 왜냐하면 입력은 매우 높은 임피던스를 가지고 있기 때문이며, 저항을 통하여 전류가 거의 흐르지 않는다. 즉, 저항 양단의 전압 강하는 거의 없다. 모든 실용적 용도에서 입력은 직접적으로 +5 V에 연결된 것과 같으며 논리 1을 유지한다.

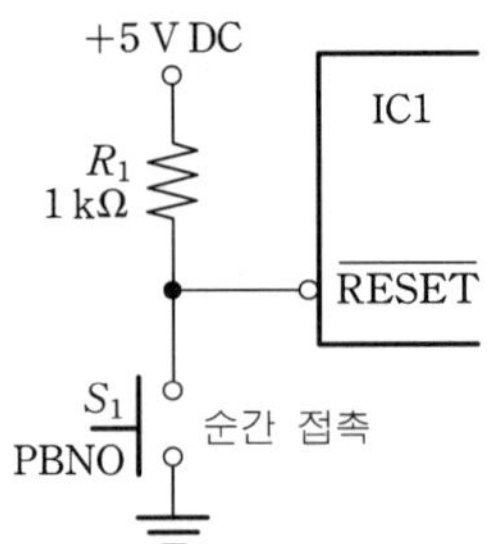

그림 20·12 누르면 논리 0을 만드는 풀업 저항기 회로

그림 20·13(a)의 예는 IC 1의 리셋 기능이다. 이것은 활성화를 위해 논리 0을 필요로 한다. S_1의 평상시 위치에서는 논리 1은 (부정) $\overline{\text{reset}}$이며 리셋 동작이 일어나지 않는다. 스위치 S_1을 눌러 접점이 접촉하게 되면(그림 20·13(b)) 전류는 저항으로 흐르게 된다. 회로에는 단지 저항 요소

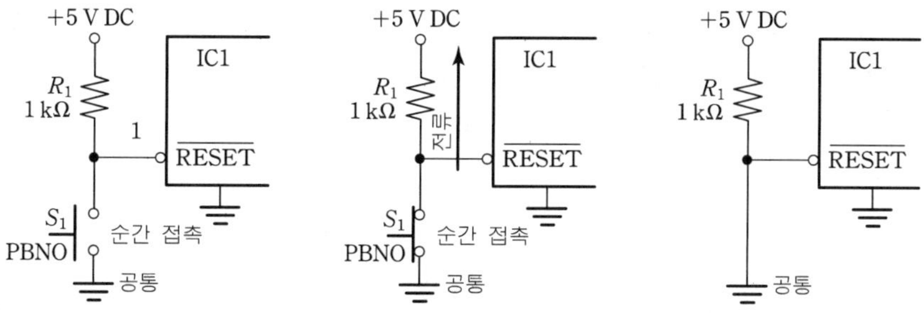

(a) 리셋 핀에 논리 1 (b) 리셋 핀에 논리 0 (c) 푸시 버튼 스위치를 닫을 때 리셋 핀은 전위로 놓이는 효과

그림 20·13 풀업 저항기에 의한 논리 0 리셋 기능 개발

뿐이므로 1kΩ에 모든 전압이 걸린다. 따라서 입력은 접지 전위, 논리 0(그림 20·13(c))이다. $\overline{\text{reset}}$의 입력이 논리 0이면 리셋 동작이 일어난다. 이 회로 없이는 스위치가 열려 있을 때의 논리 레벨을 예측할 수 없다. 그래서 데이터 수신은 신뢰할 수 없게 된다.

평상시 열려 있는 스위치를 사용하여 닫힐 때 논리 레벨이 1에서 0으로 변하는 것에 대해 앞에서 설명했다. 만약 푸시 버튼 스위치가 평상시 닫혀 있는 것을 회로에서 사용하게 되면 논리는 0에서 1로 바뀌게 된다. 그림 20·14에 보여주는 회로는 매우 중요하다. 이 IC의 SET 연결은 동작하기 위하여 $+5V_{dc}$ 펄스(논리 1)를 요구한다. S_1은 평상시 닫힌 위치일 때 SET 핀은 논리 0이다. S_1을 누르면 전압이 $+5V_{dc}$(논리 1)로 상승하며 SET이 활성화된다.

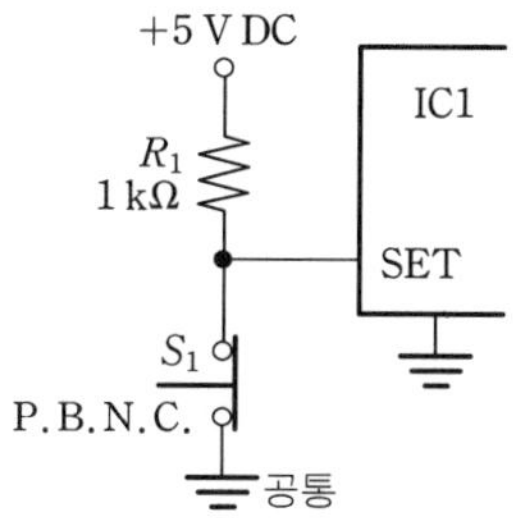

그림 20·14 평상시 닫힌 푸시 버튼 스위치(PBNC)와 풀업 저항기를 가지고 논리 1 개발

접점 튕김(Bounce)

앞에서 논의한 풀업 저항기와 푸시 버튼 스위치에서 필요한 것은 펄스뿐이며, 따라서 디바운스 회로는 필요 없다. **디바운스 회로**(debounce circuit)는 회로에서 접점 튕김 효과를 제거해 준다.

컴퓨터 입력 장치로 스위치를 사용할 때는 스위치의 동작을 주의 깊게 고려해야 한다. 만약 스위치가 램프를 제어한다면, 램프는 스위치가 닫힐 때 빛나게 된다. 그러나 스위치가 닫힐 때 접점을 건드리고 수분의 1초간 튕기게 된다. 이 튕김은 램프에는 문제가 없으나 컴퓨터에는 문제가 생길 수 있다. 이 스위치가 컴퓨터에 연결되면 마이크로프로세서는 입력 데이터를 충분히 빨리 읽을 수 있기 때문에 튕김을 스위치의 여닫음으로 안다. 컴퓨터는 스위치의 튕김을 전압 펄스로 인식할 수 있다. 만약 일련의 사건을 계수 중이었다면 접점 튕김에 계수가 잘못될 것이다.

소프트웨어 디바운스

스위치는 입력과 접지로 지정된 핀이나, 베이식 스탬프 II®의 V_{SS}(핀 23)과 연결되어야 한다(그림 20·10). 스위치의 상태는 명령 BUTTON을 사용하여 알아낼 수 있다. 이 명령의 구문은 BUTTON pin, downstate, delay, rate, bytevariable, targetstate, address이다. Pin은 16개(0부터 15까지) I/O 핀 중 푸시 버튼과 연결될 핀을 지정한다. Downstate는 푸시 버튼이 눌려질 때 검사되어야 할 논리 상태를 정의한다. Delay는 프로그램이 스위치를 다시 확인하기 전에 지연이 얼마나 되어야 하는지를 정한다. 이것이 소프트웨어 디바운스 기능이다. Delay값의 설정은 0과 255 중에 한다. 1~254의 값으로 지연을 설정하면 그 수에 비례하는 지연이 된다. 0과 255는 특별한 기능값이다. 만약 0으로 설정하면 눌려진 스위치 상태가 자동 반복이 되지 않으며 디바운스도 없다. 255로 설정되면 디바운스가 발생하지만 자동 반복은 취소된다. Rate는 버튼이 계속 눌려지고 있을 때 눌려진 상태 보고를 자동으로 반복하는 비율을 정한다. 이 기능은 지연이 끝난 이후에 시작한다. Bytevariable은 스위치의 논리 레벨을 읽어 저장하기 위해 지정된 작업 공간 혹은 변수이다. 이 변수는 반드시 명령 BUTTON이 실행되기 전에 0으로 지워져 있어야 한다. 또한 스위치 관련 명령에 의한 다른 프로그램 루프 전에 0으로 되어 있어야 한다. Targetstate는 변수나 상수일 수 있으며, 프로그램에 분기가 일어날 때 스위치의 논리 상태를 결정한다. 이것을 분기 동작이라 한다. Address는 분기 동작이 일어나는 프로그램 레이블 위치를 결정짓는다.

하드웨어 디바운스

만약 프로그램이 빨리 발생하는 사건수를 계수하도록 설계한다면 어떤 일이 일어날지 생각해 보자. 문제를 조금 더 어렵게 만들기 위해서 어떤 예측된 형태로 사건이 일어나지 않는다고 가정하자. 즉, 펄스 사이의 시간 공간은 몇 밀리 초에서 수초 사이의 기간을 가질 수 있다. 이 문제는 그림 20·15의 회로로 해결할 수 있다. 이것이 하드웨어적인 디바운스 해결책이다. 단극 쌍투(SPDT) 순간 접촉 스위치는 풀업 저항기를 지나 $+5V_{DC}$ 전원에 연결된다. NAND 게이트 각각의 입력은 S_1의 두 접점에 각각 연결되어 있다. 각 NAND 게이트의 B 입력은 다른 쪽 게이트의 출력에 연결된다. 그림 20·16의 진리표는 만약 논리 1이 A와 B 입력 양쪽에 작용하면 출력 C는 논리 0이라고 보여준다. 스위치가 평상시 열린 위치라면(그림 20·15 (a)) 논리 0은 NAND 게이트 #1의 입력 A에 작용하며, 논리 1은 NAND 게이트 #2의 입력 B에 작용한다. 진리표(그림 20·16)를 다시 살펴보면 출력에 논리 1이 발생하는 것은 A나 B 입력 중에 논리 0이 있는 것이다. 출력의 논리 1은

NAND 게이트 #2의 입력 B에 작용한다. NAND 게이트 #2의 입력 A는 풀업 저항기로부터 논리 1이므로 NAND 게이트 #2의 출력은 논리 0이다. 이 출력은 NAND #1의 입력 B에 되돌려진다. 스위치 접촉이 튕겨도 NAND #1의 입력 B가 논리 0이므로 출력은 논리 1을 유지하도록 한다.

그림 20·15(b)와 같이 스위치가 바뀔 때 입력 논리가 바뀌게 된다. NAND 게이트 #2의 입력 A는 논리 0으로 바뀌며, 출력은 논리 1이 된다. 논리 1은 NAND 게이트 #1의 입력 B에 작용한다. 스위치는 이미 NAND 게이트 #1의 입력 A가 논리 1로 바꾸었으며, NAND 게이트 #1의 출력은 논리 0이 된다. 이것은 NAND 게이트 #2의 입력 B에 작용하여 스위치의 튕김에 상관없이 NAND 게이트 #2의 출력이 논리 1을 유지하도록 한다.

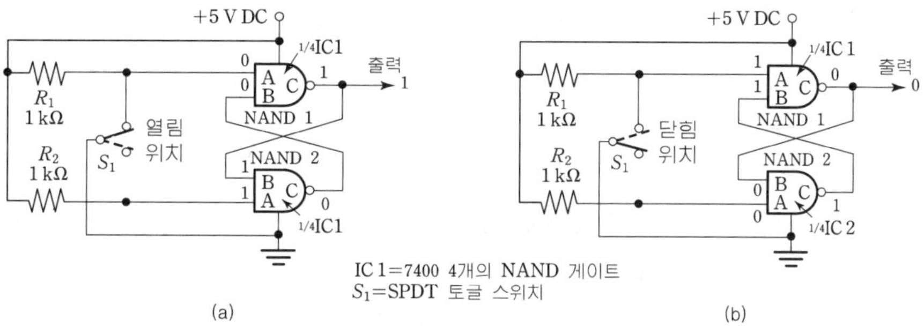

그림 20·15 수동 동작 스위치를 위한 디바운스 회로

입력		출력
A	B	C
0	0	1
0	1	1
1	0	1
1	1	0

그림 20·16 NAND 게이트의 진리표

마이크로컨트롤러

마이크로컨트롤러(microcontroller)는 단일 칩으로, 한번에 한 개의 명령을 실행하는 소프트웨어 프로그램으로부터 명령을 받는 마이크로프로세서를 가진 직접 제어 컴퓨터이다. 소프트웨어 명령은 프로그램 가능한 기억 장치 안에 담겨져 있다. 이런 기억 장치의 형태는 전기적으로 소거가능한 프로그래머블 읽기 전용 기억 장치 혹은 **EEPROM**이라고 부른다. 이런 유형의 기억 장치는 PC와 같은 주마이크로컴퓨터로부터 프로그램된다. EEPROM은 전원이 차단되어도 기억 장치 속의 프로그램은 유지된다. 이런 유형의 기억 장치는 비휘발성(nonvolatile) 기억 장치이다. 이 교재를 위하여 Parallax사의 베이식 스탬프 II®가 선택되었다. 베이식 스탬프 II®는 단일표면 실장기술

(SMT) 기판에 24개의 회로 구독용 연결 핀을 가지고 있다. 사용자 편리를 위해 24 핀은 9 V 전원 연결, 직렬통신 연결 및 리셋 버튼(그림 20·17(a))을 가지고 있는 선택적인 전송 보드 안에 끼워 넣어질 수 있다.

베이식 스탬프 Ⅱ®의 특징들

베이식 스탬프 Ⅱ®(그림 20·17(b))는 2048비이트의 EEPROM과 24바이트의 램을 가지고 있다. 요구 전압은 외부에서 공급되는 5~15 V_{DC}이다. 핀 24는 (+)전원, 핀 23은 (-)전원 단자이다. 내부의 5볼트 조정기는 베이식 스탬프 Ⅱ® 마이크로컨트롤러의 정확한 동작 전압을 유지해 준다. 로봇과 같은 독립된 동작을 위해 한 개의 9볼트 배터리는 매우 편리한 전원을 제공한다.

선택적인 전송 보드가 사용될 때, 표준 9볼트 배터리 호환성 커넥터가 사용된다. 전송 보드 위에는 입력과 출력(I/O)을 위해 16개의 커넥터(핀)가 있으며 각각은 사용자가 소프트웨어 프로그램으로 설정할 수 있다. 프로그래밍은 MS-DOS 2.0 혹은 상위 버전에서 동작하는 PC에 베이식 스탬프 Ⅱ® 소프트웨어를 먼저 탑재함으로써 완료된다. 다음으로 장치를 제어하기 위한 특별한 명령이 담겨져 있는 프로세서에 내장된 사용자 소프트웨어가 탑재된다. 베이식 스탬프 Ⅱ® 소프트웨어는 사용자 프로그램을 해석하고, 그것을 베이식 스탬프 Ⅱ®용 수치 코드로 변환한다. 사용자의 프로그램은 자동적으로 컴퓨터의 직렬 포트와 베이식 스탬프 Ⅱ® 사이에 연결된 9핀 케이블을 통하여 다운로드된다. 이들 코드(데이터)는 EEPROM의 2k 기억 장치 속에 저장된다. 사용 언어는 PBASIC™이라는 베이식의 특별 판으로, 마이크로컨트롤러의 16개의 I/O 핀에 연결되어 있는 장치를 사용자가 제어할 수 있도록 특별히 설계된 36개의 명령을 가지고 있다.

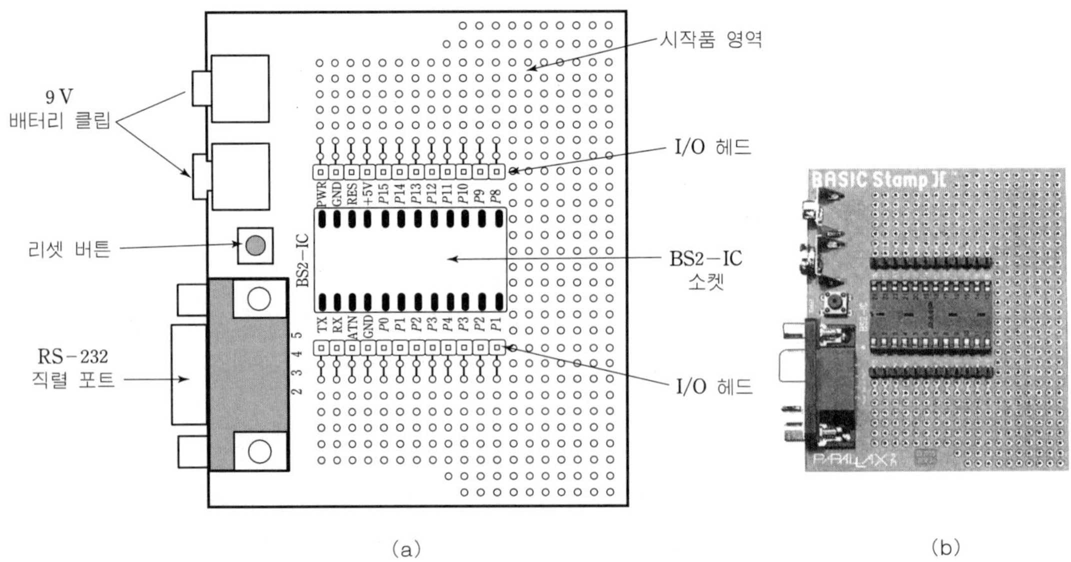

그림 20·17 전송 보드의 모습(a)과 베이식 스탬프 Ⅱ(b)

PBASIC™ 프로그래밍

앞에서 설명한 것처럼 컴퓨터 언어는 실질적으로 명령 코드의 집합이나 단어, 약자와 영숫자 문자 형태의 프로그램 구문이다. 논리적인 순서로 묶여져 마이크로컨트롤러에 의해 해석되고 동작으로 바뀐다. 그림 20·18은 PBASIC™ 프로그램이 출력 $P_0 \sim P_7$에 연결된 8개의 LED행에 2진수를 보내는 것을 보여준다. 그림 20·19는 베이식 스탬프 II®의 외부 제어 장치를 사용하기 위한 몇 가지 PBASIC™ 명령 코드 목록이다.

```
Start:                          '프로그램 시작 표시
        w1=0                    '변수 소거
again:  for w2=0 to 7           'LED를 확인하기 위한 루프 설정
        random w1               '난수 발생
        freqout w2, 50, w1      'LED(w2)와 펄스 전송
        next                    '8개 모두에 펄스 전송될 때까지 다음 LED에 펄스 전송
        goto again              '펄스가 모두에게 전송되었으면 다시 시작
```

그림 20·18 LED 표시기에 데이터를 보내는 프로그램

명령	마이크로컨트롤러의 작용
TOGGLE	특정 핀을 출력으로 만들고 토글함
PULSIN	펄스 입력 시기를 측정함
PULSOUT	시간 주기를 위한 핀에서의 특정 주파수 펄스 출력
BUTTON	스위치의 복귀 소프트웨어를 위한 특정 핀에서의 스위치 조건 입력

그림 20·19 선택된 PBASIC™ 명령과 기능

P베이식

베이식 스탬프 II® 프로그래밍 패키지는 MS-DOS 2.0이나 상위의 PC에서 작동하는 소프트웨어를 포함하고 있다. 도스 프롬프트가 화면에 나타난 후에, A 드라이브에 디스켓을 넣고 a: 라고 친 다음에 리턴을 누른다. CD STAMP2라 입력하고 리턴을 누르면 stamp 디렉토리로 이동한다. DOS 프롬프트에서 STAMP2/m라 입력하고 리턴을 누른다. 이것은 소프트웨어를 실행시키고 더 나은 해상도로 하기 위하여 흑백 모드로 화면을 설정한다. 이제 P베이식 프로그램을 작성하면 그것이 PC 화면에 나타난다. 편집기가 지원하는 몇 가지 유용한 기능키는 Alt-L, Alt-S, 그리고 Alt-R이다. Alt-L을 누르면 디스크 프로그램 메뉴가 나타난다. 화살 키를 이용하여 원하는 프로그

램 제목 위로 밝게 빛나는 막대를 움직이고 프로그램을 탑재하기 위해 리턴을 누른다. Alt-S를 누르면 프로그램 편집기가 드라이브 A 속의 플로피 디스크에 프로그램을 세이브하게 한다. 프로그램 이름을 새로 넣거나 현재의 이름을 받아들일 수 있다. Alt-R은 현재 기억 장소 속의 프로그램을 수행시킨다.

원하는 프로그램을 작성한 뒤 프로그램을 베이식 스탬프 II®로 다운로드 하기 전에 여러 가지 사항이 발생할 수 있다. 먼저 프로그램에서 오류 검사를 한다. 존재한다면, 맨 처음의 오류 원인이 표시되고 설명된다. 표시된 오류는 반드시 수정하여야 한다. 오류를 수정한 뒤에 다시 디스크에 파일을 저장한 다음 ALT-R을 누른다. 두 번째로 베이식 스탬프 II®는 케이블과 전원의 연결이 적절한지 확인한다. 만약 이것들을 확인하여 잘 되었으면 프로그램은 PBASIC™에서 베이식 스탬프 II® 명령으로 바뀌게 된다. 그 다음 EEPROM에 기록하고 동작을 시작한다. 이 과정은 다른 컴퓨터에서 소프트웨어 프로그램을 컴파일하는 과정과 비슷하다.

```
예제 프로그램
tout var word
start
        freqout 11,900,450,500     '핀 11을 출력 모드로 설정하고 시간 900으로
                                   '주파수를 보낸다.
        for tout=1 to 250 : next   '음향 사이에 시간 공백을 준다.
        goto start                 '반복한다.
```

그림 20·20 PBASIC™ 프로그램 예제

몇 가지 선택된 명령

전용 제어는 펄스가 장치 사이에서 교환되는 것을 요구한다. 제어기는 출력 핀에 연결된 장치에 보내지는 펄스를 생성한다. 외부 장치는 장치의 조건을 나타내기 위해 제어기에 펄스를 보낸다. 결국 I/O 명령은 제어 처리에 매우 중요하다. PBASIC™은 I/O를 가능하게 하는 여러 가지 명령을 가지고 있다. 명령 INPUT pin은 핀 0~15까지 중에서 지정하는 한 개의 핀을 입력 모드로 설정한다. pin처럼 지정하는 명령을 이용하면 워드 pin은 이용하기 위해 연결하는 지정 핀 번호로 대치된다. 예를 들면, 명령 INPUT 15는 베이식 스탬프 II® 보드상의 핀 15를 한 개의 핀 입력으로 만든다. 제어기는 이 핀에 연결되어 있는 어떤 호환성 있는 입력 장치도 읽을 수 있다. 이 장치는 스위치, 포토 저항기, 고정 저항기 혹은 이런 형태의 다른 장치가 될 수 있다. 같은 방법으로 명령 OUTPUT pin은 출력점 0~15 중에서 연결을 지정할 수 있다. 핀에 펄스를 보내는 명령은 트랜지스터, 스피커, LED, 또는 다른 호환성이 있는 출력 요소들에 작용하게 한다. 명령 REVERSE pin

은 지정 핀을 현재의 I/O 상태에서 바꿀 수 있도록 해준다. 출력 핀의 설정을 알고 있는 레벨로 하기 위해 명령 LOW pin과 HIGH pin을 사용한다. 이것은 지정된 핀의 출력 전압 수준을 0 V나 $5V_{DC}$로 설정하여 줄 수 있다. 더 많은 I/O 명령과 더 많은 이런 종류의 명령에 대한 자세한 논의는 베이식 스탬프 II®에서 제공하는 지침서를 참조하면 된다.

사용자는 특정한 기능을 수행하기 위해 몇 줄의 코드를 작성하여 마이크로컨트롤러를 부른다. 이는 일반적으로 많은 귀중한 기억 장소를 사용한다. 이 컨트롤러에 사용된 PBASIC™은 이런 기능을 지원하는, 한 줄로 되어 메모리를 경제적으로 사용하는 다수의 아주 유용한 명령을 가지고 있다. 이들 가운데는 PULSIN, PULSOUT, PWM, RCTIME 등이 있다.

PULSIN

명령 PULSIN pin, state, variable은 지정한 핀에서 현재 펄스의 높고 낮은 상태 시간의 길이를 측정한다. 지정한 상태를 핀에서 찾게 되면 계수를 시작하며 반대 상태가 나타날 때까지 계속 계수한다. 계수기는 매 2 μs마다 증가하는 65,535개의 계수 혹은 131 ms의 계수를 한다. 수집된 데이터는 지정된 variable에 저장된다.

PULSOUT

명령 PULSOUT pin, period는 지정된 핀을 출력 핀으로 만들며, 논리 조건을 명령 전 논리 조건의 반대로 변화시킨다. 논리 상태는 2 μs의 period 배수와 동일한 시간 동안 유지하다 원래의 상태로 돌아간다. Period는 0과 65,535 사이의 값으로 0에서 131 ms 동안 2 μs씩 증가하며 논리 상태를 유지한다. 이 명령은 트랜지스터나 논리 게이트에 알고 있는 시간 길이의 펄스를 입력하는데 매우 유용하다.

PWM

명령 PWM pin, duty, cycles을 이용해서 진정된 핀에 진폭 변조 펄스 신호를 생성한다. 펄스의 듀티 사이클 혹은 전체 사이클에서 논리 1 상태 유지 비율은 0과 255 사이의 duty값에 의해 결정된다. 펄스의 수는 cycles에 의해 조정된다. cycles는 256 펄스 주기의 미리 설정된 수를 가리키며 256일 경우 약 1 ms간 동작을 수행하게 된다. 명령이 완료된 후에는 지정된 핀은 높은 임피던스 입력 모드로 변한다. 이것은 핀에 연결된 장치의 전압을 유지한다. 디지털-아날로그 변환기를 이 명령으로 만들 수 있으며 *RC* 시상수 회로가 지정된 핀에 연결될 수 있다. 회로(그림 20·21)는 핀과 1 μF 커패시터를 연결한 10 kΩ의 저항으로 구성된다. 이 커패시터는 저항의 출력과 접지 사이에 연결된다. 커패시터는 PWM 명령에 의해 확정된 듀티 사이클에 의해 0 V와 5 V 사이에서 충전된다.

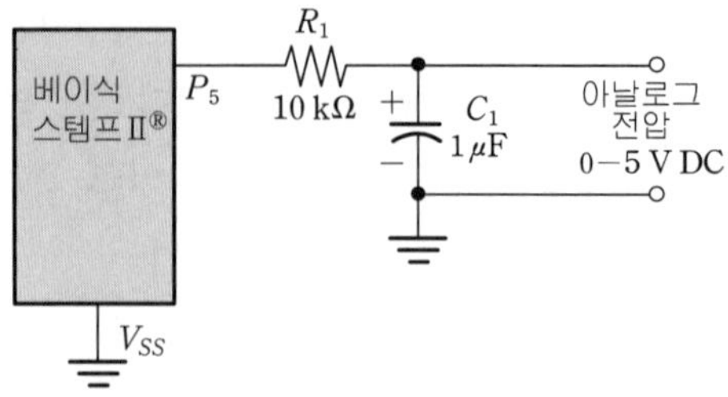

그림 20·21 PWM 명령을 위한 회로

RCTIME

목표 위치를 결정하기 위해 소프트웨어 프로그램으로 제어하는 것도 바람직하다. 이것은 로봇 팔, 기계 부품, 문이나 게임 조종기의 손잡이 같은 것이 될 수 있다. 명령 RCTIME pin, state, variable과 외부 회로는 전위차계의 위치를 표시하는 데이터를 구하도록 컨트롤러에게 지시한다. 만약 전위차계의 축이 작동기에 물리적으로 연결되어 있다면 축의 움직임으로 장치의 위치를 결정할 수 있다. 그림 20·22(a)는 전형적인 외부 회로이다. 전위차계 R_1과 콘덴서 C_1은 능동 RC 시간 회로를 만들 수 있다. 저항 R_2는 R_1이 0 저항으로 설정되어 핀 0이 접지에 단락되는 것을 방지한

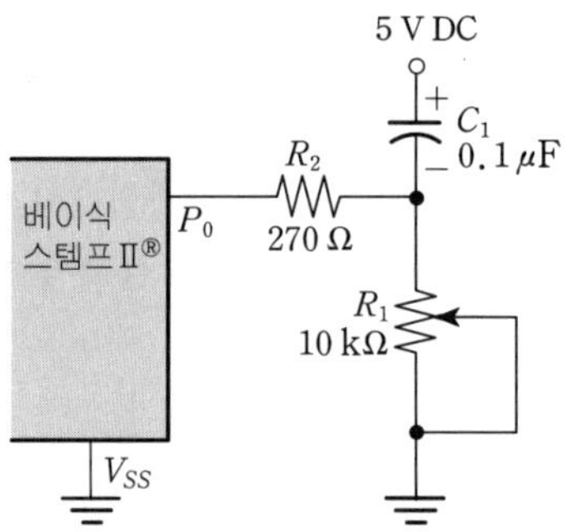

(a)

```
amt    var    word           'amt에 저장되는 워드 크기 변수
       HIGH 0                'C1 방전
       PAUSE 1               '1msec 지연
       RCTIME 0, 1, amt      'RC 시상수 측정
       DEBUG amt             '주컴퓨터 표시창에 결과 전송
```

(b)

그림 20·22 회로와 소프트웨어

다. RCTIME의 실행은 지정된 핀을 입력 모드로 바꾼다. 계수기는 핀이 state에 의해 설정된 논리 상태가 될 때까지 계수를 계속한다. 계수는 매 2 μs마다 증가한다. 최종 계수 결과는 variable에 저장된다. 그림 20·22(b)는 이것에 대한 예제 프로그램을 보여준다. 핀 0는 출력으로 설정된다. 논리 1은 첫 번째 명령 HIGH 0에 의해 보내진다. 이것은 커패시터를 방전시키고 알려진 레벨을 확정한다. PAUSE 1은 커패시터가 방전하기 위한 1 ms 동안 핀 0을 높게 유지시킨다. 명령 RCTIME 0, 1, b2는 전위차계를 통한 커패시터의 방전을 방지한다. *RC* 회로의 충전 혹은 방전 시간은 커패시터와 저항의 값으로 결정된다. 따라서, 변수 b2에 저장되는 값은 회로의 함수가 된다.

주변 장치 제어

마이크로 컨트롤러에 의해 제어되는 장치의 가장 일반적인 형태 중 하나가 로봇이다. 혹성 사이의 여행에 수반되는 거리와 시간 때문에 사람이 하기 어려워 로봇을 표면 탐사에 보내고 데이터를 보내는 것이 필요하다. 이런 탐사 로봇은 그들이 행성이나 달의 표면을 도달할 때 효과적이도록 만들기 위해 많은 장치를 요구한다. 이 장의 나머지는 로봇을 만드는데 필요한 회로를 설명한다.

모터 제어

모터는 로봇 팔, 손목과 축을 움직인다. 대부분 모터가 요구하는 구동 전류는 베이식 스탬프 II® 의 출력 핀에서 공급하는 20 mA보다 더 크다. 모터를 돌리고 멈추고 속도를 제어하기 위해서는 제어 회로를 필요로 한다. 로봇 축 운동의 방향을 반대로 하는 것도 역시 필요하다. 이러한 목적을 위해 사용된 일반적인 회로는 그림 20·23과 같다. 이 회로는 공통 이미터 형태로 연결된 4개의 NPN 트랜지스터로 구성된다. 이것은 베이식 스탬프 II®의 출력 P_6와 P_7에 의해 제어된다. 4개의 270 Ω 저항은 5 V 논리 1이 핀 P_6이나 P_7에 주어질 때, 베이스 전류를 어떤 수준으로 설정한다. 프로그램(그림 20·24)은 전압 신호를 P_6이나 P_7로 보내기 위해 설계되었지만 동시에 양쪽

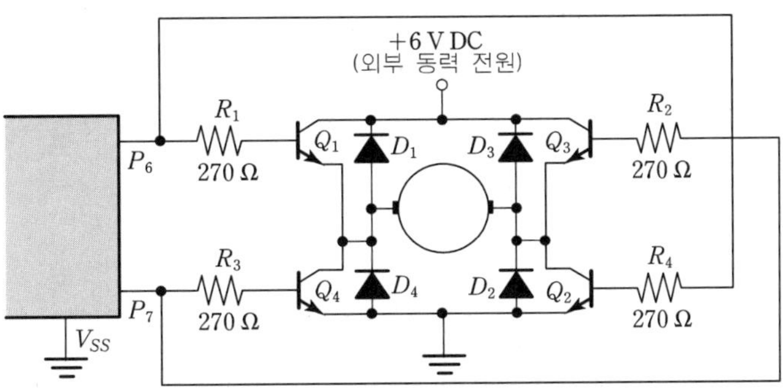

그림 20·23 대표적인 정·역방향 모터 구동 회로

```
MOTOR :
        low 6              '출력 6에 0볼트 설정
        low 7              '핀 7에 0볼트 설정
        high 6             '모터 동작
        pause 5000         '지연
        low 6              '모터 정지시킴
        high 7             '모터 역방향 구동
        pause 5000         '지연
        goto MOTOR         '다시 동작 시작
```

그림 20·24 모터 구동 소프트웨어 프로그램

으로 보내지는 않는다. 만약 양쪽 핀이 5 V를 받으면, 모든 트랜지스터가 동작한다. 이렇게 되면 외부 전원, 모터 드라이브, 모터와 로봇이 손상될 수 있다. P_6가 소프트웨어로부터 신호를 받으면, Q_1과 Q_2 둘 다 동작하게 된다. 전류는 Q_2를 거치고 모터를 거쳐서 Q_1으로 흐르게 되어 모터는 한쪽 방향으로만 돌게 된다. 트랜지스터 Q_3와 Q_4는 동작하지 않으며 전도되지 않는다. 전압이 P_6로부터 제거되어 Q_1과 Q_2가 동작을 멈추면 모터는 정지한다. P_7에 논리 1이 보내지면 Q_3와 Q_4가 동작한다.

이런 회로 부분은 Q_1과 Q_2에 바이어스를 주는 회로가 되지만 전류는 모터의 반대쪽 극성으로 흘러 모터를 역방향으로 돌게 한다. 다이오드 $CR_1 \sim CR_4$는 모터가 정지할 때 생기는 유도 기전력(역기전력)으로부터 트랜지스터를 보호한다. 전압은 상당하여 트랜지스터에 손상을 줄 수 있다. 다이오드는 유도 전압에 의해 정방향 바이어스가 되고, 전류가 트랜지스터를 피해 흐르도록 한다.

LED 제어

종종 프로그램 동작을 추적하기 위해 특정 핀의 상태를 알아야 편리하다. 이것은 관찰하고자 하는 핀에 전류 제한 저항과 함께 LED를 연결하면 된다. 그림 20·25는 보여주는 것처럼 LED의 음극(캐소드)을 접지에 연결하고 양극(애노드)을 1,000 Ω의 저항에 연결하여 주면 된다. 저항은 베이식 스탬프 II®의 핀에 연결된다. 저항은 마이크로컨트롤러의 전원 전류를 제한하여 배터리 수명을 연장함과 동시에 출력 래치를 보호한다.

스피커 제어

베이식 스탬프 II®에 의해 구동되는 로봇에 음향 기능과 스피커를 부가하는 것은 매우 간단하다. 그림 20·26에 음향을 만들어내는 회로가 보여진다. 40Ω 스피커와 10 μF, 10 V_{DC} 전해 커패시터를

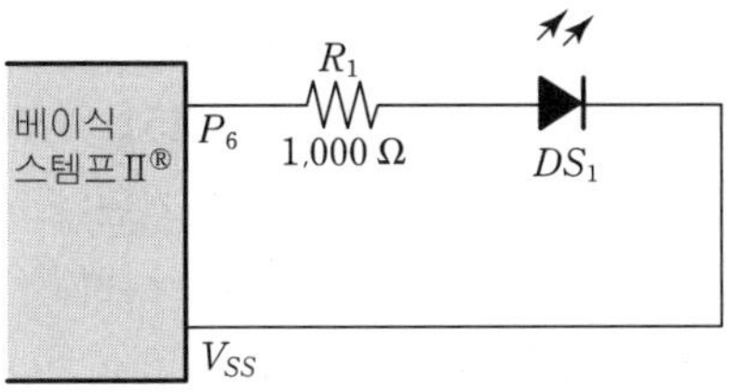

그림 20·25 LED 구동 회로

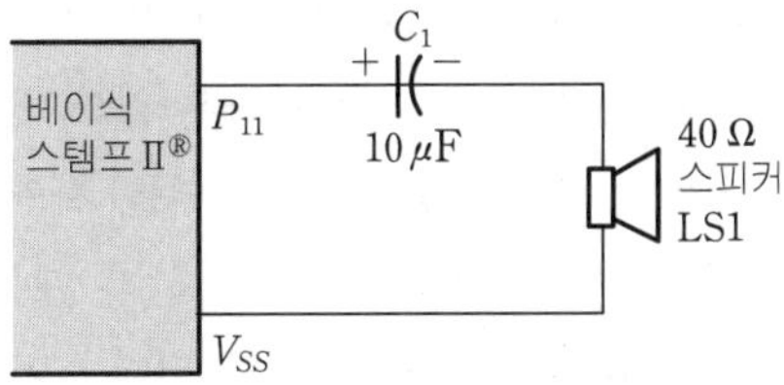

그림 20·26 스피커 구동 회로

직렬로 연결한다. 커패시터는 회로에서 스피커가 아무런 음향을 만들지 않을 때 스피커에 전류가 흐르지 않도록 하기 위해 있다. 스피커에 음향을 보내기 위해서는 명령 FREQOUT pin, milliseconds, freq 1{freq 2}을 사용해야 한다. 스피커에 연결되는 핀은 pin에 의해 정의된다. 음향의 유지 길이는 milliseconds에 의해 정해진다. 음향 주파수는 freq 1에 의해 정의되고 그 값은 0부터 32,768까지며 주파수가 1 Hz씩 증가하는 것을 의미한다. 이 명령은 선택적인 주파수, freq 2를 가지며, 이것은 freq 1과 동일한 매개 변수가 갖는다. 스피커에 음향을 보내는 예제 프로그램은 그림 20·27에 있다. 음향이 10초 동안 계속된 다음에 멈춘다.

```
Start :
tone : Freqout 11,10000,933,1000
```

그림 20·27 10초 동안 스피커에 음향을 보내는 프로그램

입력 장치

로봇이 움직일 때, 모터를 제어하기 위해 제어기에 보내는 정보가 필요하다. 이런 입력들이나 센서들은 스위치나 광저항, 적외선 송수신기, 초음파 탐지기와 움직임 감지기와 같은 장치들을 포함하고 있다. 스위치와 적외선 송수신기의 일반적인 동작은 이미 설명하였다. 베이식 스탬프 II®의 몇 가지 특별한 기능은 신호 감지를 위한 데이터 제공 장치의 기능 향상을 위한 것이다.

스위치 감지

명령 RCTIME은 저항·커패시터 회로의 충전이나 방전 비율을 정할 수 있으며 이 명령은 회로 그림 20·28(a)와 그림 20·28(b)와 같은 프로그램을 사용하여 스위치 그룹의 특정 스위치의 닫힘을 정할 수 있다. 그 다음에 스위치 닫힘의 의미에 따라 동작하는 루틴으로 프로그램의 제어를 옮긴다. 만약 스위치 #1이 닫히고, 스위치 #2가 열리면, 변수 SW는 1에 가까운 값을 가진다. 만약

스위치 #2가 닫히고, 스위치 #1이 열리면, 변수 SW는 대략 28 정도의 값을 가지게 된다. 따라서, 소프트웨어는 SW값이 15보다 작은 값(<15)인지를 결정한다. 만약 스위치의 값이 15보다 크면(>15), 스위치의 값이 30보다 작은지를 확인하게 된다. 그 다음 적당한 루틴으로 분기된다. 스위치 회로를 저항의 오름차순으로 검색하기 때문에, 스위치 #1의 가능성은 배제되었고, 따라서 스위치 #2를 스위치 #1로 오인하지 않게 된다. 각각의 스위치 폐쇄는 제어 장치 밖의 사건 같은 것을 프로그램으로 고려한다. 이 회로는 더 많은 스위치들을 가지고 같은 방식(그림 20·28(a))으로 연결할 수 있으며, 결국 외부 사건수가 증가하여도 소프트웨어의 동작 과정을 결정할 수 있다. 이 회로를 가지고는, 단지 한 개의 스위치 폐쇄만으로도 한 번에 식별할 뿐이지, 다중 폐쇄 사이에서 선택하여야 사용할 회로는 아니다. 만약 두 개의 스위치가 동시에 닫혀야 한다면, 개별적인 입력에 연결되어 있는 각각의 스위치가 여러 개 닫힐 때 커패시터 근처의 스위치를 선택한다.

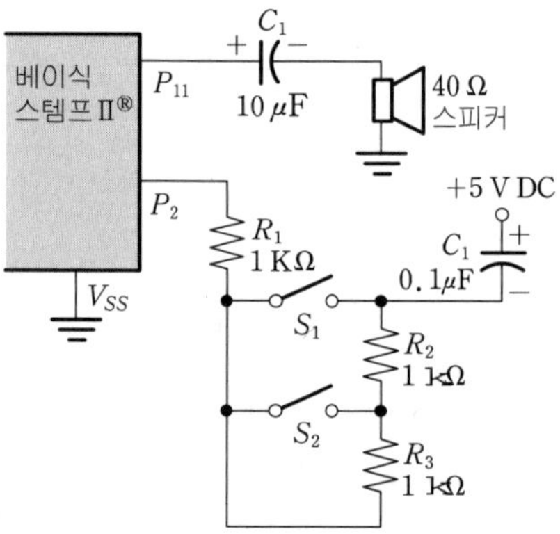


```
SW         var     word
IDSW :             high 0
                   pause 1
                   rctime 0,1,SW
                   if SW<15 then Beep1
                   if SW<30 then Beep2
                   goto ISDW
Beep1 :            freqout 11,2000,1500,1000
                   pause 2000
                   goto ISDW
Beep2 :            freqout 11,2000,5000,3500
                   pause 2000
                   goto ISDW
```

(a)

```
SW     var     word
IDSW:          high  0
               pause 1
               rctime 0,1, SW
               if SW <15 then Beep 1
               if SW <30 then Beep 2
               goto IDSW
Beep1:         freqout 11, 2000, 1500, 1000
               pause 2000
               goto IDSW
Beep2:         freqout 11, 2000, 5000, 3500
               pause 2000
               goto IDSW
```

(b)

그림 20·28 두 개의 스위치 식별 회로와 소프트웨어 프로그램

포토셀 검출

뚫렸거나 막힌 경로를 나타내기 위해 로봇의 앞의 밝기의 수준을 결정하는 것은 바람직한 경우가 있다. 광수신기는 황화 카드뮴(CdS : cadmium sulfide) 포토셀로 가능하다. 이런 저항 장치는 비쳐지는 빛의 세기를 기준으로 저항 크기가 변한다. 전형적인 포토셀은 최소 광측(약 0.1 ft Cd : candles)에서 12 kΩ의 저항이며 대략 100 ft Cd에서는 250 Ω이 된다. 저항의 이러한 변화는 포토셀의 접지와 입력 핀 사이의 연결에 의해 결정되며 소프트웨어 프로그램은 그림 20·29와 같이 된다. 포토셀의 저항값은 소프트웨어에 의해 수치로 변한다. 이 값은 스피커 음향의 주파수를 결정하는 인자이다.

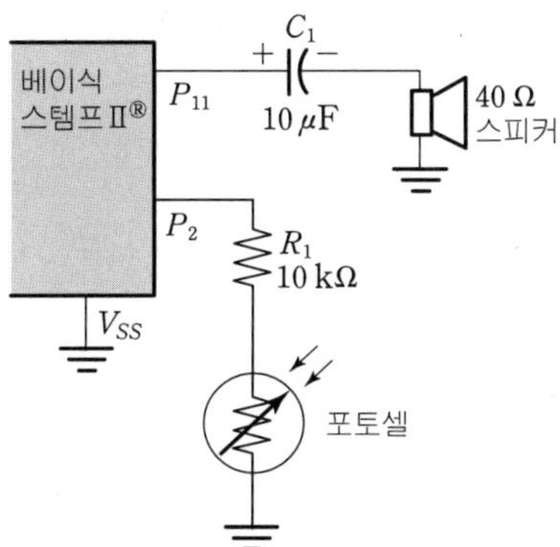

(a) 포토셀 회로

```
photo  var    word               '워드 길이로 변수 photo 설정
Value: high   0                  '커패시터 방전
       rctime 2,500, photo       '시상수의 값을 줌
tone:  freqout 11,500, photo     '주파수 비로써 photo를 위한 스피커에 톤을 전송
       goto value                '돌아가서 다시 시작
```

(b) 포토셀 판정을 위한 소프트웨어

그림 20·29

연습문제

1. 팬아웃(Fanout)이란 무엇인가?

2. A/D 변환기에서 16비트 분해능이란 아날로그 신호를 몇 단계로 구분할 수 있는 것인가?

3. 디바운스(Debounce) 회로의 역할은 무엇인가?

연습문제 해답

1장

1. 물질
2. 에너지
3. 셀(궤도)
4. 양성자, 중성자
5. 양성자, 전자
6. 번호
7. 양성자, 중성자, 전자
8. 가전자
9. 음, 양
10. 양성자, 전자
11. 전자의 에너지 준위
12. 음
13. 양
14. 이온화
15. 마찰
16. 전기장

2 장

1. 전자 회로는 전자가 움직일 수 있는 경로를 이루고 있는 연결된 부품들의 조합이다. 회로의 목적은 전자의 에너지를 이동하게 되는 것이다.
2. 전압원, 도선, 부하, 제어 장치의 역할을 한다.
3. 전자들은 음전하로 대전되어 있기 때문에, 그들은 양(+)전하에 의해 끌어당겨지고 음(−)전하에 의해 떠밀려지게 된다. 만약 두 개의 대전된 물체가 전선과 같은 물체에 연결되어 있다면, 전자는 음전하를 띠는 물체에서 양(+)전하의 물체로 흐를 것이다. 이런 전자의 흐름을 전류라고 한다.
4. 도체란 전자들이 회로를 통해 이동하기 쉬운 경로를 제공하는 것을 도체라고 한다. 예를 들어 구리선이나 회로의 연결에 사용되는 여러 가지가 이에 해당한다.
   절연체란 도체가 서로 접촉하거나 다른 도체와 접촉하는 것을 방지하기 위하여 사용된다.
5. 직렬 회로란 에너지원이 한 단자에서 다른 한 단자로 이동할 수 있는 경로가 하나의 경로밖에 없을 경우이고 병렬 회로는 두 개 이상의 경로를 가지고 있는 경우를 말한다.
6. 회로를 통해서 전자들을 강제로 이동시키는 에너지를 기전력이라고 부른다.
7.

기가(G)	1 000 000 000	=10^{9}(십억)
메가(M)	1 000 000	=10^{6}(백만)
킬로(k)	1 000	=10^{3}(천)
밀리(m)	0.001	=10^{-3}(천분의 일)
마이크로(μ)	0.000 001	=10^{-6}(백만분의 일)
나노(n)	0.000 000 001	=10^{-9}(십억분의 일)
피코(p)	0.000 000 000 001	=10^{-12}(천억분의 일)

8. 절연체에는 neoprene(네오프렌, 합성 고무의 일종), rubber(고무), nylon(나일론), polyethylene(폴리에틸렌, 플라스틱의 일종), teflon™(테플론, 열에 강한 합성 수지), vinyl(비닐), paper(종이), enamel(에나멜) 등으로 이루어진다.
9. 정현파는 어떤 주기 시간 동안에 회로의 주어진 점을 통과한 전류의 값과 방향을 나타내어 주는 것이다. 정현파에서 하나의 완전한 파형을 나타내어 준 것이 한 사이클이 된다.

3장

1. 도체는 전자가 쉽게 이동할 수 있는 물질이다. 다시 말해서 자유 전자를 가진 물질이다. 유전체는 물질이 그들 원자의 핵에 가전자가 매우 강하게 구속되어 있어 자유 전자를 생성하기 위해서는 높은 전압을 인가해야만 한다. 반도체는 도체와 유전체의 중간적인 형태로 구분되는 물질을 말한다.
2. 도체가 가열되면 원자들이 빠르게 이동하게 되고 이것은 결과적으로 자유 전자와 다른 원자 입자간의 충돌 횟수를 증가시킨다. 따라서 이것은 결과적으로 도선을 따라 이동하는 전자의 흐름에 대한 저항도 증가시킨다.
3. 온도가 오르면 저항이 증가하고, 온도가 내려가면 저항값이 감소한다. 만약 온도가 절대 온도 0도(−273.16°나 459.69°)가 되면, 도체의 저항값은 0이 된다. 이것은 절대 온도 0도에서 물질의 모든 분자 활동이 멈추게 되기 때문이다. 그리고 전자의 흐름을 방해하는 것은 아무 것도 없게 된다. 이런 상태를 초전도성(superconductivity)이라고 한다.
4. 고정 저항기 : 규정된 조건하에서 같은 값을 유지하며, 단일 저항값을 갖는다.
가변 저항기 : 회로상에서 저항값의 양을 조절할 수 있다.
가감 저항기 : 모터와 전구회로와 같은 높은 전류를 제어하는데 이용되며, 가감 저항기는 보통 그의 저항 소자가 보다 큰 전류를 전달하고, 보다 큰 열량을 발산하기 때문에 전위차계보다 훨씬 더 크다.
5. 전위차계는 회로에 인가하는 전압의 값을 변화시키는 데 이용된다. 그림에서 이 회로에 입력 전압은 저항 소자의 A와 C 단자에 인가된다. 조절 접극자의 위치가 변하면, B, C 단자간에 걸리는 전압이 변한다. 조절 접극자가 단자 A에 가까울수록 회로의 출력 전압은 증가된다. 조절 접극자가 단자 B에 가까울수록 회로의 출력 전압은 감소한다.
6. 허용 오차란 저항의 실제적인 값은 저항의 이론값과 차이를 보이는데 이 값을 말하며, 전력이란 저항이 타버리기 전에 얼마나 많은 열을 조절할 수 있는지를 나타낸다.
7. 탄소 혼합 저항기는 1/16 W에서 2 W의 전력을 가진다. 권선 저항기는 3 W에서 수백 W의 전력을 가진다. 여기서 저항기의 물리적인 크기는 관계가 없다. 작은 크기의 저항기도 낮거나 높은 저항값을 가질 수 있다. 물리적인 저항의 크기보다 와트량의 비율이 관계가 있다. 저항의 측정값은 와트량의 증가와 비례적으로 나타난다.
8. 저항에서의 전력 정격은 저항이 타버리기 전에 얼마나 많은 열을 조절할 수 있는지를 나타낸다. 전류가 흐르는 동안 열을 발생한다. 전력 정격은 또한 저항이 안전하게 전달할 수 있는 최대 전류의 표시를 제공하다.

9. 저항기에는 저항값과 와트값이 표시된다. 고정 탄소 합성 저항과 필름 저항에서는 색띠로 저항값을 표현한다. 색띠와 수치값이 표 3·3에 나타나 있다. 허용오차는 4번째 색띠로 표현하기도 한다. 저항의 이러한 값들은 1,000시간 동안 실험적으로 측정한 것이다.
색구별은 다음을 조건에 따른다.
1) 첫 번째부터 마지막 띠는 저항의 수치값을 나타낸다.
2) 두 번째 띠는 저항의 두 번째 수치값을 나타낸다.
3) 세 번째 띠는 첫 번째와 두 번째 수치값에 0의 값을 연관되어진다. 만약 세 번째 띠가 검정색이며 0이 아닐 때에는 첫 번째 두 가지 수가 검정색으로 0을 나타내는 것이다.
4) 만약 세 번째 띠가 금색인 경우, 첫 번째 수는 10의 나눔 형태가 되는 것이다.
5) 만약 세 번째 띠가 은색인 경우, 첫 번째는 두 가지 수는 100의 나눔 형태가 되는 것이다.

10. 저항은 튼튼한 소자이다. 저항에 많은 양의 전류가 흐르지 않는 한 결함은 생기지 않는다. 이 결함은 짧은 회로의 경우에 생기기도 한다. 일정 이상의 열로 가열된 탄소 합성 저항이나 필름 저항은 종종 완벽히 분리되어 타버린다. 다른 원인으로, 과열 현상은 타버리거나 충격을 받거나 팽창의 경우에도 생길 수 있다. 그리고 나면 저항의 가치는 일반적인 값보다 수배로 증가할 것이다. 권선(wire−wound) 저항이 과열될 때, 저항선은 어느 한 지점에서 타버릴 것이다. 이것은 저항을 끊어지게 한다. 탄소 합성 저항, 필림 저항, 권선 저항(wire−wound) 역시 그 자체 내부적인 충격과 같은 것으로 인해 결함이 생길 수도 있다.

4장

1. 회로에서 전자들의 이동을 방해하는 것이 저항이다.

2. 옴의 법칙을 적용

$E = I \times R$

$I = \frac{E}{R}$

$R = \frac{E}{I}$

3. 옴의 법칙을 적용

$E = I \times R$

$I = \frac{E}{R}$

$R = \frac{E}{I}$

4. 옴의 법칙을 적용

$E = I \times R$

$I = \frac{E}{R}$

$R=\frac{E}{I}$

5. $I=\frac{2E}{R}$

6. $I=\frac{E}{2R}$

7. 전력 공식은 직류 회로에서 전력 P, 전압 E, 전류 I 사이에 관계를 나타낸다.
   기본적인 전력 공식은 $P=E\times I$

8. $P=2IE$

9. kWh(킬로와트시)는 전기 회사에서 그들의 비용을 계산하는 전기 에너지의 기본 단위이다.

10. $\text{kWh}=\frac{P\times h}{1000}=\frac{250\times 2}{1000}=0.5$
    에너지 비용이 kWh당 50원이기 때문에 2시간 동안 텔레비전이 작동한 비용은 0.5×50=25원이다.

5장

1. ① 에너지원, ② 제어 장치, ③ 도체, ④ 부하
2. 회로가 완전하지 않다는 것을 의미한다.
3. 회로에서 2개 이상의 부품간의 단자 또는 연결점을 말한다.
4. 직렬 회로 내에 있는 모든 저항들의 합과 같다.
5. 모든 부품에서 전류의 양이 같다는 것을 의미한다.
6. 직렬 회로에 인가된 전체 전압은 회로의 부하들과 장치들 사이에서 자동적으로 분배된다. 어떤 부하에 걸리는 전압은 그 부하의 저항을 통해서 회로 전류가 흐르도록 하는데 필요한 양을 전압 강하(voltage drop)라고 한다.
   $E=I\times R$
   E=부하에 걸리는 전압 강하
   I=부하를 통과한 전류
   R=부하의 저항
7. 키르히호프의 전압 법칙(Kirchhoff's voltage law)은 직렬 회로에서 각 부하에 걸리는 전압 강하들의 합은 회로에 공급된 전체 전압과 같다는 것을 말한다.
8. 하나의 에너지원으로부터 다른 전압을 공급하기 위해서 사용한다.
9. 전체 전압은 개개의 전압의 합과 같고 직렬과 연결된 전지의 전류 용량은 가장 낮은 용량을 가진 전지와 같다.
10. 극성이 서로 반대될 때 부하에 걸리는 전체 전압은 두 전압원간에서 높은 전압에서 낮은 접압의 차가 전체 전압이 된다.

6장

1. 가정에서는 대부분이 병렬 회로로 사용되는데 이것은 전체 전류는 각 분기에 흐르는 전류의 합이기 때문이다. 여기서 과부하(over load)는 전체 전류가 퓨즈의 차단기의 정격 전류보다 더 커진 경우에 발생하며, 이때 퓨즈가 타거나 차단기가 내려간다.
2. 합성 전류는 14.25A를 갖는데 이것은 20A 퓨즈의 범위 내에 있으므로 괜찮다. 선풍기가 회로에 접속되면, 전체 전류는 24.35A가 되므로 이 회로는 과부하 상태이다. 따라서 퓨즈는 타게 될 것이다.
3. 분기 A의 전류는 $I=\frac{E}{R}=\frac{6}{2}=3\,\text{A}$

   분기 B의 전류는 $I=\frac{E}{R}=\frac{6}{3}=2\,\text{A}$

   따라서, 합성 전류는 $I_t=I_A+I_B=3+2=5\,\text{A}$이다.
4. $R_T=\frac{R_1\times R_2}{R_1+R_2}$
5. $R_t=\frac{1}{\frac{1}{2}+\frac{1}{4}+\frac{1}{6}}=\frac{1}{\frac{11}{12}}=\frac{12}{11}\,\Omega$
6. $R_t=\frac{\text{저항값}}{\text{저항의 개수}}=\frac{10}{6}=\frac{5}{3}\,\Omega$
7. 합성 저항 $R_t=\frac{3\times 2}{3+2}$,

   A에서의 전류 $I_A=\frac{6}{3}=2\,\text{A}$, B에서의 전류 $I_B=\frac{6}{2}=3\,\text{A}$

   합성 전류 $I_t=2+3=5\,\text{A}$
8. $R_t=\frac{R_1\times R_2}{R_1+R_2}$이다. 여기서 R_1을 X라 하고 풀면, $2.5=\frac{5X}{5+X}$, 따라서 $X=5\Omega$
9. 병렬 회로에서 모든 분기점에 걸리는 전압은 같다. 그러나 전체 전류는 각 분기점에서 나누어진다. 어느 한 분기에 흐르는 전류값은 옴의 법칙에 의해 구할 수 있다. 그리고 어느 분기에서 저항이 적을수록 전류는 커진다.
10. 병렬 연결에서 합성 전압은 모든 분기의 전압을 합한 것과 같다. 참고로 이 조합의 전류 용량은 모든 전지나 배터리들의 전류 용량의 합과 같다.

7장

1. 저항 측정을 위해 사용하는 회로로써 값을 아는 세 개의 저항과 값을 모르는 저항이 다이아몬드 형태로 연결되어 구성된다. 다이아몬드 형태의 두 맞은편에 DC 전압을 다른 두 점에는 검류계를 연결한다. 네 개의 저항 모두가 서로 다른 관계로 고정된 위치에 있을 때 양쪽에 흐르는 전류는 같게 되고 검류계로는 흐르지 않게 된다. 알고 있는 저항 중 하나의 값을 바꿈으로서 회로는 알고

자 하는 저항의 값에 균형을 맞출 수 있게 된다. 값을 알 수 없는 저항은 다른 저항의 값들로부터 계산할 수 있다.

2. 여러 가지 직 · 병렬 회로가 연결된 것
3. 회로의 소자들의 전기적인 등가이다.

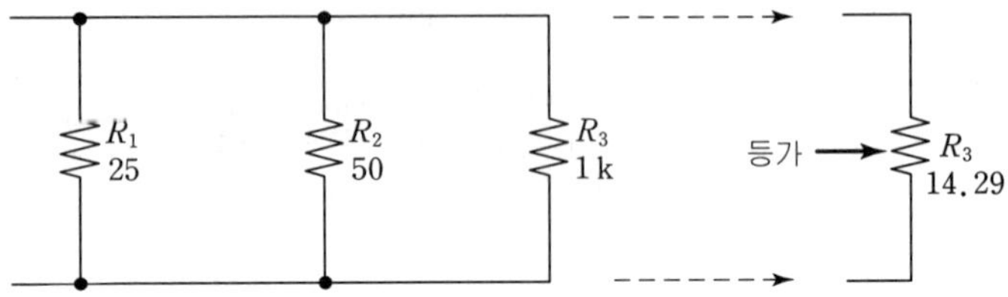

4. 회로에서의 전압 강하합은 반드시 원 전압과 같아야 한다.
5. 회로의 접합점에서 유출되는 전류는 그 접합점으로 유입되는 전류와 같다.
6. 직 · 병렬 부분을 쉽게 인지하기 위해서.
7. ㉠ 회로망의 부하를 확인한다.
   ㉡ 등가 직렬 회로를 만들기 위해 병렬 부하를 등가 저항에 합친다.
   ㉢ 직렬 회로의 합성 저항을 결정한다.
8. $R_2 // R_3 = \dfrac{4 \times 6}{4+6} = 2.4$,

   $R_1 + R_2 // R_3 + R_4 = 8 + 2.4 + 12 = 22.4$
9. $\dfrac{4\text{k}\Omega \times 6\text{k}\Omega}{4\text{k}\Omega + 6\text{k}\Omega} = 2.4\text{k}\Omega$
10. $\dfrac{10\Omega}{5\text{개}} = 2\Omega$

8장

1. 커패시터(capacitor)의 기본적인 구조는 플레이트(plate, 극판)라고 불리는 두 개의 도체가 유전체(dielectric)라고 불리우는 절연 물질에 의해 분리되어진 것이다.
2. ① 완전히 충전된 두 극판에 걸리는 전압은 커패시터에 연결된 전지의 전압과 같다. 커패시터의 전압은 전지 전압의 극성과 반대이다. 그렇기 때문에 완전히 충전된 커패시터는 회로에서의 전류 흐름을 차단한다. 커패시터의 차단 동작은 많은 전자 회로에서 사용된다.
   ② 커패시터에 교류 전압원이 연결될 때, 커패시터에 적용되는 전압의 극성은 반주기마다 바뀐다. 그 결과, 커패시터는 충전과 방전이 교대로 이루어진다. 커패시터는 한 주기 동안 반대의 극성을 갖는다. 그대의 두 극판을 분리한 유전체를 통하는 전류의 흐름은 없다.
3. ① 극판의 면적－큰 면적은 커패시턴스를 보다 크게 한다.
   ② 극판간의 거리 또는 공간－극판간의 거리가 가까울수록 커패시턴스는 커진다.

③ 유전체 - 힘의 정전 라인을 방해하는 유전체의 능력을 유전율이라고 하는데 유전체 재료는 공기, 마일러, 운모, 세라믹을 포함한다. 다른 유전체로는 종이, 유리, 폴리스틸렌을 들 수 있다.

4. 용량성 리액턴스는 주파수와 커패시턴스에 반비례하는데 이것은 회로에서 커패시턴스가 증가할 때 용량성 리액턴스는 감소한다는 것이다. 전류의 주파수가 증가하는 회로에서도 역시 용량성 리액턴스는 감소한다. 동조 회로에서 커패시터는 작동하는 회로 내에서의 주파수를 결정한다.

5. 고정 커패시턴스는 동작 전압으로 규격을 정한다(WVdc). 이 단위는 볼트를 사용한다. 동작 전압은 콘덴서에 안전하게 공급할 수 있는 직류 전압의 최대값이다. 만약 더 높은 전압을 공급하게 된다면 유전체는 파괴되고 전류는 도체를 흐르게 된다. 이런 일이 비전해질 커패시터에 발생된다면 이 커패시터는 누전되었다 말하고 이 커패시터는 반드시 교환하여야 한다.

6. 커패시터는 고정 커패시터와 가변 커패시터로 구분되어 지는데 고정 콘덴서들은 특정한 하나의 커패시턴스를 갖는다. 고정 커패시터는 절연체의 구조와 관련하여 비전해 또는 전해 커패시터로 분류할 수 있다.

7. 세라믹 커패시터는 디스크 모양이나 관 모양의 유전체를 갖는다. 세라믹 콘덴서는 티타늄 다이옥시드 그리고 바륨으로 만들어졌으며 이러한 전자관은 유전체에 겹겹이 은으로 덧칠을 한다. 커패시턴는 5pF에서 0.05μF이고 동작 전압은 최대 10,000V까지이다.

8. 가변 커패시터는 동조 회로에 주로 사용된다. 이것은 어떤 주파수와 함께 전류에 아주 적은 반대하는 회로에 주어지는 것이다. 가변 커패시터의 한 종류인 트리머는 마이카 유전체의 박판에 의해 분리되는 두 개의 금속 극판으로 만들어진다. 그 극판간의 공간은 스크루로 조정할 수 있다. 극판간의 거리가 증가함에 따라 커패시턴스는 감소한다.

9. 전류가 계속해서 흐르면 커패시터는 점차 충전되고, 전압이 커패시터 양단에 걸리기 시작하는데 이 전압은 회로에 공급되는 배터리 전압과 반대이다. 이 때의 커패시터 전압을 카운터 기전력(counter electromotive force, cemf)이라고 한다.

10. 커패시터의 충전과 방전 속도는 회로에 잇는 저항을 변화시킴으로서 조절될 수 있다. 충전되고 있는 커패시터에 걸리는 전압이 공급 전압의 63.2%에 이르기까지 소요되는 시간을 회로의 시상수라 한다.

9장

1. 금속들은 자기라고 불리는 인력으로 다른 금속들을 끌어당기는데 이런 자기를 띤 금속을 자석이라고 하며, 어떤 자석들은 금속 광석 안에서 천연적으로 발견되기도 하고 만들어지기도 한다. 이런 자력을 오랜 시간 동안 유지하는 자석을 영구 자석이라고 한다.

   자석의 다른 극끼리 끌어당기는 것을 인력의 법칙이라고 하고 같은 극끼리 밀어내는 것을 척력의 법칙이라고 한다.

2. 릴레이는 터미널간의 하나나 그 이상의 연결을 열거나 닫거나 하는 전자기적으로 동작하는 스위치이다. 기계적인 스위치처럼 릴레이의 동작은 각각의 극을 만들 수 있는 것을 통해 접촉된 선의 수에 의해 표현된다.

3. ① 동작 전압과 릴레이 코일의 주파수
   ② 코일의 전류 정격
   ③ 접촉 전류와 전압 비율, 이것은 릴레이가 얼마나 흐름을 안정하게 조절하는가를 나타낸다.
4. 자성체－자석에 끌려오는 물체이며 자석으로 만들어 질 수 있다.
   비자성체－자석에 의하여 당겨지지 않는 물질을 자석으로 만들 수 없는데 이런 것을 비자성체라고 한다.
   구리, 알루미늄, 금, 은 등이 비자성체이다.
5. 페라이트는 어떤 딱딱한 세라믹 자석 물질을 말한다. 그것들은 산화철과 품질 좋은 바륨가루와 같은 원소의 혼합물을 제1압연하여 만든다. 가루 혼합물은 원하는 모양으로 늘리고 고온에서 구워진다. 이것은 매우 경제적이고, 합금 같지 않은, 높은 전기적 저항을 갖는 자성 물체를 생산해낸다.
6. 전자계는 도체 주위를 회전하는 전류의 흐름에 의하여 발생한다. 아주 많은 양의 전류는 보다 강한 자계를 만든다. 자기장의 방향은 전류의 방향에 달려있다. 만약 전류가 일정한 직류라면 자계는 극성과 세기는 변하지 않는다. 교류는 극성이 반대이고, 세기가 변하는 자계를 발생시키는데 이것을 이동 자계라고 부른다.
7. 변압기, 발전기, 확성기 마이크로폰, 솔레노이드 밸브, 원통 코일관, 오디오 녹음과 녹음 재생기 등에 사용된다.
8. 전선에 흐르는 전류에 의해 생성된 자계를 한 곳으로 모으기 위해 전선을 코일과 같이 감을 때 코일 주변을 회전하는 자계는 같이 더해진다. 이것이 코일의 자기의 세기를 증가시킨다. 솔레노이드(solenoid)는 이런 방법으로 감긴 코일을 말한다. 이것은 영구 자석과 같은 자극과 자계 성질을 가진다. 만약 솔레노이드에 교류를 넣어주면, 이것은 전류 방향이 반전됨에 따라 자극 또한 반전된다.
9. 자기를 이용하여 금속 부분의 표면에 결함을 찾는 것이 자석 분자 검사의 과정이다.
   이 과정에서 물체는 자력을 띠게 되고 오일이나 다른 유동체로 씌우면 철의 미세한 분자까지 씌워진다. 갈라진 틈과 같은 결점의 끝이 자석의 극이 되어 분자들을 당기게 된다. 이런 이유로 분자의 형태 본보기로 쉽게 볼 수 있다. 이 방법은 비파괴 검사 실험이라 불리는 테스트이다.
10. 매우 많은 전류로부터 회로를 보호하는 장치이다. 자기 차단기의 구성 요소는 솔레이노드, 자기장 외부, 그리고 실드 물질로 인한 자속선으로 되어 있다.

10장

1. 자석이 전선 가까이에 움직일 때 자계는 전선을 가로질러 가게 되고, 전선을 가로 질러서 전압을 발생한다.
2. 러시아의 물리학자인 Heinrich F. E. Lenz(1804～1865)는 자기력선을 가로질러 컨덕터가 이동함에 의해서 전류가 유도될 때 컨덕터에 의해 유도되는 전류는 생성되는 자기력선 역방향의 자계에 의해 생성되는 것을 발견했다. 또한 유도전류와 그 유도 전류 자체의 자계는 컨덕터가 자계에서 이동하는 방식에 의존하여 방향이 바뀐다는 것을 알았다. 이 중요한 발견은 렌츠의 법칙이라 한다.

3. 전자 유도의 가장 중요한 점은 교류기와 여러 발전기 종류에 사용된다는 것이다.
4. 변압기는 전기 시스템에서 전압과 전류값을 바꿀 때 사용된다. 만약 전압을 감소시키면, 강압 변압기라 부르며, 전압을 증가시키면 승압 변압기라 부른다. 어떤 변압기는 전압값을 바꾸지 못한다. 그것들을 절연 변압기라 부른다. 절연 변압기는 전력선으로부터 전기적으로 분리할 때 사용된다.
5. $\dfrac{2\text{차 전압}}{1\text{차 전압}} = \dfrac{2\text{차 권선수}}{1\text{차 권선수}}$

   $\dfrac{10}{50} = \dfrac{x}{225}$ $\quad 50x = 10 \times 225 \quad 50x = 2250 \quad x = 45$ 회
6. 직렬 RL 회로에서 전류 최대값(안정 상태)의 63.2%까지 증가하기 위해 요구되는 시간은 RL 시상수로 알려져 있다.

$$t = \frac{1}{R}$$

   여기서 t = 시상수(초)

   L = 인덕턴스(헨리)

   R = 저항(옴)

   시상수는 또한 회로에서 제거된 공급 전압에 따른 전류 감소 시간을 조절한다.
7. ① 코일의 감겨진 턴수
   ② 코일 단면적
   ③ 코일 재료의 투자율
   ④ 코일 길이
8. ① 거의 없는 잡음
   ② 길이 없는 자기장
   ③ 작은 무게 그리고
   ④ 더 작은 크기
9. ① 전류가 너무 많이 흐름으로써 감긴 것이 풀리거나 타버린다.
   ② 전선이 회전하는 간격이 짧다(전선의 접촉으로 각각으로부터 절연된다).
   ③ 밑면이 구부러지거나 코어가 짧게 된다.
   ④ 1차 권선과 2차 권선 사이가 짧다.
   이 결함의 3분의 1은 인덕터에서 야기된다.

11장

1. 도표는 회로 각 부분이 다른 부품과 어떻게 연결되어 있고 그것이 어디에 위치해 있는지 보여준 스케치이다.
2. ① 모든 성분에 있어 표준 기호를 사용하여라. 만약 표준 기호가 없다면 여러분이 사용할 수 있는 표본을 만들어라. 그리고 분리한 부품 리스트에 기호의 의미를 적어라.

② 도면에 기호를 위치시켜라. 그러나 한 면에 너무 가깝게 선을 배치하지 말아라. 가능하면 교차되거나 구부린 선을 적게 하여라.

③ 각각의 심벌을 너무 가깝게 도식에 꽉 차게 배치하지 말아라. 그러면 읽기가 힘들어 진다.

④ 도면에 찍혀 있는 선과 그린 선의 혼동을 막기 위해 전개 접속도는 규칙이 없는 도면을 사용하여라.

⑤ 기호를 그린 후에 그것의 연결을 수직, 수평으로 연결되도록 하여라.

⑥ 도선의 전기적으로 연결되는 것을 보여주어야 할 경우엔 기호를 사용하여라.

3. 복합적인 전기 시스템에 관한 정보를 신속히 얻을 수 있는 편리한 방법이다. 각 블록은 명확한 시스템 기능을 수행하는 전기 회로를 나타낸다. 작동되는 회로의 기능을 각각의 블록에 적는 것이다.

4. ANSI는 전개 접속도에 사용되는 공통 일반 기호 외에 다른 기호를 표준화하기 위한 책임 있는 조직의 하나가 ANSI(American National Standards Institue)이다. 그 전기나 전자에서 사용되는 구성된 기호는 이 조직이 사용할 수 있게 했다. 또 다른 기술 분야에서 사용되는 표준 기호도 ANSI로부터 표준 기호가 될 수 있게 한다.

5. 섀시 접지(chassis ground)는 지구내의 꽉 조여진 전선과 같이 되어 있다. 회로나 골격, 결합의 부호 역시 일반적인 순환 복귀를 의미한다.

6. 실장도와 전개 접속도를 보면서 시작을 하는데 왼쪽에서 오른쪽으로 읽는다.
양쪽에서 같은 성분을 찾고 증명을 한다. 전선의 연결을 따라간다.
실장도에서 어떠한 연결은 다른 성분으로 표시될 수도 있다. 전개 접속도에서 그 선들을 찾도록 노력한다.

12 장

1. 큰전류
2. 전해질
3. 2차 전지
4. 정격 전압
5. 탄소-아연 전지
6. 80% 전압차
7. 6개의 전지를 직렬 연결
8. 1.28
9. 20시간 동안의 사용 가능한 전류
10. 완전히 충전된 상태에서 보관

13 장

1. 전자 유도 방법
2. 동상
3. 직류 전류
4. 세그먼트
5. 여자
6. 교류 전기 모터, 가솔린 엔진
7. 증기 터빈, 히드로(수차) 터빈, 디젤 엔진
8. 동기 발전기
9. 권선

14 장

1. 화력 발전, 원자력 발전, 수력 발전
2. 폐열 발전
3. 적은 에너지 손실, 작은 전송 케이블, 높은 효율
4. 필요한 바람의 속도, 꺼지는 바람 속도

15 장

1. ① 반도체의 전도도를 바꾸어 주기 위한 불순물 첨가
   ② 도핑시의 5가 원자들
   ③ 도핑시의 3가 원자들
   ④ 최외각 전자
   ⑤ 인접 원자간의 가전자를 공유하는 결합
   ⑥ 공핍층에서 전자와 정공의 결합으로 생성되는 전위
2. 억셉터는 3가 원자, 도너는 5가 원자이다.
3. n형 반도체 : 4가 원자(Si ; Ge)에 5가 원자(P, As, Sb)를 첨가한다.
   p형 반도체 : 4가 원자(Si ; Ge)에 3가 원자(B, Al, Ga, In)를 첨가한다.
4. 입력 전압의 위상변화에 따라 다이오드가 on－off됨에 따라 출력은 (＋)위상일 때만 나타난다(그림 15·10 참조). 커패시터 필터링 회로(그림 15·12 참조)
   다이오드가 off－상태일 때 on－상태시에 커패시터에 충전된 전압이 방전되어 출력 파형은 부드럽게 나타난다.
5. 전파 정리 회로(그림 15·13 참조)
6. 브리지 정류 회로
7. 트랜지스터의 특성 곡선에서 I_C와 V_{CE}가 만나는 점

16 장

1. 변조된 오디오 신호를 검파 다이오드의 정류 작용에 의해 양(＋)신호가 검출되고 커패시터에 의해 고주파 신호로부터 오디오 신호를 분리한다(그림 16·2 참조).
3. 게이트 전압이 소스에 비해 음의 값을 가지면 채널이 형성되어 소스에서 드레인으로 전류가 흐른다. 게이트－소스간 전압 감소에 따라 더 많은 전류가 흐르게 되어 증폭작용을 한다(그림 16·7 참조).
4. 게이트 전압이 소스에 비해 음의 값을 가지면 채널이 형성되어 소스에서 드레인으로 전류가 흐른다. 게이트－소스간 전압 감소에 따라 더 많은 전류가 흐르게 되어 증폭 작용을 한다(그림 16·7 참조).

5. 접합 부분에 열이 전달되면 자유 전자가 발생 다른 금속을 이동하여 열에너지를 전압으로 변화시키는 소자이다(그림 16·10(a)).
6. 2개의 금속을 고리 모양으로 연결하고 전압을 가하면 흡열과 발열 작용이 발생하는 효과
7. 도치 또는 도트를 중심으로 반시계 방향(CCW)으로 번호를 붙인다.
8. 도치 또는 도트를 중심으로 반시계 방향(CCW)으로 번호를 붙인다.
9. 광원은 발광 다이오드, 검출부는 포토다이오드 또는 포토트랜지스터를 사용하고 빛이 검출부에 도달하면 전자·정공쌍이 발생하여 전류가 흐른다.
10. 광원은 발광 다이오드, 검출부는 포토다이오드 또는 포토트랜지스터를 사용하고 빛이 검출부에 도달하면 전자·정공쌍이 발생하여 전류가 흐른다.

17 장

1. 전압계
3. 직렬 연결
4. 가상 계측기
5. 신호 발생기
6. 진폭, 파워 스펙트럼, 주파수 일치도, 충격 응답
2. 유극형 계기
7. 파형
8. 이중 주사
9. 가청 주파수, 무선 주파수 신호 발생기
10. 신호 추적기

18 장

1.

입력			출력
A	B	C	X
0	0	0	1
0	0	1	1
0	1	0	1
0	1	1	1
1	0	0	1
1	0	1	1
1	1	0	1
1	1	1	0

2.

입력		출력
A	*B*	*X*
0	0	0
0	1	1
1	0	1
1	1	0

3. (a) 1, (b) 0, (c) 1, (d) 0

4.

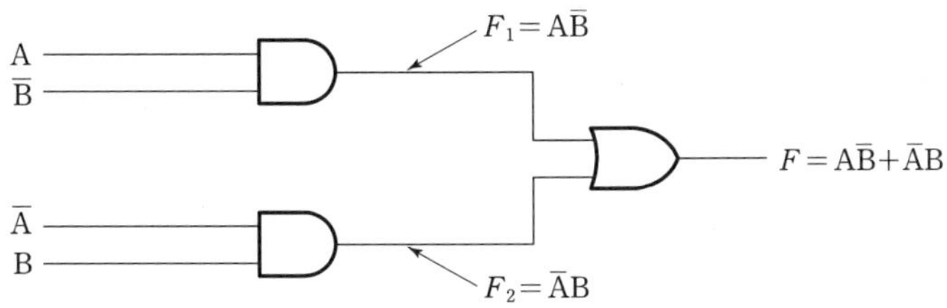

5.

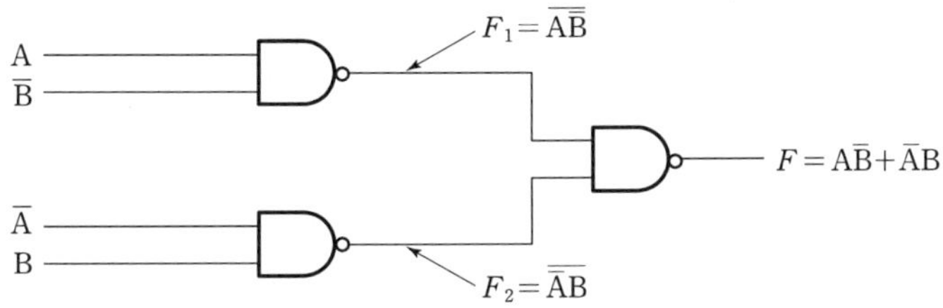

6. (a) 1001, (b) 11001, (c) 1111, (d) 11111111

7. (a) 10, (b) 37, (c) 7, (d) 181

8. (a) 2, (b) 1, (c) 3, (d) 11

9. 5개

10 5개

19 장

1. 산술·논리 장치(ALU), 제어 장치, 저장 장치, 입・출력(I/O) 장치
2. 1,048,756Byte
3. 데이터의 산술 및 논리 연산을 수행하는 곳이다.
4. 제어 부분, 연산(ALU) 부분, 레지스터 부분
5. 어드레스(번지)
6. (a) B_{16}, (b) E_{16}, (c) 15_{16} (d) $9C_{16}$
7. (a) 46_8, (b) 25_8, (c) 165_8, (d) 275_8

8. (a) 11101_2, (b) 110111100_2, (c) 11001000_2, (d) 11_2

9. (a) 11001111011_2, (b) 10000111100_2, (c) 1000011011110_2 (d) 10100101_2

10. RAM과 ROM이다. RAM은 일시적인 성질을 갖는 데이터에 대한 실질적인 읽기/쓰기 기억 장치이며 ROM은 한 번 프로그램되면 그 내용을 읽기만 할 수 있는 기억 장치이다.

20장

1. 팬아웃은 TTL 논리 회로의 출력이 정상적으로 동작되도록 할 수 있는 표준 논리 입력의 최대수로 정의된다.

2. 2^{16}개의 단계로 65536단계로 신호를 구분하여 표시할 수 있다.

3. 회로에서 접점 튕김 효과를 제거해준다.

찾아보기

저 자(가나다순)

강성준·박상민·배춘익·신찬배·송민종·안명환

안창환·오병욱·이용일·이재춘·정윤근·정호용

최운식

쉽게 배우는 **전기전자공학**

2013년 9월 1일 인쇄
2013년 9월 5일 발행

저 자 ◎ 전기전자교재편찬위원회

발행자 ◎ 조승식

발행처 ◎ (주) 도서출판 북스힐
서울시 강북구 수유2동 240-225

등 록 ◎ 제 22-457 호

TEL (02) 994-0071((代)

FAX (02) 994-0073

E-MAIL bookswin@unitel.co.kr
www.bookshill.com

값 16,000원

ISBN 89-5526-096-2